大气污染防治与生态文明建设系列丛书

城市大气复合污染防治路线及应用实例

张丽娜　周　阳　姚立英　等 编著

中国环境出版集团 · 北京

图书在版编目（CIP）数据

城市大气复合污染防治路线及应用实例/张丽娜等编著.
—北京：中国环境出版集团，2018.7
（大气污染防治与生态文明建设系列丛书）
ISBN 978-7-5111-3724-1

Ⅰ.①城… Ⅱ.①张… Ⅲ.①城市空气污染—污染防治—研究—天津 Ⅳ.①X51

中国版本图书馆 CIP 数据核字（2018）第 158299 号

出 版 人　武德凯
责任编辑　殷玉婷　沈　建
责任校对　任　丽
封面设计　彭　杉

出版发行　中国环境出版集团
（100062　北京市东城区广渠门内大街 16 号）
网　　址：http://www.cesp.com.cn
电子邮箱：bjgl@cesp.com.cn
联系电话：010-67112765（编辑管理部）
发行热线：010-67125803，010-67113405（传真）
印　　刷　北京中科印刷有限公司
经　　销　各地新华书店
版　　次　2018 年 7 月第 1 版
印　　次　2018 年 7 月第 1 次印刷
开　　本　787×960　1/16
印　　张　28.25
字　　数　450 千字
定　　价　76.00 元

《城市大气复合污染防治路线及应用实例》

编委会

主　编　张丽娜　周　阳　姚立英

副主编　张　涛　黄浩云　陈　璐　王文秀

编　委　秦　龙　高玉平　翟鸿哲　王永敏

彭　茵　吉　晟　王　兴　赵子玮

马寅平　郭安可　张　圆　李志强

李雨蒙　王艳云　王艳丽

序

党的十八大报告把生态文明建设作为统筹推进“五位一体”总体布局和协调推进“四个全面”战略布局的重要内容，将生态文明建设提到前所未有的战略高度，推动了生态环境保护从认识到实践发生历史性、转折性、全局性变化。党的十九大在十八大的基础上提出“打赢蓝天保卫战”，再一次吹响了加快生态文明体制改革、建设美丽中国的号角，进一步昭示了党中央加强生态文明建设的意志和决心。

党的十八大以来，我国环境治理力度明显加大，环境状况得到改善。但总体上看，长期快速发展中累积的资源环境约束问题日益突出，生态环境保护仍然任重道远。当前我国大气污染正从局地、单一的城市空气污染向区域、复合型大气污染转变，京津冀、长三角、珠三角以及其他部分城市群已表现出明显的区域大气复合污染特征，严重制约区域社会经济的可持续发展，威胁人民群众的身体健康。

大气复合污染的特征表现为同时出现高浓度的 O_3 和细颗粒物（$PM_{2.5}$），这一特征在珠江三角洲和京津冀地区近年的观测中非常明显，京津冀、长三角等区域每年出现灰霾污染天数达 100 天以上，个别城市甚至超过 200 天。2013 年以来，我国部分地区多次出现夏季臭氧超标和重度污染日，2015 年全国 74 个重点城市颗粒物污染有所减缓，但臭氧污染问题却日益严峻。尤其在京津冀区域，O_3 浓度不降反升，作为首要污染物天数仅次于 $PM_{2.5}$。O_3 是挥发性有机物（VOCs）和氮氧化物（NO_x）在大气中通过一系列光化学反应生成的二次污染物，对人体健康和生态环境均产生较大的影响。

O_3污染防治的关键在于VOCs和NO_x的控制，但是目前O_3污染防治仍有很大的困难，首先是前体物来源复杂、种类繁多，想要精准控制的难度大；其次，化学生成机制复杂，O_3与前体物的关系并非线性，削减前体物的难度大；最后，O_3存在的时间长，且能长距离传输，增加了区域性污染来源判断的困难，这都造成O_3污染防治具有很大的困难。因此，明确区域O_3污染控制区，控制NO_x与VOCs污染源排放，对于解决城市大气复合污染具有重要的意义。

针对O_3污染特征及其与前体物关系等问题，本书作者及其团队构建了本地化的VOCs成分谱及NO_x排放清单，确定了区域O_3污染排放特征及前体物控制区，解析区域O_3污染来源，为区域O_3污染控制提出了有利的控制措施及政策。

本书内容涵盖了大气复合污染特征研究的方法、VOCs污染源排放清单及成分谱的构建、工业源VOCs治理技术效果评估、臭氧及前体物污染特征研究以及大气复合污染协同控制策略方案，较为完整地介绍了城市大气复合污染的特征及防治措施，本书是作者及其团队长期实践工作经验与成果的总结与提炼，具有较强的实用性，对于从事大气复合污染与控制、O_3污染与来源解析等研究人员具有很好的参考和借鉴意义。

南开大学教授

朱坦

内容简介

当前，随着城市化、工业化、区域经济一体化进程的加快，我国大气污染正从局地、单一的城市空气污染向区域、复合型大气污染转变，部分地区出现区域范围的空气重污染现象，严重制约区域社会经济的可持续发展，威胁人民群众的身体健康。

本书系统介绍了大气复合污染的特征、成因分析及污染防治措施，列举了天津市臭氧、$PM_{2.5}$、VOCs复合污染的特征，重点研究了臭氧及其前体物VOCs、NO_x的关系，内容丰富，实用性强。作者在相关科研课题研究的基础上，结合近年来在大气污染防治工作方面的经验编写了此书，可作为大气污染防治科研人员的教材。

全书共分为 6 章:

第 1 章和第 2 章为本书的研究内容及意义，概述了城市大气复合污染的研究进程、污染特征以及本书的研究背景与目标，并介绍了 VOCs、臭氧污染特征的研究方法。

第 3 章为以天津市为例，概述了天津市大气历史复合污染特征，分析了近五年天津空气质量等级变化、重污染天气、臭氧、NO_2及颗粒物等主要污染物浓度变化特征，并进行臭氧光化学敏感性分析，提出天津市空气质量特点及污染防治难点。

第 4 章概括了天津市工业源、道路移动源、生活源和自然源的 VOCs 排放特征，分析各源项的原辅材料、工艺流程及排污节点，全面评价建立天津市工业源VOCs污染清单，研究适用于城市VOCs污染控制的管理体系和控制技术。

第5章为臭氧及其前体物污染特征研究，分析了前体物NO_x、VOCs、颗粒物以及气象条件对臭氧污染的影响，判定臭氧生产控制区，并研究传输通道对臭氧污染的影响，研究臭氧污染来源，评价天津市臭氧污染特征。

第6章为城市大气复合污染协同控制技术途径和对策建议。针对城市VOCs和臭氧污染来源广泛、成因复杂的特征，研究区域复合污染协同控制策略，评估大气臭氧污染及其前体物的控制技术的环境和经济性能。借鉴国外内城市复合污染相关控制法律和政策，提出天津市大气污染控制目标、减排目标、控制技术途径、对策建议及相关保护措施。

本书编写工作是在天津市环境保护专项资金项目“天津市大气复合污染机理与评估基础分析能力及实验平台建设”、“天津市大气复合污染机理与政策措施评估研究”项目、“天津市臭氧污染防控路线图的构建及近期阶段性防治对策研究”项目、天津市科技计划项目“天津市重点企业园区大气污染排放监测治理技术研究”（14ZCDGSF00029）等相关科研研究的基础上逐步开展的。此外，本书的编写还参考了大量国内外学者的研究成果，在此衷心感谢各位前辈、同事和同行的大力帮助和支持。

由于作者水平有限，在编写过程中难免有各种错误，在此敬请各位读者原谅。我们也真诚地希望广大读者和同行能对本书提出中肯的改进意见和建议。

作　者

2018年5月

目 录

1 城市大气复合污染的研究内容及意义

随着城市化、工业化、区域经济一体化进程的加快，我国大气污染正从局地、单一的城市空气污染向区域、复合型大气污染转变，部分地区出现区域范围的空气重污染现象，京津冀、长三角、珠三角及其他部分城市群已表现出明显的区域大气污染特征，严重制约区域社会经济的可持续发展，威胁人民群众的身体健康。

生态环境部公布的材料显示，当前我国以煤为主的能源结构未发生根本性变化，煤烟型污染作为主要污染类型长期存在，城市大气环境中的二氧化硫和可吸入颗粒物污染问题没有全面解决；同时机动车保有量持续增加，尾气污染越加严重，灰霾、光化学烟雾、酸雨等复合型大气污染物问题日益突出。其中，臭氧、可吸入颗粒物、二氧化硫、氮氧化物、挥发性有机物等成为大气主要污染物。

复合型大气污染导致能见度大幅度下降，京津冀、长三角、珠三角等区域每年出现灰霾污染的天数达 100 天以上，个别城市甚至超过 200 天。在此严峻的环境逼迫和控制挑战下，如何控制污染物，遏制区域大气复合污染，提出合理的污染控制措施是当今面临的重大挑战之一。

1.1 大气复合污染概述

1.1.1 大气复合污染定义

20 世纪 70 年代初唐孝炎院士即开始了兰州地区大气光化学烟雾研究，于 80 年代和 90 年代推动中国的酸雨研究，基于对我国大气污染问题的深刻认识，于 1997 年首次提出了大气复合污染的概念，指出中国的城市大气污染正在从煤烟型污染向机动车尾气型污染过渡。而我国经济发达地区一二十年内环境污染问题将集中爆发，出现了煤烟型与机动车尾气污染共存的特殊大气复合污染的类型，与发达国家相比，我国环境污染面临前所未有的紧迫性和困难。

一般来讲，复合型大气污染是指大气中由多种来源的多种污染物在一定的大气条件下（如温度、湿度、阳光等）发生多种界面间的相互作用、彼此耦合构成的复杂大气污染体系。“复合”主要体现在污染来源上，多种主导源排放的大气污染相互叠加，局地、区域和全球污染相互作用；在大气理化过程中，均相反应与非均相反应相互耦合，局地气象因子与区域天气形势相互影响，其造成的结果主要是二次污染物，尤其是二次细颗粒物大量增加。

朱彤等研究人员对大气复合污染提出如下定义：快速的城市化导致大量的污染物集中释放到大气，多种污染物均以高浓度同时存在，并发生复杂的相互作用；在污染现象上表现为大气氧化性增强、大气能见度显著下降和环境恶化趋势向整个区域蔓延；在污染本质上体现为污染物之间源和汇的相互交错、污染转化过程的耦合作用以及对人体健康和生态系统影响的协同或阻抗效应。

大气复合污染概念的提出，为我国大气污染的控制提出新的思路，而对这个概念科学内涵的探讨，则是对大气化学理论研究的一个重要推动。

1.1.2 大气复合污染进程

20 世纪 50 年代在美国洛杉矶发生过著名的“光化学烟雾事件”，臭氧就是元凶之一。在 50 年代，洛杉矶当地 400 多位 65 岁以上的居民因呼吸系统疾病死亡，70 年代以后，城市居民患有红眼病的比例高达 75%以上。污染事件唤醒了人们对环境污染的重视。

1955 年，美国出台了第一部联邦空气污染规制立法——《空气污染防治法》，1963 年美国国会颁布了《清洁空气法》，1967 年颁布了《空气质量控制法》，1970 年《清洁空气法》修正案出台，该立法是一个具有里程碑意义的立法，依据该法案，联邦政府得以设立国家环境保护局这一独立的联邦政府部门，监管全国的空气质量、公共环境健康，并进行环境保护技术开发等方面的管理，环境保护局成为美国进行统一空气污染治理的最重要的联邦机构。

20 世纪 90 年代以来，中国城市机动车保有量急剧增长，并且中国机动车燃油品质跟国外相比还有一定差距，而这样往往会使机动车燃油燃烧产生更多的一次污染物，如一氧化碳、一氧化氮、二氧化氮等，在大气中存在较高浓度的大气颗粒物时，会加速光化学反应，经过化学反应或光化学反应，生成危害物种类更多、危害更大的二次污染物质，如光化学氧化剂 NO_x、臭氧、过氧乙酰硝酸酯。

在我国当前发展阶段，煤炭消费一直随着我国经济的快速发展而逐年增加，然而，煤炭的大量消耗也决定了我国煤烟对大气污染贡献逐年增加，煤炭利用大多数为直接燃烧，煤炭大量燃烧排放的二氧化硫和颗粒物污染已十分严重。不仅如此，我国除工业发展的能源消耗之外，机动车尾气占大气污染的比重也日益增加，这二者使得我国城市大气污染现状十分严峻，有关污染物远高于发达国家水平和世界卫生组织标准。根据《全球空气质量指南》中规定，世界卫生组织（WHO）推荐的 $PM_{2.5}$ 标准为，年均准则值为 10 μg/m^3，24 h 日均准则值为 25 μg/m^3。而中国拟于 2016 年 1 月 1 日实施的标准中，WHO 准则值为 35 μg/m^3，24 h 准则值为 75 μg/m³，这一标准是远高于 WHO 推荐值，中国大气污染治理任重而道远。

目前城市大气污染治理过程中，面临更加严峻的大气污染形势，因为传统的煤烟型污染早已向煤烟污染和机动车尾气混合型污染方向发展，生成危害更大的二次污染物。上述传统煤烟型大气污染和新型大气复合污染叠加使得其对生态系统以及人民群众生活质量和健康危害更大，这已经成为亟待解决的环境问题，对中国建设生态文明、城市的可持续发展构成严重挑战。

1.2 大气复合污染特征

大气复合污染的特征表现为同时出现高浓度的 O_3 和细颗粒物（$PM_{2.5}$），这一特征在对近年珠江三角洲和京津冀地区的观测中非常明显。

1.2.1 挥发性有机物污染现状

1.2.1.1 挥发性有机物概述

挥发性有机物（Volatile Organic Compounds，VOCs）是一类有机化合物的统称，目前在国际范围内并没有统一的定义。

美国 ASTMD 3960-98 标准将 VOC 定义为任何能参加大气化学反应的有机化合物；美国国家环保局（United States Environmental Protection Agency，EPA）将挥发性有机物定义为除一氧化碳、二氧化碳、碳酸、金属碳化物、金属碳酸盐和碳酸以外，任何参加大气光化学反应的碳化合物；世界卫生组织（1989）对总挥发性有机化含物（Total Volatile Organic Compounds，TVOCs）的定义为，露点低于室温而沸点在 50～260℃的挥发性有机化合物的总称；在中国国家标准《室内空气质量标准》(GB/T 18883—2002)中对总挥发性有机化合物的定义是利用 Tenax CG 和 Tenax TA 采样，非极性色谱柱（极性指数小于 10）进行分析，保留时间在正己烷和正十六烷之间的挥发性有机化合物。

VOCs 种类繁多，包括各种烷烃、烯烃、醛酮芳香烃、酯类及它们的衍生物等。VOCs 的来源分为两大类，它们分别是自然源和人为源，其中自然源多来自植物排放，人为源主要来自机动车尾气、有机溶剂使用和挥发、工业排放和燃烧排放等。

VOCs 在光化学反应中扮演重要角色，对流层大气中的 VOCs 与氮氧化物（NO_x）发生光化学反应，生成臭氧、甲醛等二次污染物。大气中的 VOCs 不仅对人体健康产生直接危害，同时是大气中生成二次污染物的重要前体物质，还有可能对提高城市和区域的大气氧化能力产生重要影响，导致城市光化学烟雾、灰霾等大气复合污染问题日益严重。

1.2.1.2 挥发性有机物的危害

（1）环境空气质量的危害

VOCs 涉及物质种类众多，其物化性质表现出多样性，具有一定的潜在危害。大气中的 VOCs 在某种程度上控制着近地表层臭氧的浓度，并在光化学烟雾、二次细颗粒物污染、大气氧化能力、酸雨等环境问题中扮演着重要角色。

在对流层（10～15 km），一些活性较强的 VOCs 种类，在强光照、低风速、低湿度等条件下，可以和氮氧化物发生光化学反应，生成臭氧、过氧酰基硝酸酯（Peroxyacyl Nitrates，PAN）、二次有机气溶胶、醛、酮、有机酸或各种游离基，而光化学烟雾正是这些气相二次污染物经过进一步光化学反应急剧地向颗粒状物质转化的结果。光化学烟雾具有强氧化性，对人体健康、动植物和建筑物危害很大，并能使大气能见度降低。光化学烟雾于 20 世纪四五十年代在美国洛杉矶地区首次发生，继而又先后出现在日本、英国、德国、澳大利亚等国家。目前，此类污染几乎成为世界各大城市普遍存在的大气环境问题。光化学污染涉及区域可达下风向几十至上百千米，已成为一种区域性甚至全球性污染。

光化学烟雾能影响人的呼吸道功能，引发胸闷、恶心、疲乏等症状；会对植物系统造成损伤，并对一些人造材料（主要是高分子材料，如橡胶、塑料等）产生破坏作用；此外，光化学烟雾还会严重影响大气能见度。一些研究结果认为，中国各大城市的光化学烟雾决定性前体物为 VOCs。

光化学烟雾的主要成分中，臭氧约占 85%，过氧乙酰硝酸酯（Peroxyl Acetyl Nitrate，PAN）约占 10%。这些物质对人体健康可造成很大危害。臭氧对人体的危害主要表现为刺激和破坏深部呼吸道黏膜和组织，对眼睛也具有刺激作用，在低浓度长时间作用条件下，引起慢性呼吸道疾病及其他疾病；近地表层大气中臭氧的浓度达到 200～1 000 μg/m^3 时，会引起哮喘发作，导致上呼吸道疾病恶化，同时刺激眼睛，使视觉敏感度和视力降低；臭氧浓度达到 400～1 600 μg/m^3 时，人体仅接触 2 h 就会出现气管刺激症状，胸骨下疼痛和肺通透性降低，机体呈现缺氧症状；臭氧浓度＞1 600 mg/m^3 时，人体会表现出头痛、肺部气管变窄、肺气肿等症状。接触时间过长，还会损害中枢神经，导致思维紊乱或引起肺水肿等，对老人、儿童及病弱者尤为严重。臭氧还可能产生潜在性的全身影响，如诱发淋巴细胞染色体畸变、损害酶的活性和溶血反应，影响甲状腺功能、使骨骼早期钙化等。人体长期吸入这些氧化剂会影响体内细胞的新陈代谢，加速衰老。在严重情况下，也会造成死亡事件。光化学烟雾中的过氧乙酰硝酸酯（PAN）是一种极强的催泪剂，其催泪作用相当于甲醛的 200 倍。植物受害是判断光化学烟雾污染程度较敏感的指标之一。植物受到臭氧的损害，开始时表皮褪色，呈蜡质状，经过一段时间后色素发生变化，叶片上出现红褐色斑点。PAN 使叶子背面呈银灰色或古铜色，影响植物的生成，降低植物对病虫害的抵抗力。

对流层（高度 10～15 km）的 VOCs 与二次气溶胶（Secondary Organic Aerosol，SOA）也有密切关联。一些活性较强的 VOCs 能与大气中的·OH、NO_3^-、O_3 等氧化剂发生多途径反应，形成有机酸、多官能团羰基化合物、硝基化合物等半挥发性有机物，再通过吸附、吸收等过程进入颗粒相，生成二次有机气溶胶。Odum 等（1997）用烟雾箱模拟了汽油蒸气生成二次气溶胶的能力，认为可用单环芳香烃质量比重之和来表示气态有机化合物对 SOA 的生成潜力。Cocker 等（2001）对苯系物在 SOA 生成中的贡献进行了试验模拟和理论探讨，指出 VOCs 所形成的 SOA 可能是环境大气气溶胶的重要贡献者。

在平流层，部分 VOCs 会在太阳紫外线作用下被分解并释放出氯原子，与臭氧分子发生化学反应而造成臭氧损耗，如 CFCs、CCl_4、HCFC、CH_3Br、CH_3Cl 等。Edgerton（1995）对平流层中氯和氟浓度变化趋势进行的卫星监测结果证明，在平流层臭氧损耗处，氯浓度比自然背景值高出 5 倍左右，这些氯大部分源于人类活动排放的 CFCs、HCFCs 和卤代烃。

VOCs 参与的光化学反应生成物臭氧是生成大气环境中各种自由基氧化剂的重要来源，自由基氧化剂将提高城市和区域的大气氧化能力。臭氧和自由基可以把大气中的 SO_2 和 NO_x 氧化成硫酸和硝酸，形成酸沉降污染或转化为硫酸盐、硝酸盐气溶胶。VOCs 与大气中的一些自由基反应形成二次气溶胶，二次气溶胶是细颗粒物（$PM_{2.5}$）的重要组成部分（约占大气中细颗粒物的 50%）。

（2）人体健康的直接危害

很多研究者致力于 VOCs 对人体健康的影响评估、空气环境中 VOCs 暴露健康风险评价等工作。Jun 等（2007）认为二甲苯对长期接触的公众有着严重的潜在影响，并指出苯的接触和淋巴白血病有关；Lee 等（2002）对暴露于含低苯 VOCs 空气中的儿童血液指数变化进行讨论，指出 VOCs 暴露与血液异常有着密切的关系；Huss 等（2004）认为 VOCs 能引起外层皮肤损伤；Kimate（2004）认为 VOCs 暴露会加重神经性发炎，并伴随着组织胺引导反应增强；Phillips 等（1999）探讨了肺癌患者呼吸过程中 VOCs 含量的变化。

VOCs 对人体的危害性主要表现为嗅觉不舒适（确定）、感觉性刺激（确定）、局部组织炎症反应（怀疑）、过敏反应（怀疑）和神经毒性作用（怀疑）。

VOCs 对人体健康的危害途径为刺激眼黏膜、鼻黏膜、呼吸道和皮肤等，并很容易通过血液导致中枢神经系统使其受到抑制，还能使人产生头痛、乏力、昏昏欲睡和不舒适的感觉，苯、四氯乙烯、三氯乙烷、三氯乙烯和甲醛等被证明是致癌物质或可疑致癌物质。

丹麦学者 Lars Molhav 等根据其进行的控制暴露人体试验结果和各国的流行病学研究资料，暂定出 TVOCs 剂量反应关系（见表 1-1），即正常的、非工业性的室内环境中 TVOCs 浓度水平小于 0.2 mg/m^3 时，不会导致人体的肿瘤和癌症；

当 TVOCs 浓度为 3～25 mg/m^3 时，会对人体产生刺激及导致不舒适，与其他因素联合作用时，可能出现头痛；当 TVOCs 浓度大于 25 mg/m^3 时，除头痛外，可能出现其他的神经毒性作用。

表 1-1 TVOCs 暴露与健康效应的剂量响应关系

浓度范围/（mg/m^3）	健康效应	暴露范围分类
＜0.2	无刺激、无不适	舒适范围
0.2～3	与其他因素联合作用时可能出现刺激和不适	多因素协同作用范围
3～25	刺激和不适；与其他因素联合作用时可能有头痛	不舒适范围
＞25	除头痛外，可能出现其他的神经毒性作用	中毒范围

因此，VOCs 对环境空气和人体健康的危害不容忽视。

1.2.1.3 国内 VOCs 污染现状

张靖等于 2002—2003 年参考美国 EPA TO14、TO15 方法分析了北京市大气中 VOCs 的污染水平，VOCs 年平均质量浓度为 122.5 μg/m^3，共检测出 108 种 VOCs 物质，总 VOCs 平均质量浓度为（163.7±39.0）μg/m^3，VOCs 组分构成为饱和烷烃（33%）、芳香烃（21%）、烯烃（16%）、卤代烷烃（20%）、卤代烯烃（9%）和卤代芳香烃（1%），平均质量浓度依次为（53.6±14.6）μg/m^3、（34.6±15.3）μg/m^3、（25.6±7.3）μg/m^3、（33.1±5.8）μg/m^3、（14.2±6.6）μg/m^3 和（2.3±0.5）μg/m^3。此外，还检测出萘，其平均质量浓度为（1.0±0.5）μg/m^3。由监测结果可知，饱和烷烃是北京市大气环境中含量最为丰富的 VOCs 物质。

魏恩琪等于 2008—2009 年参照美国 EPA TO17 的方法研究分析了天津市不同功能区大气中的 VOCs 浓度水平，分析结果显示天津市中心城区 VOCs 污染物年均值为 121.9 μg/m^3。在天津市大气中检出 62 种 VOCs 物质，其中芳香烃类化合物占 45%，烷烃类占 24%，烯烃占 17%，其他占 14%；检出的化合物中，仅有 17 种能够准确定量分析，其中芳香烃类化合物 13 种，挥发性卤代烃 4 种，芳香烃化合物的浓度要高于烷烃、烯烃类。

蔡长杰等于2007—2008年对上海中心城区VOCs污染水平及源贡献进行了研究，根据其研究结果，2007年上海中心城区VOCs平均质量浓度为135.98 μg/m^3，2008年VOCs平均质量浓度为119.24 μg/m^3。陈长虹等在上海市大气中共检测出28种VOCs物质，主要为烷烃、芳香烃，其中，烷烃占46.72%，芳香烃占33.18%，烯烃占11.33%，乙炔占8.76%。检出物质中苯、甲苯、乙苯、对二甲苯、间二甲苯、邻二甲苯、氯苯和萘属于美国EPA优先控制污染物。

对比分析北京、天津、上海的监测数据，可知国内典型城市VOCs污染水平较为接近。张靖等在分析2002年北京市大气中VOCs的组成特征时发现，国外城市10多年前的污染状况（包括大气中烷烃、烯烃、芳香烃类化合物等的污染状况）与目前国内城市类似，国内外典型城市VOCs污染水平对比见表1-2和图1-1。

表1-2　国内外典型城市VOCs污染水平

城市	VOCs平均质量浓度/（μg/m^3）	监测时间
汉堡	179.9	1988年
维也纳	283.2	1990年
悉尼	279.9	1982年
大阪	501.2	1993年
芝加哥	129.7	1989年
亚特兰大	332.3	1991年
中国台湾	547.4	2003年
北京	122.5	2002—2003年
天津	121.9	2008—2009年
上海	119.24	2008年

典型城市中中国台湾VOCs质量浓度最高，北京、天津、上海等城市的污染水平接近，且与国外城市相比北京、天津、上海的VOCs质量浓度相对较低。目前，我国尚未制定VOCs环境空气质量标准。

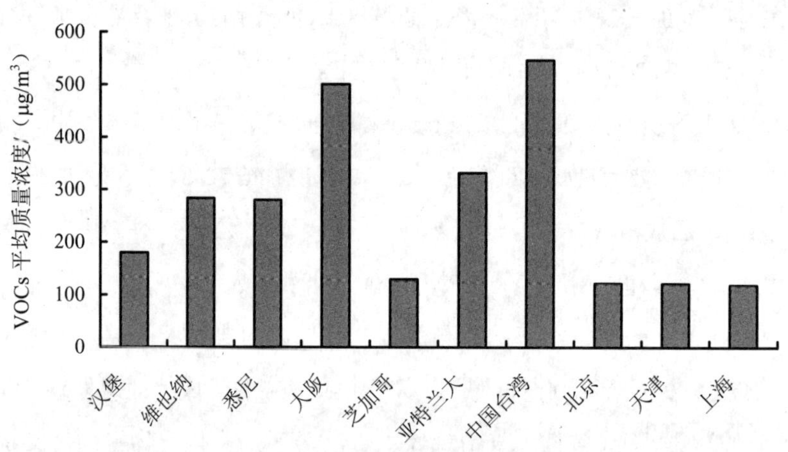

图 1-1　国内外典型城市 VOCs 污染水平

各典型城市环境空气中 VOCs 的主要组分为芳香烃、烷烃和烯烃，其中芳香烃和烷烃占 VOCs 总量的 50%左右。芳香烃多来源于黏合剂、油性涂料、油墨等常用有机物，并存在于秸秆、树叶等不完全燃烧形成的烟雾及机动车尾气；烷烃主要来源于石油及与石油共存的天然气、汽油挥发和汽车尾气等。由此可知，交通源与工业源是城市环境空气中 VOCs 的主要来源。各典型城市环境空气中 VOCs 组成如图 1-2 所示。

1.2.2　臭氧污染现状与特征

近年来，在我国臭氧成为首要污染物的污染现象也出现了大幅增加，对全国 74 个城市的空气质量统计显示：2015 年 6 月所有超标天数中，以臭氧为首要污染物的天数最多，超过了以 $PM_{2.5}$ 为首要污染物的天数；6—8 月京津冀地区的近半数污染日内，臭氧均代替 $PM_{2.5}$ 成为首要污染物。与此同时，广东省公布的 2015 年第二季度全省城市环境空气质量状况显示，臭氧已成为最常见首要污染物。

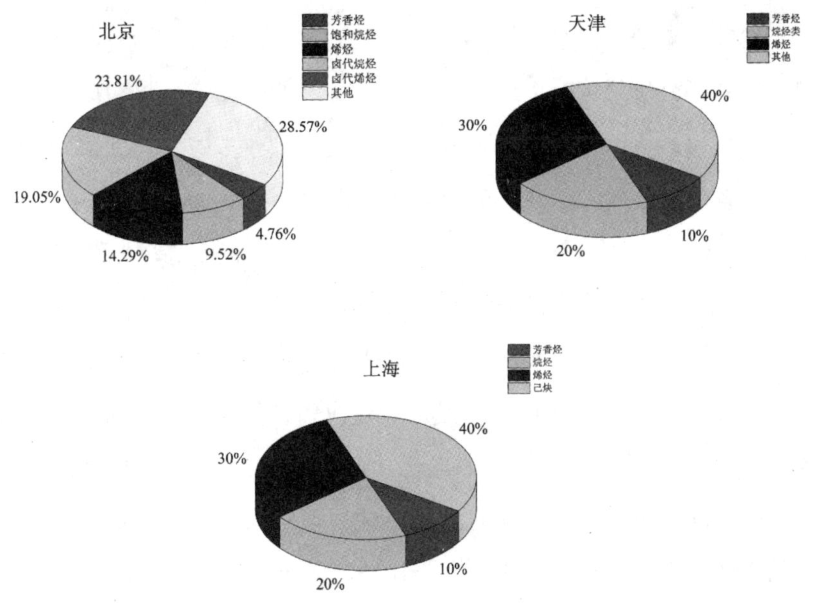

图 1-2 典型城市环境空气中 VOCs 的组成

臭氧作为光化学反应二次生成产物，是大气中的氮氧化物、挥发性有机物等前体物在强光照射下发生光化学反应的结果，与其前体物 VOCs 和 NO_x 排放存在着复杂的非线性关系，其浓度不仅与前体物的排放浓度及相对比例相关，而且受大气温度、相对湿度、风速等气象条件影响密切。

另外臭氧的增加，加大了大气的氧化性，这也导致大气中的二氧化硫、二氧化氮等更容易被氧化并逐渐凝结成颗粒物，从而提高灰霾发生的概率。

臭氧污染的问题是大气污染治理的难题，至今也仍然困扰美国、欧盟、日本等环境空气质量较好的发达国家和地区。此外，臭氧与其前体物 VOCs、NO_x 存在着复杂的非线性关系，当所在区域位于 NO_x 控制区时，减排 NO_x 对抑制臭氧浓度升高有效，VOCs 减排对臭氧变化效果不显著；当臭氧生成处于 VOCs 控制区，减排 VOCs 对于抑制臭氧浓度升高有效，此时 NO_x 减排可能反而导致臭氧浓度上升。已有研究表明，我国北京、香港、珠三角等地区都处于 VOCs 控制区。

1.2.2.1 臭氧污染研究进展

（1）国外研究进展

由于臭氧污染所造成的严重危害，针对臭氧污染的研究有很重要的现实意义，引起了研究者的广泛关注。由于光化学污染产生的机理复杂、影响因素较多，除了与反应物活性有关，与气候、地理环境、经济发展程度等自然经济因素也具有重要关联，因此光化学烟雾的研究具有较强的区域性特征。世界各地对光化学烟雾及臭氧污染投入了大量的科研力量，对臭氧污染的认识也逐渐深入。20 世纪早期，平流层臭氧的垂直输送被认为是对流层臭氧浓度升高的主要原因，直到 20 世纪 40 年代开始出现的美国洛杉矶光化学烟雾事件，人们才开始逐渐认识到，由人类排放的一次污染物，可以在对流层通过一系列化学反应形成光化学污染。随后，光化学烟雾事件在东京、雅典、圣保罗、大温哥华、墨西哥、珀斯等全球各地的城市和区域相继出现，使人类意识到光化学污染的严重性。

20 世纪 50 年代初，Haggen-Smit 等研究表明光化学烟雾中具有刺激性的气体是臭氧，并首次给出了洛杉矶光化学烟雾形成的理论，该研究认为大气中的氮氧化物（NO_x）和挥发性有机物（VOCs）是产生对流层臭氧的主要前体物，研究认为在洛杉矶形成光化学烟雾的主要原因是 VOCs 和 NO_x 在太阳光的照射下发生反应造成的，并证明汽车尾气能够形成空气中的臭氧，是一个明确的光化学烟雾来源。1956 年，Haagen-Smit 和 Fox 研究了有机物在光化学反应中对臭氧生成的影响。直到 1962 年，Leighton 才系统地表述了大气中各类污染物的化学反应过程，之后提出了第一个包含 7 个化学反应的光化学烟雾反应机理。

在发生光化学污染初期，人们对形成光化学烟雾的化学反应机理的理解十分有限，直到 20 世纪 60 年代末，在臭氧形成简单反应机理的提出、奇氢自由基（如 $\cdot HO_2$、$\cdot OH$ 等）在臭氧形成过程中的作用、臭氧中间产物（如 PAN）的判别和测定技术、烟雾箱模拟技术的发展基础上，人们对臭氧污染的形成机理有了更深入的认识，目前已经提出了包括几百个化学反应在内的臭氧光化学反应机制。

20 世纪 70 年代开始，美国开始了对臭氧进行系统研究，并制定了世界上首个臭氧控制法规及清洁空气法案。美国曾在早期将光化学烟雾的控制重点集中在 VOCs 上，直到 80 年代中期发现 NO_x 对于光化学烟雾形成的重要性，臭氧浓度与其前体物 NO_x 和 VOCs 呈高度的非线性关系。

1990 年，Sillman 等利用区域光化学模型检验美国农村地区的臭氧浓度受 NO_x 和碳氢化合物的排放量影响的敏感性，结果表明农村地区的臭氧产生受到 NO_x 的限制，农村臭氧形成与 NO_x 排放速率密切相关，但与碳氢化合物几乎是相互独立的。而在城市空气中，臭氧浓度水平取决于 NO_x 和 VOCs。

1993 年，Trainer 等利用约束稳态盒模型计算得出，城市空气中 NO_x 浓度较高，臭氧的产生受 VOCs 的浓度的影响，郊区 NO_x 浓度低，臭氧的产生主要则受 NO_x 的浓度控制，与 VOCs 几乎相互独立，这与同期的研究结果相类似。

1995 年，Jacob 等在对美国弗吉尼亚州西部的圣安东尼奥国家公园的观测中显示，9 月有两次臭氧高值，浓度都为 73×10^{-9}（体积比），但分析后发现，前一次臭氧污染过程为 NO_x 控制，后一次为 VOCs 控制。这一发现首次证明发生在同一地点的多次臭氧污染事件，其背后的形成机制会存在着很大的差别。

1999 年，Sanford Sillman 利用 10 年观测数据研究建立了臭氧与前体物 NO_x、VOCs 之间的关系，即 VOCs 敏感区和 NO_x 敏感区。三维光化学模型的敏感性分析表明，在特定地区单纯减少 VOCs 或 NO_x 的排放并不能取得降低臭氧浓度的效果，VOCs 与 NO_x 在不同的区域背景下有不同的影响机制。

2013 年，Sierra 等利用 MM5-SMOKE-CMAQ 模式在墨西哥空气污染最严重的蒙特雷市区做了 24 个控制臭氧的方案评估，得出在蒙特雷市区单独对 VOCs 浓度进行控制是减少臭氧浓度的最佳选择。

2015 年，Eder 等在日本关东地区利用 2000—2005 年人为排放量的数据通过 WRF 和 CMAQ 空气质量模型模拟验证了人为排放控制对臭氧浓度的影响。结果表明，NO_x 和 VOCs 浓度的削减会使东京中心地区日最大臭氧浓度增加，但在关东的其他地区却使日最大臭氧浓度降低；在整个关东地区，减少 VOCs 的浓度能有效地使臭氧浓度降低，这表明针对不同地区，必须采取适当的 NO_x 和 VOCs 削减措施才能保证臭氧浓度的降低。

（2）国内研究进展

受制于工业和经济发展水平的限制，中国在 20 世纪 70 年代才出现典型的光化学污染事件。1972 年，光化学烟雾首次发生于我国的兰州西固石油化工区，当时虽然是白天，但是全城弥漫着淡蓝色的烟雾，能见度非常低，汽车必须打开车灯才能行驶，这是我国最早发现的光化学烟雾。唐孝炎院士最早发现了这次污染事件并进行了早期的研究，发现当地光化学氧化剂浓度的峰值出现在 10—14 时，其浓度分布为偏正态分布或对数正态分布。在此以后，我国的研究人员才开展了对光化学烟雾和臭氧污染的研究工作。

20 世纪 80 年代末，余金香等利用光化学烟雾箱模式探究了兰州市西固地区臭氧污染前体物 VOCs、NO_x 排放量与臭氧浓度之间的关系，结果表明通过对 NO_x 的排放量进行控制是有效的，控制 VOCs 的排放来降低臭氧浓度比较困难。

1998 年，张远航等在兰州、北京和广州地区对光化学臭氧污染的形成机制进行了研究，发现在北京、广州和兰州西固石油化工区均存在光化学烟雾污染，且臭氧浓度常超过国家空气质量标准；光化学烟雾的前体物在输送过程中，臭氧不断生成并积累，因此臭氧浓度一般是郊区高于市区，最大浓度出现在城市的下风向地区。

近年来，我国科研人员在臭氧污染研究领域取得了长足进展。唐孝炎院士等利用 CAMx 模型对北京臭氧污染过程进行模拟，利用 OSAT 和 GOAT 技术量化了不同地区的污染源排放对北京市城近郊区臭氧污染的贡献，发现北京地区臭氧污染分布存在显著差异，并且具有明显的区域性特征，定陵地区的超标臭氧主要受到城近郊区烟羽的严重影响（占 55%），城近郊区则除受到北京市的前体物排放影响外（占 46%），来自天津市、河北省南部地区的贡献往往也占有重要份额；在周边地区对北京市近郊区的贡献中，直接输入的臭氧约占 70%，其余部分以输入前体物的方式贡献臭氧；北京城近郊区的臭氧生成主要受 VOCs 控制，而在远郊区县和农村地区臭氧生成对 NO_x 变得更为敏感。李金龙等利用 CAMx 模型，结合排放源清单，研究了北京市城近郊区人为源排放 VOCs 对该地区臭氧生成的贡献率。结果表明，在各类污染源中，流动源排放的 VOCs 的贡献率最大，然后依次是油品储运与溶剂使用、工业面源和高架点源的贡献。耿福海等的研究结果表明，上海中心地区臭氧受 VOCs 控制，并受到高浓度 NO_x 的强烈抑制，长江三角洲的臭氧污染也主要受到 VOCs 的控制。

面对国内臭氧污染程度的日益严重，地方和国家也对这一环境问题愈发重视，相继开展了一系列面向臭氧污染的重大重点科研项目。在科技部的支持下，“大气复合污染的立体观测和污染过程”国家基础研究课题（973 计划）以广州市为重点在 2004 年 10 月开展了大型综合观测实验。2006 年，科技部启动了“重点城市群大气复合污染综合防治技术与集成示范”“十一五”863 重大研究计划，项目周期为 2006—2010 年。该项目旨在针对重点城市群区域大气复合污染控制的需求，研究和开发大气复合污染监测的关键技术、标准和规范，建立动态源清单技术，构建区域性立体监测网络和预警系统，开发与复合污染控制有关的关键污染源控制技术和设备，建立大气复合污染综合防治的区域调控机制和运行体系，通过制定长期战略和动态控制目标，在今后 10～15 年的经济增长过程中防止空气污染给人体健康和环境带来的危害，并推动中国清洁空气计划的实施。

目前，对天津市的臭氧污染研究主要集中在对夏季臭氧高发期的污染特征、影响因素等方面的分析，对长时间序列臭氧及其前体物的相关性研究、臭氧前体物排放清单及排放源成分谱、臭氧污染的光化学敏感性分析等方面的研究较少，这些相关研究的开展对于天津市臭氧污染的控制是非常有意义的。

1.2.2.2 臭氧形成的基本原理

在对流层大气中，臭氧参与的化学反应非常复杂，其过程受到前体污染物种类、浓度、气象条件等多方面因素的影响，其中，与对流层臭氧相关的主要化学反应包括：

臭氧的生成：

$$NO_2 + h\nu \longrightarrow NO + O\bullet(^3P) \qquad (1\text{-}1)$$

$$O(^3P) + O_2 + M \longrightarrow O_3 + M \qquad (1\text{-}2)$$

其中式（1-2）是臭氧在大气中唯一的化学反应源，M 可以是空气中的各类分子介质，如 N_2、O_2 等。

臭氧的消耗：

$$NO + O_3 \longrightarrow NO_2 + O_2 \qquad (1\text{-}3)$$

这 3 个反应构成了一个 $NO\text{-}O_3\text{-}NO_2$ 零循环，反应达到动态平衡时，臭氧的净生成与净消耗速率近似相等，使臭氧浓度维持不变。但是当其他化学反应对 NO_x 的浓度产生影响时，也必将对 $NO\text{-}O_3\text{-}NO_2$ 循环产生影响，造成臭氧浓度的变化。

当大气中存在 VOCs 时，VOCs 可形成过氧自由基以影响反应见式（1-3），以烃类物质为例，反应过程如下所示：

$$R\text{-}CH_3 + HO\bullet \longrightarrow R\text{-}CH_2\bullet + H_2O \qquad (1\text{-}4)$$

$$R\text{-}CH{=}CH_2 + HO\bullet \longrightarrow R\text{-}(HO)CH\text{-}CH_2\bullet + H_2O \qquad (1\text{-}5)$$

$$R\text{-}CH_2\bullet + O_2 \longrightarrow R\text{-}CH_2O_2 \qquad (1\text{-}6)$$

$$R\text{-}CH_2O_2\bullet + NO \longrightarrow R\text{-}CH_2O\bullet + NO_2 \qquad (1\text{-}7)$$

$$R\text{-}CH_2O\bullet + HO\bullet \longrightarrow R\text{-}CHO + H_2O \qquad (1\text{-}8)$$

烃类物质通过一系列的光化学反应，可以被氧化为醛、酮类物质，其中式(1-6)可以与式（1-3）形成竞争，减少臭氧的消耗，使臭氧浓度增加。

而对于醛、酮类物质，也可通过羟基自由基（HO•）引发链反应，其过程如式（1-9）～式（1-12）所示：

$$R\text{-}CHO + HO\bullet \longrightarrow R\text{-}CO\bullet + H_2O \tag{1-9}$$

$$R\text{-}CO\bullet + O_2 \longrightarrow R(CO)O_2\bullet \tag{1-10}$$

$$R(CO)O_2\bullet + NO \longrightarrow R(CO)O_2NO \tag{1-11}$$

$$R(CO)O_2\bullet + NO_2 \longrightarrow R(CO)O_2NO_2 \tag{1-12}$$

其中 R（CO）$O_2\bullet$ 自由基可以同时与 NO 和 NO_2 反应，这会对式（1-1）和式（1-3）造成复杂的影响，影响 NO-O_3-NO_2 循环。

而氮元素参与的一系列的光化学反应、一氧化碳（CO）的光化学氧化等过程，均可以对 NO、NO_2 的浓度造成影响，破坏臭氧生成、消耗的平衡，对大气中臭氧的浓度造成复杂的影响。

1.2.2.3 臭氧污染的危害

臭氧是大气中最重要的痕量组分之一，是一类具有特殊臭味的浅蓝色气体，臭氧主要分布在平流层中，在对流层的臭氧仅占约 10%，但低空高浓度臭氧却对人类和动植物造成了很大的影响。近地面臭氧是一种重要的光化学污染物，是复合型大气污染的重要污染物之一。夏季持续高温和强日照天气会加剧大气光化学反应，近地面氮氧化物和挥发性有机物等在高温、强光照条件下发生光化学反应，生成臭氧等二次污染物，夏季臭氧浓度的日益升高将增加城市光化学烟雾发生的频率，对环境空气质量达标造成明显影响。

近地面高浓度的臭氧由于其强氧化性，能够参与多种大气污染物的化学转化过程，并对人类及生态系统造成严重的损害。

近地面臭氧能够强烈刺激人类呼吸道，造成咽喉肿痛、胸闷咳嗽、引发支气管炎和肺气肿等；并造成神经中毒，头晕头痛、视力下降、记忆力衰退；对人体皮肤中的维生素 E 起到破坏作用，致使人的皮肤起皱、出现黑斑；甚至破坏人体免疫机能，诱发淋巴细胞染色体病变，加速衰老，致使胎儿畸形。

对植物产生严重的损害也是臭氧污染的重要体现，许多工业化国家大气中的高浓度臭氧已对农林植物构成伤害，甚至造成巨大的经济损失。大量实验研究表明，当臭氧浓度升高时会导致小麦产量减产、作物的叶绿素含量降低、叶片会发生黄化，导致叶片的净光合速率减小、作物的膜系统受到损伤、大豆的固氮能力降低等一系列不良反应。臭氧还会影响植物根系的形态特征、根系活力和根系对营养成分的吸收与分配，甚至影响根系生长的土壤环境，改变不同尺寸土壤团聚体和土壤孔隙度的分布特征。

作为一种强氧化性气体，臭氧还能够较快地与含有不饱和碳碳键的有机化合物反应，包括橡胶、苯乙烯、萜类、不饱和脂肪酸及其酯类。这些有机化合物普遍存在于室内的建筑材料（如乳胶涂料等表面涂层），居家用品（如软木器具、地毯等）以及橡胶、丝、棉花、醋酸纤维素、尼龙和聚酯的制成品中。这类材料在臭氧的暴露下会加速老化，从而造成染料褪色、照片图像层脱色、轮胎老化、建筑材料受损等问题。

此外，臭氧作为重要的温室气体，在地球辐射平衡中扮演着重要的角色，能够对全球气候变化造成影响。

1.2.2.4 臭氧污染防控研究难点

（1）政策方面

在政策方面，有关臭氧污染的质量标准和防治政策还不完善，缺乏详细具体、具有可操作性的标准和规定，臭氧的治理一定程度上还处于空白状态。2012 年修订《环境空气质量标准》时，才加入臭氧 8 h 平均浓度指标，《大气污染防治行动计划》提出东中部 12 省市（包括北京、天津、河北、山西、河南、山东、湖北、湖南、安徽、上海、江苏、浙江等）重点控制以 $PM_{2.5}$、PM_{10} 为代表的颗粒物污染，兼顾京津冀、长三角等区域的臭氧污染，力争总体水平达到成渝现状水平。环保部出台的《京津冀大气污染防治强化措施（2016—2017 年）》提出，天津市 $PM_{2.5}$ 年均浓度达到 60 μg/m^3 左右，其中，武清区、宝坻区、蓟县分别达到或低于全市平均水平，但文件中也没有专门条款论述臭氧污染控制问题。

（2）能力建设

在能力建设方面，挥发性有机物等臭氧前体物的监测体系不健全。地面臭氧前体物监测值的缺乏是制约我国地面臭氧污染生态环境效应研究的瓶颈之一。目前，我国对臭氧前体物的监测尚处于启动状态，技术设备不完善。一方面，由于臭氧不像二氧化硫、一氧化碳等一次污染物一样有标准气体，便于在线监测设备的误差校正，对大尺度区域范围内臭氧在线监测设备的校准及数据分析工作造成了极大的障碍。另一方面，作为臭氧前体物的挥发性有机物（VOCs），目前已经发布《环境空气 挥发性有机物的测定 罐采样/气相色谱-质谱法》（HJ 759—2015）标准，对环境空气中 67 种挥发性有机物组分进行测定，但对已有的 VOCs 在线监测设备尚无适用的标准，且已有的监测方法对一些光化学活性较强的 VOCs 化学组分的覆盖范围尚不充分，难以较为全面地评估 VOCs 对臭氧污染的贡献。

此外，由于臭氧与其前体物表现出高度的非线性关系，臭氧前体物在不同地区比例不同，即便在同一个城市，城区与郊区的比例也有差别。这就要求臭氧监测站有足够的覆盖面，并且有足够的监测能力。而目前京津冀区域臭氧监测站覆盖面不够大，数量不够多，监测的物质种类范围不足，这导致监测数据难以满足臭氧污染研究与制定臭氧污染防治策略的需求。

（3）理论研究

在理论研究方面，我国对臭氧污染的基础性研究成果还不丰富，关于臭氧的形成机理、传输机制、危害机制及预测预报机制的研究都不够深入和成熟。这就导致无法为政策的制定和标准的建立提供理论支持。

显然，臭氧污染已经成为我国大气污染防治的新课题，应为有关部门臭氧污染防治策略的制定提供理论基础。针对当前的臭氧污染特征与面临的主要问题，应当从以下几个方面加强臭氧污染的治理，一方面是加强环境空气质量与对大气气象的长期监测及相关性分析，开展臭氧污染监测及研究污染气象条件，分析气象因素和臭氧污染的关系，明确导致臭氧污染的气象特征，揭示天津地区气象因素对臭氧污染的影响规律。另一方面是加强 O_3 与 VOCs 和 NO_x 的光化学敏感性分析研究，利用臭氧及其前体物的监测数据和排放清单，结合大气气象观测结果，通过基于观测数据的 OBM 方法模拟获得各地区优先控制的污染前体物，明确天津地区的臭氧光化学敏感性；同时绘制天津地区 EKMA 曲线，与 OBM 模型数据相互验证，结合 VOCs 化学反应活性共同判断具有区域特征的臭氧主要前体物。最后基于空气质量模型模拟的天津市臭氧污染源解析，通过搭建以 CAMx-OSAT 为核心的空气质量模型的研究平台，结合在线监测得到的气象数据和已建立的排放源清单，选取天津市臭氧污染严重的区域作为受体点，开展臭氧污染溯源工作。

基于天津市社会经济发展和污染控制宏观战略规划，结合臭氧污染历史变化趋势，初步估算和掌握天津市低空臭氧污染态势，估测未来 5～10 年生成臭氧的前体物排放趋势，并分析未来天津市大气环境臭氧浓度变化趋势及空间分布状况，利用情景分析和模拟技术相结合的手段，评估多种情境下对大气臭氧污染控制的效果，对于寻求长期遏制臭氧污染恶化趋势具有重要的意义。

1.3 本书研究背景与目标

近年来，京津冀地区在夏季频发臭氧污染天气，给人民生产生活和身体健康造成了消极影响，大气污染呈现以臭氧、颗粒物复合污染为主的特征。大气污染防治工作不仅是环境保护的需要，也是经济发展转型升级的需要，更是一项民生工程。大气污染防治是推进生态文明建设、建设美丽城市必须要解决的重大环境问题之一。

随着天津市空气质量管理与污染控制的力度逐渐加大，当前亟须开展一系列挥发性有机物的相关研究，但是，目前天津市挥发性有机物的各类源清单尚未全部建立，综合管理缺乏完善、系统的规范，管理体系尚未健全，阻碍后续 VOCs 污染治理与防控工作的进行。

本书以贯彻落实国家和天津市对挥发性有机物污染防治的要求为中心，建立天津市 VOCs 排放工业源、移动源、生活源和自然源的排放清单，研究各类污染源的排放特征、空间分布、并制定有针对性的 VOCs 排放控制要求，建立天津市挥发性有机物的整体管控体系，为大气复合污染的防控提供科学的技术支持。

1.3.1 国家对大气污染防治工作高度重视

目前，大气污染已对社会经济发展与人民生活水平提高造成了一定的消极影响，近年来国家对大气污染防治工作十分重视。《国家中长期科学和技术发展规划纲要（2006—2020 年）》和《国家“十二五”科学与技术发展规划》分别提出在重点领域开展区域大气环境污染的综合治理和在大型城市群进行大气污染治理技术综合应用与示范的要求。国务院印发了《大气污染防治行动计划》（国发〔2013〕37 号），提出要加强灰霾、臭氧的形成机理、来源解析、迁移规律和监测预警等研究，为污染治理提供科学支撑。

国家对 VOCs 污染控制重点提出的要求，主要包括：

①2010 年 5 月国务院办公厅转发的《关于推进大气污染联防联控工作改善区域空气质量的指导意见》（国办发〔2010〕33 号）提出联防联控的重点控制的污染物是二氧化硫、氮氧化物、颗粒物、挥发性有机物，要求开展挥发性有机物污染防治工作。

②环境保护部等部门《关于推进大气污染联防联控工作改善区域空气质量指导意见的通知》将 VOCs 污染防治带入中国环保的主战场。

③《重点区域大气污染防治“十二五”规划》提出重点区域重点行业现有 VOCs 排放源减排 10%～18%的目标，要求开展 VOCs 排放摸底调查、完善重点行业 VOCs 排放控制要求和政策体系；以加油站、石化、有机化工、表面涂装、溶剂使用等行业开展 VOCs 污染专项整治为重点，深入推进 VOCs 污染防治工作。

④《大气污染防治行动计划》及《大气污染防治行动计划实施情况考核办法（试行）》要求 2014 年制定石化、有机化工、表面涂装、包装印刷等重点行业挥发性有机物综合整治方案（以下简称《综合整治方案》）；2015 年石化企业完成一轮

泄漏检测与修复（LDAR）技术改造和挥发性有机物综合整治，有机化工、表面涂装、包装印刷等重点行业挥发性有机物治理项目完成率达到50%；2016年治理项目完成率达到80%；2017年《综合整治方案》所列治理项目全部完成，已建治理设施稳定运行，将VOCs治理作为改善大气环境的主要手段。

⑤《京津冀及周边地区落实大气污染防治行动计划实施细则》要求京津冀区域实施挥发性有机物污染综合治理工程。到2014年年底，加油站、储油库、油罐车完成油气回收治理。到2015年年底，石化企业全面推行“泄漏检测与修复”技术，完成有机废气综合治理。到2017年年底，对有机化工、医药、表面涂装、塑料制品、包装印刷等重点行业的559家企业开展挥发性有机物综合治理。

⑥《石化行业挥发性有机物综合整治方案（征求意见稿）》提出到2015年年底，石化行业全面开展“泄漏检测与修复”工作，VOCs无组织排放得到基本控制；京津冀、长三角、珠三角等区域和中石油、中石化、中海油等企业全面完成石化行业VOCs治理工作，初步建成石化行业VOCs监测监控体系。到2017年7月1日，全国石化行业全面完成综合整治工作，达到VOCs控制标准要求；建成全国石化行业VOCs监测监控体系。到2017年年底，石化行业VOCs排放总量比2014年削减30%以上，将石化行业整治作为VOCs污染防控的重中之重。

1.3.2 京津冀一体化对大气污染联防联控提出了新要求

天津市是京津冀地区大气污染联防联控的重点区域之一。为共同治理区域重点污染源，同步应对解决区域共性问题，京津冀及周边地区大气污染防治协作小组办公室印发了《京津冀及周边地区大气污染联防联控2014年重点工作》，提出要成立区域大气污染防治专家委员会，统一行动，加强联动，研究制定公共政策，促进区域空气质量改善等要求。

为加快天津市大气污染治理，切实改善环境空气质量，依照《大气污染防治行动计划》（国发〔2013〕37号）、《京津冀及周边地区落实大气污染防治行动计划实施细则》（环发〔2013〕104号），结合天津市实际情况，于2013年9月28

日印发了《天津市清新空气行动方案》，明确提出要增强大气污染防治科技支撑，开展城市大气污染机理、来源解析、多污染物协同控制技术研究，开展控制措施研究，并对各种治理措施的环境与经济、社会费用-效益进行科学评价。

1.3.3 天津市大气污染控制要求

挥发性有机物作为形成臭氧、$PM_{2.5}$等二次污染物的重要前体物，在 NO-O_3-NO_2 光化学循环中，促进了 NO_2 的生成和 NO 的消耗，导致了臭氧的净生成，是引发大气光化学反应的重要污染物。一般认为，京津冀区域处于臭氧污染的 VOCs 控制区，NO_x 的减排会引起臭氧浓度的升高，而 VOCs 的减排能够有效控制臭氧污染程度，因此，挥发性有机物的削减对于臭氧污染的控制具有重要的意义。

为了推动天津市环境空气质量的改善，促进对臭氧与 $PM_{2.5}$ 污染程度的控制，天津市提出了 VOCs 环境管理的要求：

①天津市人民政府转发了市环保局《天津市 2012—2020 年大气污染治理措施》，文件要求实施重点行业挥发性有机物治理措施，包括：建立挥发性有机物废气监管体系，重点开展石油化工、有机化工以及原料药制造、涂装等重点行业污染物治理及关停工作；开展加油站、储油库和油罐车油气回收治理，建设油气回收在线监控系统平台试点。

②2013 年 9 月印发的《天津市清新空气行动方案》中明确部署了天津市 VOCs 污染综合治理工程。到 2014 年年底前，完成储油库、加油站油气回收治理，积极推进油田开采、原油成品油码头开展油气回收工作；全面开展餐饮油烟污染治理工作；2016 年年底前，对石化、化工、医药、表面涂装、塑料制品、包装印刷等重点行业企业全面开展综合治理或关停，在石化、化工等重点企业推行泄漏检测与修复技术和在线监测示范项目，推广使用水性涂料，鼓励生产、销售和使用低毒、低挥发性溶剂。

③2018 年 4 月印发的《天津市“十三五”挥发性有机物污染防治工作实施方案》中指出，重点推进石化、化工、包装印刷、工业涂装等重点行业以及机动车、

油品储运销等交通源 VOCs 污染防治，实施一批重点工程；加强活性强的 VOCs 排放控制，如芳香烃、烯烃、炔烃、醛类等，各区应紧密围绕本区环境空气质量改善需求，基于 O_3 和 $PM_{2.5}$ 来源解析，确定 VOCs 控制重点。同时，要强化苯乙烯、甲硫醇、甲硫醚等恶臭类 VOCs 的排放控制。到 2020 年，要建立健全以改善环境空气质量为核心的 VOCs 污染防治管理体系，实施重点行业 VOCs 污染减排，VOCs 排放总量比 2015 年下降 20%以上。通过与 NO_x 等污染物的协同控制，实现环境空气质量持续改善。

1.3.4 研究目标

由于臭氧属于典型的二次污染物，它并非由污染源直接排放进入大气，而是以氮氧化物（NO_x）和挥发性有机物（VOCs）等多种物质作为前体物，通过一系列光化学反应过程产生，并在低空积聚的。相关研究表明，臭氧主要通过二氧化氮（NO_2）的光解反应生成，在一氧化氮（NO）被氧化为 NO_2 的过程中消耗，NO_2-O_3-NO 平衡对大气臭氧浓度具有重要的影响。但由于 NO_2-O_3-NO 平衡受到 VOCs 化学成分特征、VOCs 与 NO_x 混合比例、太阳辐射、局地及大尺度气象场等多种因素的复杂影响，臭氧与 NO_x、VOCs 浓度的关系往往表现为高度的非线性响应，难以预测在不同的污染气象条件下臭氧浓度的变化特征，甚至在不适当的 VOCs 与 NO_x 控制比例下，会出现臭氧污染程度不降反升的情况，因此制定臭氧污染的控制对策必须建立在掌握臭氧污染特征的基础上，应对臭氧污染的防控进行科学的、长期的规划，否则将对臭氧浓度的控制效果造成不利影响。

目前，天津市臭氧污染的治理由于基础研究起步较晚、监测覆盖数据量不全面，对臭氧形成机制及有效控制途径缺乏清晰明确的认识，政府和环境管理部门尚不能形成有效的管理体系和治理技术来实现臭氧的高效治理。因此，针对臭氧产生机制及天津地区臭氧污染光化学敏感性，亟须开展广泛的基础研究来指导短期内臭氧污染治理及制订长期臭氧控制规划，以解决天津市臭氧污染问题，并为实现天津市大气区域复合型污染的改善提供理论依据及技术指导。天津市目前对

VOCs 的治理已纳入京津冀区域的大气污染防治的规划，但对于 VOCs、NO_x 对臭氧的综合影响，以臭氧控制为出发点的 VOCs、NO_x 协同控制的理论依据依然有待建立。

VOCs 是一类组成十分复杂的有机化合物，是导致我国高浓度 $PM_{2.5}$ 和臭氧形成的重要前体物，其污染排放复杂、涉及排放源众多。VOCs 减排控制不仅涉及标准法规、政策制度，也涉及排放特征、各项影响因素及治理技术等多方面的内容，目前的研究还不能有效支撑天津市挥发性有机污染物的减排和控制，因此亟须开展 VOCs 整体管控体系的研究，为天津市大气环境管理提供科学支撑。

本书以贯彻落实国家和天津市对挥发性有机物污染防治的要求为中心，建立天津市 VOCs 排放工业源、移动源、生活源和自然源的排放清单，研究各类污染源的排放特征、空间分布并制定有针对性的 VOCs 排放控制要求，建立天津市挥发性有机物的整体管控体系，为大气复合污染的防控提供科学的手段。

参考文献

[1] 彭超，廖一兰，张宁旭. 中国城市群臭氧污染时空分布研究[J]. 地球信息科学学报，2018，20（1）：57-67.

[2] 吴琳，薛丽坤，王文兴. 基于观测的臭氧污染研究方法[J]. 地球环境学报，2017，8（6）：479-491.

[3] 李婷婷，尉鹏，程水源，等. 北京一次近地面 O_3 与 $PM_{2.5}$ 复合污染过程分析[J]. 安全与环境学报，2017，17（5）：1979-1985.

[4] 朱文英，蔡博峰，刘晓曼. 区域大气复合污染动态调控与多目标优化决策技术研究[J]. 中国环境管理，2016，8（6）：111-112.

[5] 唐邈，李鹏，肖致美，等. 天津市环境空气质量现状特征分析研究[J]. 环境科学与管理，2015，40（2）：8-11.

[6] 张娅娜，谢华生，黄浩云，等. 天津市臭氧污染现状与变化特征的研究[J]. 天津科技，2015，

42（12）：62-66.

[7] 张小曳，孙俊英，王亚强，等. 我国雾霾成因及其治理的思考[J]. 科学通报，2013，58（1）：1178-1187.

[8] 严茹莎，陈敏东，高庆先，等. 北京夏季典型臭氧污染分布特征及影响因子[J]. 环境科学研究，2013，26（1）：43-49.

[9] 段玉森，张懿华，王东方，等. 我国部分城市臭氧污染时空分布特征分析[J]. 环境监测管理与技术，2011，23（S1）：34-39.

[10] 张明顺. 欧盟臭氧污染监测现状及我国开展臭氧污染监测的建议[J]. 环境监测管理与技术，2011，23（6）：17-20.

[11] 朱彤，尚静，赵德峰. 大气复合污染及灰霾形成中非均相化学过程的作用[J]. 中国科学：化学，2010，40（12）：1731-1740.

[12] 刘彩霞，冯银厂，孙韧. 天津市臭氧污染现状与污染特征分析[J]. 中国环境监测，2008（3）：52-56.

[13] 白希尧，张芝涛，白敏药，等. 臭氧产生方法及其应用[J]. 自然，2000，22（6）：347-354.

[14] 储金宇，吴春笃，陈万金，等. 臭氧技术及应用[M]. 北京：化学工业出版社，2002.

[15] 贺克斌. 大气颗粒物与区域复合污染[M]. 北京：科学出版社，2011.

2 大气复合污染特征及防治的研究方法

城市与大气复合污染特征的研究，首先需要围绕大气臭氧及其前体物，采用连续监测和典型过程的加强监测相结合、地面监测与航测及激光雷达垂直测量相结合的方法，来研究大气复合污染的演变规律及其影响因素。针对天津市挥发性有机物污染特征筛选了天津市 VOCs 重点排放的企业，并建立重点行业 VOCs 排放清单及 VOCs 化学成分谱数据库。采用长期观测的方法分析天津市历史臭氧污染特征，基于数值模型的方法分析天津市臭氧来源解析，对臭氧前体物 VOCs、NO_x 与臭氧进行敏感性分析，确定天津市臭氧前体物控制区的类型，并确定 NO_x 与 VOCs 减排比例。

2.1 挥发性有机物污染特征研究方法

2.1.1 VOCs 排放特征与成分谱的建立

结合已有的工业企业挥发性有机物排放申报系统估算的工业源 VOCs 排放量及企业清单，补充完善工业源 VOCs 清单，建立天津市重点行业 VOCs 排放清单。结合各污染源 VOCs 排放与控制状况，实地调查各类 VOCs 污染源特点，通过污染源监测，定量分析所排放 VOCs 化学组分，追踪 VOCs 的来源与去向；了解不同行业 VOCs 排放源的排放水平和成分。将污染源监测及相关研究建立的化学成分谱进行归一化整理，建立天津市 VOCs 排放源化学成分谱数据库。基于 2015 年 VOCs 排放源清单和成分谱数据库，开展天津市 2015 年 VOCs 组分排放源清单的建立工作，估算各排放源 VOCs 组分排放量。收集各种反映 VOCs 排放源空间特征的地理信息及空间数据，利用 GIS 技术和科学合理的空间分配方法，实现 VOCs 各组分排放量的空间网格化分配，识别主要 VOCs 组分在天津市的空间分布特征。

2.1.1.1 筛选调查行业

结合天津市产业结构分布特征，以对天津市 VOCs 排放总量的贡献大小及活动单位数量作为筛选天津市 VOCs 排放源重点行业的主要原则。

通过分析天津市工业企业 VOCs 排放情况，开展家具制造、医药制造、制鞋、塑料制品制造、汽车制造、自行车等其他运输设备制造、通用设备制造、计算机通信及电子设备制造、油墨及涂料生产、合成材料制造、轮胎制造、包装印刷、石油化工、有机化学原料制造、酒类生产、汽修、干洗 17 个行业 VOCs 排放情况研究。在进行现场调查时，所选取的企业能够很好地代表该行业的各种生产水平、治理水平和 VOCs 排放特征。每个行业选取不少于 3 家企业（总计不少于 85 家企业）进行 VOCs 工艺环节调查及每一个工艺环节的全成分谱监测分析，监测的排气筒数量不少于 450 个。

为了掌握天津市工业企业挥发性有机物排放情况，不仅应了解各企业 VOCs 总排放量，而且也要清楚排放来源，通过本次调查了解了 VOCs 在企业中的流转过程，从含 VOCs 的物料及产品储运，车间、生产线生产，到污染治理设施处理排放外界环境全面开展调查，掌握原材料、装置的污染产生情况，车间、生产线的产排污点，污染治理设施及技术经济指标，同时综合考虑废活性炭、废漆渣等二次污染问题。

为了建立企业 VOCs 排放环节、VOCs 成分谱，评估企业的治理水平，根据对 17 个行业的污染源分析，需要对企业的信息进行调查，主要调查内容包括企业产品种类、生产能力、VOCs 原辅材料种类与使用量、企业生产工艺及 VOCs 治理技术与运行状况，具体调查内容，作用及注意事项见各行业的调查表 2-1。

表 2-1 企业现场调查内容与方法

序号	调查内容		备注
1	企业基本信息调查	名称	用于准确定位企业名称、行业类别。名称应核对公章，以公章为准；地址要求精确到乡镇，并填写准确经纬度；联系人与电话需有效
		地址	
		联系人与电话	
		行业代码	
		企业代码	
2	企业生产状况调查	企业主要产品	用于定位企业类型，工艺类型，VOCs 污染类型
		产品和原辅材料	
		生产工艺	
		VOCs 排放工序调查	分析 VOCs 排放进行源，获得排放途径
		含 VOCs 原辅材料年用量	获得年使用量，计算企业年度排放总量
		主要产品年产量	获得年产量，计算企业年度排放总量
3	企业治理水平	废气排放调查	获得排气量，根据现场监测浓度结果计算排放量
		治理技术调查	评估治理效率
4	记录与资料整理		对调查企业评估治理效率

2.1.1.2 VOCs 采样运输及保存方法

（1）吸附管采样

按照 HJ/T 397 中对使用吸附管采样系统（图 2-1）的采样要求，进行样品采集。对于使用多层吸附剂的吸附采样管，吸附采样管气体入口端为弱吸附剂（比表面积小），出口端为强吸附剂（比表面积大）。对于外径为 6 mm 的不锈钢吸附采样管，推荐的采样流量为 20～50 mL/min。每个样品至少采气 300 mL，吸附采样管（内装 Tenax GR、Carbopack B，长度分别为 30 mm、25 mm）如果监测 C6 以上挥发性有机物则样品采气量可达 2 L。废气温度较高，含湿量大于 2%，目标化合物的安全采样体积不能满足样品采气 300 mL，影响吸附采样管的吸附效率时，应将吸附采样管冷却（0～5℃）采样。

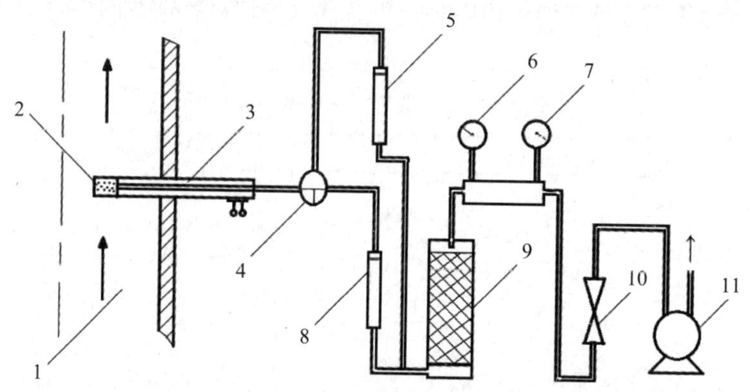

1. 排气管道；2. 玻璃棉过滤头；3. 采样枪；4. 三通阀；5. 旁路吸附管；6. 温度计；
7. 压力表；8. 吸附管；9. 干燥器；10. 恒流控制器；11. 抽气泵

图 2-1 废气采样系统

（2）气袋-吸附管采样

参照 HJ 732 进行固定污染源废气挥发性有机物的气袋采样，气袋采用 3 L 聚氟乙烯（Tedlar）袋，采气 2 L 左右。8 h 内将气袋与吸附采样管连接，用样品采集装置（无油采样泵）以 50 mL/min 流量，至少采气 150 mL。

（3）穿透试验采样

采样穿透试验样品采集：在吸附采样管后串联一根吸附采样管，同时采样。每批样品应至少采集一根串联吸附采样管，用于监视采样是否穿透。

（4）全程序空白采样

将密封保存的吸附管带到采样现场，同样品吸附管同时打开封帽接触现场环境空气，采样时全程序空白吸附管关闭封帽，采样结束时同样品吸附管接触环境空气，同时关闭封帽，按与样品相同的操作步骤进行处理和测定，用于检测从样品采集到分析全过程是否受到污染。

2.1.1.3 VOCs 化学组分分析方法

气体样品分析参照 HJ 734 方法，样品从吸附管解析后，经过热脱附仪后，采用气相色谱-质谱联用（GC-MS）定性、定量检测 C3～C12 的挥发性有机物。样品分析包括样品脱附、色谱分离和定性定量检测 3 个过程。分析流程如 2-2 所示。

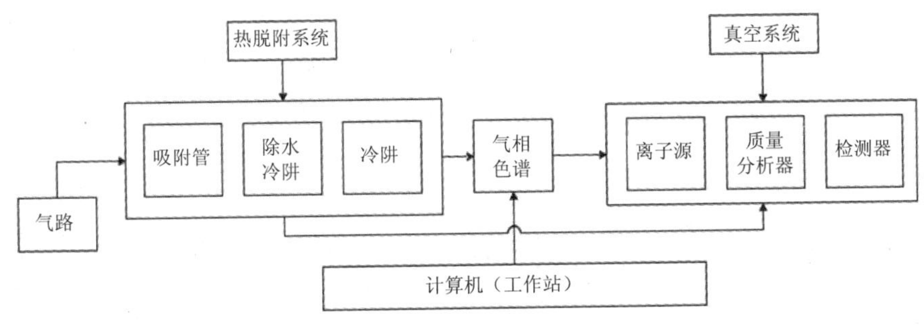

图 2-2 样品分析流程

（1）仪器

美国 Entech 公司生产的 3100 型多通道采样罐清洗系统，4600 型动态稀释系统和 7100 型预浓缩处理系统；48 个 Entech 公司生产的容积为 6 L，最大承受压力为 275 862 Pa 的不锈钢采样罐，其内壁经 SUMMA 处理技术抛光电钝化处理并涂上熔融石英薄层，同时配压力显示计、限流阀和不锈钢过滤头；容积 200 L 的液氮罐 1 个。气相色谱-质谱联用仪器（HP 5890II GCP5972 MSD）。

（2）预处理分析

将采样罐连接预处理浓缩仪 Entech 7100 进样通道，内标罐连接内标进样通道，依次进行固体多孔吸附浓缩—Tenax 管吸附—小容积多孔吸附玻璃管聚焦共 3 级单元的处理，先后进行样品脱水、脱 CO_2 和聚焦等前处理。

（3）样品分析

一级冷阱捕集阱温度−150℃、解析温度 10℃；二级冷阱捕集阱温度−30℃、解析温度 180℃（3.5 min）；二级冷阱捕集阱温度−160℃，解析温度 250℃。色谱柱 DB-624。操作条件：初始温度−50℃，保持 2 min，以 6℃/min 的速率升到 220℃，保持 6 min，流速为 1.5 mL/min。质谱扫描模式为全扫描，扫描范围 25～300 u。

电子轰击源，电离能量为 70 eV。目标化合物是由色谱保留时间和质谱图来鉴别，浓度通过内标法来计算。

2.1.1.4 质量控制与质量保证

为了保证样品具有一定的代表性，以及样品分析结果可靠，样品的采集与分析过程分别经过如下质量控制与质量保证措施。

（1）样品采集质量控制与质量保证

①吸附管确保清洁

新购的吸附管或采集高浓度样品后的吸附管需进行老化，吸附管采样参照 HJ 644 提供的老化方法进行清洁，老化温度 350℃，老化流量 40 mL/min（应用高纯氮气 99.99%作为清洗气体），老化时间 10～15 min。吸附管老化后，立即密封两端或放入专用的套管内，外面包裹一层铝箔纸。包裹好的吸附管置于装有活性炭或活性炭硅胶混合物的干燥器内，并将干燥器放在无有机试剂的冰箱中，4℃保存，每老化一批吸附管，抽取 20%的吸附管进行空白检验，当采样数量少于 10 个时，至少抽取 2 根。空白管中相当于 2 L 采样量的目标物浓度应小于检出限，否则重新老化。

②有组织采样气路管路确保无污染

有组织采样选取惰性聚四氟乙烯的气路管路，满足无吸附、管路本身无额外污染以免影响样品采集的要求。

③采样须经培训并依照标准操作手册进行

有完整的采样操作手册指引采样的正确进行。在到现场前对采样人员进行采样培训，包括仪器的使用、仪器的气密性检查，以及操作手册的熟悉；在采样现场，也有负责人依据操作手册对现场准备及采样进行监管，确保样品的正确有效采集。

④样品运输与保存

为保证气体样品的质量，吸附管采样后，立即用密封帽将吸附管两端密封，4℃避光保存，7 d 内完成分析。

（2）样品分析质量控制与质量保证

①仪器调谐

在每批样品分析前或重新开机后都要先进行质谱检测器（MSD）自动调谐，通过调谐技术标准方可进行样品分析，以确保仪器的灵敏度和精确度。每天检查 MSD 的调谐参数，发现异常立即停止分析，直至仪器恢复正常。

②实验室及全程序空白

实验室空白：对于 Tenax 多孔聚合物吸附剂，单个化合物的实验室空白水平不大于 7 ng。

全程序空白：每批样品至少做一个全程序空白样品，全程序空白样品中目标化合物的含量过大可疑时，对本批数据进行核实和检查。

③质控点

每 12 h 做一个校准曲线中间浓度校准点，中间浓度校准点测定值与校准曲线相应点浓度的值相对误差不超过 30%。

④仪器空白

样品分析前先进行仪器空白和氮气空白，清洗仪器管路，保证仪器无污染，确保分析系统的干净。GC-MS 采用全扫描模式。

2.1.2　VOCs 来源解析

环境空气中 VOCs 的来源、污染源的排放量及对环境空气的贡献研究是控制大气 VOCs 的基础性研究。VOCs 经采样分析后常采用受体模型来判断主要污染来源及各污染源对大气 VOCs 污染的相对贡献，其中美国国家环保局（United States Environmental Protection Agency，EPA）推荐的正定矩阵分解（Positive Matrix Factorization，PMF）模型和化学质量平衡受体（Chemical Mass Balance，CMB）模型是应用最为广泛的源解析技术。其中 PMF 模型能够同时确定污染源剖面和贡献，而不需要预先知道源成分谱。PMF 使用最小二乘方法，得到的污染源剖面，不需要转换就可以直接与原始数据矩阵作比较；分解矩阵中元素非负，使得分析的结果明确而易于解释，可以利用数据标准偏差来进行优化。

本研究采用 PMF 模型对天津市中心城区挥发性有机物（VOCs）进行来源解析与研究。采用天津环科院内空气质量超级监测站的在线 VOCs 监测设备开展不同时间段、不同季节的长期观测，利用在线观测数据开展 VOCs 来源解析。

VOCs 从排放源到受体点要经过一定距离的传输，在传输过程中一些性质比较活泼的有机物容易受光照辐射等各种因素的影响而反应分解，导致 PMF 运行结果有偏差。所以在选取 PMF 模型中 VOCs 的物质时，应排除一些有较高反应活性的物质。另外在所测的物质中，异戊二烯是植物排放的特征化合物，所以保留了异戊二烯，最终选定了 44 种监测物质。

2.1.3 天津市 NO_x 网格化清单建立

选取具有代表性的排放因子和活动数据，估算天津市 2015 年各排放源 NO_x 排放量，在此基础上，收集各种反映 NO_x 排放源空间特征的地理信息及空间数据，建立天津市 NO_x 网格化清单。

2.2 臭氧污染特征研究方法

2.2.1 基于观测的臭氧污染研究方法

天津市环境空气质量自动监测点共有 27 个，其中市内 6 区布设 8 个点，滨海新区布设 7 个点，其他区有 12 个，实现了整个天津市的覆盖，见表 2-2。空气质量监测站点污染物监测值，包括臭氧、NO_x、$PM_{2.5}$ 等浓度数据。臭氧浓度采用的是 8 h 滑动平均值，NO_x 浓度主要是 NO_2 的浓度来表征，$PM_{2.5}$ 浓度采用的是 24 h 的平均值，且污染物的单位都是μg/m^3。臭氧、NO_x、$PM_{2.5}$ 在线监测仪器均是 24 h 连续采样监测，每小时记录一次数据，浓度由仪器自带软件记录。采用的气象要素资料主要包括温度和湿度，数据主要来源于天津市气象局。

表 2-2 天津市环境空气自动监测网点位信息

序号	点位名称	点位属性	坐标	
			经度（东）	纬度（北）
1	宾水西道	国控，评价点	117°09′32.04″	39°05′04.20″
2	中山北路	国控，评价点	117°12′36.33″	39°10′11.54″
3	勤俭道	国控，评价点	117°08′40.00″	39°09′57.83″
4	大理道	国控，评价点	117°11′38.90″	39°06′24.82″
5	大直沽八号路	国控，评价点	117°14′13.35″	39°06′29.05″
6	前进道	国控，评价点	117°12′06.06″	39°05′34.00″
7	淮河道	国控，评价点	117°11′01.57″	39°12′48.38″
8	跃进路	国控，评价点	117°18′24.10″	39°05′16.20″
9	第四大街	国控，评价点	117°42′25.74″	39°02′03.54″
10	永明路	国控，评价点	117°27′26.46″	38°50′22.02″
11	津沽路	国控，评价点	117°22′29.04″	38°59′04.50″
12	河西一经路	国控，评价点	117°47′30.36″	39°14′50.46″
13	团泊洼	国控，对照点	117°09′23.88″	38°55′09.96″
14	航天路	国控，评价点	117°24′02.22″	39°07′26.22″
15	汉北路	国控，评价点	117°45′51.00″	39°09′31.50″
16	宝白公路	国控，区域点	117°20′33.16″	39°30′58.61″
17	辛老路	市控，评价点	117°01′46.41″	39°03′37.63″
18	津同路	市控，评价点	116°59′6.00″	39°08′27.48″
19	塘沽营口道	市控，评价点	117°39′00.54″	39°01′13.05″
20	渔阳路	市控，评价点	117°17′37.56″	39°41′38.10″
21	天和路	市控，评价点	117°07′13.19″	39°20′27.23″
22	东环路	市控，评价点	117°26′39.90″	40°02′30.30″
23	滨水东路	市控，评价点	117°49′11.76″	39°21′07.56″
24	广海道	市控，评价点	116°59′54.36″	38°56′16.26″
25	海泰发展二路	市控，评价点	117°05′24.60″	39°04′42.48″
26	广安道	市控，工业园区监测点	116°46′45.90″	38°50′42.60″
27	雍阳西道	市控，评价点	117°02′11.28″	39°22′58.14″

2.2.2 臭氧来源解析

去耦合直接法（DDM）及高阶去耦合直接法（HDDM）是模式进行敏感性分析的一种重要方法，它通过直接求解空气质量模式的敏感性方程，得到各类敏感性系数，进行敏感性分析。敏感性系数是指模式输出浓度对模式参数或输入参数的偏导数。DDM 技术具有计算效率高、不受数值噪声影响等优点。

本书采用去耦合直接法（DDM/HDDM）开展臭氧来源解析的研究，通过源分类、地区分类使用高阶去耦合直接法分别计算一阶和二阶敏感性系数，代入泰勒（Taylor）展开公式可以得到来源贡献率。DDM 方法不影响模型本身计算，可以同时计算多个敏感性关系但占用资源及机存储内较大。CMAQ 5.0.2 版本中加入了 DDM/HDDM 模块，可以直接用于敏感性计算。

（1）模型系统

本研究采用中尺度气象模式 WRF、源排放处理模式 SMOKE、化学传输模式 CMAQ 5.0.2 建立起使用于京津冀及周边地区的大气污染模式系统，采样应用二重嵌套网格，依据 SAPRC07 气相化学机理和 AER06 气溶胶机理，天津市区域内采用本地化的清单，天津周边采用来自清华大学建立的中国多尺度排放清单（MEIC）。

（2）排放源分类和地理分区

为研究不同地区、不同类型污染源对天津市臭氧浓度的影响，将源排放划分为电厂源、工业源、移动源、居民源、农业源和天然源 6 类，同时将第二重模拟区域内的源排放分为 12 个地区，包括天津、北京、河北省北部（包括张家口和承德）、河北省东部（包括唐山和秦皇岛）、河北省中部（包括廊坊、保定、石家庄、沧州、衡水）、河北省南部（包括邢台和邯郸）、内蒙古、辽宁、山西、山东、河南及其他地区。

（3）臭氧前体物控制区的类型

使用 HDDM-3D 方法计算出臭氧对 NO_x 和 VOCs 排放的敏感性系数，计算 NO_x 和 VOCs 排放分别削减 50%条件下的臭氧浓度改变量，根据浓度下降程度判断臭氧生成的控制区类型：

①NO_x 控制区：NO_x 减排使得 O_3 下降大于 5 μg/m^3，且大于 VOCs 减排引起 O_3 下降量两倍以上的地区。

②VOCs 控制区：VOCs 减排使得 O_3 下降大于 5 μg/m^3，且大于 NO_x 减排引

起 O_3 下降量两倍以上（或 NO_x 减排引起 O_3 上升）的地区。

③共同控制区：NO_x 和 VOCs 减排均能使 O_3 下降 5 μg/m^3 以上，且二者差距在两倍内的地区以上，且二者差距在两倍内的地区。

④NO_x 滴定区：NO_x 减排使得 O_3 升高 5 μg/m^3 以上，且 VOCs 减排使得 O_3 降低不足 5 μg/m^3 的地区。

⑤非控制区：NO_x 和 VOCs 减排使得 O_3 的变化均在 5 μg/m^3 以内的地区。

（4）NO_x 和 VOCs 减排比例的确定

以天津市 2015 年 NO_x 和 VOCs 排放量的数据制作天津市大气污染物排放清单，用 MM5 模型模拟 2015 年天津市地区 7 月的气象场，通过 CMAQ 模型，设置不同计算情景，分析天津市ρ（O_3）变化与 NO_x 及挥发性有机物的排放量变化关系，确定 NO_x 和 VOCs 的减排比例。

（5）臭氧生成潜势分析

挥发性有机物在光氧化反应中会随着种类不同，反应速率也不同，对臭氧生成的影响也不同。在 C2～C12 中，烯烃、芳香烃和长链烷烃等与·OH 的反应速率大，容易参与光化学反应，从而促使臭氧的生成。本研究主要利用最大增量反应性（Max incremental reactivities，MIR）分析评估各组分对臭氧生成的贡献，具体如下：

C2～C12 对臭氧生成的贡献用式（2-1）来进行计算：

$$\Phi_{\mathrm{OFP}} = \xi_{\mathrm{MIR}} \times \rho(\mathrm{C2}\sim\mathrm{C12}) \tag{2-1}$$

式中，Φ_{OFP} 为最大臭氧生成潜势量；ξ_{MIR} 为最大增量反应性；ρ（C2～C12）为各个组分的质量浓度。

如果组分 i 的Φ_{OFP} 值大，说明该组分对臭氧生成潜势大，反之则小。Φ_{OFP} 除以ρ（C2～C12）可以得到平均增量反应性（ξ_{MIR}）。

（6）臭氧敏感性分析方法

臭氧浓度与其关键前体物 NO_x、VOCs 存在非线性响应关系，确定一个城市或地区大气臭氧究竟由 VOCs 控制还是 NO_x 控制，对于制定臭氧污染控制对策极为重要。

利用模型获得的指示剂来确定臭氧的主控因子，是一种常用的重要手段。指示剂法是基于已有的光化学理论，使用光化学反应中某些特定的物质、物质组合或者物质比值等作为指示剂，通过建立指示剂与臭氧生成敏感性之间的关系，实现利用指示剂来判断臭氧生成敏感性的目的。许多学者通过研究提出了若干用来判断臭氧生成敏感性的指标，其中包括 NO_y、O_3/NO_z、$HCHO/NO_2$ 和 H_2O/HNO_3、H_2O_2 和 HNO_3 生成速率的比值如 ρ（H_2O_2）/ρ（HNO_3）等。指标开发的相关研究结果表明，在 NO_x 控制区，上述比值较大；而在 VOC 控制区，上述比值较小。当 O_3/NO_z=8～10、$HCHO/NO_2$=0.2～0.39、H_2O_2/HNO_3=0.35～0.6、ρ（H_2O_2）/ρ（HNO_3）=0.06～0.2 时，代表该地区属于过渡区，表明臭氧生成受 NO_x 和 VOC 协同控制。

参考文献

[1] 王皓珊，单春艳，Zhang Junfeng（Jim），等. 臭氧前体物排放清单相关模型及应用[J]. 中国环境监测，2017，33（4）：33-39.

[2] 单源源，李莉，刘琼，等. 基于 OMI 数据的中国中东部臭氧及前体物的时空分布[J]. 环境科学研究，2016，29（8）：1128-1136.

[3] 漏嗣佳. 中国地区臭氧前体物和二次无机气溶胶对地面臭氧的影响[D]. 南京：南京信息工程大学，2009.

[4] 周秀骥，罗超. 中国东部地区大气臭氧及前体物本底变化规律的初步研究[J]. 中国科学：化学，1994，24（12）：1323-1330.

[5] 奇奕轩. 北京北郊夏季臭氧及其前体物污染特征及影响因素研究[D]. 北京：中国环境科学研究院，2017.

[6] 陈宜然，陈长虹，王红丽，等. 上海臭氧及前体物变化特征与相关性研究[J]. 中国环境监测，2011，27（5）：44-49.

[7] 单源源. 中国中东部臭氧及前体物时空变化与臭氧影响因素分析[D]. 山东：东华大学，2016.

[8] 唐文苑. 上海地区地面臭氧及其前体物观测研究[D]. 北京：北京大学，2008.

[9] 叶芳. 北京市地面臭氧和前体物浓度变化规律及气象因子影响机制分析[D]. 南京：南京信息工程大学，2008.

[10] 王占山，李云婷，陈添，等. 北京城区臭氧日变化特征及与前体物的相关性分析[J]. 中国环境科学，2014，34（12）：3001-3008.

[11] 漏嗣佳，朱彬，廖宏. 中国地区臭氧前体物对地面臭氧的影响[J]. 大气科学学报，2010，33（4）：451-459.

3 天津市历史大气复合污染特征

天津市是京津冀区域重要的工业城市之一，石化、化工、装备制造是其主要的支柱产业，先后建设了百万吨级乙烯、千万吨炼油企业，机动车保有量位居全国各省市前列，近年来经济发展迅速，能源消费不断增加，天津市大气污染形势日趋严重，灰霾天气日益增多，大气污染也由原来的煤烟型污染向煤烟型与复合污染混合型转变。天津市 2016 年环境空气质量超标 140 天统计中，有 30 天的首要污染物为臭氧（O_3），这说明天津市的空气污染与挥发性有机物（VOCs）的排放有密切的关系，VOCs 是形成细颗粒物（$PM_{2.5}$）、臭氧（O_3）等二次污染物的重要前体物，是引发雾霾、臭氧超标等大气环境问题的重要污染物。

2013 年以来，我国部分地区多次出现夏季臭氧超标和重度污染日。天津市 2013 年 5—8 月 96 天的有效统计中，有 43 天的首要污染物为臭氧，天津市臭氧污染与 VOCs 的排放有密切的关系。

2015 年全国 74 个重点城市颗粒物污染有所减缓，但臭氧污染问题却日益严峻。尤其在京津冀区域，O_3 浓度不降反升，已成为首要污染物天数仅次于 $PM_{2.5}$ 的大气污染物。O_3 是挥发性有机物（VOCs）和氮氧化物（NO_x）在大气中通过一系列光化学反应生成的二次污染物，对人体健康和生态环境均产生较大的影响。

区域性、复合型的大气环境问题给现行环境管理模式带来了巨大的挑战，研究天津 O_3 及其前体物（VOCs、NO_x）污染特征具有重要的意义。

3.1 天津市基本情况

天津市地处华北平原的东北部，位于北纬 38°34′～40°15′，东经 116°43′～118°04′。北起蓟县古长城脚下黄崖关附近，南至大港区翟庄子以南的沧浪渠，南北长 189 km；东起汉沽区盐场洒金坨之东陡河西排干大渠，西至静海县子牙河畔的王进庄以西滩德干渠，东西宽 117 km。总面积 11 919.9 km^2，现辖 16 个区，包括滨海新区、和平区、河东区、河西区、南开区、河北区、红桥区、东丽区、西青区、津南区、北辰区、武清区、宝坻区、宁河区、静海区、蓟州区。天津地势东临渤海，北依燕山，西靠首都北京，位于海河五大支流南运河、子牙河、大清河、永定河、北运河的汇合处和入海口，素有“九河下梢”“河海要冲”之称。

天津位于北温带、中纬度欧亚大陆东岸，主要受季风环流的支配，是东亚季风盛行的地区，属暖温带半湿润季风性气候。其主要气候特征是，四季分明，春季多风，干旱少雨；夏季炎热，雨水集中；秋季气爽，冷暖适中；冬季寒冷，干燥少雪。天津年平均气温在 11.4～12.9℃，市区平均气温最高为 12.9℃。1 月最冷，平均气温在−5～−3℃；7 月最热，平均气温在 26～27℃。天津季风盛行，冬、春季风速最大，夏、秋季风速最小。年平均风速为 2～4 m/s，多为西南风。在四季中，冬季最长，有 156～167 d；夏季次之，有 87～103 d；春季 56～61 d；秋季最短，仅为 50～56 d。天津年平均降水量为 520～660 mm，降水日数为 63～70 d。在季节分布上，6、7、8 三个月降水量占全年的 75%左右。天津日照时间较长，年日照时数为 2 500～2 900 h。

2010—2016 年，天津市能源消耗量逐年提升，但增速逐渐放缓；增长率由 2010 的 16.1%下降为 2015 年的 1.45%；将各种能源燃料换算成标准煤计算，2015 年天津市共计消耗标准煤 8 260.13 万 t，主要消耗能源为煤炭和原油，其中煤炭消耗量折合为 4 538.83 万 t 标准煤，占比 54.95%，原油消耗量折合 1 616.72 万 t 标准煤，占比 19.57%，随着清新空气行动计划的实施，天津市大量供热和工业燃煤锅炉逐渐改为燃气锅炉，燃煤使用量将进一步下降；较为清洁的能源电力消耗量折合851.13万t标准煤，占比10.30%；其余消耗能源则为焦炭、燃料油、汽柴油、煤油等化石燃料。总体来看，天津市能源消耗方式仍是以煤炭为主的化石燃料的燃烧为主。

天津市主要有铁路、公路、水路、航空和管道5种运输方式，具有先进的电信通信网及便利的邮政网构成了四通八达的交通运输网络。铁路方面，大津不仅处于京沪铁路、津山铁路两大传统铁路干线的交汇处，还是京沪高速铁路、京津城际铁路、津秦客运专线、津保客运专线等高速铁路的交汇处，是北京通往东北和上海方向的重要铁路枢纽。公路方面，天津公路网是以国道和部分市级干线为骨架，以放射状公路为主的网络系统，以外环线沟通各条放射公路的联系。航空方面，天津滨海国际机场位是国内干线机场、国际定期航班机场、国家一类航空口岸，中国主要的航空货运中心之一。水路方面，天津港是世界等级最高、中国最大的人工深水港、吞吐量世界第四的综合性港口，航线通达世界180多个国家和地区的500多个港口。管道发达，天津市有输油管道245 km，其中，南疆港区至石化炼油厂主管道42 km，大港油田至各炼油厂主管道92 km，全市管道设计输油能力550万t。现正在建设天津港至北京机场航空油输油管道的一期工程——天津港至天津机场航空油输油管道。

天津工业发达、门类齐全，是中国近代工业的发祥地，也是中国重要的老工业基地和当前重要的工业城市，已经发展形成了电子信息、汽车、化工、冶金、医药、新能源和环保六大优势产业。其中电子信息产业是第一大支柱产业，约占全市工业的25%，产值规模位居全国第5位；冶金工业占全市工业的19%，石油套管产量全国第一，钢管公司单厂规模世界第一；化学工业占全市工业18%，PVC生产能力超过百万吨，成为我国最大的PVC生产基地之一；汽车工业占全市工业8.7%，轿车生产能力达到70万辆，经济型轿车市场占有率全国第一。

3.2 天津市大气历史复合污染特征

2013 年开始，国务院发布了“大气十条”，天津市颁布了清新空气行动方案，大力推进大气污染治理。天津市认真贯彻落实关于要加快打造美丽天津的指示要求，以前所未有的高度重视生态环境建设，以前所未有的工作力度推进生态环境治理工程，以前所未有的铁腕依法治理环境违法行为，制定了《美丽天津建设纲要》，启动实施“美丽天津·一号工程”建设，从解决影响群众生活质量的突出环境问题入手，实施清新空气、清水河道、清洁村庄、清洁社区和绿化美化行动，随着生态环境保护工作不断加强，生态宜居城市建设取得重要进展。2013 年是美丽天津建设的开局之年，也是实施清新空气行动的第一年，通过控煤、控尘、控车、控工业污染、控新增污染源，清新空气行动取得积极进展。

随着天津市工业高速发展及汽车保有量的迅速增加，天津市区域空气污染也出现由煤烟型向煤烟型-汽车尾气型混合污染转化的特征，主要体现在以高颗粒物浓度和高臭氧浓度为代表的大气光化学污染概率增大，严重影响了城市空气质量和人体健康。

3.2.1 空气质量等级变化

2013—2017 年，天津市空气质量达标天数显著增加，从 2013 年的 145 d 增加到 2015 年的 220 d、2016 年的 226 d，2015 年和 2016 年相比 2013 年的增幅分别达到了 51.7%、55.9%，但 2017 年相比 2016 年达标天数降低了 17 d，其中，一级优天数从 2013 年的 6 d 增至 2017 年的 24 d，增加 18 d。与此同时，污染天数特别是五级以上重污染天气天数显著减少，重污染天气发生率明显降低。重污染天气从 2013 年的 49 d 减少到 2015 年的 26 d、2016 年 29 d、2017 年 23 d，相比 2013 年降幅分别为 46.9%、40.8%、53.1%，如图 3-1 和图 3-2 所示，2015—2017 年重污染天气有一定的改善，但是仍不能保证各年的稳定达标，这表明空气质量改善的任务仍然非常艰巨。

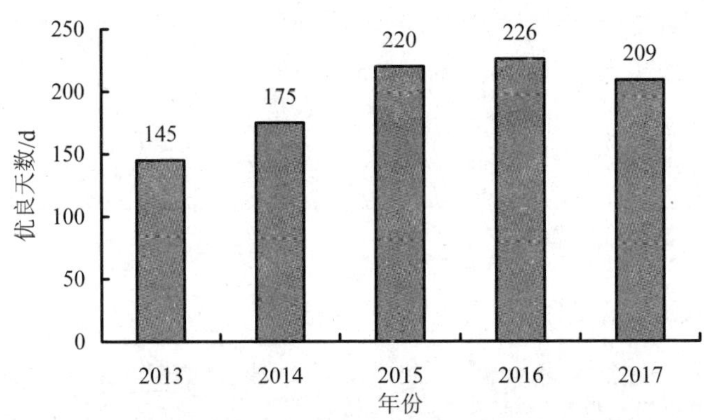

图 3-1　2013—2017 年天津市空气质量优良天数

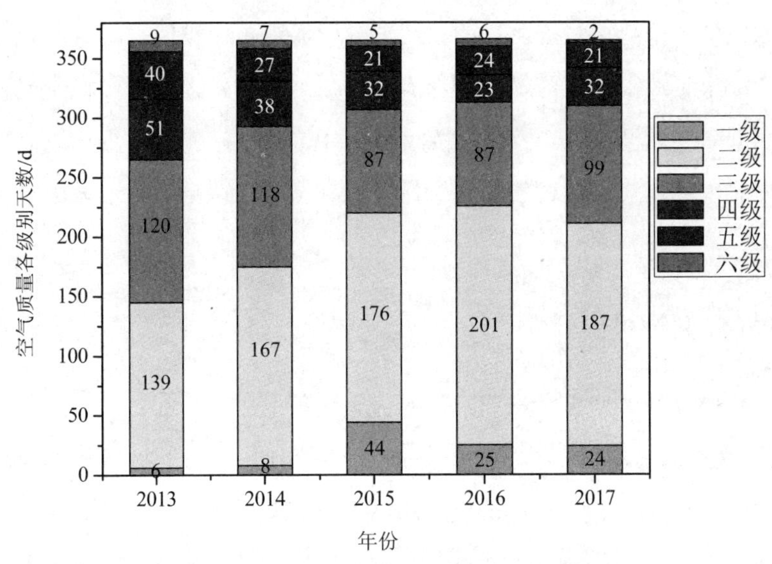

图 3-2　2013—2017 年天津市空气质量各级别天数分布

2013 年是天津市实行环境空气质量新标准的第一年，新标准增设了细颗粒物和臭氧日最大 8 h 浓度限值，收严了可吸入颗粒物、二氧化氮浓度限值。本研究以 2013 年环境空气自动站监测数据为基准，分析天津市环境空气质量现状特征。

2013—2017 年，天津市环境空气质量稳步提升，除 NO_2 和 O_3 外，$PM_{2.5}$、PM_{10} 污染物浓度呈稳步下降趋势，SO_2、CO 实现稳定达标，天津市 2013—2017 年各项污染物年平均浓度统计见表 3-1。

表 3-1　天津市 2013—2017 年各项污染物年平均浓度

年份	$PM_{2.5}$/（μg/m³）	PM_{10}/（μg/m³）	SO_2/（μg/m³）	NO_2/（μg/m³）	CO-95per/（mg/m³）	O_3-8 h-90per/（μg/m³）	综合指数
2013	96	150	59	54	3.7	151	9.07
2014	83	133	49	54	2.9	157	8.14
2015	70	116	29	42	3.1	142	6.86
2016	69	103	21	48	2.7	157	6.65
2017	62	94	16	50	2.8	192	6.53
国家标准	35	70	60	40	4.0	160	—

注：综合指数越小，表明空气质量越好。

2017 年全年，天津市环境空气质量综合指数 6.53，与 2013 年相比下降 28.2%，与 2013 年相比，2017 年天津市主要污染物年均浓度均显著下降，$PM_{2.5}$、PM_{10}、SO_2、NO_2 分别下降 35.4%、37.3%、72.9%、7.4%；其中 SO_2 下降幅度最大，2017 年年均浓度首次降至 20 μg/m³ 以下，$PM_{2.5}$ 年均浓度 62 μg/m³，同比下降 10.1%，与 2013 年相比，下降 35.4%，完成国家《大气污染防治行动计划》任务目标。

但 O_3 浓度相比有所上升，升幅为 27.2%，$PM_{2.5}$、PM_{10}、NO_2 年均浓度和 O_3 日最大 8 h 平均浓度第 90 百分位数仍超过国家标准值，其中，$PM_{2.5}$ 年均浓度为 62 μg/m³，超标 0.77 倍；PM_{10} 年均浓度为 94 μg/m³，超标 0.34 倍；NO_2 年均浓度为 50 μg/m³，超标 0.25 倍；O_3 日最大 8 h 平均浓度第 90 百分位数为 192 μg/m³，超标 0.20 倍。SO_2 年均浓度和 CO-24 h 平均浓度第 95 百分位数均达标。

2017 年全年，各区空气质量综合指数在 6.09～6.93，按照综合指数和综合指数改善率各占 50%权重进行排名（表 3-2），排名较好的区为和平区、武清区和河东区，较差的区为津南区、静海区和宁河区。

表 3-2　2017 年天津市各区污染物平均浓度及改善率

排名	区名	$PM_{2.5}$/（μg/m³）	PM_{10}/（μg/m³）	SO_2/（μg/m³）	NO_2/（μg/m³）	CO-95per/（μg/m³）	O_3-8 h-90per/（μg/m³）	综合指数	改善率/%		
									综合指数	$PM_{2.5}$	PM_{10}
1	和平区	57	86	17	45	2.6	189	6.09	−9.1	−17.4	−15.7
2	武清区	61	88	19	48	2.8	202	6.48	−8.5	−15.3	−13.7
3	河东区	64	92	14	49	2.6	195	6.46	−5.3	−9.9	−8.9
4	南开区	61	92	14	44	2.6	207	6.32	−2.2	−11.6	−14.8
5	西青区	63	94	15	51	3.1	166	6.49	−2.3	−4.5	−2.1
6	河北区	61	99	16	53	2.7	210	6.73	−5.9	−19.7	−5.7
7	滨海新区	63	92	16	49	2.6	189	6.43	0.5	−4.5	−8.9
8	东丽区	63	96	16	51	3.1	183	6.64	−2.6	−6	−14.3
9	红桥区	64	96	16	51	3.1	191	6.72	−5	−12.3	−9.4
10	河西区	65	93	16	52	2.8	192	6.66	−3.8	−9.7	−12.3
11	蓟州区	60	90	19	39	3.9	203	6.55	−1.9	−13	−3.2
12	宝坻区	62	95	19	45	4	181	6.70	−2	−8.8	−5.9
13	北辰区	66	100	18	52	3	202	6.93	−4	−13.2	−2.0
14	宁河区	62	91	21	44	3.1	190	6.49	7.6	3.3	−1.1
15	静海区	70	105	16	46	2.6	191	6.76	−2	−9.1	−6.3
16	津南区	65	98	17	52	2.8	196	6.76	3.7	0	2.1
全市		62	94	16	50	2.8	192	6.53	−1.8	−10.1	−8.7
国家标准		35	70	60	40	4	160	—	—	—	—

3.2.2　污染天气变化

统计显示，2009—2016 年天津地区重污染主要发生的季节为每年的 10 月—翌年 3 月，约占全年的 82%。尤其是 2013 年“大气十条”执行以后，非采暖季空气质量明显改善，2014—2016 年连续 3 年 5—9 月未出现重污染天气。

2009—2016 年天津地区重污染天气逐月分布如图 3-3 所示，在采暖季中，12 月出现重污染概率最高，约为 27.5%，1 月、11 月和 2 月接近，分别为 22.1%、20.4%和 23.2%，10 月略低，约为 19.3%。

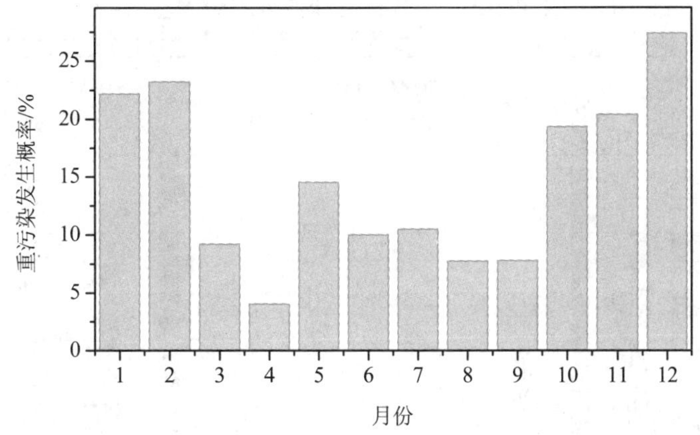

图 3-3 2009—2016 年天津市重污染天气月发生概率

2001 年以来，天津市在经济社会快速发展的同时，环境空气的主要污染物浓度均呈现下降趋势，特别是 2013—2017 年，天津市坚持目标和问题导向，创新治污机制、提速治理进度、分解落实责任、严格执法问纪，针对污染特征，探索总结出一套大气污染防治的“天津模式”，取得了极大的成绩，但空气质量距国家标准和人民期盼仍有较大差距，$PM_{2.5}$、PM_{10}、NO_2 等污染物浓度仍超过国家标准，大气污染防治形势依然严峻，大气环境质量的改善仍是一个长期的、复杂的、艰巨的过程。从空间分布来看，5 年来天津市各区域 $PM_{2.5}$ 浓度呈明显下降趋势，2017 年各区浓度水平已经明显低于 2013 年，全市 $PM_{2.5}$ 浓度分布总体差异不大。

从中度及以上污染程度污染天数月度分布来看，2013—2016 年，中度以上污染天数（AQI＞150）主要分布在采暖季，特别是 11 月和 12 月。2015—2016 年，5—10 月，中度以上污染天数共计仅 11 d，仅占全年污染天数的 10.3%，而 11—12 月，中度以上污染天数为 53 d，占全年污染天数的 49.5%；2016 年 11 月和 12 月中度污染以上天数多于 2014 年和 2015 年，但 1 月和 2 月情况相反。

从天津市 2013—2016 年 90%以上中度污染天气首要污染物统计图 3-5 来看，天津市首要污染物为 $PM_{2.5}$，以 PM_{10} 为首要污染物的中度以上污染天气均发生在受扬尘影响严重的 3 月和 4 月，以 O_3 为首要污染物的中度污染天气均发生于 5 月和 6 月，其余月份中度污染以上天气首要污染物均为 $PM_{2.5}$。

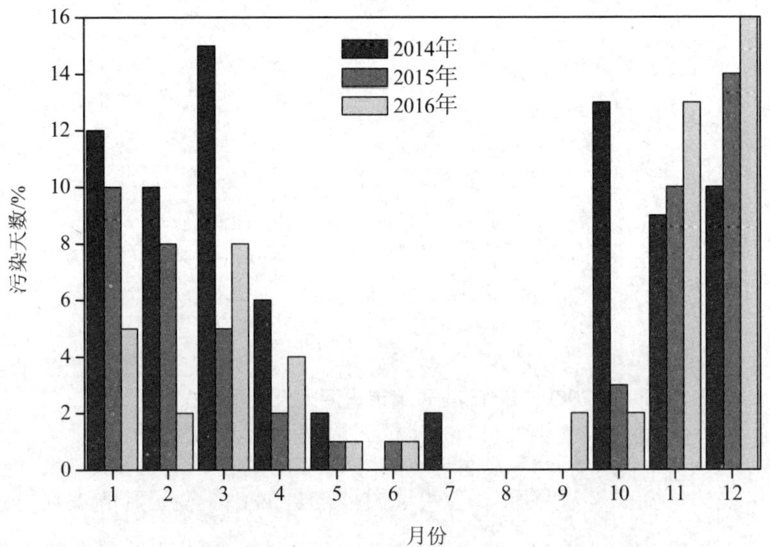

图 3-4　2014—2016 年天津市中度污染天数月度分布

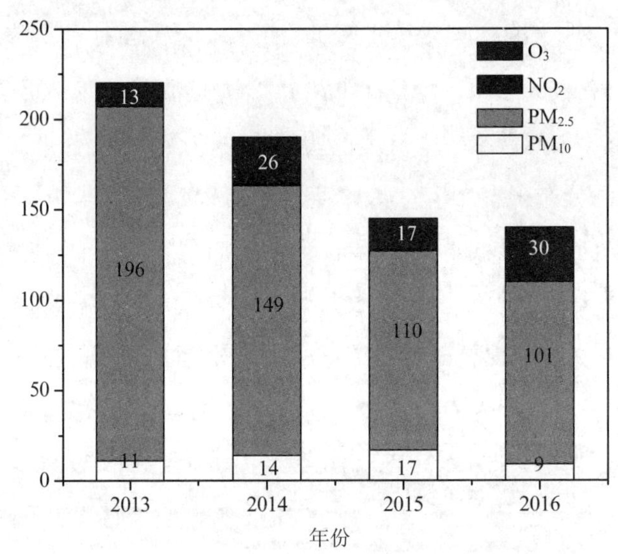

图 3-5　2013—2016 年天津市中度以上污染天数首要污染物分布

2013—2017 年，$PM_{2.5}$ 大气污染物浓度的月度变化见图 3-6，其中 $PM_{2.5}$ 平均浓度 62 μg/m^3，2017 年 11 月、12 月 $PM_{2.5}$ 浓度为 5 年以来的最低水平。

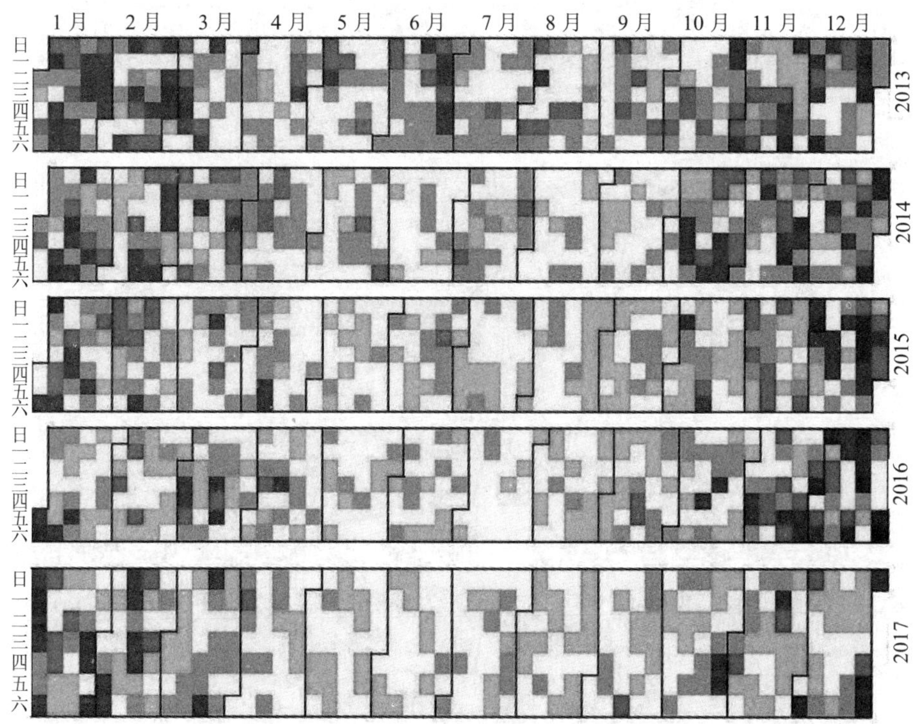

图 3-6 2013—2017 年天津市 $PM_{2.5}$ 空气质量级别日历图分布（彩图见附件）

从图 3-7 来看，5 年来天津市各区域 $PM_{2.5}$ 浓度呈明显下降趋势，2017 年各区浓度水平已经明显低于 2013 年，全市 $PM_{2.5}$ 浓度分布总体差异不大。$PM_{2.5}$ 和 PM_{10} 主要源自扬尘、燃煤、机动车和工业生产等的一次排放和二次转化，$PM_{2.5}$ 浓度西南地区浓度相对较高。

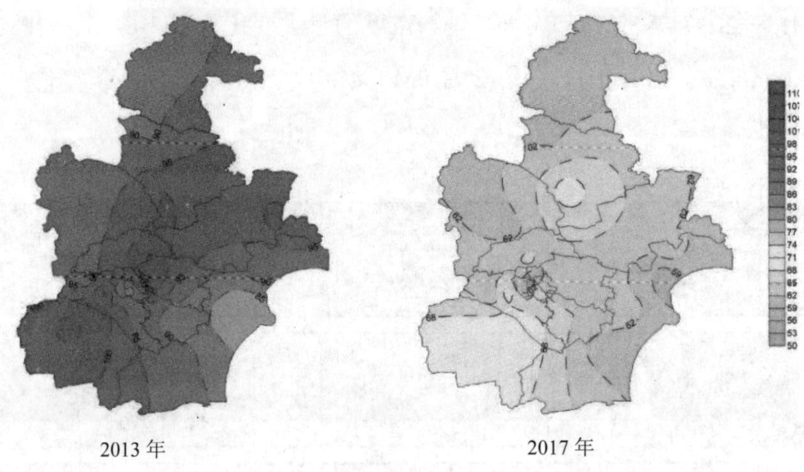

图 3-7　2013 年和 2017 年天津市 $PM_{2.5}$ 浓度空间分布对比（彩图见附件）

3.2.3　主要污染物浓度变化特征

从 2013—2017 年各污染物浓度分布图 3-8～图 3-12 来看，PM_{10}、$PM_{2.5}$、NO_2、SO_2、CO 各项污染物浓度全年主要呈“U”形分布，1—3 月和 11—12 月的污染物浓度显著高于其他月份。

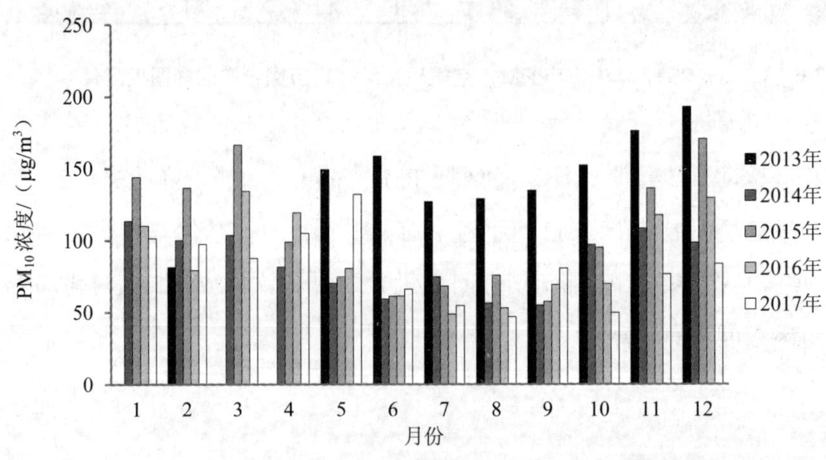

图 3-8　2013—2017 年天津市 PM_{10} 浓度月际变化

2013—2017 年天津市全年采暖期 PM_{10} 浓度约为非采暖期 1.5 倍，5—9 月浓度是全年较低时期。总体来看，除 2015 年 12 月受区域长期不利气象条件影响，月均值攀升外，2013—2017 年其余各月 PM_{10} 月均浓度同比总体呈下降趋势，PM_{10} 环境空气质量改善显著，但仍然超过国家二级污染标准 70 μg/m³，处于污染较为严重状态。

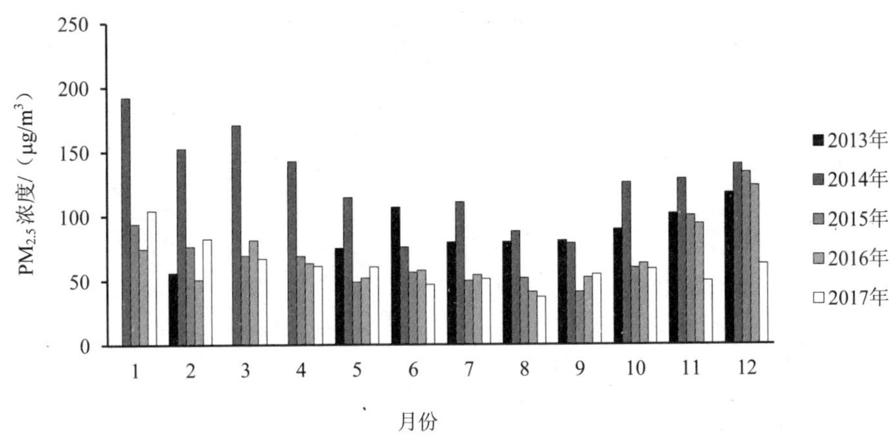

图 3-9 2013—2017 年天津市 $PM_{2.5}$ 浓度月际变化

2013—2017 年，天津市全年采暖期浓度约为非采暖期 1.5 倍，各月份月均浓度均超过年均二级标准值 35 μg/m³。总体来看，2013—2017 年，除 2015 年 12 月受区域长期不利气象条件影响，月均值攀升外，其余大部分月份 $PM_{2.5}$ 月均浓度同比总体呈下降趋势，$PM_{2.5}$ 环境空气质量改善显著，但仍然处于污染较为严重状态。

2013—2017 年，天津市各年 NO_2 采暖期期间，天津市各年月均值均超过年均二级标准值 40 μg/m³，6—9 月则较低。2013—2017 年各月 NO_2 月均浓度同比总体呈下降趋势，但下降幅度小于 SO_2。2015 年 4—10 月，NO_2 月均浓度同比下降明显，NO_2 环境空气质量改善显著，但采暖期改善幅度较小。

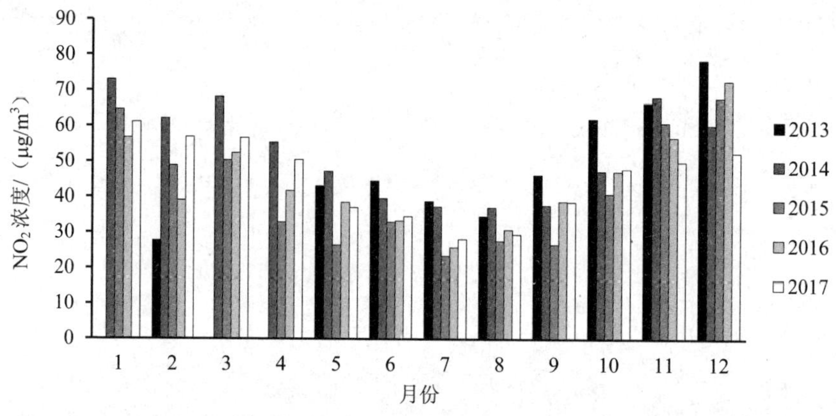

图 3-10　2013—2017 年天津市 NO$_2$ 浓度月际变化

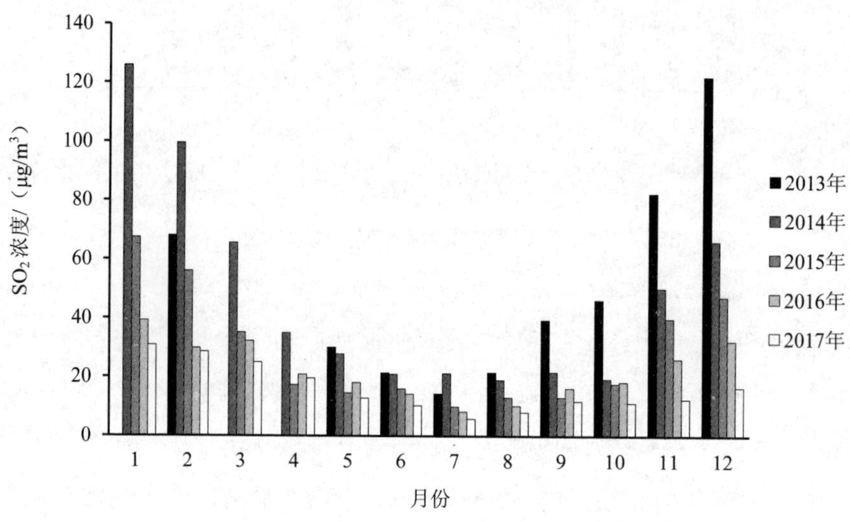

图 3-11　2013—2017 年天津市 SO$_2$ 浓度月际变化

2013—2017 年，天津市各年 SO$_2$，1 月、12 月最高，6 月、7 月最低。2013—2017 年各月 SO$_2$ 月均浓度同比均呈下降趋势，且冬春季节下降幅度要显著高于夏秋季节。2013 年，天津市采暖期（11 月—次年 3 月）SO$_2$ 月均浓度均超过年均二级标准值 60 μg/m^3，到 2015 年，各月 SO$_2$ 平均浓度均已实现达标，SO$_2$ 环境空气

质量改善显著。

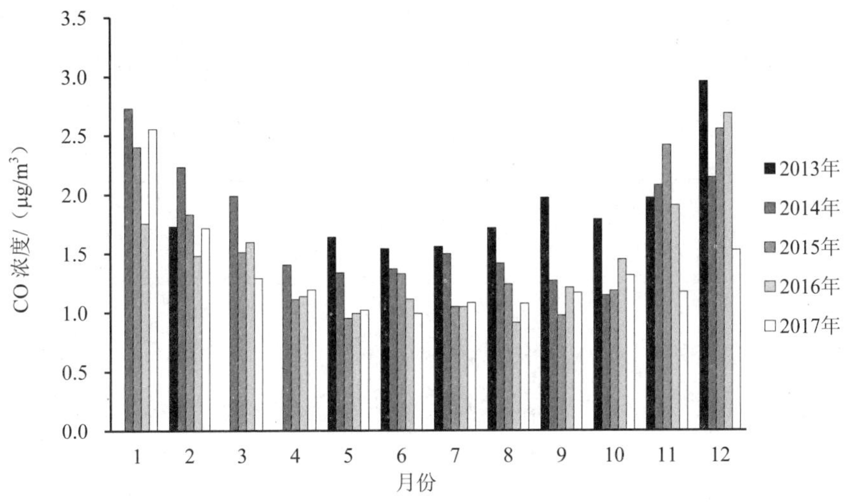

图 3-12 2013—2017 年天津市 CO 浓度月际变化

2013—2017 年，天津市 CO 采暖期 CO 浓度显著高于非暖期，大部分月份 CO 月均浓度同比总体呈下降趋势，但在 11 月、12 月改善不太明显，总体来看，CO 环境空气质量呈现较好状态。

3.2.4 臭氧历史污染特征分析

近些年天津市入夏以来，不少站点臭氧监测浓度也出现了迅速增加的趋势，2013—2017 年，臭氧超标情况见表 3-3，可以发现除 2015 年外，天津市臭氧污染的年超标天数始终超过 30 d，臭氧污染已经逐渐成为危害夏季天津市大气环境质量的重要因素。

自 2016 年 4 月以来，天津市多个区县、多个站点均出现了臭氧污染程度明显加重的现象，对天津市环境空气质量的持续改善造成了严重的威胁，针对臭氧污染的治理已经迫在眉睫。

表 3-3　2013—2017 年天津市臭氧污染统计数据

年份	环境空气质量超标天数/d	臭氧超标天数/d	占超标天数比例/%
2013	220	31	14.1
2014	190	34	17.9
2015	145	18	12.4
2016	140	30	21.4
2017	158	31	19.6

3.2.4.1　臭氧污染变化特征及成因分析

将 2013—2017 年全市所有站点的 O_3 小时浓度按月进行平均比较得到图 3-13 和图 3-14，历年臭氧污染月际变化呈现倒“V”形，具有显著的季节特征，主要是夏秋高、冬春低，尤其在 5—9 月臭氧污染更为严重。2013—2014 年上升趋势明显，2015 年具有下降的趋势，但 2016 年、2017 年又呈现上升的趋势。

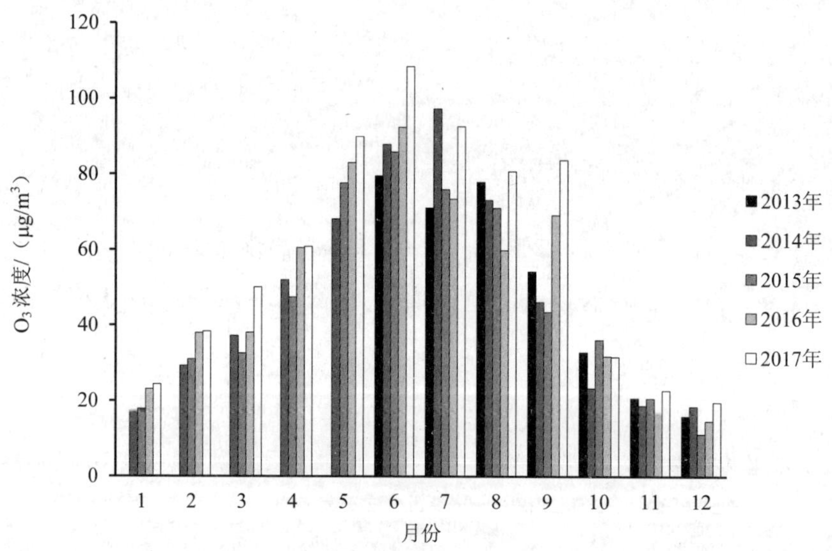

图 3-13　2013—2017 年天津市 O_3 日最大 8 小时浓度月际变化

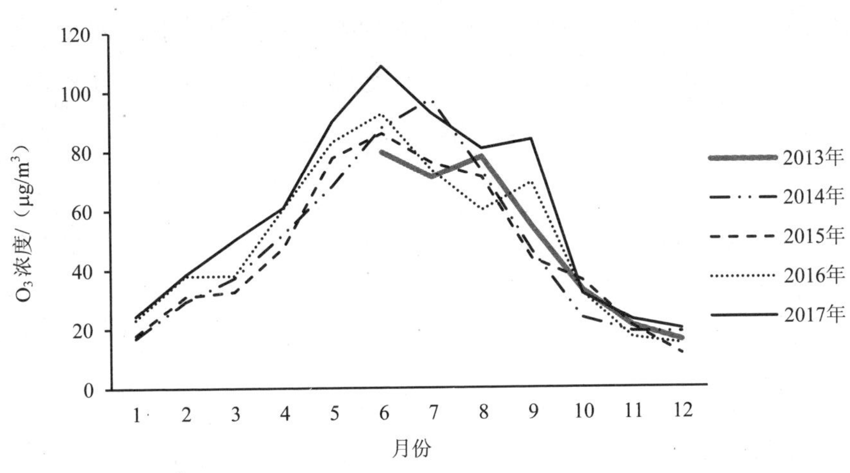

图 3-14 2013—2017 年天津市各站点总体月均浓度变化趋势图

5—9 月是天津市臭氧污染较为严重月，臭氧超标天数也多出现在此月区间。将 2013—2015 年臭氧浓度高值月 5—9 月的全市所有站点的臭氧小时浓度逐月按小时进行平均，得到近三年全市所有站点臭氧月均日小时变化图 3-15。2014 年 6 月、7 月的高峰小时段浓度显著高于 2013 年同期，2015 年全市臭氧污染较 2014 年污染程度明显降低，2016 年、2017 年又呈现增长的趋势。

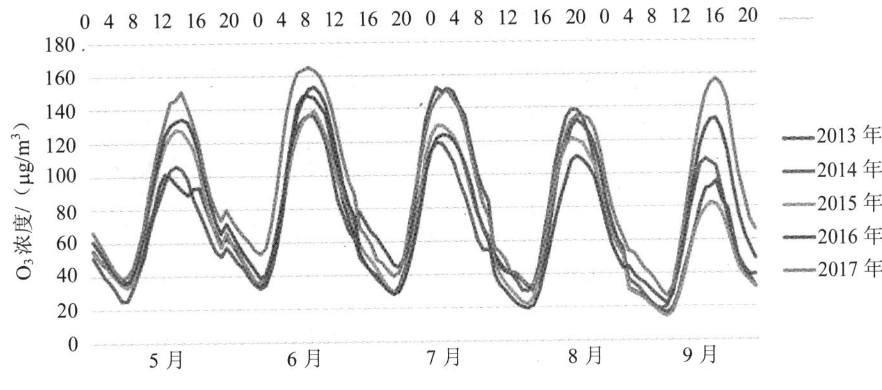

图 3-15 2013—2015 天津市臭氧逐月小时浓度日变化图

2016 年全市臭氧浓度从 3 月开始攀升，6 月达到峰值，随后逐渐降低。从不同月绝对浓度看，2016 年多数月臭氧浓度高于 2015 年同期，4 月臭氧浓度相比 2015 年同期，增加 26.39%，6 月增加 9.65%。而在臭氧污染发生比较明显的 8 月反而低于 2015 年同期 10.55%，在 9 月出现臭氧浓度峰值，具体来看，2016 年 9 月臭氧平均浓度与 2015 年 9 月相比增加了 60.96%，10 月和 11 月臭氧浓度略低于 2015 年同期，12 月（12 月 1 日至 12 月 11 日）臭氧平均浓度较 2015 年 12 月升高 38.42%。

2016 年 6 月、9 月的小时高峰浓度显著高于 2015 年同期；从小时分布看，臭氧小时浓度高值主要出现在午后的 13—17 时，气象因素在影响 O_3 生成方面起着重要作用，温度越高，相对湿度越低，太阳辐射越强，光化学反应越剧烈。午后至傍晚时段相对全天气温较高，相对湿度较低，为 O_3 生成创造了良好条件，极易出现臭氧超标。

2016 年和 2015 年 6 月最高温度均值均在 30℃左右，导致 2016 年 6 月臭氧浓度小时峰值较高的主要气象因素为能见度的增高。2016 年 9 月臭氧浓度小时峰值较 2015 年同期高则受能见度和温度的双方面影响，2016 年 9 月平均能见度较 2015 年同期增加 8.49%，9 月最高温度均值为 27.03℃，而 2015 年为 25.7℃。

由图 3-16 可知，NO_2 与 O_3 为负相关，O_3 的浓度波峰时段对应 NO_2 的波谷时段，这意味着，在臭氧浓度较高的时段，可能有更多的 NO_2 被消耗，促进了 O_3 的生成，这种趋势可能随大气能见度增加，太阳辐射增强，越加明显。

NO_2 的浓度在早晚交通高峰时段呈现上升趋势，说明天津市 NO_2 的主要来源是汽车尾气的排放。NO_2 在 2016 年的波谷值高于 2015 年，可见 2016 年 O_3 浓度总体高于 2015 年与 2016 年较高的 NO_2 浓度有一定关系。

将 2015—2016 年全市各区县臭氧浓度高值主要发生的典型月 5—9 月的臭氧小时浓度值进行平均处理，得到 2015—2016 年不同区县 5—9 月的臭氧浓度均值分布图，由图 3-17 分析可知，2016 年除武清区和宁河区 5—9 月臭氧浓度较 2015 年有所降低，其余各区县臭氧浓度明显增加。

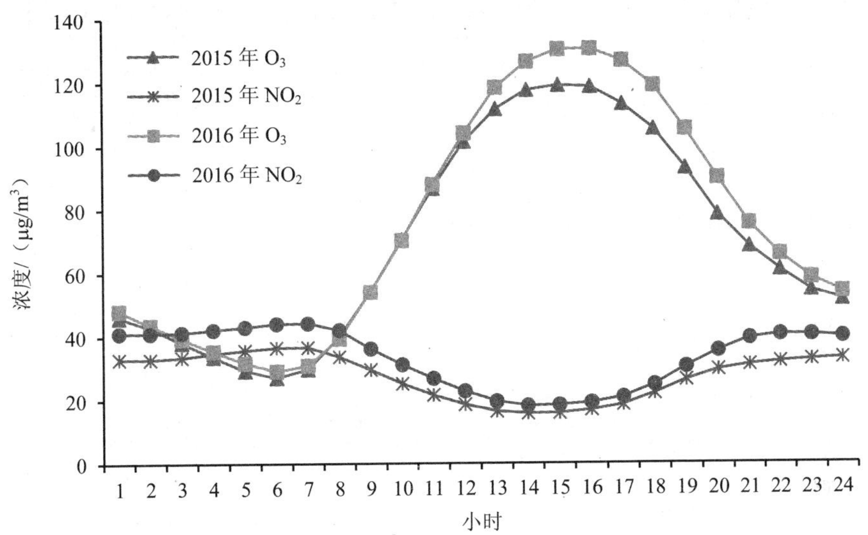

图 3-16　2015—2016 年天津市 5—9 月的臭氧与 NO_2 小时浓度关系

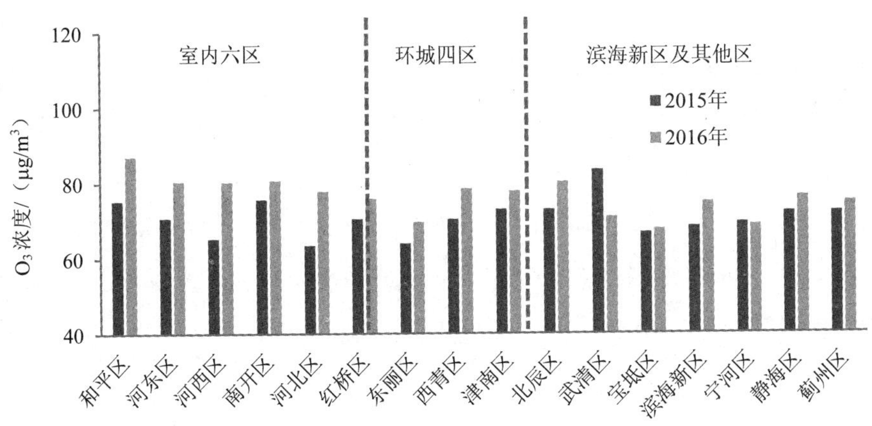

图 3-17　2015—2016 年天津市不同区县 5—9 月的臭氧浓度均值分布

2016 年臭氧浓度高值区域由环城四区转移到市内六区。2016 年臭氧浓度增大最为明显的是市内六区，由 2016 年不同区县 5—9 月的臭氧及二氧化氮浓度相对

2015 年增量分布图 3-18 可知，这很可能与市内机动车较多，排放的臭氧前体物二氧化氮较多有关。

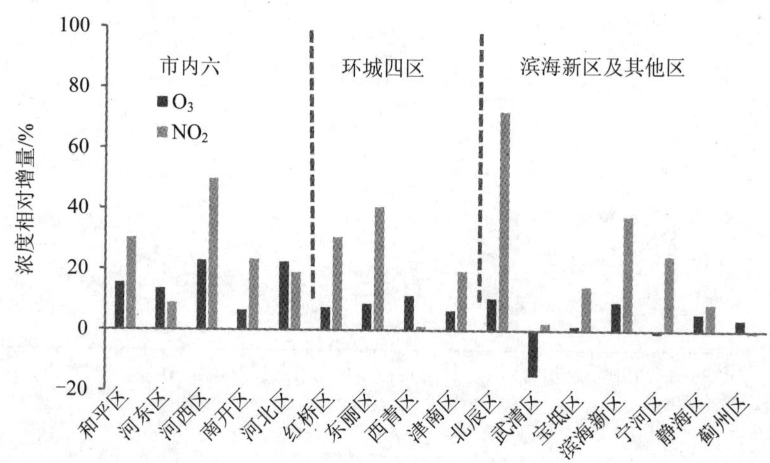

图 3-18　2016 年天津市不同区县 5—9 月的臭氧及二氧化氮浓度相对 2015 年增量分布

3.2.4.2　典型月臭氧变化趋势模拟及空间特征

根据臭氧浓度值和变化趋势选取 1 月、4 月、7 月、8 月及 11 月作为典型月，模拟天津市臭氧浓度变化趋势。

图 3-19 为 2013 年和 2015 年 1 月臭氧浓度（天平均值）的变化曲线，从图中可以看出，2013 年和 2015 年 1 月天津市的臭氧浓度变化趋势基本一致，且浓度值相差不大，但整体上 2015 年的臭氧浓度值要高于 2013 年臭氧浓度值，由于 1 月正处冬季，日照时间短，且光照强度相比夏季月较低，所以臭氧浓度整体大部分处于 40 μg/m^3 以下。图 3-20 为相同时间的臭氧浓度网格分布图，从图中可以看出，2013 和 2015 年 1 月的臭氧浓度值除了蓟州区外基本都在 45 μg/m^3 以下，较之 2013 年的臭氧浓度值，2015 年整体上要高 5～10 μg/m^3，从区县分布上看，除市内六区外 2015 年其余区县的臭氧浓度值相比 2013 年均是升高的。

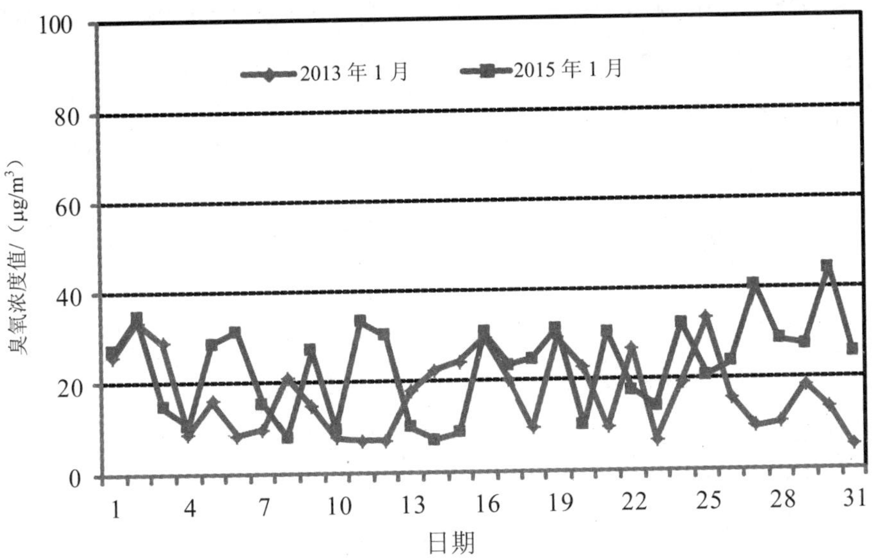

图 3-19　2013 年与 2015 年天津市 1 月臭氧浓度对比

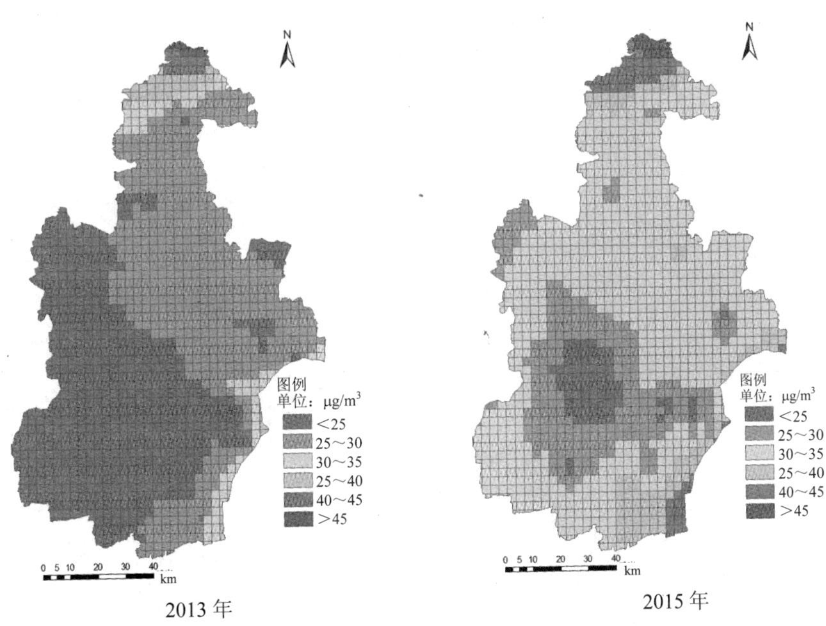

图 3-20　2013 年、2015 年天津市 1 月臭氧浓度网格分布（彩图见附件）

图 3-21 为 2013 年和 2015 年 4 月臭氧浓度（天平均值）的变化曲线，从图中可以看出，2013 年和 2015 年 4 月天津市的臭氧浓度变化趋势参差不齐，大体浓度值相差不大，但在某些天（10—13 日，18—22 日）的浓度值相差较大，且 4 月由于天气回暖，气温升高，光照强度大大升高，所以臭氧浓度整体大多数处于 40 μg/m^3 以上。图 3-22 为相同时段臭氧浓度的网格分布图，从网格分布图中可以看出，与 1 月相比，4 月臭氧整体浓度基本都在 40 μg/m^3 以上，但 2015 年的臭氧浓度值相比 2013 年大约降低了 5 μg/m^3；从区县分布上看，4 月各区县的臭氧浓度值均相差不大，但蓟州区北部的臭氧浓度值一直高于其他区县，这是因为蓟州区地处京津冀地区交汇地区，容易受到其他地区排放源的影响。

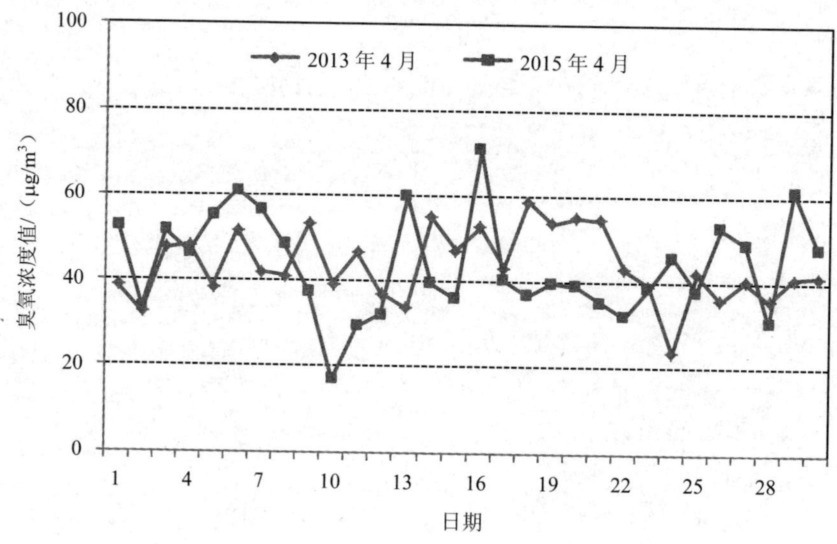

图 3-21　2013 年与 2015 年天津市 4 月臭氧浓度对比

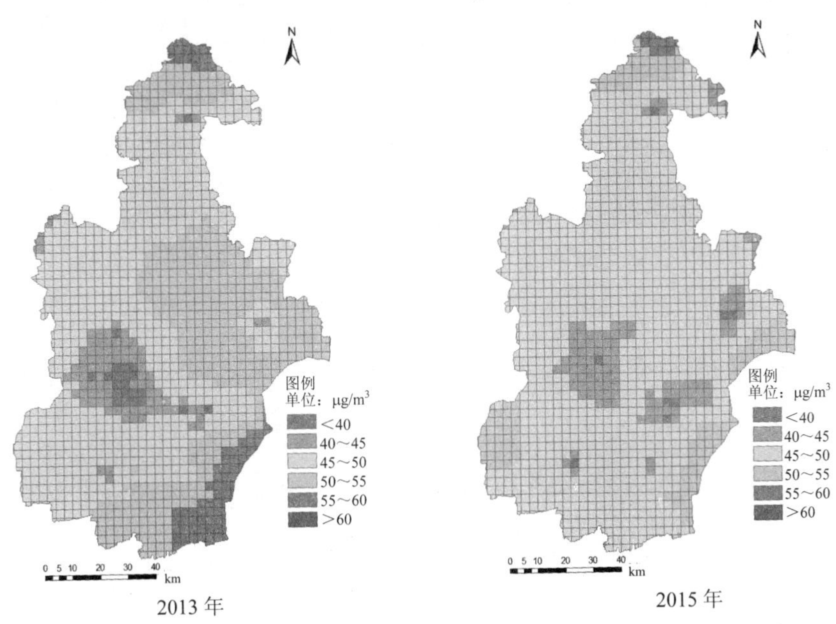

图 3-22 2013 年、2015 年天津市 4 月臭氧浓度网格分布（彩图见附件）

图 3-23 为 2013 年和 2015 年 7 月臭氧浓度的变化曲线，从图中可以看出，2013 年和 2015 年 7 月臭氧的浓度变化基本呈相反趋势，在 7 月的前半月，2015 年臭氧浓度值高于 2013 年臭氧浓度值，7 月下半月情况则正好相反。具体原因需结合气象状况进行进一步分析；此外，2015 年 7 月的臭氧浓度较 2013 年同期偏高，臭氧浓度值在 60 μg/m^3 以上的天数为 6 d，而 2013 年则未出现超过 60 μg/m^3 以上的情况。图 3-24 为相同时段的臭氧浓度的网格分布图，从网格分布图中可以看出，整体上（除蓟州区和宝坻区部分区域）2015 年 7 月的臭氧浓度值和 2013 年 7 月相比要高一个等级，且 2013 年和 2015 年天津市大部分地区的臭氧浓度值在 40 μg/m^3 以上，在 2015 年天津市中部及南部区县均在 45 μg/m^3 以上，2015 年相比 2013 年整体臭氧浓度呈现上升趋势。

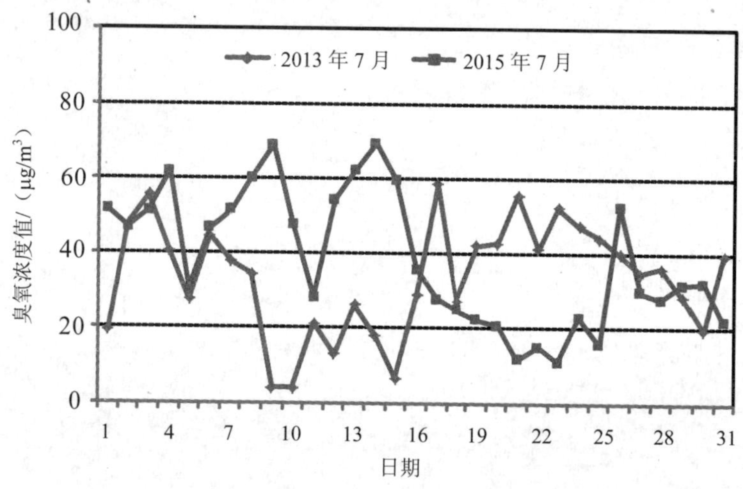

图 3-23　2013 年与 2015 年天津市 7 月臭氧浓度对比

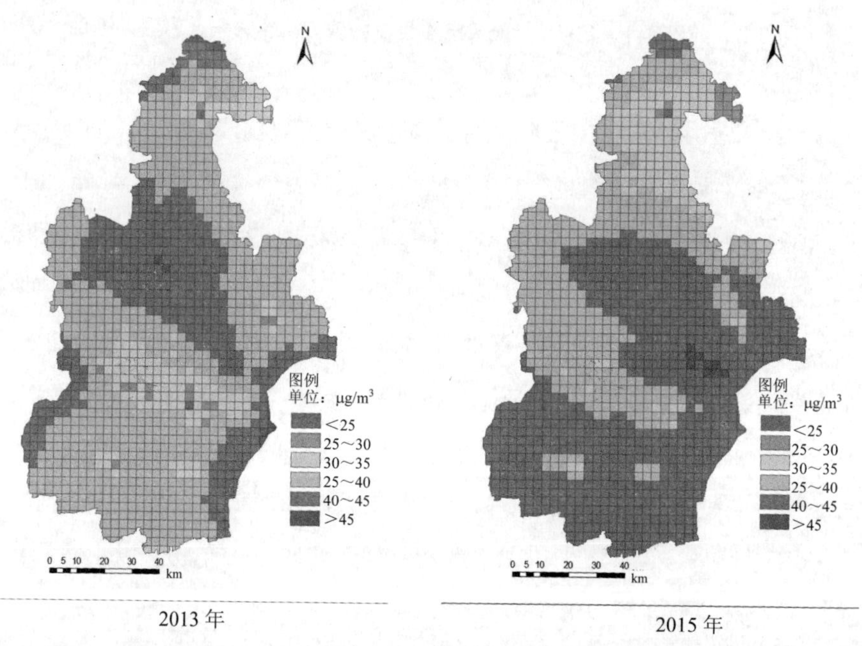

图 3-24　2013 年、2015 年天津市 7 月臭氧浓度网格分布（彩图见附件）

图 3-25 为 2013 年和 2015 年 8 月臭氧浓度的变化曲线，从图中可以看出，8 月 2013 年和 2015 年臭氧的变化趋势大部分时间段均保持一致且差别较小，但是在 8 月的最后几天则相差较大。整体上 2015 年 8 月的浓度值较 2013 年较低，且相对 7 月整体臭氧浓度略有下降。由图 3-26 中可以看出，在 8 月与 7 月呈现出了截然不同的情况，整体上 2015 年 8 月的臭氧浓度值和 2013 年相比要低 5～10 μg/m^3；从区县分布上看，2013 年 8 月臭氧浓度较高的地区主要是在滨海新区及东丽区，而 2015 年则分布较为均匀，除蓟州区臭氧浓度值依旧较高以外，其余区县臭氧浓度相差不大。

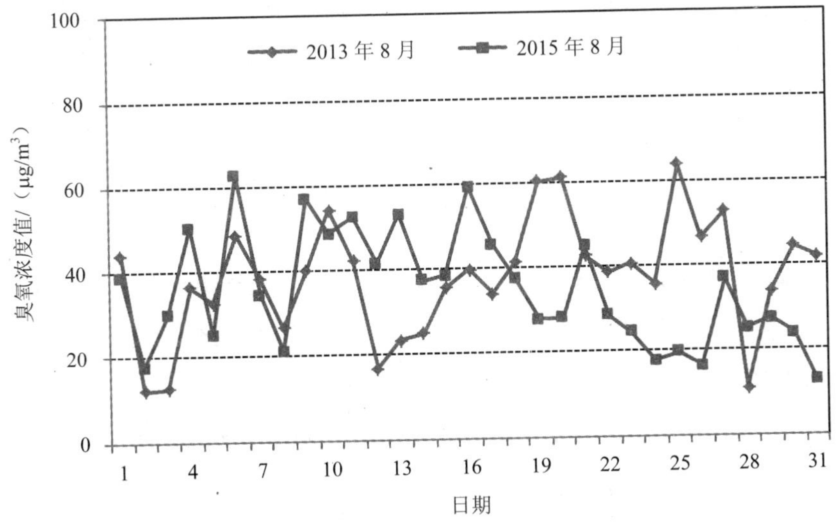

图 3-25 2013 年与 2015 年天津市 8 月臭氧浓度对比

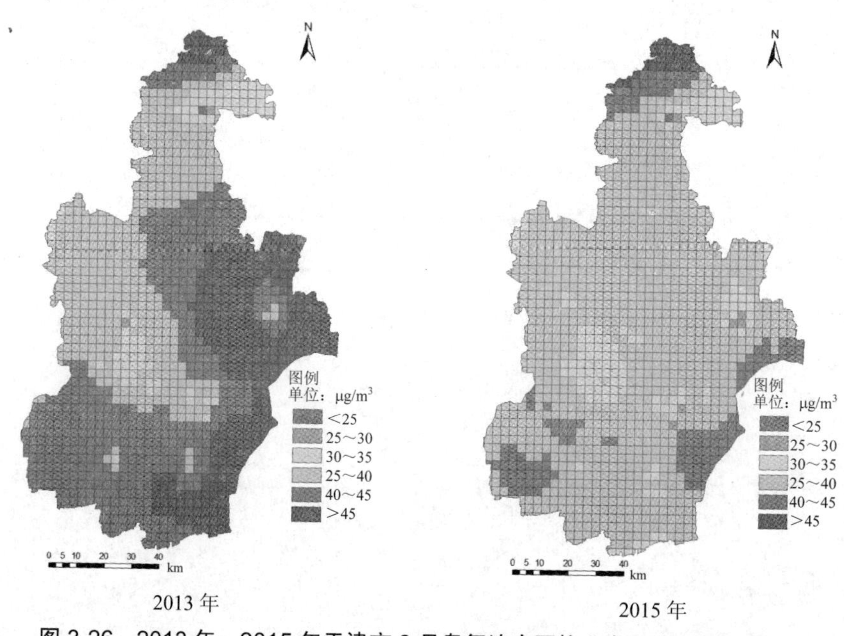

图 3-26　2013 年、2015 年天津市 8 月臭氧浓度网格分布（彩图见附件）

图 3-27 为 2013 年和 2015 年 11 月臭氧浓度（天平均值）的变化曲线，从图中可以看出，2013 年和 2015 年臭氧浓度变化趋势基本一致，且由于气温降低，光照时间变短且强度降低，臭氧浓度较夏季月开始下降，2013 年 11 月全月臭氧浓度基本在 40 μg/m^3 以下，2015 年 11 月的臭氧浓度则较 2013 年 11 月略有升高。由图 3-28 中可以看出，天津市 2013 年和 2015 年相比，11 月的臭氧浓度相差较小，且由于进入秋季，臭氧浓度较夏季相比下降明显，从区县分布上看，2013 年的臭氧浓度较高地区主要是蓟州区，而 2015 年蓟州区的臭氧浓度有所下降，滨海新区的臭氧浓度略有升高，结合各月的臭氧月均浓度值，可知天津市 2015 年 11 月相比 2013 年 11 月臭氧浓度值略高。

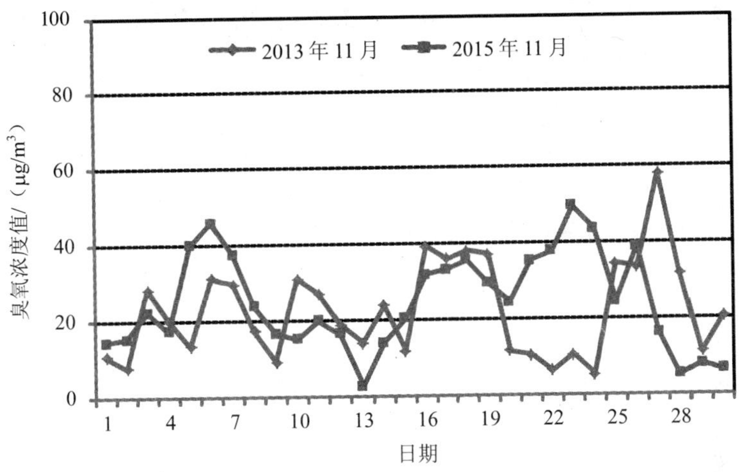

图 3-27 2013 年与 2015 年天津市 11 月臭氧浓度对比

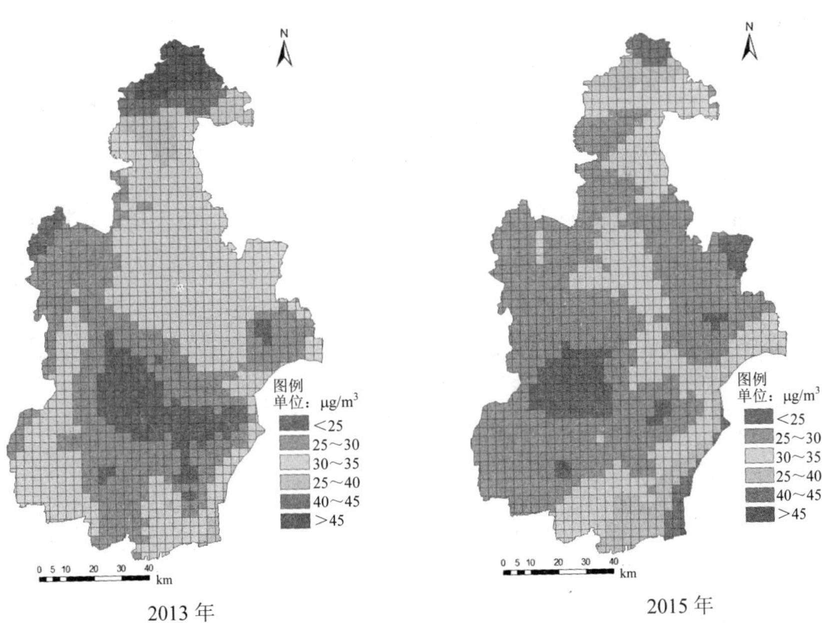

图 3-28 2013 年、2015 年天津市 11 月臭氧浓度网格分布（彩图见附件）

图 3-29 所示是天津市 2013—2015 年臭氧高发时段臭氧均值分布统计，可以发现天津市臭氧高值空间分布特征并不明显，2013 年高值主要集中于中心城区附近，2014 年集中于西青、津南及宝坻等区域，2015 年又集中于武清、东丽等区域。区域高值分布特征不明显，导致影响全市臭氧总体浓度水平存在较大的不确定性，增加了臭氧污染防治对策措施制定的难度。

3.2.5 臭氧与 NO_2、$PM_{2.5}$ 以及 CO 敏感性分析

将 2013 年 5 月—2017 年 12 月全市所有站点的 O_3、NO_2、$PM_{2.5}$ 平均浓度逐月按小时进行平均处理，得到各月三项污染物的小时浓度变化（图 3-30），可知 NO_2 与 $PM_{2.5}$ 浓度变化趋势较为一致，总体呈现冬季高、夏季低特点，而与 O_3 为负相关，O_3 的浓度波峰时段对应 NO_2 的波谷时段，且 NO_2 在 5—9 月的波谷值 2014 年低于 2013 年，2015 年更是从 5 月开始便明显低于往年同期，这意味着，在臭氧污染高峰季节，可能有更多的 NO_2 被消耗，促进了 O_3 的生成，这种趋势可能随大气能见度增加，太阳辐射增强，越加明显。

对 2013—2017 年这一时段内 O_3、NO_2、$PM_{2.5}$ 以及 CO 月均浓度变化情况进行统计发现，天津市臭氧浓度月变化趋势呈现出倒“V”形，臭氧在每年 5—9 月的浓度峰值与 NO_2、$PM_{2.5}$ 及 CO 在每年 5—9 月的浓度谷值能较好地对应上（图 3-31～图 3-35），表现出较好的负相关性。

3.2.5.1 臭氧与 NO_2 关系

NO_x 是臭氧的重要前体物，影响着近地面臭氧浓度的变化，且 NO_x 和臭氧参与的光化学反应是光化学烟雾形成的引发反应。据计算，2013—2017 年臭氧与 NO_2 月均浓度呈负相关，相关性系数为−0.78，即臭氧浓度高值区域对应着氮氧化物的低值区域，反之亦然。

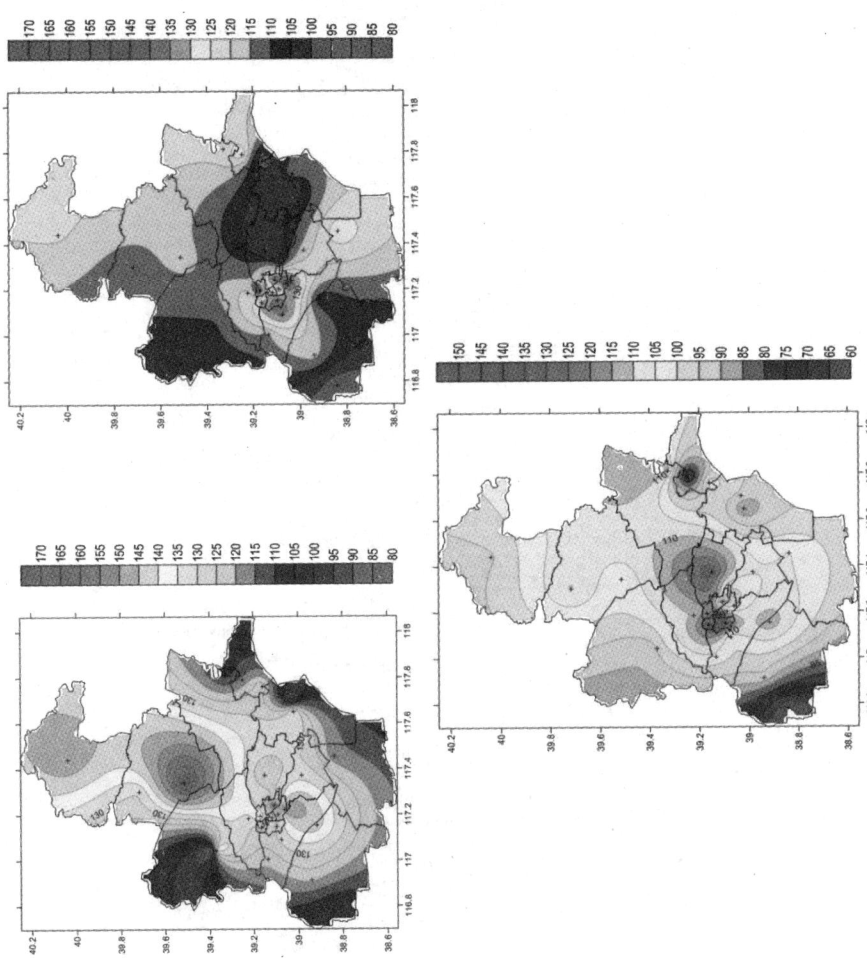

图 3-29 2013—2015 年天津市典型月典型时段臭氧均值分布变化（彩图见附件）

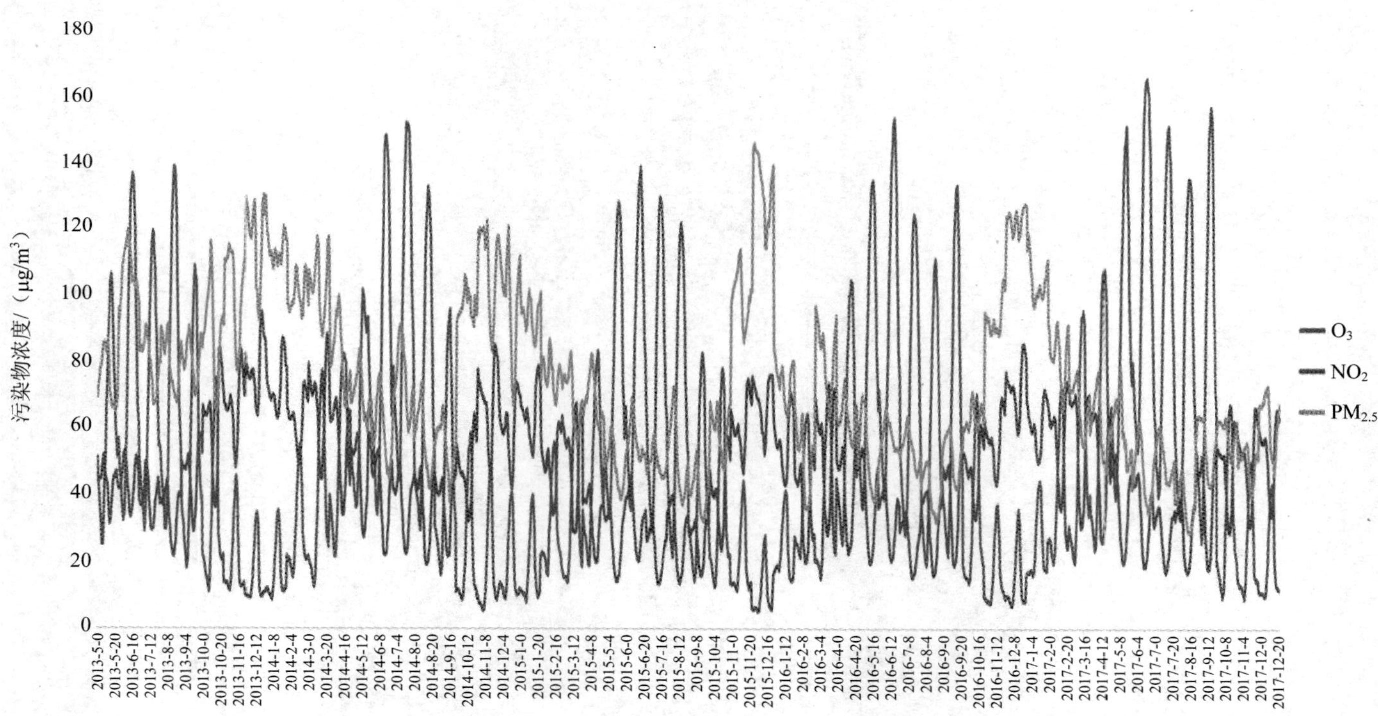

图 3-30　2013—2017 年天津市 O_3、NO_2 及 $PM_{2.5}$ 月小时平均浓度变化对比

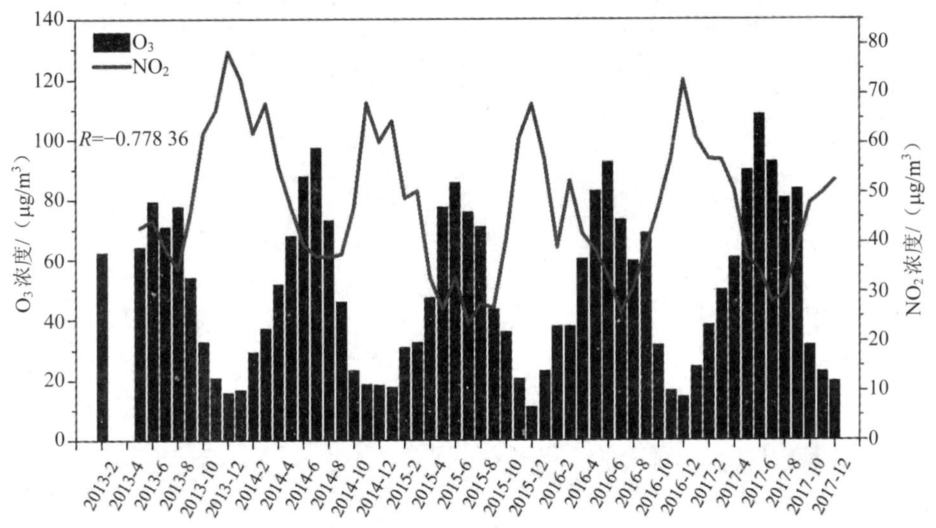

图 3-31　2013—2017 年天津市臭氧与 NO_2 月均浓度变化关系

臭氧作为一种典型的光化学反应产物，其浓度高低与气象条件的关系极为密切，有着典型的日变化规律。将 2017 年观测的数据进行统计分析，绘出了不同季节下的臭氧浓度日变化曲线（图 3-32），在进行对比分析时，将夏季定为 6—8 月，可以看出，臭氧浓度一般在 06：00—7：00 为日均最低值，之后浓度迅速上升，14：00—15：00 出现最大值，随后开始下降直到次日凌晨，昼夜变化振幅夏季最大，降频达到 67%；冬季昼夜变化最小。

白天机动车的大量使用造成 NO_2 和 NO 浓度升高，有利于光化学反应的进行。夜间光照强度减弱，致使 NO_2 无法发生光化学反应，是夜间臭氧浓度降低的原因之一。由此可见，NO_2 对近地面臭氧的生成和消耗均产生重要的影响。

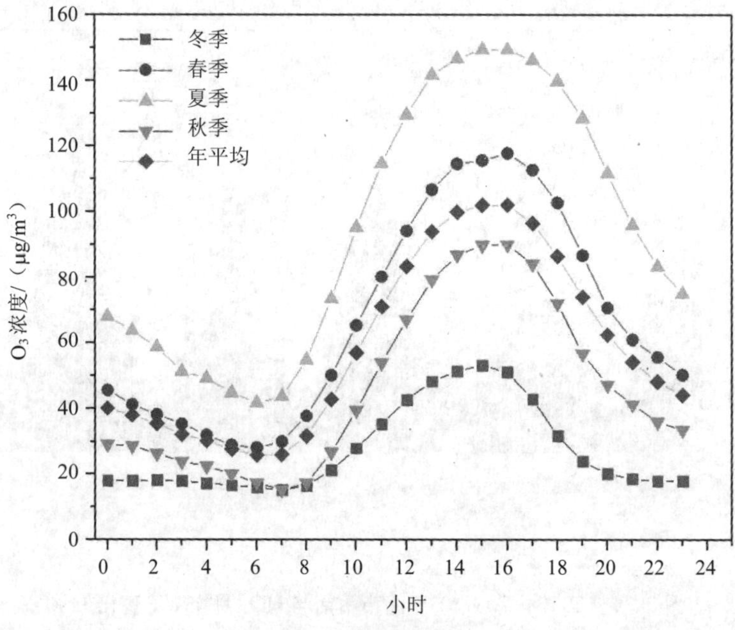

图 3-32　臭氧浓度日变化

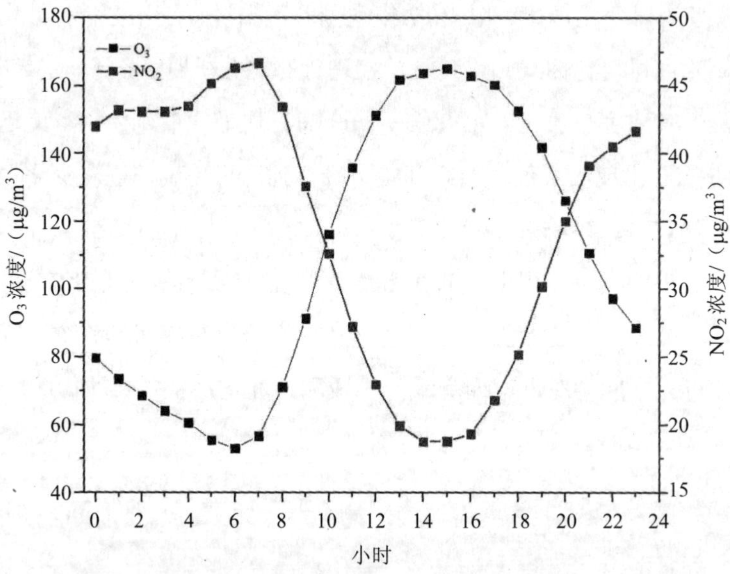

图 3-33　O_3与NO_2日小时浓度变化趋势

3.2.5.2 臭氧与 CO 关系

据计算，2013—2017 年臭氧与 CO 月均浓度呈负相关，相关性系数为−0.67，如图 3-34 所示，臭氧污染浓度的变化与 NO_2、CO 等浓度变化存在较大相关性，是多污染物复杂光化学反应的结果，其治理也必须在进一步明确不同污染物相互作用机理基础上进行协同控制。

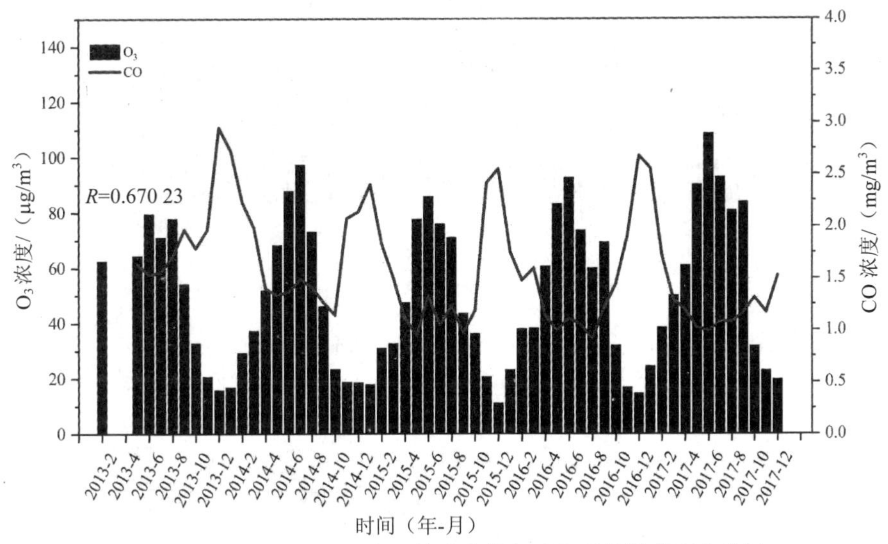

图 3-34　2013—2017 年天津市臭氧与 CO 月均浓度变化关系

3.2.5.3 臭氧与 $PM_{2.5}$ 的关系

$PM_{2.5}$ 与臭氧之间的月均浓度为正相关性，相关系数约为 0.50。

2013—2015 年臭氧高发时段 O_3 与 $PM_{2.5}$ 比值日小时变化趋势如图 3-36 所示，可以发现 $O_3/PM_{2.5}$ 比值在 O_3 高峰时段增加明显，说明随着 $PM_{2.5}$ 浓度值的持续下降，相应时段内的 O_3 浓度存在快速上升趋势，夏季的臭氧问题将随着 $PM_{2.5}$ 问题的逐步解决而越发凸显。

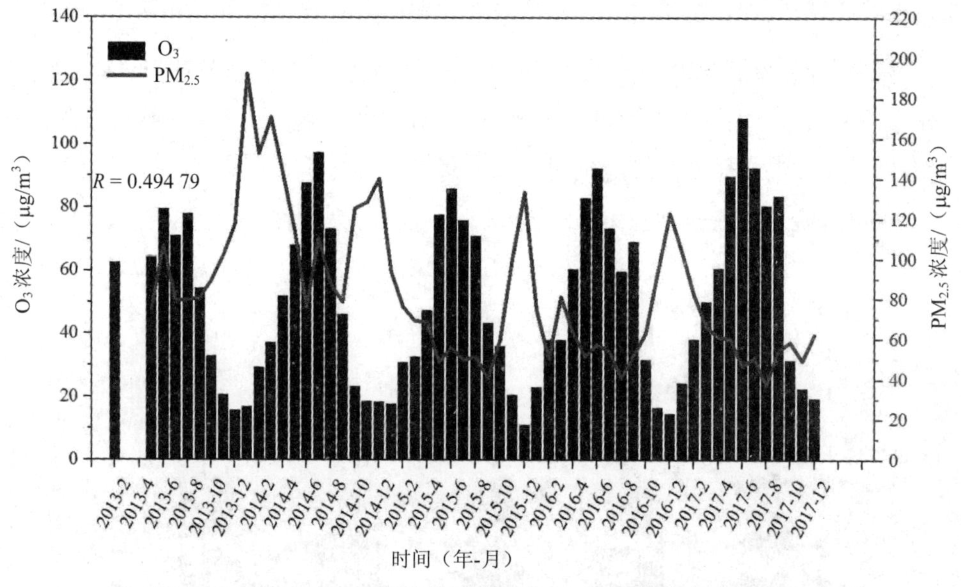

图 3-35　2013—2015 年天津市臭氧与 $PM_{2.5}$ 月均浓度变化关系

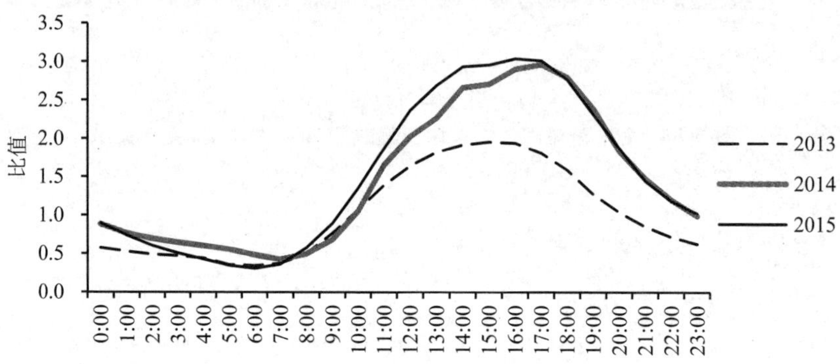

图 3-36　2013—2015 年天津市臭氧高发时段 O_3 与 $PM_{2.5}$ 比值日小时变化趋势

3.2.6　天津市空气质量形势特点

综合 2013 年以来天津市环境空气质量的变化可以看出，当前天津市环境空气质量呈现如下特点：

①空气质量改善明显，优良天数显著增加，重污染天气显著减少。以 SO_2 为特征的煤烟型污染得到显著缓解，SO_2 已不是天津市环境空气质量制约因素。

②非采暖期颗粒物污染改善明显，但是采暖季以细颗粒物为主要特征的灰霾污染仍然没有得到显著改善，特别是受不利气象条件影响明显。

③空气质量持续改善压力与日俱增，颗粒物污染改善程度趋缓的同时，氮氧化物污染和臭氧污染日益突出，大气污染形势更加复杂。

参考文献

[1] 李丹，等. 天津市环境空气质量特征分析[J]. 环境与可持续发展，2018，43（2）：134-136.

[2] 黄顺祥. 大气污染与防治的过去、现在及未来[J]. 科学通报，2018，63（10）：895-919.

[3] 王尔德. 天津治霾“成绩单”发布：2017 年“大气十条”任务完成[N]. 21 世纪经济报道，2018-01-11（07）.

[4] 袁建昭，赵若杰，殷宝辉，等. 天津冬季一次污染过程中 NO_x 和 O_3 的立体分布特征[J]. 环境科学研究，2018，31（3）：442-449.

[5] 奇奕轩. 北京北郊夏季臭氧及其前体物污染特征及影响因素研究[D]. 中国环境科学研究院，2017.

[6] 高彦文，殷仕淑，江虹. 基于扩散模型京津冀大气污染源的管控研究[J]. 天津农学院学报，2016，23（2）：44-48.

[7] 潘本锋，程麟钧，王建国，等. 京津冀地区臭氧污染特征与来源分析[J]. 中国环境监测，2016，32（5）：17-23.

[8] 张敏，崔振雷，韩素芹，等. NCARMM 模式对天津市夏季大气臭氧敏感性分析[J]. 气象，2015，31（5）：71-78.

[9] 姚青，孙玫玲，刘爱霞. 天津臭氧浓度与气象因素的相关性及其预测方法[J]. 生态环境学报，2009，18（6）：2206-2210.

[10] 吴莹，吉东生，宋涛，等. 夏秋季北京及河北三城市的大气污染联合观测研究[J]. 环境科

学，2011，32（9）：2741-2749.

[11] 王自发，李丽娜，吴其重，等. 区域输送对北京夏季臭氧浓度影响的数值模拟研究[J]. 自然，2008，30（4）：194-198.

[12] 王雪松，李金龙，张远航，等. 北京地区臭氧污染的来源分析[J]. 中国科学（B 辑：化学），2009，39（6）：548-559.

[13] 佟霁坤，陈海婴，刘晶晶. 保定市夏季臭氧及其前体物浓度变化特征分析[J]. 安徽农业科学，2016，44（6）：116-118.

[14] 聂滕，李璇，王雪松，等. 北京市夏季臭氧前体物控制区的分布特征[J]. 北京大学学报（自然科学版），2014，50（3）：557-564.

[15] 漏嗣佳，朱彬，廖宏. 中国地区臭氧前体物对地面臭氧的影响[J]. 大气科学学报，2010，33（4）：451-459.

[16] 唐邈，李鹏，肖致美，等. 天津市环境空气质量现状特征分析研究[J]. 环境科学与管理，2015，40（2）：8-11.

[17] 郭世卓，刘锐，孔凡佳. 天津市大气污染状况特征分析[J]. 安全，2014，35（8）：27-30.

[18] 潘琳，齐庚申，王伟，等. 天津市空气质量变化趋势及主要影响因子分析[J]. 环境污染与防治，2011，33（10）：106-109.

[19] 吴振玲，周梁丹，解以扬，等. 采暖期间区域气象条件与天津大气污染概率关系[J]. 气象科技，2008，36（6）：686-691.

[20] 王兴，常文韬，陈晨，等. 天津市大气环境质量分析与综合评价研究[J]. 环境科学与技术，2016，39（s2）：480-483.

[21] 朱燕舞，刘文清，谢品华，等. 夏季城市大气中 O_3 和 NO_2 的观测研究[J]. 大气与环境光学学报，2008，3（5）：369-376.

[22] 董海燕，谷金霞，陈魁，等. 一次连续在线观测分析天津市细颗粒物污染特征[J]. 环境监测管理与技术，2010，22（6）：42-45.

[23] 魏欣，毕晓辉，董海燕，等. 天津市夏季灰霾与非灰霾天气下颗粒物污染特征与来源解析[J]. 环境科学研究，2012，25（11）：1193-1200.

[24] 梁增强. 京津冀典型城市环境污染特征、变化规律及影响机制对比分析[D]. 北京工业大学，2014.

[25] 张银龙. 华北地区大气污染下的产业结构分析及区域联防机制研究[D]. 河南大学，2015.

4 天津市 VOCs 污染特征与防治技术途径

大气污染产生的最主要原因是人为污染，人为污染包括很多，其中造成大气污染的有燃料燃烧排放的废气和灰尘、工业废气、汽车尾气等主要途径，生活中餐饮、汽修、干洗、建筑装饰材料也会释放一些有毒气体，造成大气污染。

就工业废气来说，随着社会进步，我们早就改变了传统的生产模式，从用人力生产改为机器制造，优点是节省了人力，提高了工作效率，但带来的后续影响却难以想象。工业生产的缺点是工业生产中排放的工业废气对大气造成直接污染，很多工业在工作中，没有隔离环境，未采用保护措施，把工业废气不加处理直接排放到空气中，造成严重的大气污染。随着社会经济发展迅速，人们的生活水平也逐步提高，很多私家车开始出现，人们逐渐用私家车代替了步行、自行车及公交车，经常选择私家车出行，随着私家车数量的增多，汽车排放的尾气也对大气造成了影响，虽然效果不是很显著，却也是不可忽视。除了以上两种造成大气污染的因素，生活中餐饮、汽修、干洗及建筑装饰材料也存在着有毒气体，通过一定渠道污染环境。

天津大气污染环境问题也逐渐成为制约城市发展的重要因素，我们应该找准路口，制订解决方案，解决困扰人们许久的环境问题。

4.1 天津市重点工业 VOCs 污染来源及排放特征

4.1.1 天津市 VOCs 排放重点行业

结合天津市产业结构分布特征，以对天津市 VOCs 排放总量的贡献大小及活动单位数量作为筛选天津市 VOCs 排放源重点行业的主要原则。

采用 2010 年天津市污染源普查数据库基础信息和《VOCs 排放清单和治理技术培训资料》中推荐的 VOCs 全国平均水平排放因子对天津市工业固定源 VOCs 排放量进行初步核算，2010 年天津市 VOCs 排放总量为 22.33 万 t（表 4-1）。

表 4-1 2010 年天津市 VOCs 工业固定源行业排放汇总

序号	行业	VOCs 排放量/t	占总量比例/%
1	石油炼制	70 443.65	31.54
2	塑料制品制造	39 297.37	17.60
3	交通运输设备制造与修理业	29 657.46	13.28
4	轮胎制造	21 565.47	9.66
5	有机化学原料制造	16 285.77	7.29
6	黑色及有色金属冶炼	10 563.3	4.73
7	化学药品原药制造	8 012.55	3.59
8	合成材料	6 710.40	3.00
9	涂料生产	4 889.27	2.19
10	家具制造	2 570.22	1.15
11	日用品生产	2 396.48	1.07
12	印刷及包装印刷	2 248.94	1.01
13	涂装类（金属制造、通用设备及专用设备制造、电气机械制造业、仪器仪表、文化办公、机械制造等）	1 909.13	0.85
14	储运过程	1 349.27	0.60
15	啤酒制造	1 336.91	0.60
16	通信设备、计算机及其他电子设备制造业	955.52	0.43
17	植物油加工	789.48	0.35

序号	行业	VOCs 排放量/t	占总量比例/%
18	白酒制造	657.53	0.29
19	纺织印染	449.39	0.20
20	废物处理	437.12	0.20
21	皮革、皮毛、羽毛（绒）制造	388.12	0.17
22	木材加工	181.35	0.08
23	油墨生产	75.75	0.03
24	鞋类制造	66.26	0.03
25	发酵酒精生产	54.32	0.02
26	葡萄酒生产	30.24	0.01
27	胶黏剂生产	0.96	0.00
总计		223 322.23	100

对各行业排放量进行排序，得到 VOCs 排放量较大的重点行业见表 4-2，依次为石油炼制、塑料制品业、交通运输设备制造与修理业、轮胎制造、有机化学原料制造、黑色金属冶炼及压延加工业、化学药品原药制造、合成材料、涂料生产和家具制造行业，这 10 个行业的 VOCs 排放量占天津市 VOCs 工业固定源排放总量的 94%以上，是天津市 VOCs 排放的重点行业。

国家在《重点区域大气污染防治“十二五”规划》编制过程中，提出了国家 VOCs 排放十大重点行业，分别为石油炼制与石油化学、有机化工、化学药品原料药制造、合成材料、塑料制品制造、涂装类。

根据天津市 VOCs 工业源排放量核算，国家 VOCs 排放十大重点行业中的石油炼制与石油化学、塑料制品制造、涂装类、交通运输设备制造、有机化工、化学药品原料药制造行业是天津市工业源 VOCs 排放重点行业。涂装类行业、通信设备与计算机及其他电子设备制造、印刷与包装印刷、储运过程对天津市工业源 VOCs 排放总量贡献较小。

《VOCs 排放清单和治理技术培训资料》将金属制造业、通用设备及专用设备制造、电气机械制造、仪器仪表、文化办公和机械制造等行业归为涂装类，采用涂料用量进行估算，由于污染源普查数据库大部分企业未填报涂料用量情况，导致涂装类 VOCs 估算排放量偏低。印刷行业采用的排放因子为印刷品产量（吨印刷品），由于填报产品单位无法统一，部分企业未进行核算，导致印刷行业 VOCs 估算排放量偏低。但归入涂装类的行业、印刷及包装印刷的工业生产总值及活动单位数均较大，通信设备、计算机及其他电子设备制造业属于天津市优势产业，对天津市工业经济的贡献不容忽视。

综上分析，确定天津市 VOCs 排放覆盖 11 类重点行业，并将其他 VOCs 排放企业纳入其他行业作为一般源进行监管。天津市 VOCs 排放重点行业见表 4-2。

表 4-2 天津市 VOCs 排放重点行业汇总

序号	行业类别
1	石油炼制与石油化学
2	塑料制品制造
3	汽车制造与维修表面涂装
4	橡胶制品加工
5	医药制造
6	涂料与油墨生产
7	金属制品制造、通用设备及专用设备制造、电器机械及器材、仪器仪表、文化办公、机械制造、船舶及自行车等交通运输设备制造等其他行业表面涂装
8	通信设备、计算机及其他电子设备（电子工业）
9	家具制造
10	印刷和包装印刷
11	黑色金属冶炼

4.1.2 重点行业 VOCs 来源及排放特征

4.1.2.1 石油炼制与石油化学

石油炼制与石油化学是国民经济的重要支柱产业，为国民经济发展提供能源和基础原材料及相关产品，在经济建设、国防事业和人民生活中发挥着极其重要的作用，关系到国家能源战略安全。

石化行业作为京津冀地区的主导行业，在其原油初级、二次加工生产过程中会携带出大量的 VOCs 污染物，年均排放量严重超标，污染浓度极高，分物种成分较为复杂，常伴有难闻的气味，治理清除周期时间长。不仅如此，VOCs 废气排放不仅会出现在工艺燃烧尾气排气筒的末端，而且还会在油罐区、污水处理厂、生产设备与管件阀口等辅助装置设施以无组织的方式逸散 VOCs 气体，且排放过程不易发现，而伴随加工装置生产过程出现的 VOCs 气体要精确监测极其困难。因此，厂区内有/无组织排放的 VOCs 将给周边区域的空气质量和居民生活带来极大的不利影响，更对天津地区空气污染控制产生重大危害。

上游炼油及下游化工生产作为天津地区重要的经济命脉，特别是园区石化行业，更成为带动天津及环渤海地区经济发展的引擎和龙头，其中石油炼制与化工行业是首要的 VOCs 排放源。资料表明，天津是我国 VOCs 排放量高、污染严重的地区，而企业内部 VOCs 排放相对简单，园区管理体制机构相对落后，企业内 VOCs 的随意排放及相应突发性事件引起的废气泄漏，已成为影响周边环境质量和安全的重要因素。因此，对天津地区石化行业展开 VOCs 排放成分的研究，通过现场勘查来监测不同工艺环节的污染源排放获取源特征谱，对于有效改善长期困扰天津地区雾霾、光化学烟雾等污染的发生及其周边区域环境污染的联合治理十分迫切。

（1）行业分类

石油炼制行业是将原油经过常减压蒸馏、催化裂化、加氢精制、催化重整以及各种脱脂蜡等加工过程，生产出的汽油、煤油、柴油等燃料与润滑油，三烯（乙烯、丙烯、丁二烯）、三苯（苯、甲苯、二甲苯）等化学工业原料，是国民经济支柱产业之一，关系国家的经济命脉和能源安全，在国民经济、国防和社会发展中具有极其重要的地位和作用。

石油化学工业主要是以石油炼制后产生的轻油品（石油气、石脑油、轻柴油）裂解成天然气为主要原料生产有机原料（乙烯、丙烯、丁二烯和苯、甲苯、二甲苯等）以及将有机原料经过特定加工工艺生产出来聚乙烯、聚丙烯、聚苯乙烯、等合成树脂；丁苯橡胶、丁腈橡胶、乙丙橡胶等合成橡胶、合成洗涤剂、表面活性剂、各种添加剂等精细化工产品的过程，生产有机化学品、合成树脂、合成纤维、合成橡胶等的工业。

（2）工艺流程及产排污节点

石油化学工业大气污染物排放源有燃烧源、工艺源和面源。燃烧源主要有工艺加热炉、裂解炉等烟气，主要污染物为二氧化硫、氮氧化物；工艺源包括氧化反应、氧氯化反应、氨氧化反应工艺尾气，固体颗粒物料输送尾气等，主要污染物是有机物；面源包括储罐呼吸排气、设备阀门泄漏、采样过程、序批式反应器的进料、出料及惰性气体保护过程、设备阀门检维修过程、非正常工况等，主要污染物是有机物。

由于石油化学工业产品种类、生产工艺众多，基于生产设施要素，将石油化学工业（含各类化工企业、装置）VOCs 废气排放源解析为 12 种，可涵盖任何石油化学工业企业的生产过程中 VOCs 排放，如图 4-1 所示。

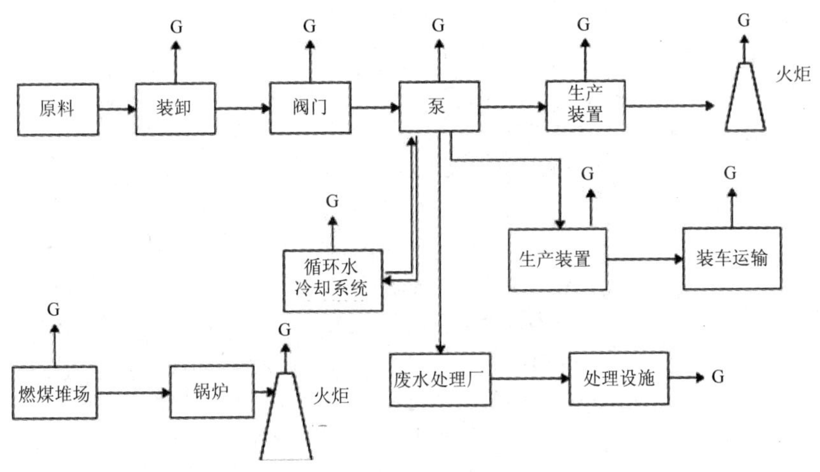

图 4-1 石化行业典型工艺及排放节点（G：气体）

根据石油炼制工业和石油化学工业工艺环节污染源归类解析的理论基础，同时参考《石化行业 VOCs 污染源排查工作指南》的分类方法，将 VOCs 产生源项分为设备动静密封点泄漏污染源，挥发性有机液体储存、调和污染源，挥发性有机液体装卸挥发污染源，废水集输、储存、处理过程污染源，其他源项五大部分，各部分按照工艺特点，又细分为12个子源项，其每个源项描述见表4-3。

表4-3　石化行业VOCs排放环节

序号	源项	描述
1	设备动静密封点泄漏	石化装置或设施的动、静密封点排放的VOCs
2	有机液体储存与调和挥发损失	VOCs排放来自于挥发性有机液体固定顶罐（立式和卧式）、浮顶罐（内浮顶和外浮顶）的静止呼吸损耗和工作损耗
3	有机液体装卸挥发损失	挥发性有机液体在装卸、分装过程中逸散进入大气的VOCs
4	废水集输、储存、处理处置过程逸散	废水在收集、储存及处理过程中从水中挥发的VOCs
5	工艺有组织排放	主要是指生产过程中装置有组织排放的工艺废气，其VOCs的排放受生产工艺过程的操作形式（间歇、连续）、工艺条件、物料性质限制
6	冷却塔、循环水冷却系统释放	由于设备泄漏，导致有机物料和冷却水直接接触，冷却水将物料带出，冷却过程由于凉水塔的汽提作用和风吹逸散，从冷却水中排入大气的VOCs
7	非正常工况（含开停工及维修）排放	开停工及检维修过程中由于泄压和吹扫等工序而排放的废气
8	工艺无组织排放	是指非密闭式工艺过程中的无组织、间歇式的排放，在生产材料准备、工艺反应、产品精馏、萃取、结晶、干燥、卸料等工艺过程中，污染物通过生产加注、反应、分离、净化等单元操作过程，通过蒸发、闪蒸、吹扫、置换、喷溅、涂布等方式逸散到大气中，属于正常工况下的无组织排放
9	火炬排放	用于热氧化处理、处置区域内生产设备所排放的各类具有一定热值气体的焚烧净化装置，火炬气通过焚烧可去除大部分的烃类，但其排放废气中仍包括未燃烧的VOCs
10	燃烧烟气排放	主要是指锅炉、加热炉、内燃机和燃气轮机等设施燃烧燃料过程排放的烟气
11	采样过程排放	采样管线内物料置换和置换出物料的收集储存过程中，逸散的部分VOCs
12	事故排放	由于泄漏、火灾、爆炸等事故情况导致的VOCs污染事故

1）设备动静密封点泄漏

设备内的物料可通过设备动静密封点泄漏到环境中，这是石化行业普遍存在的小型无组织排放源，属于正常工况下的无组织或有组织排放，以无组织排放为主，个别设备密封点可将废气收集并将其转为有组织排放。其排放的挥发性有机污染物种类与企业使用物料有关系。目前设备动静密封点泄漏源项是我国工业企业挥发性有机污染物四个主要源项之一。

2）有机液体储存和调和挥发损失

在调和与储存过程中，随着物料的进出，大小呼吸会产生大量的物料损失，排放大量的挥发性有机污染物，属于正常工况下的排放，通常为间歇性排放，在静置过程中，罐体和浮盘之间等处也存在物料的挥发损失。有机液体储存与调和挥发损失也是工业企业挥发性有机污染物四个主要源项之一。

3）有机液体装卸挥发损失

汽油、柴油、石脑油、苯等有机液体在车、船装卸作业过程中，由于置换了车厢或船舱中的物料蒸汽及物料本身的挥发，从而产生挥发性有机物的排放，属于正常工况下的排放，通常为间歇性排放，属于工业企业挥发性有机污染物四个主要源项之一。

4）废水集输、储存、处理处置过程逸散

石化行业企业正常生产过程中产生的废水、废液中含有的有机成分随着温度变化，可能释放到大气中，不同类型的废水在收集系统中发生化学反应可能释放出新的污染物进入大气，这属于正常工况下的无组织排放，当采取废气收集处理措施后，可将其转化为有组织排放。该源项是工业企业挥发性有机污染物四个主要源项之一。

5）工艺有组织排放

有组织工艺废气是指除热源供给设施燃烧烟气和火炬外，所有15 m以上排气筒的排放，包括工艺装置排气筒，如催化裂化尾气、连续重整尾气、硫黄回收尾气等，也包括面源经收集后的集中排放，可能是连续性的，也可能是间歇性的。

其排放的污染物主要是挥发性有机污染物、烟粉尘、二氧化硫、氮氧化物等。

6）循环冷却水系统释放

由于回用水处理不彻底，添加水质稳定剂或工艺物料泄漏将污染物带入循环冷却水中，污染物通过循环冷却水塔的闪蒸、汽提和风吹等作用释放到大气中，该源项通过 15 m 高以上的冷却塔顶排放视为有组织排放源，其余方式逸散的视为无组织排放源，这是一种正常工况下连续不稳定的排放。其排放的大气污染物主要是挥发性有机污染物。

7）非正常工况排放

石化企业装置或设施处在开工、停工、抢修、小修、大检修及工艺参数超出设计阈值和工艺、设备等运行不稳定的生产状态时，物料泄放、喷溅和设备吹扫、清洗过程产生和排放的污染物，以及“三废”处理设施运转不正常时排放的污染物，既有无组织排放也有有组织排放，是一种无规律排放源。

8）火炬排放

火炬是通过燃烧方式处理排放无法回收和再加工的可燃有毒气体及蒸汽的特殊燃烧设施，气体主要来自石化企业正常生产，以及非正常生产过程中工艺装置无法回收的工艺可燃气、过量燃料气和吹扫废气中的可燃有毒气体及蒸汽等，属于有组织排放。火炬排放的污染物主要受火炬系统处理能力、异常工况类型与延续的时长、物料性质等因素影响。

9）燃烧烟气排放

燃烧烟气是工业企业为了给物料直接或间接提供热源，燃烧燃料造成的排放，属于正常工况下的有组织排放。其排放的污染物主要有烟粉尘、二氧化硫、氮氧化物、挥发性有机污染物等。由于该源项排放主要污染物为烟粉尘、二氧化硫和氮氧化物等常规污染物，仅少量为挥发性有机污染物。

10）工艺无组织排放

工艺无组织排放是指非密闭式工艺过程中的无组织、间歇式的排放，在生产材料准备、工艺反应、产品精馏、萃取、结晶、卸料等工艺过程中，污染物通过生产加注、反应、分离、净化等单元操作过程，通过蒸发、闪蒸、吹扫、置换、喷溅、涂布等方式逸散到大气中，属于正常工况下的无组织排放。其排放的挥发性有机污染物主要受物料性质、生产工艺、末端处理技术等因素影响。

11）采样过程排放

石化企业生产过程中为保证生产出合格产品，需要对各工艺阶段的物料、中间品及成品进行取样分析，样品通过一个采样管线/井上的阀门开启并收集一定体积的液体或气体，将样品采入特定的取样容器中，这一过程也会排放挥发性有机污染物，属于正常工况下的无组织排放。其排放的污染物与采样物料性质及采样方式，持续时间等有关。

12）事故排放

生产装置一旦发生泄漏、火灾、爆炸等事故，企业的首要任务是应急与撤离人员，各种物料均可能直接排空，造成污染是无法避免的，同时泄漏的物料可能发生化学反应，形成次生污染。

（3）VOCs 排放组分特征

石油炼制 VOCs 行业特征污染物为苯、甲苯、二甲苯、氯乙烯、氯甲烷、丙烯腈、环氧乙烷、1,3-丁二烯、1,2-二氯乙烷、甲醛、四氯化碳、甲苯二异氰酸酯、环氧氯丙烷、氯丁二烯、苯胺、硝基苯、苯乙烯、甲醇、乙醛、乙苯、氯苯、三氯甲烷（氯仿）、三氯乙烯、二甲基甲酰胺（DMF）、丙酮、环己烷等。

通过对天津大港石化园区各企业排放现状的深入实地考察分析，筛选出该园区内两家典型国企大规模的石油炼化企业，见表 4-4，进行现场调研分析，确定其主要工艺单元并展开废气样品采样测试工作（有组织或无组织排放），通过了解每个环节生产过程发生的一系列化学变化，原辅材料、有机溶剂的使用或装置末端治理技术等方面，来分析其 VOCs 排放特征的影响，以能识别 VOCs 的特征污染物。

表 4-4 调研企业检测点位及采样数量

企业	检测点位	采样个数
1#	催化裂化工艺出口 减压炉工艺出口 焦化加热炉工艺出口 加氢加热炉工艺出口 制氢转化炉工艺出口 脱硫工艺出口 汽柴油加氢工艺出口 硫黄回收工艺出口 重整回炉工艺出口 重整工艺出口	11
2#	加热炉装置 常减压装置 焦化加氢装置 加氢裂化装置 延迟焦化装置 重整抽提装置 裂解炉排气出口 锅炉烟气	27
3#	焚烧炉排气筒 乙烯裂解炉排气筒	13
4#	油气回收装置 活性炭装置排口	3
5#	实验楼废气排口	2
6#	车间废气排口	2

2#调研企业石油炼制行业典型工艺的 VOCs 排放特征如图 4-2 所示，除锅炉烟气排放工艺外，加氢转化、制氢装置、常减压装置、延迟焦化、重整抽提、乙烯裂解工艺的排放的特征污染物主要有苯乙烯、三氯甲烷（氯仿）、乙酸、正己醛、2-亚甲基己醛、乙基甲苯、十一烷、苯乙酮、三异丙基苯、萘等，锅炉烟气除具有上述特征污染物外，还有甲苯、乙苯、乙酸正丁酯、庚烷、二氯甲烷、四氯化碳。

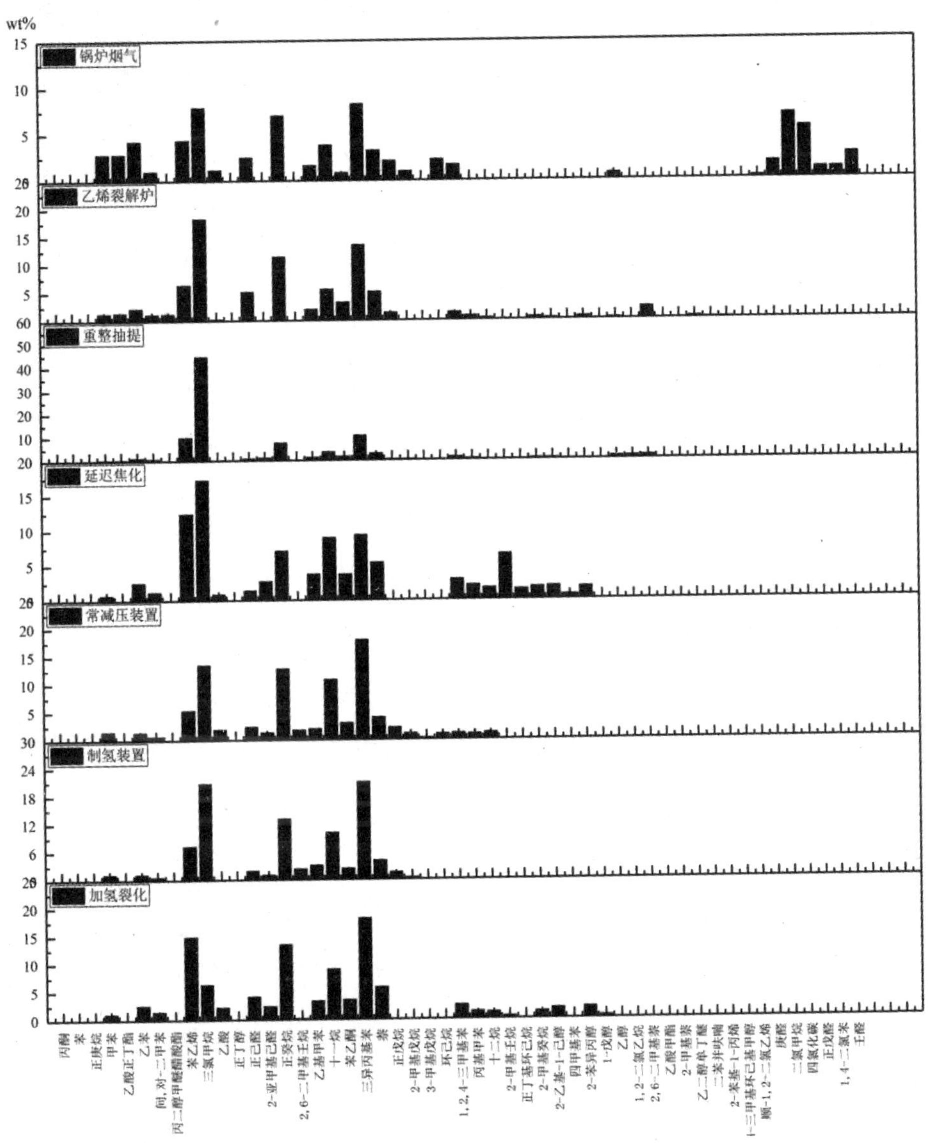

图 4-2　石油炼制行业 VOCs 特征

4.1.2.2　塑料制品制造

塑料制品是以合成树脂（高分子化合物）为主要原料，经挤塑、注塑、吹塑、压延、层压等工艺加工成型的各种制品，以及利用回收废旧塑料加工再生塑料制品。

（1）主要原辅料及使用的溶剂

塑料是由合成树脂及填料、增塑剂、稳定剂、润滑剂、色料等添加剂组成。塑料的主要成分是树脂。

1）填料

填料可以提高塑料的强度和耐热性能，并降低成本。填料可分为有机填料和无机填料两类，有机填料如玻璃纤维、硅藻十、石棉、炭黑等。填料在塑料中的含量一般控制在40%以下。

2）增塑剂

增塑剂可增加塑料的可塑性和柔软性，降低脆性，使塑料易于加工成型。增塑剂一般是能与树脂混溶，无毒、无臭，对光、热稳定的高沸点有机化合物，最常用的是邻苯二甲酸酯类。

3）稳定剂

稳定剂主要是指保持高聚物塑料、橡胶、合成纤维等稳定，防止其分解、老化的试剂。常用的有硬脂酸盐、环氧树脂等。稳定剂的用量一般为塑料的0.3%～0.5%。

4）着色剂

着色剂可使塑料具有各种鲜艳、美观的颜色。常用有机染料和无机颜料作为着色剂。

5）润滑剂

润滑剂的作用是防止塑料在成型时粘在金属模具上，同时可使塑料的表面光滑美观。常用的润滑剂有硬脂酸及其钙镁盐等。

（2）工艺流程及产排污节点

塑料制品有两种生产方式，一种是新塑料及其制品的生产，另一种是废旧塑料的回收再生，这两种生产方式的工艺流程基本相同，其中废旧塑料回收生产工艺以挤出成型为主。塑料制品制造在生产过程中产生的有机废气主要为 VOCs，主要来源于加热熔化和注塑工艺。

塑料的成型加工是指由合成树脂制造厂制造的聚合物制成最终塑料制品的过程。加工方法（通常称为塑料的一次加工）包括压塑（模压成型）、挤塑（挤出成型）、注塑（注射成型）、吹塑（中空成型）、压延等。典型生产工艺流程如图 4-3 所示。

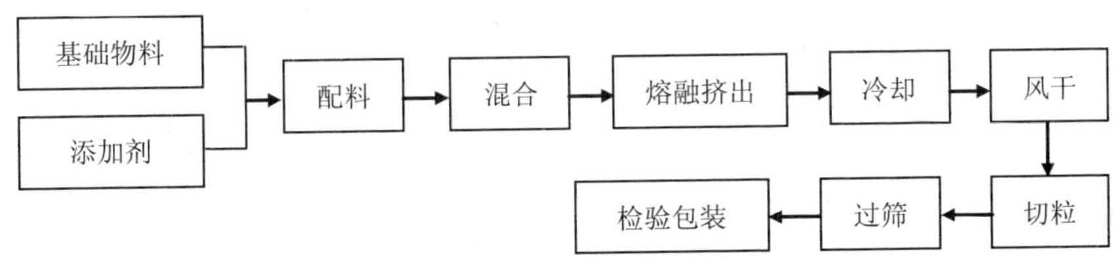

图 4-3　典型塑料生产工艺流程

塑料制造的 VOCs 产生环节主要为挤出、冷却、风干环节的有组织工艺排放，以及配料、原料储存和包装等环节的无组织排放。

（3）VOCs 排放组分特征

目前常见的塑料有聚苯乙烯、聚丙烯、低密度聚乙烯、高密度聚乙烯、聚碳酸酯、聚氯乙烯、聚酰胺、聚氨酯等。从化学成分上看，塑料的碳含量介于煤和油之间，而氢含量要大于煤和油，其碳氢化合物在高温条件会产生 VOCs，成为工业 VOCs 的来源之一。塑料在热熔、注塑和烘干等过程中产生了 VOCs，主要产物有：苯、甲苯、乙苯、苯乙烯、邻-二甲苯、间-二甲苯、对-二甲苯、丙酮、丁醇、异丙酮、乙酸乙酯、乙酸丁酯、正十一烷等。

4.1.2.3　汽车制造与维修表面涂装

（1）工艺流程及产排污节点

汽车涂装工艺过程如图 4-4 所示，汽车制造与维修排放的 VOCs 主要来源于电泳底漆、中涂和面漆的喷涂及烘干过程和塑料件加工的喷涂工序。在中涂和面漆喷漆过程中，80%～90%的 VOCs 是在喷漆室和流平室排放，10%～20%的 VOCs 随车身涂膜在烘干室中排放。

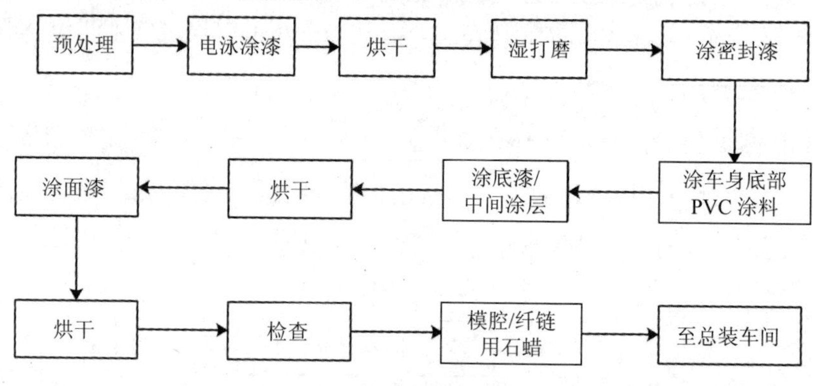

图 4-4　汽车制造典型工艺

（2）VOCs 排放组分特征

调研了天津市主要的汽车制造企业，其监测点位见表 4-5，分别检测了汽车制造中涂、上涂清漆、底漆、脱臭炉、罩光漆、密封胶及电泳排气等工艺。

表 4-5　汽车制造企业及检测工艺点位

测点位置	检测点位	检测频次
1#	1、2、3、4 号中涂，1、2、3、4 号上涂 A 清漆，1、2、3 号上涂底漆，电泳排气，调漆室，1、2、3、4 号脱臭炉进、出口，电泳排气，密封胶，保险杠喷漆室，罩光漆	1 次/周期，共 27 个测试点位
2#	仪表板加强梁浸油工序废气排气筒 P5	1 次/周期，共 1 个测试点位
3#	AT 振动子洗净三期南侧 5 号排气筒	1 次/周期，共 1 个测试点位
4#	热闪干有机废气 P2	1 次/周期，共 3 个测试点位
	喷漆/流平废气 P1	
	烘干有机废气 P4	
5#	注塑工序废气排气筒	1 次/周期，共 1 个测试点位
6#	X-03 抽真空除油雾器进、出口	1 次/周期，共 2 个测试点位
7#	SMT 车间、线束车间、浸漆废气排放口	1 次/周期，共 3 个测试点位
8#	喷漆、流平、上色、补漆、整体换风废气排放口	1 次/周期，共 5 个测试点位
9#	喷漆工艺废气排放口	1 次/周期，共 1 个测试点位
10#	干燥工艺废气排放口	1 次/周期，共 1 个测试点位
11#	化成槽、涂装水洗槽废气排放口	1 次/周期，共 2 个测试点位

测点位置	检测点位	检测频次
12#	喷漆+烤漆废气入口、出口	1 次/周期，共 2 个测试点位
13#	电泳喷漆、电泳烘干、中涂烘干、面漆、调漆、燃烧脱臭、密封、总装车间废气排放口	1 次/周期，共 8 个测试点位
14#	1 线刷胶废气排口	1 次/周期，共 1 个测试点位

以 1#汽车制造企业为例，其 VOCs 排放特征如图 4-5 所示，汽车涂装 VOCs 的成分不仅有苯、甲苯和二甲苯，还包括乙酸乙酯、丁酮、丙酮、异丙醇、醚类等。

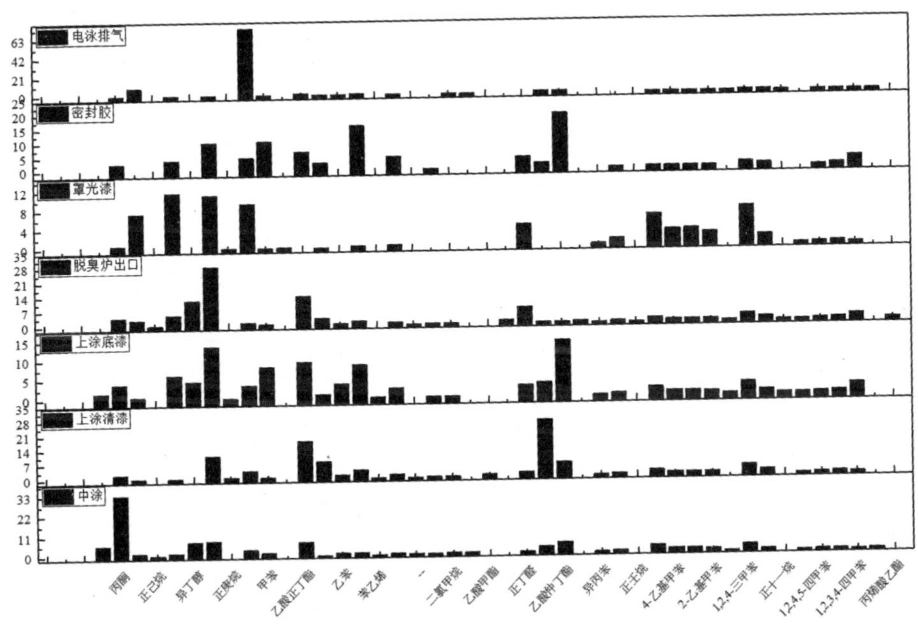

图 4-5　汽车制造典型工艺 VOCs 排放特征

4.1.2.4　橡胶制品制造

橡胶制品是以生胶（天然胶、合成胶、再生胶等）为主要原料、各种配合剂为辅料，经炼胶、压延、压出、成型、硫化等工序，制造各类产品，主要包括轮胎、摩托车胎、自行车胎、胶管、胶带、胶鞋、乳胶制品及其他橡胶制品等。以橡胶为原料生产的产品广泛用于减振、密封、粘接、耐磨、防腐、绝缘、导电等诸多领域，产品使用遍及汽车、建筑、机电、煤炭、冶金、建材、石化、轻工、医疗卫生等行业及人民生活的各个角落，橡胶制品的工业分类如图 4-6 所示。

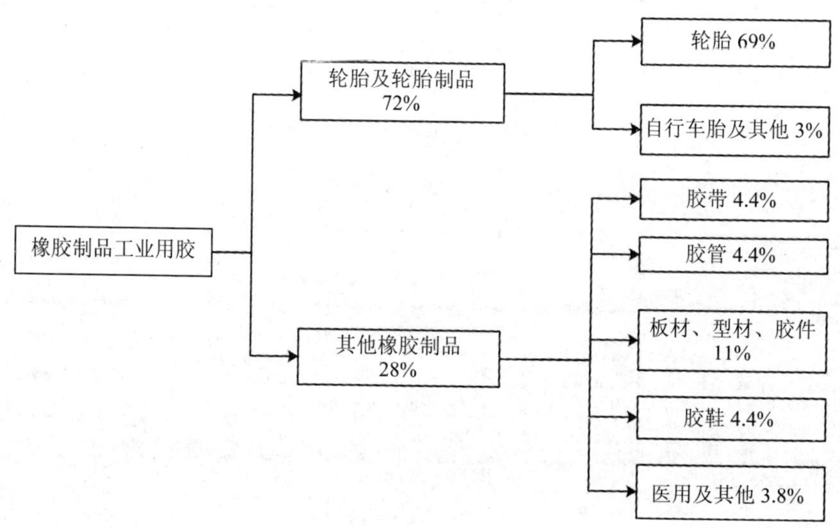

图 4-6　橡胶制品工业分类

（1）工艺流程及产排污节点

橡胶制品生产所用原料主要有生胶、配合剂及作为骨架材料的纤维和金属材料等。

生胶包括天然橡胶和合成橡胶（硅橡胶、丁苯橡胶、顺丁橡胶、异戊橡胶等），配合剂是为了改善橡胶的某些性能而加入的辅助材料，按照功能可分为硫化剂、硫化促进剂、防老化剂、防焦剂、增塑剂等，配合剂有数千种，成分复杂。这些材料在经过塑炼（根据生胶种类不同，温度通常在 30～40℃）、混炼（温度在 80～160℃）、压延/压出、硫化、成型等工序后最终得到橡胶成品，如图 4-7 所示。

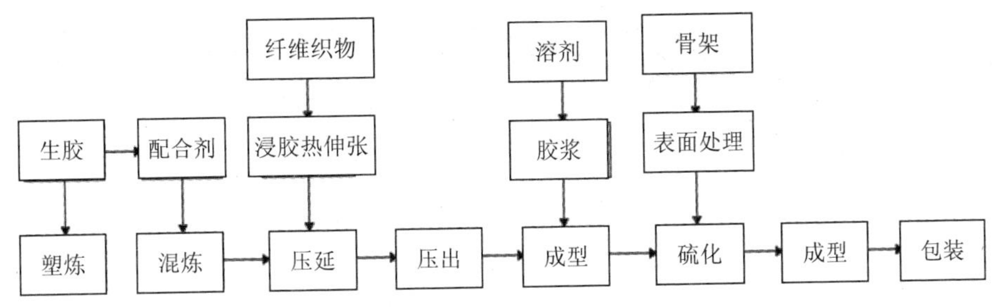

图 4-7 橡胶制品生产工艺流程

橡胶制品制造排放的 VOCs 废气主要产生于下列工艺过程或生产装置：

①炼胶过程中产生的有机废气；

②纤维织物浸胶、烘干过程中的有机废气；

③压延过程中产生的有机废气；

④硫化工序中产生的有机废气；

⑤树脂、溶剂及其他挥发性有机物在配料、存放时产生的有机废气。

塑炼是为了满足各种加工工艺过程对胶料可塑度的要求，通常在一定条件下对生胶进行机械加工，使之由强韧的弹性状态转变为柔软而具有可塑性的状态，这个工艺过程称为塑炼。

混炼是将塑炼胶或者具有一定可塑性的橡胶与配合剂在机械作用下混合均匀，制成胶料，以便制造具有各种性能的橡胶制品。配合剂与胶料的混炼工艺过程可分为四个阶段：混入、分散、混合和塑化。

硫化就是将具有一定塑性和黏性的胶料经过成型工艺后而制成的胶辊半成品在一定外部条件下通过化学因素（如硫化体系）的作用，重新转化为软质弹性橡胶制品或硬质韧性橡胶制品，从而获得使用性能的工艺过程。

在硫化过程中，外部的条件使胶料组分中的混炼胶与硫化剂发生化学反应，由线形的橡胶大分子交联成立体网状结构的大分子，从而大大改善了橡胶的各项性能，使橡胶胶辊获得了能满足产品使用需要的硬度、耐热、耐老化、耐酸碱、耐高温、弹性等物理机械性能和其他性能。硫化的实质是交联，即线形的橡胶分子转化为空间网状结构过程。硫化分为四个阶段：焦烧阶段、热硫化阶段（欠硫期-预硫阶段）、硫化平坦阶段（正硫期-正硫化阶段）、过硫阶段（过硫期）。硫化过程中使用的硫化剂分为无机和有机两大类。前一类有硫磺、一氯化硫、硒、碲等；后一类有含硫的促进剂（如促进剂 TMTD）、有机过氧化物（如醌肟化合物、多硫聚合物、甲酸乙酯、马来酰亚胺衍生物等）。

橡胶硫化剂包括元素硫、硒、碲，含硫化合物，过氧化物，醌类化合物，胺类化合物，树脂类化合物，金属氧化物及异氰酸酯等。用的最普遍的是元素硫和含硫化物。因此硫化过程中产生的废气主要成分为含硫化合物、含氧有机物、烃类等。

橡胶制品工业不同的产品种类常用的生产工艺见表 4-6。

表 4-6　不同橡胶产品的生产工艺

产品种类	生产工艺
轮胎	混炼加工、压延、压出型和硫化
摩托车胎和自行车胎	混炼加工、压延、帘布裁剪、胎面压出和外胎硫化
胶管	混炼加工、帘布及帆布加工、胶管和硫化
胶带	塑炼加工、上胶成型、胶带母卷切割和分条
胶鞋	胶料塑炼加工、半成品准备、成型和硫化
乳胶制品	胶料塑炼加工、成型和硫化

橡胶轮胎厂炼胶量大，在炼胶时需要将各种配合剂和生胶加入密炼机的进料口中，在此过程中会产生一定量的原料泄漏和粉尘泄漏。而在密炼机的出料口也会产生大量废气，除烟尘和水蒸气外，还含有油类混合物，包括乳化油和乳油。其中乳化油的油珠粒径小于 10 μm，一般为 0.1～2.0 μm，气体中含有表面活性剂，使油珠成为稳定的乳化液，停留在管道就会形成油状物，长期积累的油泥状物直接排向大气就会使周围物体表面积附油垢。炼胶废气中主要污染物含有粉尘、硫化氢、二硫化碳、甲苯、非甲烷总烃。

橡胶废气、橡胶硫化烟气危害比较大，废气成分含有恶臭物质，并随着风向远距离飘逸，在空气中停留时间长。造成各种不良影响。因此，需要进行有效收集并做净化处理，以确保企业生产运行良好及改善车间和厂区环境，达到国家环保要求。

（2）VOCs 排放组分特征

橡胶行业是《重点行业挥发性有机物削减行动计划》和《"十三五"挥发性有机物污染防治工作方案》中均明确提出重点治理的行业，要求到 2020 年，橡胶行业的 VOCs 综合去除率要达到 70%以上。中国是橡胶制品业大国，也是世界第一耗胶大国，其中轮胎产品占总耗胶量的 70%以上。据统计，截至目前，我国橡胶与塑料制品行业的工业废气排放量已达 3 762 亿 m^3。而在橡胶工业生产中，其废气的 90%以上为可挥发性有机物。

橡胶制品制造废气组分复杂，特别是硫化烟气含有 120 多种有机物质，主要有苯、甲苯、二甲苯、硫醇类等。在此过程中，由于高温高压，会使得原料中的有机成分挥发或裂解，产生大量恶臭 VOCs 废气。通常 VOCs 废气在混炼、压出、压延、硫化等工序产生，占橡胶制品生产过程废气排放总量的 60%以上，具有温度高、成分复杂、浓度低等特点，主要由二硫化碳、四氯化碳、己烷、甲苯、对苯二酸等组成。

根据美国橡胶制造者协会（RMA）对橡胶制品生产过程 VOCs 废气成分测定，VOCs 废气在混炼和硫化过程排放量最大，硫化工序排放的污染物包括甲苯、间-二甲苯、对-二甲苯和二硫化碳，其他工序主要污染物为二硫化碳、四氯化碳和己烷。

4.1.2.5 医药制造

制药行业是产污较大的行业，其在生产中大量使用的有机溶剂，产生 VOCs 和恶臭气体，长期排放将使周边区域大气环境恶化，严重影响附近居民的身体健康和生活环境。医药制造作为天津市 VOCs 排放的重要污染源，有必要清楚医药制造行业 VOCs 的排放特征及来源。

根据制药行业生产及排放特征将污染源分为化学合成、发酵、提取、中药、生物工程和混装制剂 6 类，其中前 3 类是主要污染源。

医药制造行业的 VOCs 来源主要可以分为：工艺废气、储运废气和固液堆场废气。其中工艺废气是指制药企业生产过程中，投料、反应以及回收、离心过滤和烘干等各个生产工序中会产生挥发性有机废气，其排放点多，且多为无组织、间歇性排放，VOCs 排放占比较大。储运废气是指原料通常需要槽车向储罐中输入有机溶剂，有机蒸汽通过储罐顶部的排气管或呼吸阀逸散至外界环境，其废气浓度高，但气量较少。固液堆场废气是指制药企业一般建设有污泥脱水间、菌渣储库等，这些场所易产生较高浓度的 VOCs 废气，该类废气嗅阈值低，影响范围广。化学合成类、发酵类、提取类等典型制药行业的工艺流程及排放节点各不相同。

（1）化学合成类制药

《化学合成类制药工业水污染物排放标准》（GB 21904—2008）中定义化学合成类制药是指采用一个化学反应或者一系列化学反应生成药物活性成分的过程。一般包括全合成制药和半合成制药。所谓半合成制药是因其主要原料来自提取或生物制药方法生产的中间体。全合成制药是指由简单的化工原料经过一系列的化学合成和物理处理过程制取药品，如传统的如扑尔息痛、磺胺类药物。全化学合成药物种类繁多，许多生物合成药物和生物提取药物也逐渐转向化学合成路线，如氯霉素、紫杉醇等。

按照现行的"国家基本药物品种目录"、产品规模与产品在行业所占地位及其污染源对环境的敏感影响进行归纳分类。将化学合成类药物分为抗微生物感染类药物、抗肿瘤类药物、心血管系统类药物、激素及计划生育类药物、维生素类药物、氨基酸类药物、驱虫类药物、神经系统类药物、呼吸系统类药物、消化系统类药物及其他类药物共 11 大类。其具体包括镇静催眠药（如巴比妥类、氨基甲酸酯类等）、抗癫痫药、抗精神失常药、麻醉药、解热镇痛药和非甾体抗炎药、镇痛药和镇咳祛痰药、中枢兴奋药和利尿药、合成抗菌药（如喹诺酮类、磺胺类等）、拟肾上腺素药、心血管系统药物、解痉药及肌肉松弛药、抗过敏药和抗溃疡药、寄生虫病防治药物、抗病毒药和抗真菌药、抗肿瘤药、甾体药物等 16 个种类近千个品种。

1）主要原辅材料

由于生产的药品品种不同，化学合成反应过程繁简不一，存在显著差异。一般而言，合成一种原料药需要几步甚至几十步反应，使用原辅料几种或十余种甚至高达 30～40 种；而且不同药物种类生产使用的有机溶剂不同，同种药物生产不同工段使用的有机溶剂也不尽相同，因此整体而言使用的有机溶剂具有种类多、数量大的特点。表 4-7 列举了制药企业主要使用的有机溶剂。

表 4-7 制药企业常用的有机溶剂

溶剂名称	分子式	沸点/℃	挥发性
丙酮	C_3H_6O	56.5	极易挥发
乙酸乙酯	$CH_3COOC_2H_5$	77	易挥发
苯	C_6H_6	80.1	易挥发
甲苯	$C_6H_5CH_3$	110.6	易挥发
二甲苯	$C_6H_5(CH_3)_2$	138.35～144.42	易挥发
甲醇	CH_3OH	64.8	易挥发
乙醇	CH_3CH_2OH	78.4	易挥发
正丙醇	C_3H_7OH	97.19	易挥发
丁醇	$CH_3(CH_2)_3OH$	117.5	易挥发
氯仿	$CHCl_3$	61.3	易挥发
苯胺	C_6H_7N	184.4	易挥发
乙醚	$C_4H_{10}O$	34.6	极易挥发
二氯甲烷	CH_2Cl_2	39.8	极易挥发
异丙醇	C_3H_8O	82.4	易挥发
乙腈	C_2H_3N	81.1	易挥发
DMF	C_3H_7NO	149～156	易挥发
环己烷	C_6H_{12}	80.7	易挥发
甲醛	CH_2O	−19.5	易挥发
四氢呋喃	C_4H_8O	65.4	极易挥发
醋酸丁酯	$CH_3COO(CH_2)_3CH_3$	126	易挥发
三乙胺	$(C_2H_5)_3N$	89.5	易挥发
二甲基亚砜	C_2H_6OS	189	易挥发

此外，化学合成类制药工业生产过程中还会经常使用含有重金属的物质，如镍、锌、铅、镉等。不同种类的化学合成类药品的制造，因反应工艺类型不同，使用的重金属物质也不同，如加氢还原反应中常使用镍作为催化剂，锌粉在碱性条件下进行还原可使硝基苯化合物发生双分子还原等。

2）工艺流程及产排污特点

化学合成类制药就是按照生产工艺，实现各种化学反应生产原料药产品。规模较大的化学合成类制药工业企业在不同的时期可能会生产不同的产品。一批药品生产完成后，清洗设备，再选用其他不同的原料，根据不同的工艺方法，就可以生产不同的产品，但也会产生不同的污染物。

化学合成类制药的生产过程主要以化学原料为起始反应物。生产流程大致包括原辅料的储运及投料、反应阶段、分离纯化、产品检验包装 4 个步骤。其中，反应阶段和分离纯化两个阶段是核心生产环节，是污染物产生的主要环节，集中了大部分排污节点。

反应阶段包括合成、药物结构改造、脱保护基等过程，具体的化学反应类型包括酰化反应、裂解反应、硝基化反应和取代反应等。化学合成类制药的纯化过程包括分离、提取、精制和成型等。分离主要包括沉降、离心、过滤和膜分离技术；提取主要包括沉淀、吸附、萃取、超滤技术；精制包括离子交换、结晶、色谱分离和膜分离等技术；产品定型步骤主要包括浓缩、干燥、无菌过滤和成型等技术，其生产工艺及排污节点如图 4-8 所示。通过收集相关文献资料，确定化学合成类制药工业主要废气来源包括以下类型：蒸馏、蒸发浓缩工段产生的有机不凝气；合成反应、分离提取过程产生的有机溶剂废气；使用盐酸、氨水调节 pH 值产生的酸碱废气；粉碎、干燥排放的粉尘；污水处理厂产生的恶臭气体。

国家发布的《排污单位自行监测技术指南　化学合成类制药工业（征求意见稿）》中指出了化学合成类制药工业废气产排的主要环节，见表 4-8。化学合成制药主要的废气污染物为苯、甲苯、氯苯、氯仿、丙酮、苯胺、二甲基亚砜、乙醇、甲醇、甲醛等。

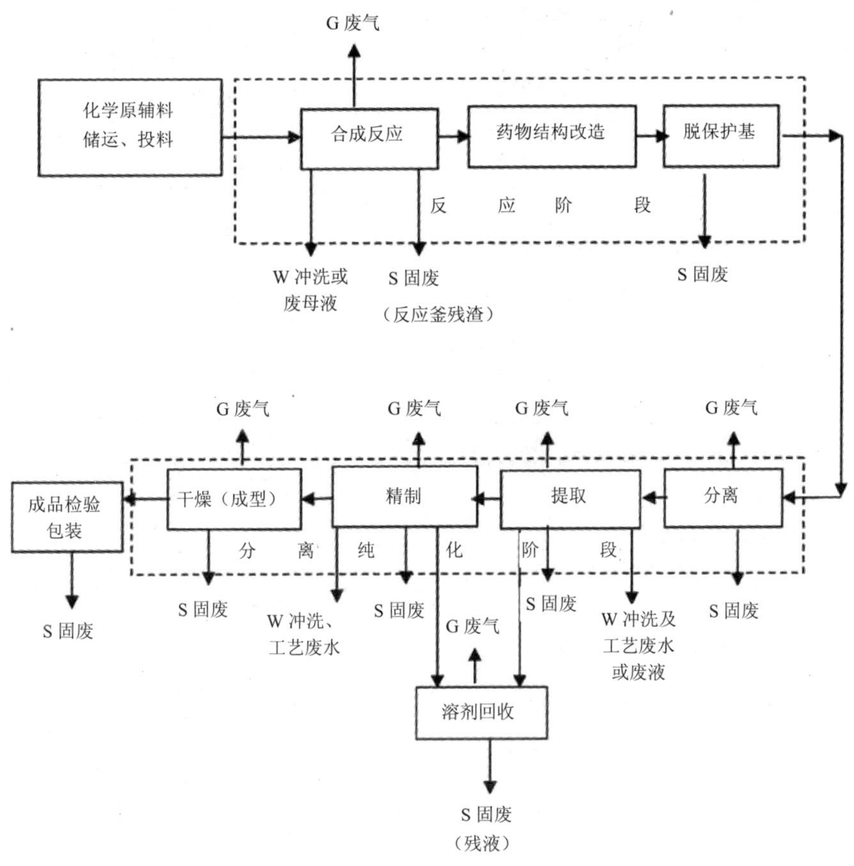

图 4-8 化学合成类制药生产工艺及排污节点

表 4-8 化学合成类制药工业废气产排环节

生产工序	污染源	说明
化学原料储运、投料	原料库场	封闭式、半封闭式原料库场通风道、换气道排气筒
	粉碎机、反应器投料口	投料口集尘、集气罩、封闭式投料间排气筒
反应阶段（合成、药物结构改造、脱保护基等）	各种类反应器、釜（包括酰化、裂解、硝基化、缩合、取代等反应器、反应釜）	各反应器（釜）工艺反应排气引风、真空（压流）抽气、放空口废气有组织收集排气筒

生产工序	污染源	说明
分离纯化阶段（分离、提取、精制、干燥成型等）	离心机、过滤器、压滤机	废气有组织收集排气筒
	溶媒罐、提取罐、结晶罐，浓缩	挥发性气体排气口引风、真空（压流）抽气、放空口废气有组织收集排气筒
	罐、蒸馏精馏装置等	
	粉碎机、烘干机	密闭式粉碎机、烘干机废气有组织收集排气筒；封闭式粉碎机、烘干机房排气筒；半封闭式粉碎机、烘干机集尘、集气罩排气筒
其他	各类有机溶剂回收装置	尾气排放口
	洁净厂房、生产车间	集中收集排气筒
	集中式污水处理厂/处理设施	恶臭气体有组织收集排气筒
	罐区储罐	呼吸阀排放口

（2）发酵类制药

根据《发酵类制药工业水污染物排放标准》（GB 21903—2008）中对发酵类制药的定义，通过发酵的方法产生抗生素或其他的活性成分，然后经过分离、纯化、精制等工序生产出药物的过程。发酵类生物制药的生产主体是微生物，主要包括细菌、放线菌和真菌三大类，产品是微生物初级代谢或次级代谢产物，按产品种类分为抗生素类、维生素类、氨基酸类和其他类，其中抗生素按照化学结构又分为β-内酰胺类、氨基糖苷类、大环内酯类、四环素类、多肽类和其他。发酵类药物的分类见表 4-9。

表 4-9　发酵类制药工业产品分类

药品种类		代表性药物
抗生素	β-内酰胺类	青霉素
		头孢菌素
		其他
	四环类	土霉素
		四环素
		去甲基金霉素
		金霉素
		其他

药品种类		代表性药物
抗生素	氨基糖苷类	链霉素、双氢链霉素
		庆大霉素
		大观霉素
		其他
	大环内酯类	红霉素
		麦白霉素
		其他
	多肽类	卷曲霉素
		去甲万古霉素
		其他
	其他类	洁霉素、阿霉素、利福霉素等
维生素		维生素 C
		维生素 B_{12}
		其他
氨基酸		谷氨酸
		赖氨酸
		其他
其他		核酸类

1）主要原辅材料

发酵类药物生产过程主要原料为培养基和菌种。培养基配制主要由碳源、氮源、无机盐类和前体组成，同时，各种药物的菌种各异。常用的碳源原料为淀粉、玉米浆、葡萄糖、蔗糖、油脂类（包括花生油、豆油、猪油、油酸甲酯等）、甜菜、甲醇、乙醇等。常用的氮源主要为有机氮（棉籽粉、花生粉、牛血、鱼粉、酵母膏等）和无机氮（硫酸铵、尿素等）。常用的无机盐主要为硫酸钙、氯化钠、硫酸镁、磷酸二氢钾等。前体是构成药物分子中的一部分，而根据各类药物结构前体各异。

2）工艺流程及产排污特点

发酵类药物基本过程是在人工控制条件下，经过菌种筛选、种子培养、微生物发酵过程产生特定的物质，后经过发酵液预处理和固液分离、提炼纯化、精制、干燥、包装等过程得到药品。发酵过程是发酵法制药的特征过程，可以分为厌氧发酵和好氧发酵，目前用于制药的绝大多数都是好氧发酵，发酵过程基本相同，但发酵罐的大小、控制条件、原材料消耗、污染物产量等因素根据品种的不同有很大差异。

发酵产物提取分为从滤液中提取和菌体中提取两种不同工艺过程，提取的方法主要有溶剂萃取法、直接沉淀法和离子交换吸附法。最常用的是溶剂萃取法。

典型的生产工艺流程及排污节点如图 4-9 所示。

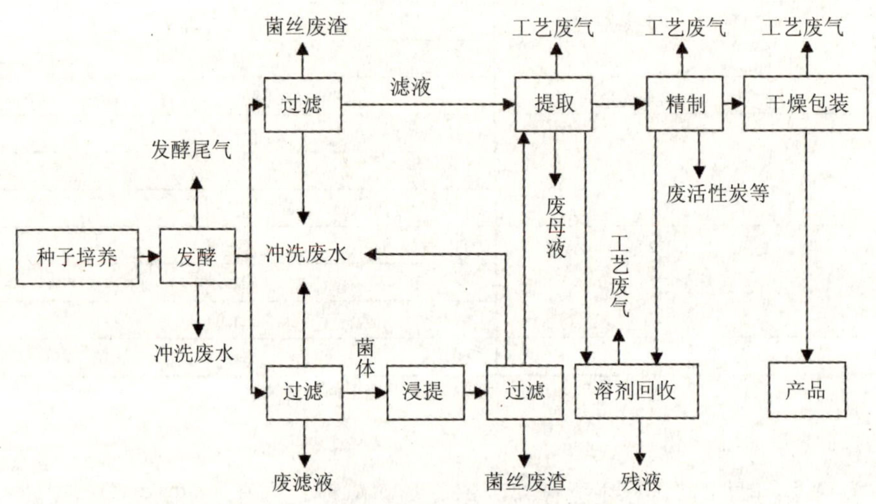

图 4-9　发酵类制药生产工艺及排污节点

发酵类药物生产过程产生的废气主要包括发酵尾气、含溶媒废气、含尘废气、酸碱废气及废水处理装置产生的恶臭气体。

发酵尾气的主要成分为空气和二氧化碳，同时含有部分 VOCs 及少量培养基物质，以及发酵后期细菌开始产生抗生素时菌丝的气味，如直接排放，对厂区周边大气环境质量影响较大。分离提取等生产工序产生的有机溶媒废气，是主要的 VOCs 污染源。目前大多数企业缺少对发酵尾气的治理。

（3）提取类制药

提取是指通过溶剂（如乙醇）处理、蒸馏、脱水、经受压力或离心力作用，或通过其他化学或机械工艺过程从物质中制取（如组成成分或汁液）。

《提取类制药工业水污染物排放标准》（GB 21905—2008）中对提取类制药的定义，是指运用物理的、化学的、生物化学的方法，将生物体中起重要生理作用的各种基本物质经过提取、分离、纯化等手段制造药物的过程。概括地讲，提取类药物包括传统意义上不经过化学修饰或人工合成的生化药物和以植物提取为主的天然药物，还有近年新发展的海洋生物提取药物。

以下 3 种情况不属于提取类制药：用化学合成、半合成等方法制得的生化基本物质的衍生物或类似物列入化学合成类；菌体及其提取物列入发酵类；动物器官或组织及小动物制剂类药物，如动物眼制剂、动物骨制剂等列入中药类。

提取类药物按来源分类主要有人体、动物、植物、海洋生物等，不包括微生物。按照生物化学系统分也就是按照药物的化学本质和结构分，提取类药物可分为以下几种：氨基酸类药物、多肽及蛋白质类药物、酶类药物、核酸类药物、糖类药物、脂类药物以及其他类药物。提取类药物代表品种见表 4-10。

表 4-10 提取类药物代表品种

来源	分类	主要品种
人体	—	胎盘丙种球蛋白、尿激酶、绒毛膜促性激素
动物	氨基酸类	缬氨酸、亮氨酸、丝氨酸、胱氨酸、赖氨酸、酪氨酸、色氨酸、组氨酸、左旋多巴、水解蛋白等
	多肽与蛋白质类	胰岛素、胸腺素、绒促性素、鱼精蛋白、胃膜素、降钙素、尿促性素等
	酶类	胃蛋白酶、胰蛋白酶、胰酶、菠萝蛋白酶、细胞色素 C、纤溶酶、尿激酶、蚓激酶、胰激肽原酶、弹性蛋白酶、糜蛋白酶、玻璃酸酶、超氧化物歧化酶、溶菌酶、凝血酶、抑肽酶、降纤酶等
	核酸类	辅酶 A、三磷酸腺苷、二钠肌苷、胞磷胆碱钠、阿糖胞苷、利巴韦林、阿昔洛韦、去氧氟尿苷等
	糖类	甘露醇、肝素、低分子肝素、硫酸软骨素、冠心舒、玻璃酸、甲壳质右旋糖酐等
	脂类	豆磷脂、胆固醇、胆酸、猪去氧胆酸、胆红素、卵磷脂、胆酸钠、辅酶 Q10、前列腺素、鱼油、多不饱和脂肪酸、羊毛脂等

来源	分类	主要品种
植物	糖类	单糖类：葡萄糖、果糖、核糖、维生素 C、木糖醇、山梨醇、甘露醇等聚糖类：蔗糖、麦芽糖、淀粉、纤维素、人参多糖、黄芪多糖等糖的衍生物：葡萄糖-6-磷酸等
	脂类	脂肪和脂肪酸类：亚油酸、亚麻酸磷酯类：大豆磷脂固醇类：β谷固醇、豆固醇等
	蛋白质、多肽、酶类	天花粉蛋白、蓖麻毒蛋白、胰蛋白酶抑制剂、木瓜蛋白酶、辣根过氧化物酶、超氧化物歧化酶、麦芽淀粉酶、脲酶
	苯丙素类	苯丙烯、苯丙酸、香豆素等
	醌类	辅酶 Q10、紫草素等
	黄酮类	黄酮醇、花色素、黄芩苷等
	鞣质	奎宁酸、槲皮醇等
	萜类	青蒿素、齐墩果酸等
	甾体	毛地黄、毒苷元等
	生物碱	咖啡因、喜树碱等
海洋生物	—	海藻酸钠、甲壳素等

1）主要原辅材料

利用动、植物作为原料提取药物是传统制药途径之一，随着分离技术发展，提取类药物品种不断增加。提取类制药主要包括提取源和提取剂，提取源又分为人体、动物、植物和海洋生物等（不包括微生物）。

人体提取源：主要包括头发、人体胎盘、人体皮肤细胞、人体脂肪细胞、人体体液等。

动物提取源：当前中医临床常用的动物提取药有 200 多种，如牛黄、犀角、羚羊角、珍珠、鹿茸、熊胆、琥珀、玳瑁、麝香、猴枣、马宝、蛇胆、海狗肾、蛤蚧、白花蛇、海马、海龙等。

植物提取源：由于植物资源丰富，植物提取源种类繁多。按照提取植物的成分不同，形成甙、酸、多酚、多糖、萜类、黄酮、生物碱等，常用药用植物包括银杏、大豆、当归、葛根、枸杞、红景天、虎杖、灵芝、人参、葡萄、红景天等。

海洋生物提取源：海洋生物同样资源丰富，主要包括海洋植物和海洋动物，常用药用海洋生物包括海带、紫菜、黄花鱼、鲥鱼、海螵蛸、鲍鱼、牡蛎、等。

提取剂：常用提取剂为水、酸水、碱水和有机溶剂，其中有机溶剂主要包括乙醇、甲醇、异丙醇、丙酮、乙醚、石油醚、乙酸乙酯、甲苯、氯仿、环己烷等。

2）工艺流程及产排污节点

提取类制药工艺大体可分为六个阶段：原料的选择和预处理、粉碎、提取、分离机纯化、干燥及保存、制剂，如图 4-10 所示。提取过程是提取类制药的特征过程，即溶剂与原料充分接触，有效成分从原料转移到溶剂的过程。提取过程可分为酸解、碱解、盐解、醋解及有机溶剂提取等。精制过程可分为盐析、有机溶剂分级沉淀、等电点沉淀、膜分离、层析、凝胶过滤、离子交换、结晶和再结晶等几种工艺组合。

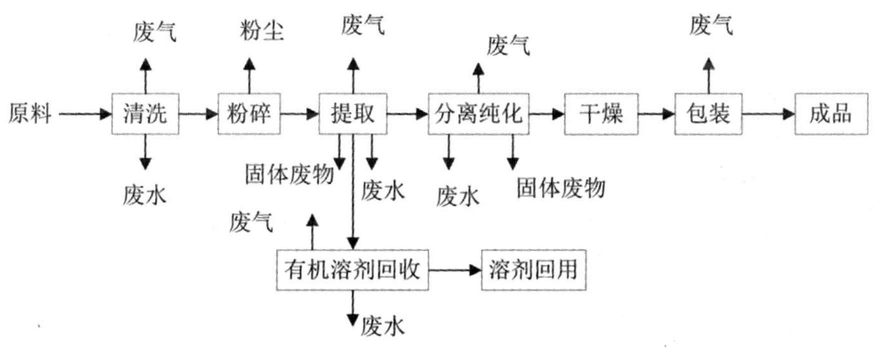

图 4-10　提取类生产工艺流程

①原料的选择和预处理

原材料的选择要注意以下几个方面：要选择有效成分含量高的新鲜材料，来源丰富易得，制造工艺简单易行，成本比较低，经济效果较好。

材料选定之后，通常要进行预处理。动物组织先要剔除结缔组织、脂肪组织等活性部分；植物种子先去壳除脂等。

②原料的粉碎

利用机械法、物理法、化学法或生化法将原料粉碎。机械法主要通过机械力的作用，使组织粉碎。物理法是通过各种物理因素的作用，使组织细胞破碎，包括反复冻融、冷热 交替法、超声波处理法、加压破碎法。生化及化学法包括自溶法、溶菌酶处理法、表面活性剂处理法等。

③提取

提取也称抽取、萃取。提取法可分为两类：一类为固体的处理，也称液-固萃取；另一类为液体的处理，也称液-液萃取。提取常用的溶媒有水、稀盐、稀碱、稀酸溶液以及不同比例的有机溶剂，如乙醇、丙酮、三氯甲烷、二氯甲烷、三氯乙酸、乙酸乙酯、草酸、乙酸等。

④分离纯化（精制）

分离纯化就是将提取出的粗品精制的过程。其主要应用的方法有盐析法、有机溶剂分级沉淀法、等电点沉淀法、膜分离法、凝胶层析法（过滤法）、亲和层析、浓缩、结晶和再结晶作用等。

盐析法：常用作盐析的无机盐有氯化钠、硫酸氨、硫酸镁、硫酸钠以及磷酸钠等。

有机溶剂分级沉淀法：在一定条件下，一种溶质只能在一个比较狭窄的有机溶剂浓度范围内沉淀出来，因而可以利用不同浓度进行分级分离。乙醇和丙酮是两种最常用的有机溶剂。

等电点沉淀法：利用蛋白质在等电点时溶解度最低，而各种蛋白质又具有不同的等电点的特性。利用等电点沉淀法分离时需要进行 pH 值的调节。

膜分离法：常见的膜分离法有微孔过滤、超精密过滤、超滤和反渗透析等。

凝胶层析法（过滤法）：是指混合物随流动相经过装有凝胶作为固定相的层析柱时，因其各种物质分子大小不同而被分离的技术。整个过程和过滤相似，又称凝胶过滤、凝胶渗透过滤、分子筛过滤等。主要原理是基于一种可逆的分子筛作用，可以把大分子和小分子分开。广泛应用于分离氨基酸、多肽、蛋白质、酶和多糖等提取类药物。葡聚糖、聚丙烯酰胺、琼脂糖、疏水性凝胶是最常用的几种凝胶。

亲和层析：亲和层析是利用生物大分子特异亲和力而设计的层析技术。配基是可逆结合的特异性物质，与配基结合的层析介质称载体。亲和层析技术能从粗提液中，通过一次简便处理，便可获得高纯度的活性物质，既可分离一些生物材料中含量极微的物质，又能分离一些性质十分相似的物质。几种常用的载体为纤维素、琼脂糖凝胶、葡聚糖凝胶、聚丙烯酰胺凝胶、多孔玻璃珠等。

浓缩：浓缩是低浓度溶液通过除去溶剂（包括水）变为高浓度溶液的过程。常采用薄膜蒸发浓缩、减压蒸发浓缩和吸收浓缩。

结晶和再结晶作用：结晶是溶质呈晶态从溶液中析出的过程，是一种分离纯化的常用手段。使固体溶质的溶液蒸发以减少溶剂、改变温度使饱和溶液变为过饱和以及利用加盐（如硫酸氨）、加有机溶剂（如乙醇或丙酮）和调节 pH 值以降低溶质溶解度等方法，都可使溶质成为结晶析出。再结晶的方法就是先将结晶溶于适当溶剂中，再利用上述方法使重新生成结晶。常用的溶剂有水、乙醇、丙酮、三氯甲烷、二氯甲烷、乙醚、乙酸乙酯等。

⑤干燥及灭菌

干燥是从湿的固体药物中，除去水分或溶剂而获得相对或绝对干燥制品的工艺过程。最常用的方法有常压干燥、减压干燥、喷雾干燥和冷冻干燥等。

灭菌是指杀灭或除去一切微生物的操作技术。常用干热、湿热、紫外线、过滤和化学等方法。

⑥制剂

制剂，即原料药经精细加工制成片剂、针剂、冻干剂等供临床应用技术的各种剂型的工艺过程。

提取过程要经过多次成分转移、分离杂质过程，多处产生废母液和废渣，使用化学溶剂的还会产生溶剂废气。提取类制药产生的大气污染物主要来自清洗、粉碎、干燥和包装时产生的粉尘；在提取工段中常用的溶剂包括水、稀盐、稀碱、稀酸、有机溶剂（如乙醇、丙酮、三氯甲烷、三氯乙酸、乙酸乙酯、草酸、乙酸等），在提取、沉淀、结晶过程中均会涉及有机溶剂的挥发，在酸解、碱解、等电点沉淀、pH 调解等过程中还会涉及酸碱废气的挥发。

（4）中药类

中药是以植物、动物、矿物等天然产物为原料，经过提取、分离、浓缩、纯化、精制、干燥、成型等过程生产的药物，与提取类制药有相似之处，但不完全相同。中药提取是以中医为基础，一般按中药方剂进行复合提取，提取物一般也不是单一化合物，这与提取类制药从单一原料提取单一化学成分是不同的。从目前发展水平看，提取制药原料多为动物源，中药多为植物源。

中药制药过程可以分为 3 部分：饮片加工、中药提取和成药生产。饮片加工是以中药材为原料生产中药饮片，中药饮片可以作为生产成药或中药制剂的原料，也可直接用于临床。从饮片中分离有效成分的过程为提取，最常用的提取方法是浸提法。用浸提物生产丸、散、膏、丹、汤剂、胶囊、颗粒剂、气雾剂、注射剂等中药制剂的过程叫成药生产。

中药类制药的生产主要包括中药饮片和中成药的生产。中成药生产是间歇投料，成批流转。其生产过程是以天然动植物为主要原料，采用的主要工艺有清理与洗涤、浸泡、煮炼或熬制、漂洗等，中药材进行炮制（前处理）后，经提取、浓缩，最后根据产品的类型制成片剂、丸剂、胶囊、膏剂、糖浆剂等。其生产工艺大致主要工序如图 4-11 所示。

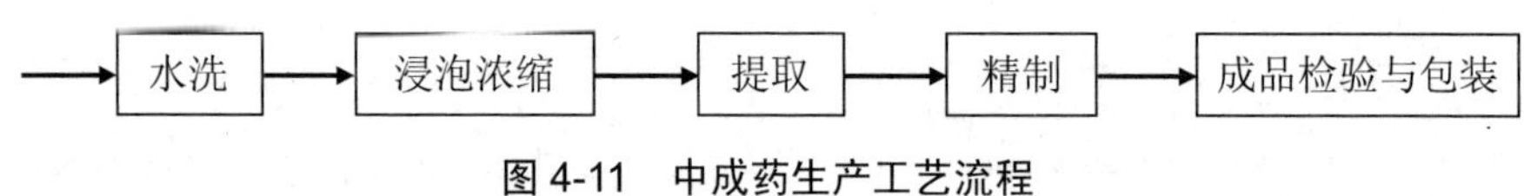

图 4-11　中成药生产工艺流程

中成药生产废气主要为药材粉碎等工序产生的药物粉尘以及制药过程中使用的部分 VOCs 的挥发，如乙醇等。

（5）制剂类

制剂类是指利用生物制药原料活性成分和辅料通过混合、加工和配制，形成各种剂型药物的过程，不包括中成药、化学合成类药物的混装制剂过程。

药品要在原料药的基础上制成各种剂型，才能满足临床应用的要求。目前我国生产的药品制剂有 34 个剂型 4 000 多个品种，按照药品的存在状态，可分为液体剂型、固体剂型、半固体剂型、气体剂型等；按照其使用方式，可分为口服、外敷（用）、注射（含输液）、气雾剂等，主要制剂类型有片剂、胶囊、散剂、膏剂、糊剂、溶液剂、悬液剂、乳剂、气雾剂、水针、粉针和输液等品种。

1）主要原辅料

制剂类药物生产原料主要包括药物活性成分（即生物原料药）和药用辅料组成。药用辅料按作用与用途可分为溶剂、抛射剂、增溶剂、助溶剂、乳化剂、着色剂、黏合剂、崩解剂、填充剂、润滑剂、润湿剂、渗透压调节剂、稳定剂、助流剂、螯合剂、渗透促进剂、pH 值调节剂、缓冲剂、增塑剂、表面活性剂、发泡剂、消泡剂、增稠剂、包合剂、保湿剂、吸收剂、稀释剂、絮凝剂与反絮凝剂、助滤剂、释放阻滞剂。

2）工艺流程及产排污特点

固体制剂类药品按照剂型分为片剂、胶囊剂、颗粒剂等。片剂的生产工艺流程如图 4-12 所示，其生产主要产生粉尘污染。

（6）生物工程类

生物工程制药是应用基因工程、酶工程、细胞工程、蛋白质工程等生物技术从分子水平或从细胞水平，对微生物细胞或动植物组织细胞进行改良，从而研制新药或对传统制药工业进行改良。生物工程制药是新兴的制药门类，它的特征过程是利用生物技术对细胞改良及培养，后续的提取或发酵等过程与提取类和发酵类相似。

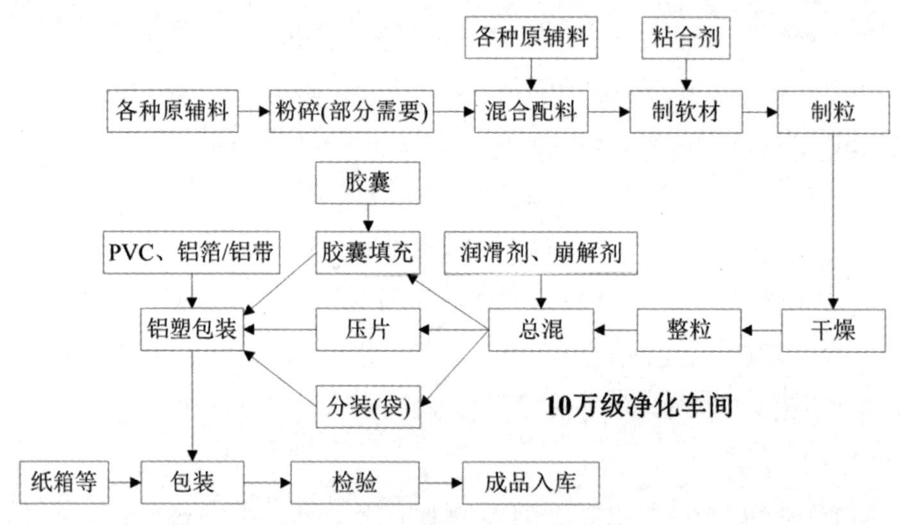

图 4-12　制剂类生产工艺流程示意图

1）主要原辅材料

生物工程类制药主要以微生物、寄生虫、动物毒素和生物组织等为原料，采用现代生物技术方法制备得到。

2）工艺流程及产排污特点

生物制药的生产涉及 DNA 重组技术的产业化设计和应用，包括上游技术和下游技术两大组成部分。上游技术指的是外源基因重组、克隆后表达的设计与构建（狭义的基因工程）；而下游技术则包括含有重组外源基因的生物细胞（基因工程菌或细胞）的大规模培养以及外源基因表达产物的分离纯化、产品质量控制的过程。不同的生物工程制药的生产工艺又有所不同。生物工程类制药的一般的工艺即排污节点如图 4-13 所示。

生物工程类生产工艺废气主要来自溶剂的使用，包括甲苯、乙醇、丙醇、丙酮、甲醛和乙腈等，主要产污点为瓶子洗涤、溶剂提取、多肽合成仪等的排风以及实验室的排气、制剂过程中的药尘等。发酵过程中也会产生少量细胞呼吸气，主要成分是 CO_2 和 N_2。

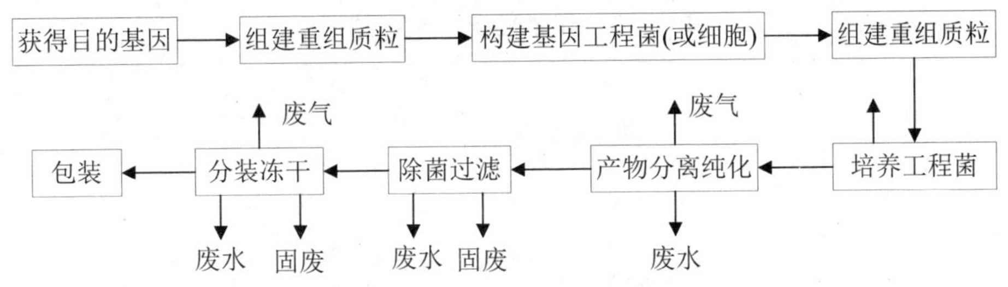

图 4-13 生物制药工程典型工艺

（7）VOCs 排放组分特征

根据医药行业工艺流程、产排污节点及污染特征，其 VOCs 的排放具有种类多、排量较大、多点无组织排放及排放物具有高危害性的特点。医药制造行业制药过程产生的 VOCs 主要是甲醇、丙酮、苯、二甲苯、二氯甲烷、乙酸乙酯、三乙胺、二甲基甲酰胺、乙酸丁酯、乙醇、异丙醇等，文献总结的各类制药行业的 VOCs 排放见表 4-11。不同的制药方式工艺流程会产生不同废气，各类 VOCs 的种类也各不相同。

表 4-11 各类制药类型的 VOCs 排放特征

制药类型	VOCs 排放特征污染物
化学合成类	丙酮、异丙醇、二氯甲烷、二氯乙烷、乙酸乙酯
发酵类	甲醇、乙醇、丁醇、戊醇、乙酸乙酯、乙酸丁酯、氯仿、氯苯、二乙胺、正己烷、正庚烷
生物工程类	乙醇胺、甲酸、甲醛、丙酮、乙醇、乙腈、乙酸
中药类	乙醇
提取类	二乙醚、二乙胺、苯酚、甲醇、乙醇、甲苯、二氯甲烷、乙酸乙酯

调研天津市医药制造行业情况，选择 7 家不同的生产工艺类型的企业见表 4-12，各企业的生产工艺各不相同，采用现场检测的方式对不同的生产工艺车间废气处理装置进行采样分析，分析其 VOCs 排放特征。

表 4-12 调研企业类型及主要产品

企业	类型	主要产品
1#	发酵类	皮质激素类原料药
2#	现代中药、合成药、生物药	丹参滴丸、养血清脑丸、穿心莲内脂滴丸、替莫唑胺、阿贝他普佑克
3#	化学合成类	头孢类系列原料和制剂、头孢类药物中间体 GCLE 及抗癌、降糖类化学原料药物
4#	化学合成类	泼尼松、可的松、地米系列、倍地系列、六甲系列、氟轻、曲安西龙

以调研企业 3#为例，对各生产环节工业进行检测分析，VOCs 排放特征如图 4-14 所示，该制药企业检测的主要工艺是 3029 激素中间体提取车间、霉提取车间、精烘包车间、螺内车间、泼尼松车间、可的松车间、地米系列、倍地系列、氟轻松车间，排放的 VOCs 特征污染物主要有二氯甲烷、三氯甲烷、癸烷、十一烷、三异丙基苯、丙基甲苯等。

4.1.2.6 涂料与油墨制造

涂料与油墨制品是在天然树脂或合成树脂中加入颜料、溶剂和辅助材料，经加工后制成覆盖材料。涂料与油墨制造属于有机化工高分子材料，所形成的涂膜属于高分子化合物类型。按照现代通行的化工产品分类，涂料属于精细化工产品。现代的涂料正在逐步成为一类多功能性的工程材料，是化学工业中的一个重要行业。

（1）涂料行业

涂料是一种材料，这可以用不同的施工艺覆在物件表面形成黏附牢固、具有一定强度连续的态薄膜。这样形成通称涂膜，又称漆膜或涂层。

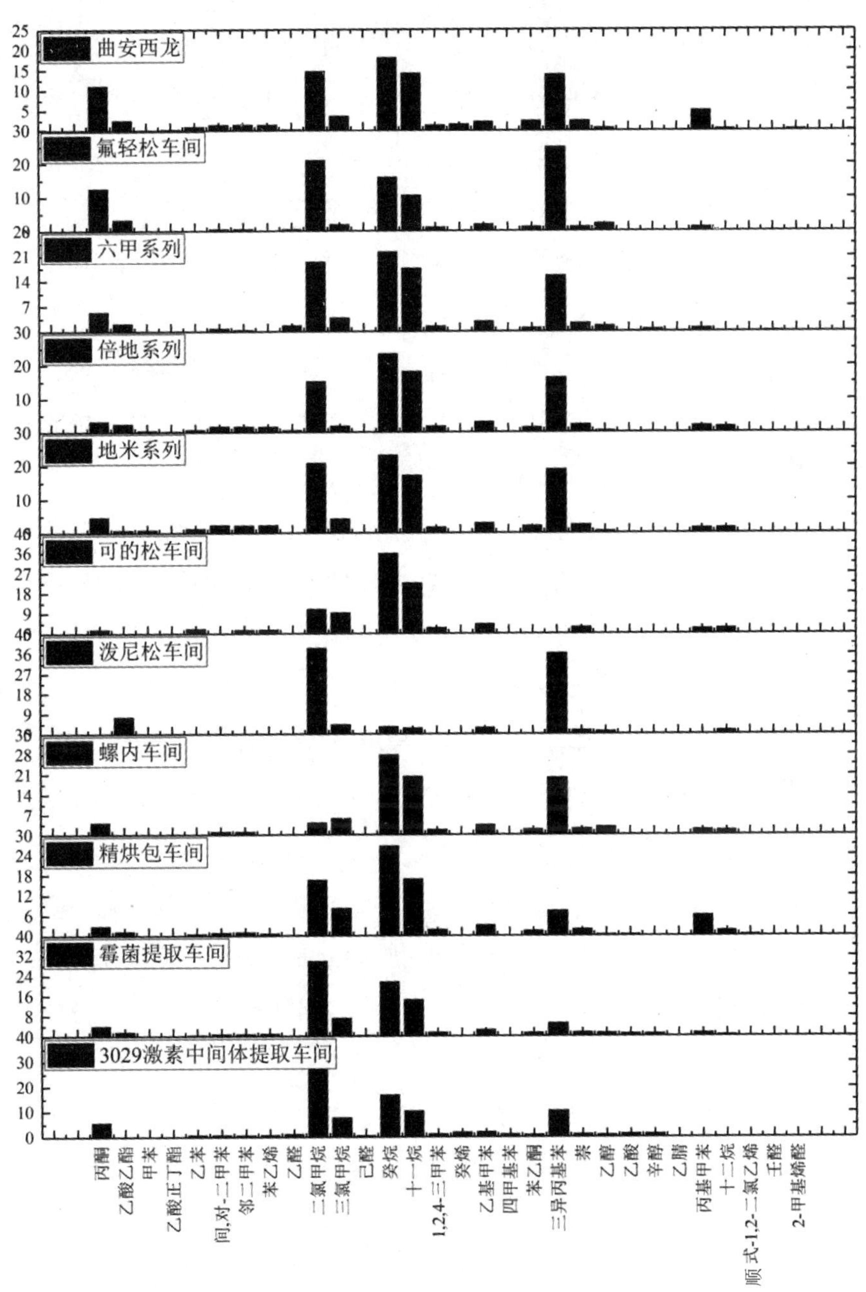

图 4-14 制药企业 3#各生产工序的 VOCs 排放特征

1）行业分类

根据《涂料产品分类和命名》（GB 2705—2003），涂料的分类方法有两种：第一种分类方法是以涂料产品的用途为主线，并辅以成膜物质分类方法。通常将分成建筑涂料（墙面、防水、地坪、功能性建筑涂料）、工业涂料（汽车涂料、木器涂料、铁路公路涂料、轻工涂料、船舶涂料、防腐涂料及其他专用涂料等）和通用涂料及辅助材料（调合漆、清漆、磁漆、底漆、腻子、稀释剂、防潮催干固化剂等）。

第二种分类方法是除建筑涂料外，涂料产品以主要成膜物质为主线，并适当辅以产品用途分类方法。涂料产品可以划分为建筑涂料、其他涂料及辅助材料。

2）油墨行业

油墨是由作为分散相的色料和作为连续相的连接料共同组成的一种稳定的粗分散体系，其中色料赋予油墨颜色，连接料提供油墨必要的转移传递性能和干燥性能。此外油墨还需要助剂等各种添加剂，用以改善油墨的性能。所以油墨通常主要由色料（颜料和染料）、连接料和助剂组成。

油墨分类方法有多种，如按干燥方式、按承印材料、按产品特性等进行分类。按照干燥方式分为渗透干燥性油墨、挥发干燥性油墨、氧化结膜干燥性油墨、辐射干燥性油墨；按照印刷版式分平版印刷、凸版印刷、凹版印刷、柔性版印刷、孔板印刷油墨；按照承印材料分为纸张油墨、纸板用油墨、织物印花油墨、塑料印刷油墨、金属/玻璃/陶瓷/搪瓷印刷油墨；按照油墨自身性质分荧光油墨、亮光油墨、快固着油墨、磁性油墨、导电油墨、香味油墨等；按照溶剂类型分为溶剂型油墨和水性油墨。

根据《印刷油墨产品分类、命名和型号》（QB/T 3597—1999）中的分类方法，油墨分为平版油墨、凸版油墨、凹版油墨、网孔版油墨、专用油墨等。我国油墨企业以印刷油墨为主，业内通常按照印刷方式将其分为平版油墨、凹版油墨、柔印油墨、凸版油墨等，其中又以平版油墨（胶印油墨）和凹版油墨为主，两种油墨产量分别占总产量的60%、20%左右，柔印油墨占7%、丝网油墨占7%左右。

此外，胶印油墨增长率近 6%，柔性版油墨则以每年 5%的比率增长，凹版油墨保持平稳增长，丝网油墨有增长趋势、醇溶油墨和水性油墨的需求将迅速增长。如果按照溶剂类型分，水性油墨和溶剂基油墨在凹版油墨和平版油墨中的比例不同，凹版油墨中水性油墨占了一定比例，但是仍以溶剂型油墨为主；平版油墨中虽然都是溶剂基油墨，但主要是高沸点矿物油为主，挥发性组分所占比例并不大；柔版油墨中水性的比例已经逐渐超过了溶剂基油墨，这一比例在今后相当长一段时间内不会有太大变化。

2014 年全国油墨产量的各品种的比例见表 4-13。溶剂使用比较多的凹版油墨的产量占 30%左右，而大部分是平版油墨，即矿物油型的油墨的比重大。2015 年的统计发现，平板胶印油墨仍占传统油墨产品结构的首位，占 41.4%，同比略下降，其次是凹版油墨，占比为 38.87%，仍是我国重要的油墨品种。

表 4-13 不同类别油墨的产量百分比

类别	百分比/%	类别	百分比/%
平版	45.28	网印	0.74
凸版	0.15	UV 油墨	2.67
柔板	12.01	喷印油墨	0.76
凹版	33.40	其他	0.93

近年来，随着环保要求的提高和技术的更新，国内许多传统的国有企业油墨技术领先的优势逐渐失去，开发环保型油墨，如醇溶型里印凹印油墨、无水大豆油胶印（环保）油墨、水性油墨和 UV/EB 柔印油墨等新型油墨是未来油墨行业发展的重要方向之一。

（2）主要原辅料及使用的溶剂

涂料及油墨生产中主要原料包括以下部分：成膜物质（基料）、溶剂、颜料、助剂。

1）成膜物质

成膜物质又称为基料，是使涂料牢固附着于被涂物体表面上形成连续薄膜的主要物质。常用的成膜物有醇酸/聚酯树脂、酚醛/氨基树脂、环氧树脂、丙烯酸树脂、聚氨酯、乙烯基树脂、纤维素类树脂、天然及合成橡胶等十八大类。

天然成膜物质包括油脂（桐油、亚麻籽油、豆油等，以脂肪酸为主要组成）、天然树脂（松香及其衍生物、紫胶等）、动植物蜡（白蜡等）、丝胶粉、工业干酪素等。

合成树脂是最主要的成膜物质，包括酚醛树脂、醇酸树脂、氨基树脂、聚酯树脂、环氧树脂、多异氰酸酯（聚氨酯）树脂、丙烯酸树脂、氟树脂、橡胶、醛酮树脂、石油树脂、氧茚-茚树脂、萜烯树脂、有机硅树脂、氯乙烯共聚树脂、过氯乙烯树脂、氯化聚烯烃树脂、氯醚树脂、聚乙烯醇缩醛树脂、乙酸乙烯系乳液、聚苯硫醚树脂等。

纤维素是另一类成膜物质，常见的有硝化棉、醋酸丁酸纤维素、乙基纤维素。

2）溶剂

溶剂主要包括溶剂和水，主要作用是使基料溶解或分散成为黏稠的液体，以便涂料施工。一个涂料品种既可以使用单一溶剂，又可以使用混合溶剂。常用的溶剂和聚合物包括醇类、脂肪烃类、酮类、醚类、萜烯类、卤代烃类、芳香烃类、酯类、聚合物等，具体见表 4-14。

表 4-14　主要溶剂和聚合物

类别	主要化合物
醇类	甲醇、乙醇、正丁醇、乙二醇、混合戊醇、叔戊醇、异丁醇、正丁醇、仲丁醇、二丙酮醇、丙醇、异丙醇
脂肪烃类	二氧六烷、正己烷、正辛烷、环己烷、正庚烷、溶剂汽油
酮类	丙酮、丁酮、亚异丙基丙酮、环己酮、二乙酮、甲基异丁基酮、甲乙酮、异佛尔酮
醚类	四氢呋喃、乙二醇丁醚、乙二醇乙醚、乙二醇甲醚、二乙二醇丁醚、二乙二醇乙醚

类别	主要化合物
萜烯类	松油、松节油
卤代烃类	四氯化碳、三氯甲烷、三氯乙烯
芳香烃	苯、甲苯、乙苯、混合二甲苯
酯类	乙酸乙酯、乙酸正丁酯、乙酸戊酯、乙酸混合酯、乙酸异丁酯、乙二醇丁醚乙酸酯、乙二醇乙醚乙酸酯、乙二醇甲醚乙酸酯、乳酸乙酯、丙二醇甲醚乙酸酯、二乙二醇乙醚乙酸酯
聚合物	天然橡胶、聚苯乙烯、聚乙烯、聚氯乙烯、聚乙酸乙烯酯、聚甲基丙烯酸甲酯、丁苯橡胶、乙基纤维素、环氧树脂、聚对苯二甲酸乙二酯
其他	硝基丙烷

3）颜料

颜料为分散在漆料中不溶的微细固体颗粒，分为着色颜料和体质颜料，主要用于着色、提供保护、装饰以及降低成本等；包括无机颜料、有机颜料、金属颜料、珠光颜料和发光颜料等。

虽然有机颜料也在涂料中使用，但使用量很少，与油墨工业以有机颜料为主体的特征是不同的，在涂料生产中，大部分以无机颜料为主。

4）助剂

助剂在涂料配方中所占的份额较小，但却起着十分重要的作用。各种助剂在涂料的贮存、施工过程中以及对所形成漆膜的性能有着不可替代的作用。常用的助剂有流平剂、增稠剂、表面活性剂、增塑剂、催干剂、固化剂、防污剂、脱漆剂等。

（3）涂料主要工艺流程及产排污节点

1）溶剂型涂料生产工艺

溶剂涂料生产企业大致上可分为两大类，一大类是所有树脂和固化剂等辅助材料均为外购，不在厂内生产树脂原料或辅助材料的；另一大类是厂内生产树脂或者固化剂作为涂料生产的原料。通常的涂料制备工艺如图 4-15 所示。

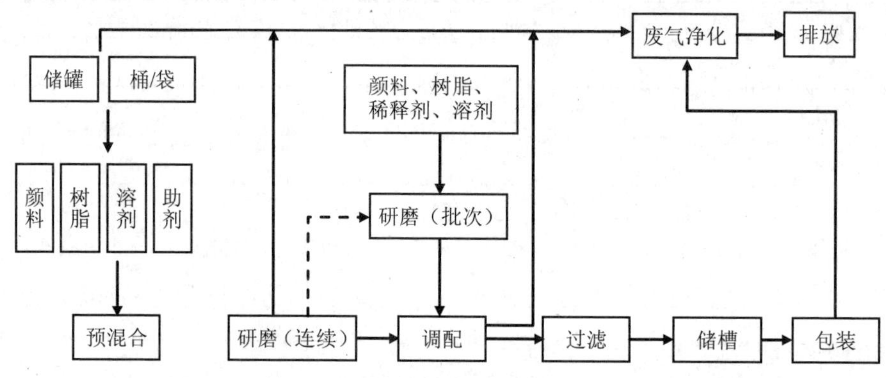

图 4-15　典型溶剂型涂料的生产工艺流程

在涂料中使用的主要树脂为醇酸树脂、氨基树脂、丙烯酸树脂、酚醛树脂、环氧树脂、聚氨酯树脂等。

2）水性涂料

与传统溶剂涂料相比，水性涂料主要是用水代替了大量溶剂，其一般流程如图 4-16 所示。由于用水代替了溶剂，因此洗涤过程通常使用水，则增加了水的回用过程，但减少了溶剂使用。

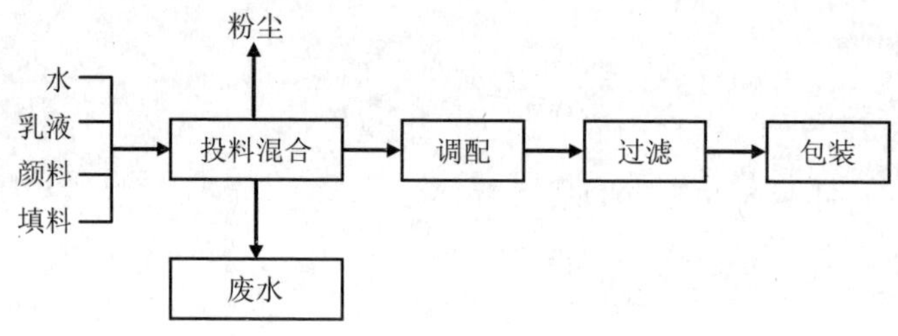

图 4-16　水性涂料的一般工艺流程

水性涂料工艺过程主要污染物是废水和粉尘污染，产生的 VOCs 较少，主要集中在投料混合和调配环节。

3）粉末涂料

粉末涂料通常是由聚合物、颜料、助剂等混合粉碎加工而成，一般经过如图

4-19 所示的工艺流程。粉末涂料的制备方法大致可分为干法和湿法两种方法，干法又可分为干混合法和熔融混合法。干法涂料生产主要是熔融混合法；湿法工艺环节有蒸发法、喷雾干燥法和沉淀法。蒸发法是先配制溶剂型涂料、然后用薄膜蒸发、真空蒸馏等法除去溶剂得到固体涂料，然后经过粉粹、过筛分级得到粉末涂料，主要是丙烯酸树脂基粉末涂料生产，使用较多的是薄膜蒸发器和行星螺杆挤出机；喷雾干燥法则是先配制溶剂型涂料，经过研磨、调色，然后分别喷雾干燥造粒或者在液体沉淀造粒得到粉末涂料。

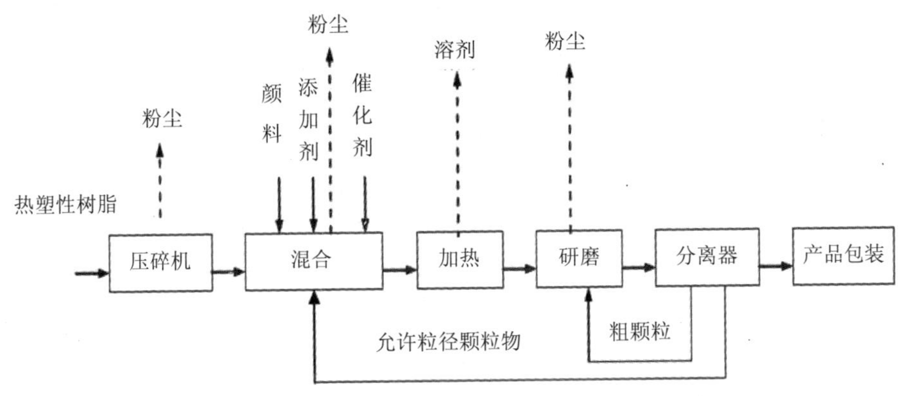

图 4-17　粉末涂料生产的一般工艺流程

粉末涂料产生的污染主要是粉尘，产生的 VOCs 较少，主要集中在加热环节，是一种环保型的涂料。

（4）油墨的主要工艺流程及产排污节点

1）胶印油墨

平版油墨，也叫胶印油墨，是一种浆状油墨。胶印油墨成分主要有颜料、连接料、助剂、填充剂等。当前胶印油墨生产大部分采用挤水转相法，即在颜料不经干燥、粉碎而直接把颜料湿浆（滤饼）加入到油性连接料中去，通过机械剪切力，把颜料从水相转移到油相中去，直接做成基墨墨饼（干墨饼或者湿墨饼），然后再进入常规的油墨生产线中。胶印油墨是浆状油墨的代表，平台机凸版油墨、丝网油墨和印铁油墨都属于浆状油墨。基于颜料滤饼特点，浆状油墨生产工艺可以分为干法生产和湿法生产。胶印油墨的生产工艺及排污节点如图 4-18 所示。

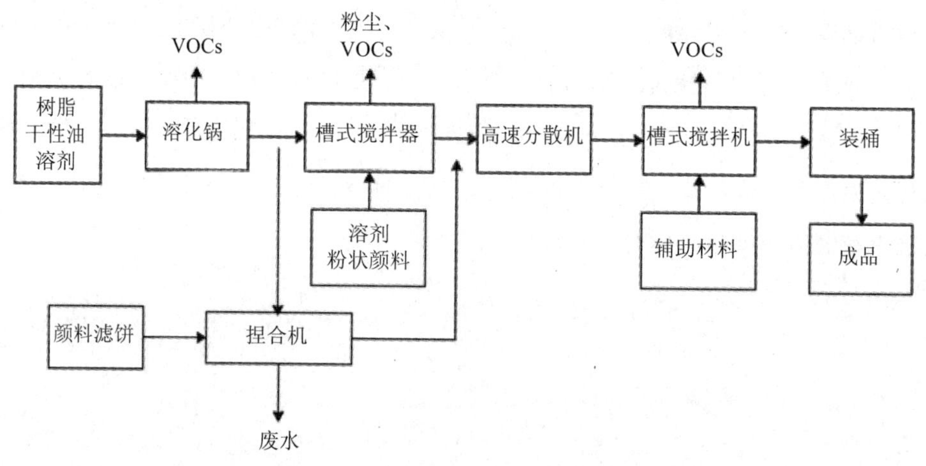

图 4-18　胶印油墨生产工艺及排污节点

干法生产油墨：传统的颜料生产工艺是合成好的颜料，经干燥、粉碎后再去生产油墨。即颜料车间生产的有机颜料（以及外购的炭黑、钛白粉等粉状原料）与树脂车间生产的树脂油经调浆机搅拌成浆状，经三辊机轧制到一定细度后，调整色相后，由三辊机直接装入金属包装桶或听子，再装入纸箱。

湿法生产油墨：也叫挤水转相法，是当前胶印油墨使用最为普遍的形式。颜料车间生产的有机颜料与油墨连接料（树脂油）混合后，在捏合车间内经捏合机捏合脱水（物理加工方法）而成油墨基墨，油墨基墨经三辊机或珠磨机轧到一定细度后，加入预留的油墨油、干燥剂（按 0.2%～0.3%的比例加入）搅浆为成品，调整色相、流动度及黏度后，直接装入金属包装桶。

捏合机是胶印油墨中使用普遍的分散设备，通常有干粉捏合和捏合挤水两种方式。干粉捏合实际上是把捏合机当作搅拌设备应用的一个例子。墨料在捏合机中除起到将油墨组分充分混合的作用之外，还由于强有力的剪切和挤压存在，对比较软的颜料及经过初步混合以后比较黏稠的墨料，能使之达到良好的预分散效果。捏合挤水制墨是指将颜料生产中尚未经过烘干的颜料带水滤饼放在捏合机里同油墨连接料一起进行捏合，于是颜料中的水被油墨连接料所取代，把大部分水挤出来而变成非常稠厚的色浆，再经过在抽真空的条件下的捏合以除去色浆中的剩余水分而成为油墨基料，即所谓的基墨。由于挤水制墨在使用捏合机时要抽真空，故捏合机常常要同一系列其他设备配套，因为抽出的是大量的水汽，故多用水环式真空泵。被抽出的水汽要先经过热交换器冷凝成水，然后将余气经过水汽分离器分离后再通过真空泵，以保持真空泵的效率。

2）凹版油墨

凹版油墨属于典型的液状油墨，柔版式和新闻油墨都属于液状油墨，黏度很小。通常不需要预先混合，而是直接砂磨或者球磨。根据溶剂使用特点，通常可以分为水基油墨和溶剂基油墨，以水或者醇类为主的溶剂，便形成了水基油墨。其生产工艺流程如图4-19所示。

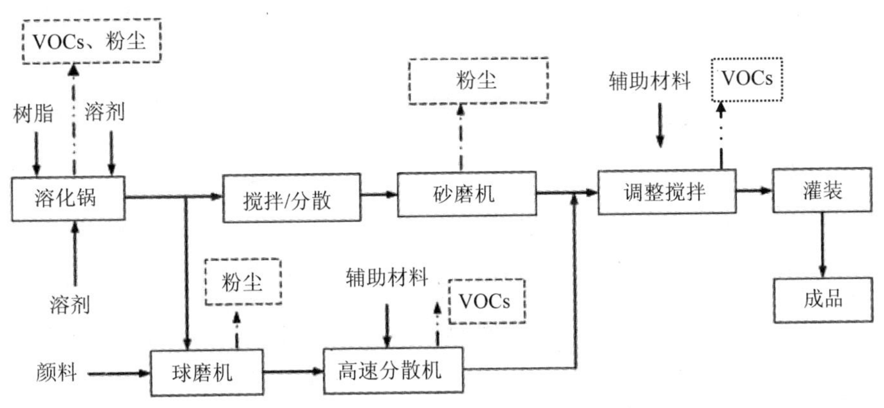

图4-19 凹版油墨生成工艺流程

3）UV油墨

UV油墨是一种不用溶剂，干燥速度快，光泽好，色彩鲜艳，耐水、耐溶剂、耐磨性好的油墨。UV油墨主要成分是聚合性预聚物、感光性单体、光引发剂，辅助成分是着色颜料、填料、添加剂（流平剂、消泡剂、阻聚剂）等。UV油墨生产工艺与浆状油墨类似。由于 UV 油墨生产需要避光，因此 UV 油墨生产通常保持车间密闭。

涂料、油墨产排污环节包括原料储存环节、生产工艺环节和辅助环节。

1）储存环节

通常使用储罐的是树脂或树脂溶液、主要溶剂。储罐有内浮顶罐和固定顶罐两种。但由于储罐的规模通常不大，因此大部分使用的是固定顶罐。

2）生产工艺环节

涂料、油墨生产过程中 VOCs 的释放环节包括投料环节、混合/研磨/调配环节、包装环节。其中在混合-研磨-调配等不同缸体之间转移时，存在缸内气体置换排放、中间储罐或者中间缸体的散发。

3）辅助环节

辅助环节包括溶剂再生系统、清洗环节、废水处理和危险废物暂存场所。

（5）VOCs 排放组分特征

不同的涂料及油墨生产行业所采用的原辅材料及工业设备不尽相同，但总体上各种涂料及油墨生产过程中 VOCs 主要来自于溶剂和助剂中所含的挥发性有机物，主要是熔化和搅拌过程中有机溶剂挥发废气，有机溶剂中常见的毒性化学物质主要有苯、甲苯、二甲苯、溶剂汽油、丙酮、丙醇、丁醇、乙酸丁酯、乙酸乙酯等。

调研天津市涂料制造行业情况，选择 5 家不同的生产工艺类型的企业，见表 4-15，各企业的生产工艺各不相同，采用现场检测的方式依据不同的生产工艺车间废气处理装置进行采样分析，分析其 VOCs 排放特征。

以 $2^{\#}$调研企业水性涂料车间和溶剂涂料车间废气排气筒 VOCs 检测结果进行分析，见表 4-16，表明涂料企业排放的 VOCs 组分主要有丙酮、异丙醇、正丁醇、甲基异丁基酮、甲苯等，其中溶剂型涂料还排放乙苯、对,间-二甲苯、邻二甲苯、4-乙基甲苯、1,3,5-三甲苯、1,2,4-三甲苯等。

表 4-15 调研涂料制造企业及监测点位情况

企业名称	测点位置	主要原辅材料	监测频次
1#	VOC 治理设施进口、出口 一期车间整体排风 二期车间整体排风 二期车间固化剂车间排风	醋酸丁酯、二甲苯、苯、醋酸仲丁酯、醋酸乙酯、甲基异丁基酮、丙二醇甲醚醋酸酯、丁酮、丙酮	采样 1 周期，1 次/周期，共 6 个测试点位
2#	水性涂料车间含有机溶剂挥发废气排气筒 P5 水性涂料车间含有机溶剂挥发废气排气筒 P6 溶剂涂料车间废气排气筒 P2	封闭型脂肪族聚异氰酸酯、丙烯酸树脂、聚酯树脂	采样 1 周期，1 次/周期，共 3 个测试点位
3#	车间低温等离子设施进口、出口 实验室活性炭设施进口、出口	甲苯、二甲苯、丙烯酸树脂、醇酸树脂	采样 1 周期，1 次/周期，共 4 个测试点位
4#	车间废气出口	二甲苯、正丁醇、乙酸丁酯 环氧树脂	采样 1 周期，1 次/周期，共 1 个测试点位
5#	废气处理设施进、出口	环氧树脂、丙烯酸树脂、二氯甲烷、正己烷、甲苯、乙苯、间，对-二甲苯、邻二甲苯	采样 1 周期，1 次/周期，共 2 个测试点位

表 4-16 2#涂料企业排气筒 VOCs 排放特征

检测点	检测项目	结果	
		排放浓度/（mg/m^3）	排放速率/（kg/h）
水性涂料车间含溶剂挥发废气排气筒 P5	丙酮	13.0	2.31×10^{-1}
	异丙醇	3.43	6.11×10^{-2}
	正丁醇	2.09×10^{-1}	3.71×10^{-3}
	甲基异丁基酮	2.02×10^{-2}	3.59×10^{-4}
	甲苯	2.76	4.92×10^{-2}
	乙苯	2.83×10^{-1}	5.04×10^{-3}
	对-二甲苯、间-二甲苯	1.13×10^{-1}	2.02×10^{-3}
	正丙苯	3.05×10^{-2}	5.43×10^{-4}
	4-乙基甲苯	6.92×10^{-2}	1.23×10^{-3}
	1,3,5-三甲苯	5.53×10^{-2}	9.83×10^{-4}
	1,2,4-三甲苯	1.74×10^{-1}	3.10×10^{-3}
以上 12 种 VOCs 合计		20.1	3.58×10^{-1}

检测点	检测项目	结果	
		排放浓度/（mg/m^3）	排放速率/（kg/h）
其余组分（以甲苯计）合计		2.46	4.37×10^{-2}
VOCs		22.6	4.02×10^{-1}
水性涂料车间含溶剂挥发废气排气筒 P6	丙酮	5.62	5.06×10^{-2}
	异丙醇	2.99	2.69×10^{-2}
	正丁醇	4.70×10^{-1}	4.23×10^{-3}
	甲基异丁基酮	2.70×10^{-2}	2.43×10^{-4}
	甲苯	5.63	5.07×10^{-2}
以上 5 种 VOCs 合计		14.7	1.33×10^{-1}
其余组分（以甲苯计）合计		3.47	3.12×10^{-2}
VOCs		18.2	1.64×10^{-1}
一车间废气 2$^{\#}$排气筒 P2	丙酮	3.96	5.05×10^{-2}
	异丙醇	3.63	4.63×10^{-2}
	2-丁酮	20.8	2.65×10^{-1}
	乙酸乙酯	12.2	1.55×10^{-1}
	正丁醇	6.89	8.78×10^{-2}
	甲基异丁基酮	4.23	5.40×10^{-2}
	甲苯	3.39	4.32×10^{-2}
	乙酸正丁酯	3.11	3.96×10^{-2}
	乙苯	3.78	4.82×10^{-2}
	对,间-二甲苯	1.83	2.34×10^{-2}
	邻二甲苯	3.91×10^{-1}	4.99×10^{-3}
	4-乙基甲苯	1.40×10^{-1}	1.78×10^{-3}
	1,3,5-三甲苯	1.03×10^{-1}	1.31×10^{-3}
	1,2,4-三甲苯	1.66×10^{-1}	2.12×10^{-3}
以上 15 种 VOCs 合计		64.6	8.23×10^{-1}
其余组分（以甲苯计）合计		2.53	3.23×10^{-2}
VOCs		67.1	8.55×10^{-1}

调研天津市油墨制造行业情况，选择 3 家企业情况见表 4-17。

表 4-17 调研油墨制造企业及监测点位情况

企业名称	测点位置	主要原辅材料	监测频次
1#	废气处理设施进、出口	聚氯乙烯树脂、聚酯树脂、脲烷树脂、环氧树脂、聚丙烯酸树脂、甲苯、环己酮、乙二醇丁醚、丙酮、丁酮、醋酸乙酯、颜料	采样 1 周期，1 次/周期，共 6 个测试点位
2#	废气排放口	松香、季戊四醇、溶剂油、对特辛基酚	采样 1 周期，1 次/周期，共 1 个测试点位
3#	废气排气筒	醋酸正丙脂、醋酸乙酯、乙醇、丁酮、异丙酮、正丙醇、乙酸异丁酯、甲基环己烷、甲苯、D40 溶剂油、乙二醇丁醚、丙二醇甲醚、丙二醇甲醚醋酸酯	采样 1 周期，1 次/周期，共 2 个测试点位

以 2#企业生产植物油加工的油墨制造企业为例，其 VOCs 排放特征见表 4-18，异丁醇、正丁醇、甲苯、对,间-二甲苯、环己酮等物质是油墨制造企业 VOCs 排放的主要物质。

表 4-18 2#油墨制造企业 VOCs 排放特征

排放物	1#企业		2#企业	
	排放浓度/（mg/m^3）	排放速率/（kg/h）	排放浓度/（mg/m^3）	排放速率/（kg/h）
丙酮	0.01 L	—	0.099	0.001 39
异丙醇	0.002 L	—	0.108	0.001 51
正已烷	0.004 L	—	0.004 L	—
正丁醛	—	—	1.35	0.019
2-丁酮	—	—	2.4	0.033 7
乙酸乙酯	0.006 L	—	0.083 8	0.001 18
异丁醇	—	—	19.4	0.273
六甲基二硅氧烷	0.001 L	—	0.001 L	—
苯	0.004 L	—	0.004 L	—
正庚烷	0.004 L	—	0.004 L	—
正丁醇	—	—	9.91	0.139
3-戊酮	0.002 L	—	0.002 L	—
甲基异丁基酮	—	—	0.2	0.002 81
甲苯	—	—	12.5	0.176
乙酸正丁酯	—	—	0.046 1	0.000 648

排放物	1#企业		2#企业	
	排放浓度/（mg/m^3）	排放速率/（kg/h）	排放浓度/（mg/m^3）	排放速率/（kg/h）
环戊酮	0.004 L	—	0.004 L	—
乳酸乙酯	0.007 L	—	0.007 L	—
乙苯	0.006 L	—	6.5	0.091 4
对,间-二甲苯	0.009 L	—	8.15	0.115
丙二醇单甲醚乙酸酯	0.005 L	—	0.005 L	—
邻二甲苯	0.004 L	—	1.42	0.019 9
苯乙烯	0.004 L	—	0.004 L	—
2-庚酮	0.001 L	—	0.001 L	—
异丙苯	—	—	0.002 68 L	—
苯甲醚	0.003 L	—	0.003 L	—
环己酮	—	—	1.7	0.023 9
正丙苯	—	—	0.002 68 L	—
3-乙基甲苯	—	—	0.387	0.005 44
4-乙基甲苯	—	—	0.176	0.002 47
1-癸烯	—	—	0.003 L	—
1,3,5-三甲苯	—	—	0.202	0.002 83
2-乙基甲苯	—	—	0.139	0.001 95
苯甲醛	—	—	0.007 L	—
1,2,4-三甲苯	—	—	0.327	0.004 6
1,2,3-三甲苯	—	—	0.030 8	0.000 432
2-壬酮	0.003 L	—	0.003 L	—
1-十二烯	0.008 L	—	0.008 L	—
1-癸烯	0.003 L	—	—	—
苯甲醛	0.007 L	—	—	—
二氯甲烷	1.85×10^{-1}	1.14×10^{-3}	—	—
乙酸	1.81×10^{-2}	1.12×10^{-4}	—	—
正辛醛	1.12×10^{-2}	6.90×10^{-5}	—	—
乙基己醇	1.01×10^{-2}	6.22×10^{-5}	—	—
壬醛	3.92×10^{-2}	2.41×10^{-4}	—	—
丙基十三烷	4.79×10^{-2}	2.96×10^{-4}	—	—
癸醛	4.07×10^{-2}	2.51×10^{-4}	—	—
萘	1.10×10^{-2}	6.81×10^{-5}	—	—
其余组分（以甲苯计）合计	4.65×10^{-2}	2.86×10^{-4}	0.861	0.012 1
VOCs	4.10×10^{-1}	2.53×10^{-3}	66	0.928

注：L 表示物质状态为液体。

4.1.2.7 其他行业表面涂装

（1）行业分类

涉及工业涂装的企业类型包括家具制造、金属制品、专用/通用设备制造、交通运输设备制造、电气机械及器材制造、仪器仪表制造等。各类涂装工艺基本相似，作业工序通常包含表面预处理（除尘、脱脂、除锈、蚀刻等）、表面喷涂（喷涂、浸涂、辊涂、流涂等）、固化干燥（室温下自然干燥、固化炉干燥、辐射固化等）。

（2）工艺流程及产排污节点

工业涂装企业的有机废气产生主要集中在表面喷涂和固化干燥两个工序，部分企业在固化干燥之前，还需要进行流平晾置，以保证漆膜的平整度和光泽度。典型的生产流程如图 4-20 所示。

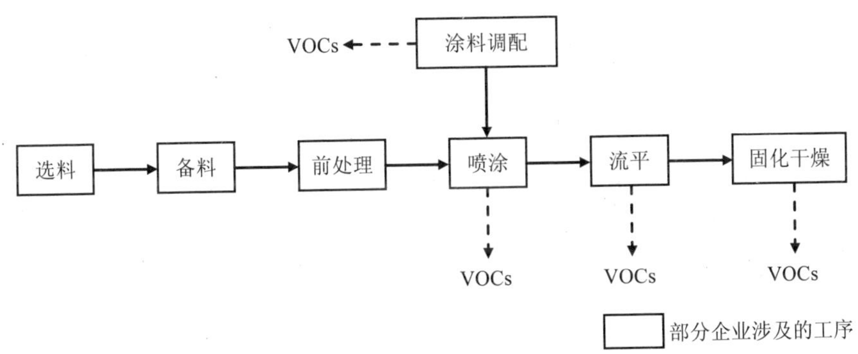

图 4-20　工业涂装企业的典型生产流程

表面涂装工序排放有害废气主要集中在喷漆生产线上，其中喷漆室、晾干室或烘干室是废气的主要发生源。表面涂装作业的污染物主要是涂料形成的漆雾和有机溶剂挥发废气，有机溶剂中常见的毒性化学物质主要有苯、甲苯、二甲苯、溶剂汽油、丙酮、丙醇、丁醇、乙酸丁酯、乙酸乙酯等。

喷漆换气量大，VOCs 浓度通常在 100 mg/m^3 以下，并且排气中含有少量未处理完全的漆雾。流平废气的成分与喷漆废气相近，但不含漆雾，可与喷漆室排风混合后集中处理。烘干固化废气温度较高，成分复杂，但风量相对较小，属于中、高浓度有机废气。

（3）VOCs 排放组分特征

根据文献调研资料，不同类型的工业涂装企业所使用的涂料类型和涂装工艺不同，其 VOCs 排放特征总结见表 4-19。

表 4-19　各类涂装工序的 VOCs 排放特征

涂装工序	含 VOCs 原辅材料	VOCs 特征污染物
空气喷涂、刷涂、辊涂	胶黏剂、溶剂型涂料、水性涂料、紫外光固化涂料、金属涂料、稀释剂、固化剂	乙酸仲丁酯、乙酸乙酯、二甲苯、乙苯、甲苯、环己酮、乙酸正丁酯、甲基环己烷等
静电喷涂、浸涂、电泳	粉末涂料、电泳涂料	甲苯、乙基苯、三甲苯、乙酸乙酯、乙酸丁酯、二氯乙烷、环己烷、甲基戊烷、丁酮、甲基异丁基甲酮、丙酮等

调研天津市其他行业的表面喷涂企业，并针对不同工艺进行 VOCs 检测与分析，调研的企业情况见表 4-20。

表 4-20　表面涂装调研企业情况

企业名称	测点位置	企业类型	监测频次
1#	调漆、喷漆及烘干排放口	拖拉机及农业机械	1 次/周期，共 12 个测试点位
2#	喷漆车间废气排放口	飞机制造及组装	1 次/周期，共 1 个测试点位，一周期
3#	喷漆、烘干工序废气处理设施排气筒	风机零部件制造	1 次/周期，共 1 个测试点位，一周期
4#	电泳喷涂、脱脂废气排放口	汽车配件	1 次/周期，共 2 个测试点位，一周期
5#	密炼、开练废气排口	混炼胶	1 次/周期，共 1 个测试点位

以 1[#]企业为例，其 VOCs 排放特征如图 4-21 所示，表面涂装 VOCs 的成分不仅有苯、甲苯和二甲苯，大部分的涂装废气还包括了乙酸乙酯、丁酮、丙酮、异丙醇、醚类等。

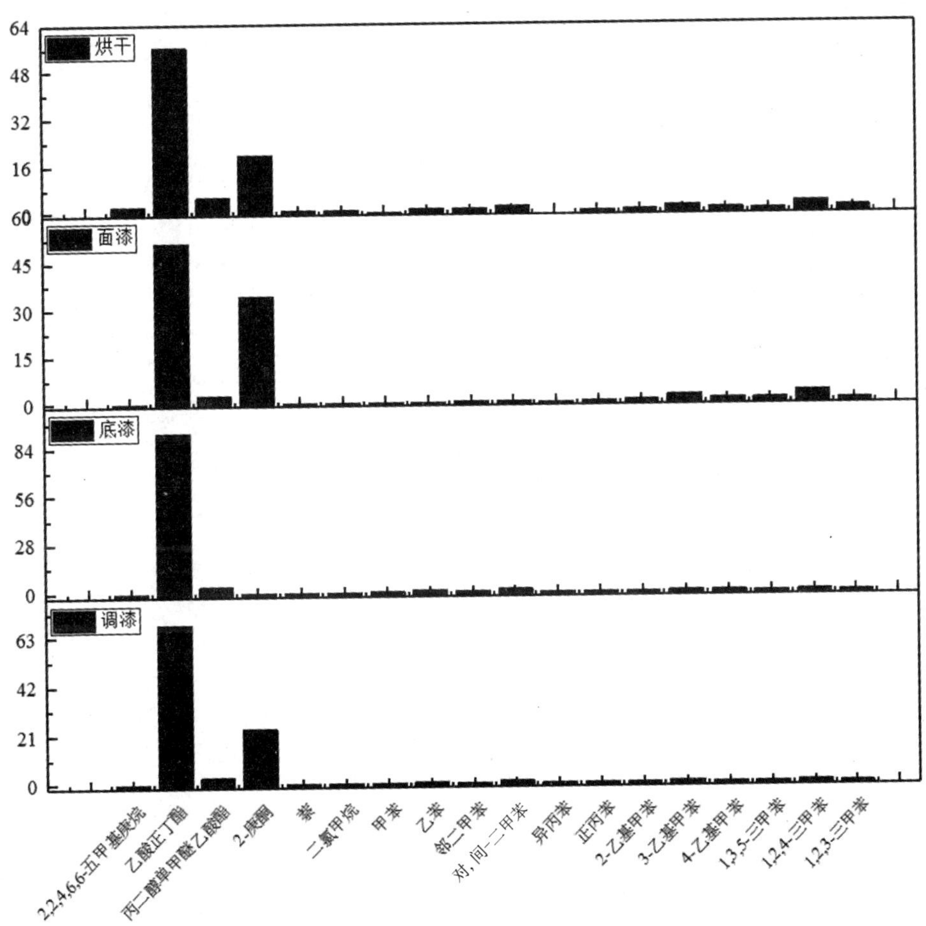

图 4-21　表面喷涂企业 VOCs 排放特征

4.1.2.8 通信设备、计算机及其他电子产品制造业（电子工业）

（1）行业分类

电子产品产业链可分为上、中、下三个层次，如图 4-22 所示：最上面的层次是终端电子产品，例如通信、广播电视、计算机、视听等设备；中间层次是基础电子产品，包括电子元件、半导体器件、电子真空器件、光电子器件等，它们经过组合装配便形成了各种电子终端产品；最下面的层次是支撑着电子终端产品组装和电子基础产品生产的电子专用材料等，它们是电子基础产品的基础。因此，电子工业一般可分为电子专用材料，半导体器件，电子元件及印制电路板，电真空器件、平板显示器件、光电子器件，电子终端产品几个方面。

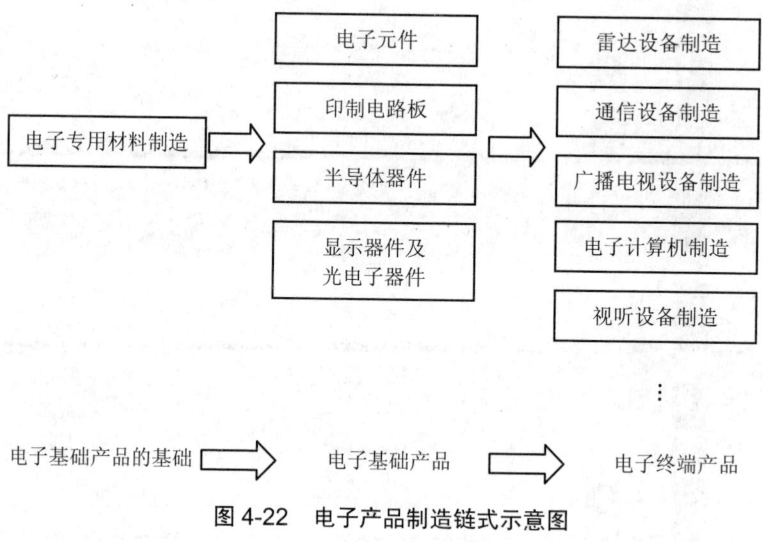

图 4-22　电子产品制造链式示意图

（2）工艺流程、产排污节点与排放特征

电子工业中的 VOCs 主要来自半导体器件、电子元器件、电子组件、平板显示器、整机机壳的表面涂层工艺使用溶剂型涂料、清洗工艺（包括芯片清洗、玻璃基板清洗、电路板清洗、电子组件清洗等）使用有机脱脂剂、脱水剂，感光成像工艺中的光刻胶稀释剂、显影剂、脱胶剂、液态阻焊膜剂、去膜剂等使用有机溶剂，去光刻胶类化合物如 DMSO、MEA、NMP、DMAC、DGA 则属于高沸点的硫类和胺类之有机溶剂。生产车间多为超净车间，集中通风、污染物集中处理是其典型特点，废气排放多为中高风量，低污染物浓度。典型电子工业废气 VOCs 产生环节及主要污染物情况见表 4-21。

表 4-21 典型电子工业废气 VOCs 产生环节及主要污染物

<table>
<tr><th colspan="2">电子工业</th><th>生产线及 VOCs 产生节点</th><th>主要污染物质</th></tr>
<tr><td rowspan="4">电子专用材料</td><td rowspan="4">半导体材料、覆铜板材料、电子铜箔材料、真空电子材料、磁性材料、光电子材料、压电晶体材料、信息化学品材料、电子陶瓷材料</td><td>覆铜板材料（配胶、上胶与烘干）</td><td>苯类、醛类、酮类等</td></tr>
<tr><td>压电晶体材料（含油切割）</td><td>柴油挥发产生的 VOCs 等</td></tr>
<tr><td>液晶材料（加成、缩聚）</td><td>联苯类、酯类、苯基环己烷类、含氧杂环苯类、嘧啶环类、二苯乙炔类、乙基桥键类和烯端基类及各种含氟苯环类</td></tr>
<tr><td>信息化学品材料光刻胶、蚀刻液等（反应釜）</td><td>醛类、酯类等</td></tr>
<tr><td>半导体器件</td><td>集成电路</td><td>清洗、光刻、显影、刻蚀及扩散等工序</td><td>丙酮、异丙醇、醋酸丁酯、甲苯等</td></tr>
<tr><td rowspan="2">电子元件及印制电路板</td><td>电子元器材件（电阻器、电容器、电感器、真空电子器件、半导体器件）</td><td>清洗、显影、冲洗、干燥</td><td>烃、酯类、醛类等</td></tr>
<tr><td>印制电路板</td><td>上油墨、光固化、蚀刻、去油墨、印制、涂布</td><td>甲醛、醇类（乙醇、异丙醇、丁醇、丙醇）、酮类（丁酮）、酯类（乙酸乙酯、乙酸丁酯）、甲苯、二甲苯等</td></tr>
<tr><td rowspan="2">电真空器件、平板显示器件、光电子器件</td><td>电真空器件</td><td>涂有机膜、表面处理</td><td>甲苯、醋酸丁酯、乙醇等</td></tr>
<tr><td>薄膜晶体管液体显示器（TFT－LCD）</td><td>陈列工程（清洗、光刻、光刻胶剥离）；彩膜工程（清洗、涂光刻胶、曝光显影、保护膜生成、MVA 膜、PS 膜生成）</td><td>甲醇、乙醇、丙酮、异丙醇、二甲亚砜、乙醇胺、丙二醇醚酯、单甲基醚丙二醇、丙二醇甲醚醋酸酯、单乙基醚丙二醇、六甲基二硅烷胺、丙二醇甲醚、N-甲基 2-四氢吡各酮等</td></tr>
</table>

电子工业		生产线及VOCs产生节点	主要污染物质
电真空器件、平板显示器件、光电子器件	等离子显示器（PDP）	透明电极成型、辅助电极成膜、辅助电极成型、诱电体涂布、隔墙、HMDS	甲醇、乙醇、甲苯、甲苯氯仿、六甲基二硅烷胺等
	光电子显示器（LED）	基片前处理、光刻	三氯乙烯、乙醇、丙酮、异丙醇、丙二醇醚脂、四甲基氢氧化铵、丁酮
电子终端产品	—	清洗、（电路板、机箱/机壳）三防喷漆生产线	乙醇、异丙醇、丙酮、二甲苯、甲苯、苯、酯类、酮类、醇类等

4.1.2.9 家具制造

家具制造行业指用木材、金属等材料制作的，具有坐卧、凭倚、储藏、间隔等功能的各种家具的制造，其中以木质家具、金属家具和软体家具的产量最大（占家具总产量的95%左右）。木质家具主要部件由木材或木质人造板材料制成的家具；金属家具主要部件由金属材料制成的家具；软体家具主要部件一般采用弹性材料和软质材料制成的家具。

（1）主要原辅料及使用的溶剂

家具制造企业主要的VOCs排放产生于调漆和涂装环节，常见的有机化合物包括苯、甲苯、二甲苯、醋酸丁酯、丙酮、丁酮、环己酮、丁醇、甲基异丁基酮、醇酸丁酯。

通过对天津家具制造企业的实地调研发现，家具制造行业使用的涂料主要为聚氨酯类涂料、硝基类涂料、醇酸类涂料、水性涂料及粉末涂料五大类，其中聚氨酯类涂料、醇酸类涂料所使用的有机溶剂主要为苯、甲苯、二甲苯，硝基类涂料所用有机溶剂主要为甲苯和乙酸丁酯，现场监测数据也表明，苯、甲苯、二甲苯与乙酸丁酯是检出率和测定浓度较高的挥发性有机污染物，与资料调研吻合。由此可以判断，苯、甲苯、二甲苯和乙酸丁酯是家具制造行业排放量较多的挥发性有机污染物。

表 4-22 家具制造业使用的涂料类型

序号	油漆类别	油漆符号	优缺点及特点
1	硝基涂料	NC	优点：装饰作用较好，施工简便，干燥迅速，对涂装环境的要求不高，具有较好的硬度和亮度，不易出现漆膜弊病，修补容易。 缺点：固含量较低，需要较多的施工道数才能达到较好的效果；耐久性不太好，使用时间稍长就容易出现诸如失光、开裂、变色等弊病；漆膜保护作用不好，不耐有机溶剂、不耐热、不耐腐蚀。溶剂主要有酯类、酮类、醇醚类等真溶剂，醇类等助溶剂、以及苯类等稀释剂
2	酸固化涂料	AC	成本适中，耐候性优良、性能可调整性好，无有机溶剂释放等优点
3	不饱和聚酯漆	PE	优点：可以制成无溶剂涂料，一次涂刷可以得到较厚的漆膜，对涂装温度的要求不高，而且漆膜装饰作用良好，漆膜坚韧耐磨，易于保养。 缺点：固化时漆膜收缩率较大，对基材的附着力容易出现问题，气干性不饱和聚酯一般需要抛光处理，手续较为烦琐，辐射固化不饱和聚酯对涂装设备的要求较高，不适合于小型生产。 分为气干性不饱和聚酯和辐射固化（光固化）不饱和聚酯
4	聚氨酯涂料	PU	优点：一般都具有良好的机械性能、较高的固体含量、各方面的性能都比较好。 缺点：施工工序复杂，对施工环境要求很高，漆膜容易产生弊病。 通常称为固化剂组分和主剂组分
5	紫外光固化涂料	UV	优点：为目前最为环保的油漆品种之一，固含量极高，硬度好，透明度高，耐黄变性优良，活化期长，效率高，涂装成本低（正常是常规涂装成本的一半）是常规涂装效率的数十倍。 缺点：要求设备投入大，要有足够量的货源，才能满足其生产所需。连续化的生产才能体现其效率及成本的控制。辊涂面漆表现出来的效果略差于 PU 面漆产品。辊涂产品要求被涂件为平面。 常见的施工方式：辊涂 UV 底，喷 PU 面（实色、透明漆皆可）；辊涂 UV 底，辊涂 UV 面（实色、透明漆皆可）；辊涂 UV 底，淋涂 UV 面（实色、透明漆皆可）；喷涂 UV 底，喷涂 UV 面（实色、透明漆皆可）

序号	油漆类别	油漆符号	优缺点及特点
6	水性涂料	W	优点：为目前最为环保的油漆品种之一，施工极为方便。干燥时间快，施工效率高；活化期较长；漆膜干燥后，无任何气味。 缺点：漆膜比较薄，丰满度不够，硬度不高。 常见的施工方式：手工喷涂为主

（2）工艺流程及产排污节点

家具制造过程产生的 VOCs 主要来源于涂装环节和干燥环节。涂料及有机溶剂的使用是家具制造企业产生 VOCs 的主要原因。由于家具类型不同，涂料类型和涂装工艺会有所不同，VOCs 排放也会有所不同（图 4-23）。家具制造企业排放的 VOCs 种类较多，主要是苯、甲苯、二甲苯、乙酸丁酯、酮类及醇类。

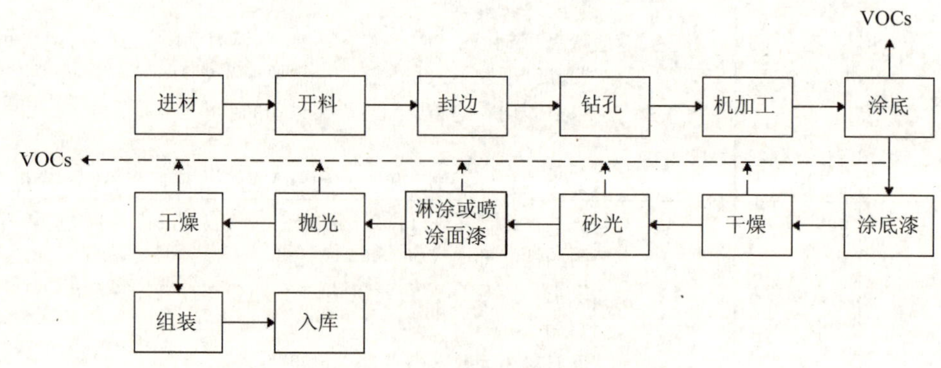

图 4-23 典型家具制造工艺流程

家具生产中的有机废气主要来源于涂料中溶剂和辅料中有机成分的挥发，其中油漆喷涂是主要的污染环节。家具生产的喷漆车间设有密闭的喷漆室，为减少喷漆过程污染物的排放，喷漆室安装水幕吸收漆雾装置，吸收漆雾后的气体再经吸附处理后通过排气筒排放。

其他排放有机气体还包括调漆过程和干燥过程，在此过程中由于有机溶剂的挥发，产生有机废气排放，目前多数企业对这些环节排放的有机挥发性污染物控制不够。

1）木质家具生产工艺及 VOCs 排放

木质家具生产是选取一种或几种木质材料为基料，按照设计要求进行加工、组装，然后在基料表面涂装一层或几层涂料，形成产品；也可以是加工后，先对各个组件进行涂装，然后组装成产品。典型生产工艺如图 4-24 所示。根据材质及最后成品质量要求，底漆、面漆一般涂饰 1～2 遍。

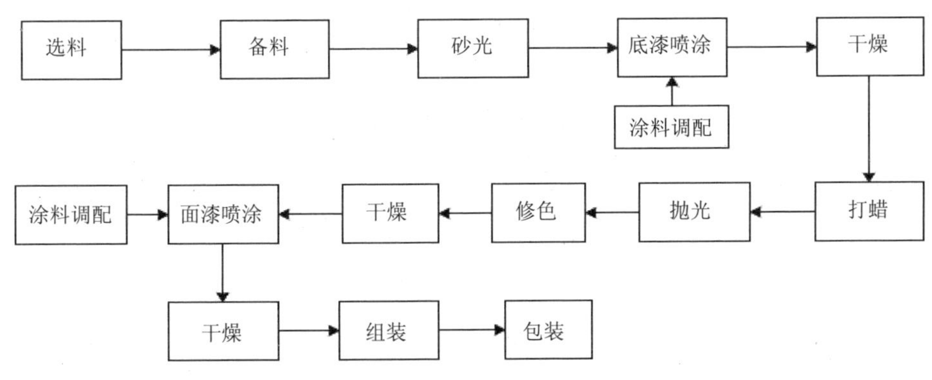

图 4-24 典型木质家具生产工艺及 VOCs 排放节点

木质家具制造企业 VOCs 主要来源于涂装工序的涂料、稀释剂、固化剂等含 VOCs 原辅材料的使用。涂料类型包括不饱和聚酯涂料（PE 漆）、聚氨酯涂料（PU 漆）、硝基涂料（NC 漆）、水性涂料、紫外光固化涂料（UV 漆）等。涂料在使用过程中需按比例与固化剂和稀释剂进行调配。为保证良好的涂装效果，一般会先涂底漆、修色，再涂面漆，每次涂漆需干燥后进入下一环节。因此，按工艺及功能将车间分为调漆房、底漆房、面漆房、干燥室。

调漆房用于油漆的调配，大多靠自然通风，存在 VOCs 无组织排放。

底漆是涂料系统的第一层漆，作用是增加上层涂料的附着力和面漆的装饰性，涂装过程产生大量含气溶胶（漆雾）的有机废气。底漆涂装对漆房环境要求不高，一般采用敞开式漆房，废气为无组织排放，且携带漆雾和家具打磨后的粉尘，颗粒物浓度高。

面漆是涂料系统的最外层漆，起装饰和保护作用，涂装过程产生大量含气溶胶（漆雾）的有机废气。面漆涂装对漆房环境要求较高，要求无尘且通风良好，一般采用封闭式漆房，空气经送风系统除尘后进入面漆房，含气溶胶（漆雾）的有机废气经水帘柜等除漆雾装置后排放，废气收集率高，VOCs 无组织排放少。

涂料干燥大部分都采用自然风干，有与喷涂车间相连，同在一个密封空间内，也有独立敞开的车间。若是独立敞开车间，涂料干燥过程中产生的 VOCs 将以无组织形式排放。

涂装工艺包括喷涂、刷涂、辊涂、淋涂及浸涂等。

喷涂特别是空气喷涂以工艺简单、设备费用低、工作效率高、适应性强等特点在木质家具制造行业广泛使用。空气喷涂以溶剂型涂料为主，如聚氨酯涂料、硝基涂料、醇酸涂料、聚酯涂料等，使用时按比例与固化剂和稀释剂进行调配，即用状态下 VOCs 含量约 60%。涂料利用率较低，在 30%～50%，尤其是喷涂框架结构家具时，涂料利用率仅为 25%～35%，产生的挥发性有机废气量较大。

刷涂是人工以刷子涂漆，涂料利用率高，但工作效率低，常用于修补漆工艺。

辊涂自动化程度高，涂装速度快，生产效率高，不产生漆雾，涂着效率接近 100%，适用于平面状的被涂物。辊涂工艺主要采用 UV 涂料，VOCs 含量低，污染小。

淋涂和浸涂在家具行业应用较少。

2）软体家具生产工艺及 VOCs 排放

软体家具一般是指由弹性材料和软质材料制成，富有一定弹性的坐卧家具的总称，如沙发、床垫和其他软质坐卧具等。软体家具制造的主工序包括钉内架、粘海绵、面料缝接和扪皮等工序，具体工艺流程如图 4-25 所示。软体家具的弯边、扶手、脚架仍以木质材料为主，在制作过程中也需涂装底漆、面漆等，涂装工艺及涂料类型与木质家具相同。软体家具制造企业 VOCs 主要来源于胶黏剂、涂料、稀释剂、固化剂等含 VOCs 原辅材料的使用。

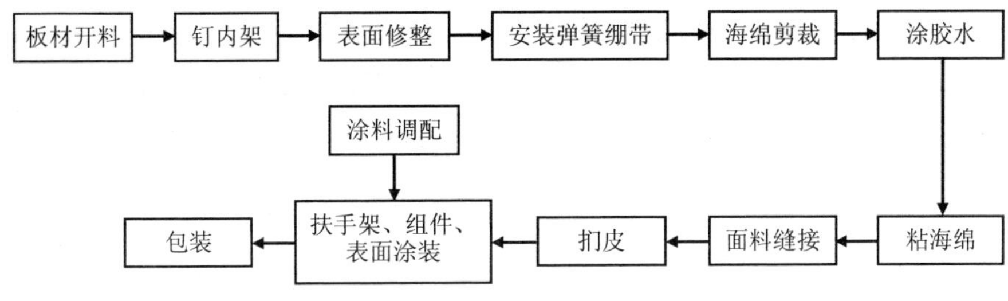

图4-25 典型软体家具生产工艺及VOCs排放节点

3）金属家具生产工艺及VOCs排放

金属家具是指支（框）架及主要部件以铸铁、钢材、钢板、钢管、合金等金属为主要材料，结合使用木、竹、塑料等材料，配以人造革、尼龙布、泡沫塑料等其他辅料制作的家具。生产工艺流程如图4-26所示。表面处理采用电镀或涂装的方式将涂料涂覆在金属表面，涂料包括液体涂料和粉末涂料，其中粉末涂料具有不含溶剂、无VOCs污染、节能和涂膜机械强度高等特点；液体涂料主要为金属涂料、电泳涂料等，是金属家具制造企业VOCs的主要来源。涂装方式包括空气喷涂、静电喷涂、浸涂。

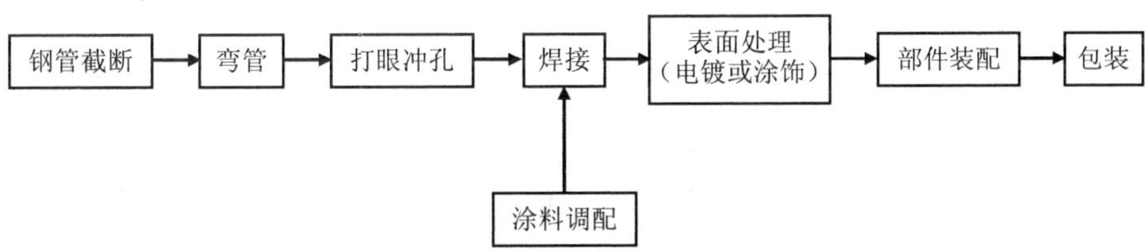

图4-26 金属家具生产工艺流程

（3）VOC排放组分特征

根据生产工艺和使用原料的不同，家具城空气中的污染物也有所差异，主要来源于涂料中溶剂和辅料中有机成分的挥发，而产生的挥发性有机物则主要为甲苯、二甲苯、甲醛、酚类、乙酸乙酯、乙酸丁酯、漆雾及其他VOCs。调研天津市家具企业见表4-23。

表 4-23 调研企业类型及监测点位

	企业类型	监测点位
1#	木质家具、软体家具	1 号废气治理设施进口、出口
		2 号废气治理设施进口、出口
		3 号废气治理设施进口、出口
		4 号废气治理设施进口、出口
2#	木质家具、软体家具	1 号废气治理设施进口、出口
		2 号废气治理设施进口、出口
		3 号废气治理设施进口、出口
3#	木质家具、软体家具	废气处理设施进、出口
4#	木质家具、软体家具	废气处理设施出口

木制家具生产产生的挥发性有机物主要污染物为甲苯、二甲苯、甲醛、酚类、漆雾及其他 VOCs，见表 4-24。

表 4-24 调研企业喷漆车间 VOCs 排放特征 单位：mg/m^3

组分	1#		2#		3#		4#
	进口	出口	进口	出口	进口	出口	出口
丙酮	2.073 093	5.508 877	3.914 711	2.973 11	—	—	0.914
异丙醇	2.442 738	6.358 783	2.499 871	2.377 456	—	—	—
正己烷	0.112 725	0.217 07	0.164 041	0.112 99	1.21	0.17	0.912
2-丁酮	0.017 783	0.009 635	1.179 468	0.856 26	—	—	0.743
乙酸乙酯	4.621 595	10.185 35	4.961 636	4.818 395	—	—	—
苯	0.107 212	0.070 228	0.207 922	0.069 219	—	—	—
正庚烷	0.021 676	0.019 193	—	—	—	—	—
正丁醇	0.419 047	0.625 872	0.161 381	0.214 447	—	—	—
甲基异丁基酮	1.480 014	0.461 005	—	—	—	—	—
甲苯	7.854 156	14.095 21	4.409 753	6.380 486	0.595	0.313	0.409
乙酸异丁酯	0.020 347	—	0.038 233	0.012 588	0.738	2.07	1.3
乙酸正丁酯	26.073 16	12.352 33	5.918 834	5.259 534	—	—	—
乙苯	3.524 716	3.629 433	1.061 196	1.411 425	0.334	0.364	0.366
对,间-二甲苯	15.624	11.517 43	4.531 049	5.191 093	0.443	0.524	0.405
丙二醇单甲醚乙酸酯	11.244 03	1.352 633	1.327 197	0.580 837	—	—	2.24

组分	1#		2#		3#		4#
	进口	出口	进口	出口	进口	出口	出口
邻二甲苯	6.830 602	4.089 923	1.806 919	1.696 287	0.304	0.416	0.267
2-庚酮	1.035 069	0.272 165	0	0.021 93	0	0	0
二氯甲烷	—	—	—	—	3.68	0.345	0.96
碳酸二甲酯	—	—	—	—	—	—	0.055 6
乙酸甲酯	0.099 95	0.358 707	0.127 203	0.120 375	—	—	—
丙二醇单甲醚	2.326 803	5.499 351	1.585 667	3.459 011	—	—	—
乙酸仲丁酯	8.731 403	9.723 338	5.904 164	6.629 361	—	—	—
乙醇（以异丙醇计）	5.346 694	13.682 89	60.209 8	57.822 86	—	—	—
甲苯	15.169 1	14.857 83	5.376 166	6.633 384	—	—	—
二甲苯	15.169 1	14.857 83	5.376 166	6.633 384	—	—	—
辛烷	—	—	—	—	—	—	0.086 2
乙二醇乙醚醋酸酯	—	—	—	—	—	—	0.192
乙基甲苯	—	—	—	—	—	—	0.074 8
1,2,4-三甲苯	—	—	—	—	—	—	0.083 1
辛醇	—	—	—	—	0.414	0.207	0.411
壬醛	—	—	—	—	0.234	0.11	0.177

4.1.2.10 印刷与包装印刷

2017 年印刷企业年度核验报告显示，2017 年天津网上申报并参加核验的印刷企业总数为 1 588 家，从业人员约 4.2 万人。截至 2016 年年底，天津市印刷企业资产总额 302.26 亿元，同比增长 3.38%；印刷工业总产值 223.17 亿元，同比增长 10.52%。

同时，与 2016 年同期相比，天津通过年度核验的印刷企业数量减少 87 家，企业数量虽然有所减少，但整体素质却有所提高。

2016 年，天津有 5 个区所属印刷企业工业总产值超过 10 亿元，分别为滨海新区、东丽区、北辰区、武清区、宝坻区。随着京津冀协同发展战略的实施，这些区域的产业聚集特征更加凸显、发展势头更加良好，成为拉动天津印刷工业发展的基础。

同期，天津市规模以上（年印刷产值 5 000 万元以上）印刷企业 88 家。其中，年印刷产值超亿元企业 45 家，同比增长 45.16%。按经营类别划分，规模以上印刷企业中，包装装潢印刷企业 79 家，约占总数的 89.77%。可见，包装装潢印刷企业占总数的绝大部分。另外，88 家规模以上重点印刷企业的工业总产值为 132.19 亿元，占全市印刷工业总产值的 59.23%。由此分析，规模以上重点印刷企业工业总产值占全市印刷工业总产值一半以上，成为天津印刷产业中的中坚力量。

（1）行业分类

印刷是将文字、图画、照片等原稿经制版、施墨、加压等工序，使油墨转移到纸张、织品、皮革等材料表面上，批量复制原稿内容的技术。印刷包括书、报刊印刷、本册印制、包装装潢及其他印刷。

印刷的方式很多，目前主要的印刷方式是根据印版版面印刷部分和空白部分的相对关系而分类，一般而言，印刷可区分为平版印刷、凸版印刷（包括柔版）、凹版印刷、孔版印刷（丝网印刷）四大类，主要的印刷方式特点及应用见表 4-25。

表 4-25　主要的印刷方式比较

印刷方式	主要特点	应用示例
凸版印刷	适于线条原稿的包装印刷，墨色厚实，色彩鲜艳	商标、标签、包装盒、包装纸、不干胶印刷
平版印刷	适于连续调原稿印刷、层次丰富，应用范围广	广告、样本、包装纸、各类商标、挂历以及金属印刷
凹版印刷	墨层厚、层次鲜明，适于软包装材料印刷	各种塑料包装袋、复合袋印刷、壁 纸、建材印刷
孔版印刷	墨层厚，有重量感，适于各种材料各种成型表面印刷	纸张、纸板、织物印刷，各类容器及陶瓷、罐类印刷等

平版印刷（平印）又称为胶版印刷（胶印），其特征是印版的图文着墨部分和空白部分几乎在同一平面上。

凸版印刷（凸印）的图文部分处于一个平面，明显高于空白部分，印版着墨时，油墨附着在印版的凸起部分，并在压力作用下转移到承印物上。传统的凸版印刷采用铜锌版，目前逐渐被柔版印刷（柔印）代替，采用软质的树脂印版。

凹版印刷（凹印）的印版滚筒上空白部分高于印刷图文部分，并且高低悬殊，空白部分处于同一平面或同一曲面上。印版上凹陷的图文部分形成网穴容纳油墨，通过滚筒压印，使印版滚筒上的图文印迹转移到承印物表面。

孔版印刷（也称丝网印刷、丝印）是将真丝、尼龙或金属丝编织成网，将其紧绷于网框上，采用手工刻膜或光化学制版的方法制成网版，网版上非图文部分被涂布的感光涂层封住，只留下图文部分的网孔可以透过油墨。印刷时，先在网版上涂墨，再用橡皮刮板在网版上轻刮，油墨透过网版，转移到放置在网版下的承印材料上。

复合工艺是指使用胶黏剂将不同的基材通过压贴黏合形成两种或多种材料的组合的一种印后加工方式。其包含干式复合、湿式复合、挤出复合、热熔复合等工艺，其中干式复合工艺需要使用大量的胶黏剂和稀释剂，VOCs 排放量较大，且成分单一。

（2）主要原辅料及使用的溶剂

印刷过程中使用到大量的油墨，按印刷版式的不同，现代油墨主要可分为凸版油墨、平版油墨、凹版油墨和孔板（丝网）油墨四大类。此外，清洗溶剂、润版液、覆膜胶、上光油等辅助材料的使用也会产生挥发性有机物。这几种油墨的特点及添加有机溶剂的情况 VOCs 排放情况如下。

1）平版印刷油墨

由于平版印刷利用油水相斥的原理进行印刷，故平版油墨必须具备抗水性能。按工艺分为胶印油墨、卷筒纸胶印油墨、平胶印油墨、无水胶印油墨、印铁油墨、石印油墨、珂版油墨等。目前胶印所用油墨以树脂型油墨为主。印铁油墨属于热固型油墨，需要高温烘干。

平版印刷油墨中常使用乙醇、异丙醇、丁醇、丙醇、甲乙酮、醋酸乙酯、醋酸丁酯、甲苯、二甲苯等有机溶剂。

2）凹版印刷油墨

凹版印刷油墨是一种挥发干燥的溶剂油墨，流动性大，黏度小。凹印油墨中含 0～60%的溶剂。凹印油墨要保持较好的印刷适性，必须加入较大比例的溶剂，通常添加 30%～70%的有机溶剂，主要是甲苯、醋酸乙酯、甲乙酮、异丙醇等物质。在软包装中应用很广的特种凹版印刷油墨，由于要考虑到塑料薄膜的黏着性和润湿性，经常使用各种树脂作连接料。为了确保树脂的溶解性和印刷效果，一般要向油墨中加入 4～7 种有机溶剂作辅助剂。

汽油型凹印油墨以汽油为溶剂，为低毒性油墨。混合型凹印油墨和醇型凹印油墨毒性较小或很小，对环境污染小，用量正大幅上升。水基凹印墨的溶剂是水和少量醇类，印品质量正在逐步提高，被人们普遍看好，具有广阔的发展前景。

3）凸版印刷油墨

凸版印刷主要用于印刷书刊、报纸、画册、单据、账簿等。凸版油墨多数是以挥发性干燥为主传统的溶剂型油墨，也有少量氧化结膜渗透干燥、光固化型油墨。

应用于凸版印刷油墨中的溶剂主要是醇类（甲醇、乙醇、异丙醇、正丁醇等）、酯类（乙酸甲酯、乙酸乙酯等）、烃类（正己烷、正庚烷、二甲苯等）、酮类（丙酮、环己酮等）、醚类等，这些溶剂大都具有毒性、有较浓的刺激性气味。

4）孔版（丝网）印刷油墨

孔版油墨又分为誊写油墨和丝网版油墨。丝印油墨对承印物适应性强，可使用多种类型的油墨。丝印油墨一般固含量比较高，有机溶剂型油墨占 50%～60%，低于凹印油墨。

在丝网印刷油墨中，一般在印刷时向油墨中添加 10%～30%的有机溶剂，这些溶剂的沸点一般在 160～200℃。

5）柔性版印刷油墨

柔性版印刷是一种特殊的凸印方式。虽然目前凸版印刷份额呈大幅减少之势，但柔印凸版油墨却一枝独秀，在柔版印刷中所占的份额正逐步上升。柔版油墨可分为溶剂型油墨、水墨和 UV 墨，后两种由于其优良的环保性能正成为开发的重点。柔印在包装领域独领风骚一个重要的原因在于，它采用水基油墨（它占据着油墨总量的 8%），不含有毒有机物，正好符合现代包装印刷的绿色化发展趋势。在柔印油墨中，用来印刷纸容器、瓦楞纸等的一般是水性油墨，大都含有醋酸乙酯和丙基醇等有机溶剂。

除印刷油墨之外，复合涂布工艺阶段的胶黏剂、涂布液和上光油、平版印刷阶段的润版液以及各印刷工艺均使用的洗车水等也是印刷工业生产过程中 VOCs 排放的来源。

6）覆膜胶

所谓覆膜（复合）工艺是指在涂有胶黏剂塑料薄膜覆合到印品表面或里面的工艺。通常是把胶黏剂涂布到一层薄膜经过烘箱干燥，再与另一层薄膜热压贴合成复合膜。它适用于各种基材薄膜，基材选择自由度高，可生产出各种优异性能的复合膜，如耐热、耐油、高阻隔、耐化学性薄膜等。

在所有的印刷工艺中，塑料软包装印刷（通常是凹版印刷）工艺的 VOCs 排放量最大（约占全部 VOCs 排放的 80%），而在软包装印刷中，覆膜工艺和凹版印刷工艺的 VOCs 排放量各占约 50%，因此，覆膜工艺是印刷工业中 VOCs 排放的一个主要环节。软包装复合工序需要使用大量的覆膜胶，覆膜胶一般为溶剂型胶黏剂，其中含有大量的挥发性有机物（主要为乙酸乙酯），是印刷工业 VOCs 排放的主要污染源之一。

7）润版液

润版液是 VOCs 的来源之一，目前胶印印刷机上普遍采用的是酒精润版系统，主要成分是异丙醇及磷酸，异丙醇可减少水的表面张力，相对于传统的普通润版液来说，这种润版方式可以大大减少用水量，避免了水量较大引起的纸张变形和油墨的过量乳化，加快印版中水的挥发，提升了印刷效果，可轻松实现鲜艳色彩印刷。但是，由于异丙醇挥发后产生的气体会对人体造成有害影响，是一种对环境、对人体均有害的化学品，因此减少异丙醇用量是一种必然的趋势。一些国家已通过立法来限制异丙醇的使用，近期生产的卷筒纸印刷机中，基本上已经杜绝了异丙醇。润版液中异丙醇的含量越高，则越多 VOCs 挥发至空气中，为减低润版液的 VOCs 挥发量，部分印刷厂尝试使用低/无酒精润版液，效果满意。

8）洗车水

洗车水是专门用于清洗油墨的清洗剂，质量合格的洗车水与汽油、煤油相比，清洗效果好，安全性能高，并且对人体及环境的危害小，但是价格比较高。虽然相对于汽油、煤油而言，洗车水既安全，污染又小，但并不等于洗车水是完美无缺的，处于即用状态的洗车水一般是 90%以上的水和洗车水原液配制的，洗车水原液的主要成分仍然是 VOCs，这部分 VOCs 在使用过程中将全部挥发到空气中，由于企业每年的洗车水用量很大，所以清洗剂是印刷企业 VOCs 排放污染源之一。

（3）工艺流程、产排污节点及污染特征

虽然平版印刷、凹版印刷、凸版印刷、丝网印刷和柔版印刷等不同印刷工艺的具体工序、所用的设备、用途及原料不尽相同，但它们都是按照相同的基本程序在版基上印刷图像。典型生产工艺流程及主要 VOCs 产生环节如图 4-27 所示。

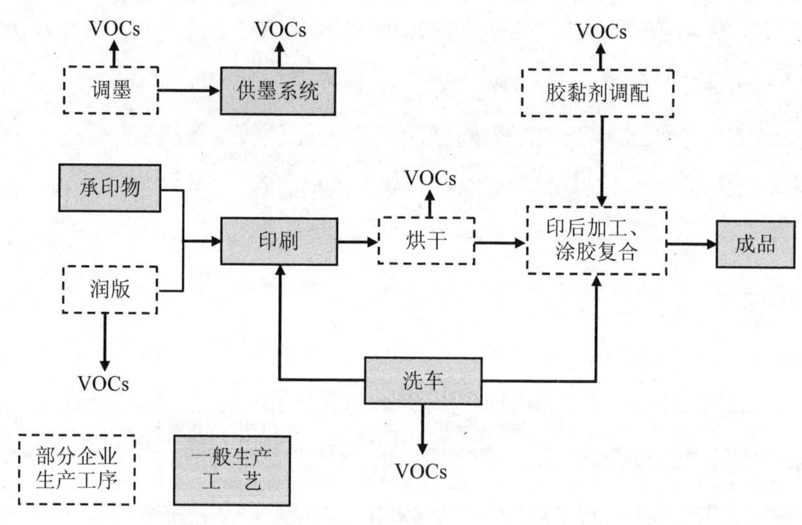

图 4-27　包装印刷行业的典型生产流程

印刷行业 VOCs 主要来源于印刷、烘干、复合工艺，印刷与包装印刷行业工艺过程 VOCs 排放情况，见表 4-26。

表 4-26 印刷工艺过程及 VOCs 排放情况

印刷工艺过程	VOCs 排放情况
原材料存放	油墨、溶剂等存放过程会释放 VOCs
成像	显影剂、定色剂/定影剂的使用过程会释放 VOCs
制版	使用显影剂可能会释放出溶剂乙醇
印刷	润版液的使用（胶印机使用酒精润版系统，乙醇和异丙醇）； 油墨的使用； 加热烘干
印后加工	胶黏剂的使用会释放 VOCs； 覆膜过程中使用了甲苯、天那水等； 油性上光材料使用的稀释剂主要是甲苯
清洁过程	胶黏剂等过程使用的有机溶剂
废弃物存放和处理过程	废气油墨、废气容器的处置过程会挥发 VOCs

不同印刷工艺所使用的 VOCs 原辅材料及其排放特征见表 4-27，主要污染物为苯系物、醇类、酯类和酮类，特征污染物有苯、甲苯、二甲苯、乙醇、异丙醇、丁醇、乙酸乙酯、乙酸丁酯等。油墨所用的溶剂主要是芳香烃类、酯类、酮类、醚类等有机溶剂，这些溶剂大都具有毒性和挥发性，含有 50%～60%的挥发性组分，加上调整油墨黏度所需的稀释剂，在印制品干燥时，油墨所散发的挥发性组分的总含量占 70%～80%。印刷行业废气排放具有稳态、浓度适中的特点。

表 4-27 印刷工艺的 VOCs 排放特征

<table>
<tr><th colspan="2">VOCs 来源</th><th>主要含 VOCs 原辅材料</th><th>VOCs 排放特征</th><th>VOCs 特征污染物</th></tr>
<tr><td rowspan="2">油墨及稀释剂</td><td>平版</td><td>溶剂型油墨、植物大豆油墨，UV 固化油墨和水性油墨</td><td>印刷与干燥过程排放，使用溶剂型油墨，VOCs 排放浓度较高，其他类型油墨，VOCs 排放浓度较低</td><td>异丙醇、乙醇、丁醇、甲乙酮、醋酸乙酯、醋酸丁酯、甲苯等</td></tr>
<tr><td>凸版</td><td>醇溶性油墨、水性油墨、UV 固化油墨</td><td>印刷过程排放，使用水性油墨，VOCs 排放浓度较低；使用醇溶性油墨，VOCs 排放浓度高</td><td>醇类</td></tr>
</table>

VOCs 来源		主要含 VOCs 原辅材料	VOCs 排放特征	VOCs 特征污染物
油墨及稀释剂	凹版	溶剂型油墨、水性油墨	印刷与干燥过程排放 VOCs，使用溶剂型油墨，VOCs 排放浓度较高；使用水性油墨，VOCs 排放浓度较低	酮、醇、醚、酯和芳烃类
	孔版	溶剂型油墨、水性油墨、UV 油墨	印刷与洗版过程排放 VOCs，使用溶剂型油墨，VOCs 排放浓度较高；使用水性油墨，VOCs 排放浓度较低	酮、醇、醚、酯和芳烃类
复合		胶黏剂、水性胶黏剂	复合过程排放 VOCs，使用溶剂型胶黏剂 VOCs，排放浓度高；使用水性胶黏剂，VOCs 排放浓度较低	乙醇、乙酸乙酯
润版液		普通润版液、免酒精润版液	普通润版液的 VOCs 排放浓度较高；使用免酒精润版液基本无 VOCs 排放	醇类
洗车水		溶剂型洗车水、水基型洗车水	溶剂型洗车水的 VOCs 排放浓度较高；使用水基型洗车水 VOCs 排放浓度较低	苯类、醚类、烃类、酯类
上光油		水性光油、UV 光油、溶剂型光油	使用溶剂型光油 VOCs 排放浓度高；使用水性光油、UV 光油 VOCs 排放量较低	醇类、酮类、苯类、酯类

平版印刷企业所使用的油墨包括溶剂型油墨、植物大豆油墨、紫外光固化油墨和水性油墨，其中溶剂型油墨挥发性有机化合物含量较高，是平版印刷企业主要的 VOCs 排放源。此外，平版印刷在生产过程中所使用的有机溶剂型洗车水及润版液等也是 VOCs 排放源之一。

柔版印刷通常用于产品包装印刷，对于色彩要求不高的瓦楞纸包装箱产品一般使用水性油墨，几乎不存在 VOCs 排放；而对于色彩鲜艳的薄膜制品则一般使用醇溶性油墨，印刷过程产生 VOCs 污染。

凹版印刷广泛应用于包装和特殊产品印刷领域，适用于薄膜、复合材料及纸张等介质，通常使用低黏度，高 VOCs 含量的油墨，印制过程产生大量的 VOCs，且成分复杂。

孔版印刷 VOCs 主要来源于油墨及清洗剂，使用溶剂型油墨时 VOCs 排放浓度相对较高。

（4）VOCs 排放组分特征

调研了天津市 8 家不同的生产工艺类型印刷企业情况见表 4-28，分析其 VOCs 排放特征见表 4-29。

表 4-28 调研企业类型及监测点位

企业名称	测点位置	印刷类型	监测频次
1#	末端废气排气筒	凸版	采样 1 周期，1 次/周期，共 1 个测试点位
2#	车间废气排气筒	平版	采样 1 周期，1 次/周期，共 1 个测试点位
3#	废气排口 1#、2#、3#	平版	采样 1 周期，1 次/周期，共 3 个测试点位
4#	印刷废气排气筒	丝网	采样 1 周期，1 次/周期，共 1 个测试点位
5#	注塑及印刷共用排气筒	丝网	采样 1 周期，1 次/周期，共 1 个测试点位
6#	印刷车间废气出口	凸版	采样 1 周期，1 次/周期，共 1 个测试点位
7#	车间废气排放口	凹版	采样 1 周期，1 次/周期，共 2 个测试点位
8#	废气排放口	凹版	采样 1 周期，1 次/周期，共 1 个测试点位
9#	废气排放口	凹版	采样 1 周期，1 次/周期，共 1 个测试点位

各印刷企业的 VOCs 排放的主要类别是酯类、醚类、烷烃类及苯系物等，主要排放的 VOCs 物质是乙酸乙酯、乙醇、乙酸正丙酯、丙酮及苯系物等。

表 4-29　印刷企业 VOCs 排放特征

企业名称	VOCs 类别及比例	归一化含量大于 10%VOC 物质
1#	醇类化合物 0.52%、酮类化合物 5.46%、醛类化合物 0.06%、酯类化合物 66.27%、醚类化合物 0.44%、苯系物 27.24%	乙酸乙酯 43.66%、丙二醇单甲醚乙酸酯 16.78%
2#	烷烃类化合物 0.28%、醚类化合物 5.21%、醛类化合物 0.32%、酯类化合物 51.69%、卤代烃化合物 0.39%、苯系物 0.35%、酮类化合物 0.7%	乙醇 41.07%、乙酸乙酯 29.36%、乙酸正丙酯 21.81%
3#	醛类化合物 2.44%、苯系物 1.66%、硅氧烷类化合物 95.64%	八甲基环四硅氧烷 26.18%、十甲基环戊硅氧烷 48.26%、十二甲基环六硅氧烷 16.15%
	醛类化合物 5.49%、烷烃类化合物 48.42%、酮类化合物 31.5%、卤代烃化合物 5.50%、苯系物 4.36%、硅氧烷类化合物 4.75%	丙酮 27.78%、环戊烷 14.84%、正己烷 14.40%、2,2,4,6,6-五甲基庚烷 12.59%
4#	卤代烃类化合物 58.79%、烷烃类化合物 41.21%	丙烯 46.51%、1-丁烯+异丁烯 12.28%、2,2,4,6,6-五甲基庚烷 41.21%
5#	卤代烃化合物 12.77%、醛类化合物 24.59%、酯类化合物 23.09%、烷烃类化合物 11.61%、酮类化合物 6.53%、杂环类化合物 2.12%、苯系物 19.3%	二甲醇缩甲醛 24.59%、乙酸甲酯 12.28%、1,2-二氯丙烷 11.61%
6#	烷烃类化合物 30.69%、醚类化合物 3.53%、醇类化合物 0.93%、醛类化合物 7.56%、苯系物 20.98%、醛类化合物 5.3%、酯类化合物 18.01%	乙酸乙酯 12.53%
7#	烷烃类化合物 38.01%、酯类化合物 43.53%、苯系物 9.61%、杂环类化合物 3.16%	1,1,1,2-四氟乙烷 25.68%、乙酸乙酯 31.13%
8#	醛类化合物 53.03%、酮类化合物 1.96%、烷烃类化合物 2.69%、酸类化合物 25.99%、卤代烃化合物 1.04%、苯系物 9.71%	壬醛 16.39%、癸醛同分异构体 17.24%、乙酸 25.99%
9#	烷烃类化合物 14.39%、醚类化合物 1.04%、醇类化合物 3.44%、苯系物 18.67%、醛类化合物 4.97%、酮类化合物 5.22%、杂环类化合物 12.66%、卤代烃化合物 12.34%	苯并环丁烯同分异构体 12.34%

4.1.2.11 黑色金属冶炼（炼钢与炼铁）

黑色金属冶炼 VOCs 废气排放的主要环节为烧结。

烧结过程排放的 VOCs 主要包括烯烃、烷烃、芳香烃、卤代烃和少量的醛和酮，其中异戊烷、1-丁烯、乙烯、乙烷、丙烷、苯、甲苯、二甲苯、1,2,4-三甲苯、乙苯等为主要成分。

4.1.3 天津市重点行业 VOCs 排放清单建立

VOCs 排放清单是进行 VOCs 污染防治工作的基础性工作，通过建立 VOCs 污染源清单，可摸清地区 VOCs 排放底数，指导地区的 VOCs 污染防治工作。我国 VOCs 污染防治工作研究起步较晚，VOCs 排放的动态更新机制尚未形成体系，有关 VOCs 排放情况的研究主要是开展相关排放清单的编制工作。城市层面，除北京、上海、天津、广州等少数省市通过调查表的方式进行过 VOCs 排放情况的调查外，大部分城市 VOCs 的排放基数及治理状况仍不甚清晰，极大地影响了治理 VOCs 的进程。

4.1.3.1 VOCs 排放清单建立方法研究

聂磊等基于大量国内外文献调研和北京市 VOCs 污染源普查结果，总结出了一套较为完整的城市尺度 VOCs 污染源排放清单编制方法，该方法概括 VOCs 污染源排放清单的编制范围、各类 VOCs 污染源排放量的估算方法、VOCs 污染源的空间定位方法和不确定性分析方法。同时较为全面地分析了燃烧源、移动源、炼油石化行业、溶剂使用装置、溶剂使用源、油品储运销过程、生活源、农药使用过程、植物源等各类污染源排放清单建立过程中需要使用的排放因子和模型，需要收集的活动水平数据、相关模型参数及其获取途径，为其他地区研究者和环境管理部门建立 VOCs 排放清单提供指导。此外，本书作者在文章中指出，当前许多 VOCs 污染源活动水平数据主要掌握在行政管理部门和行业协会手中，造成环境管理部门难以实现 VOCs 排放清单的动态更新，应建立环境保护部门和其他相关单位的合作机制，定期进行排放清单的更新工作。

陈颖等按照“源头追踪”的思路，根据工业 VOCs 物质流动过程，将我国工业源 VOCs 的产生分为了 4 个环节，包括 VOCs 的生产、储存和运输、以 VOCs 为原料的工艺过程、含 VOCs 产品的使用和排放。追溯分析从生产至最终排放的物质流动全过程，以期得到 VOCs 在行业、区域及城市的排放状况分布。其源头追踪示意如图 4-28 所示。

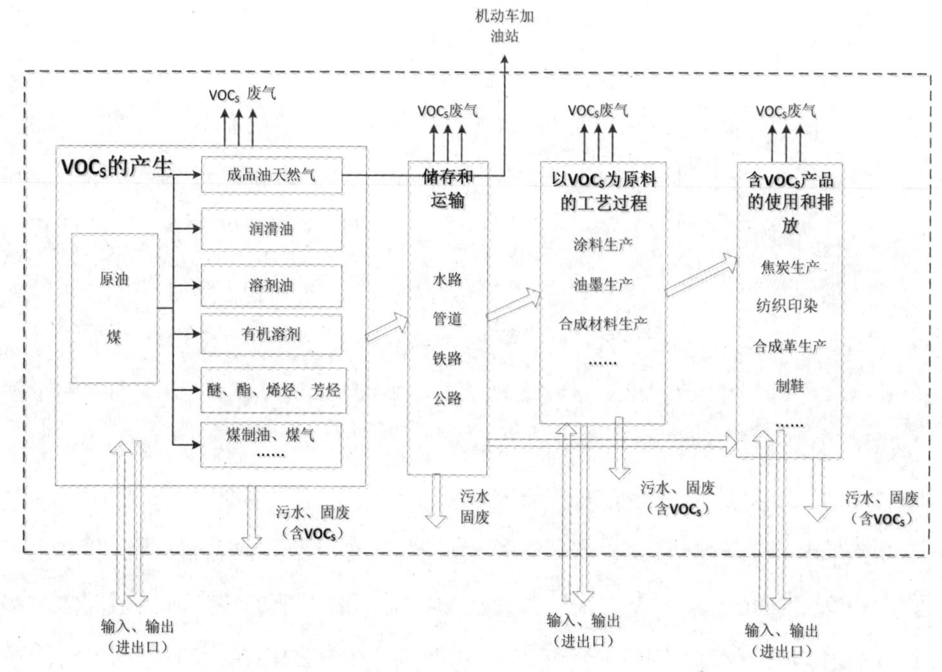

图 4-28　VOCs 源头追踪示意

陈颖等参考《国民经济行业分类》将工业排放源进行了分类（未考虑加油站排放及餐饮业的污染排放过程），其排放源的行业分类信息见表 4-30。

表 4-30　主要工业 VOCs 排放源及行业信息

排放源		行业信息
VOCs 的生产	石油炼制和石油化工	行业代码 C25 石油加工、炼焦及核燃料加工业（原油加工及石油制品制造）
	基础化学原料制造	行业代码 C261 基础化学原料制造
储存和运输		指货物仓储、货物运输中转仓储，以及以仓储为主的物流配送活动
以 VOCs 为原料的工艺过程	涂料生产	行业代码 C264 涂料、油墨、颜料及类似产品制造业（涂料制造）
	油墨生产	行业代码 C264 涂料、油墨、颜料及类似产品制造业（油墨制造）
	合成材料生产	行业代码 C265 合成材料制造业
	胶黏剂生产	行业代码 C2662 专项化学用品制造业
	食品饮料生产	行业代码 C133 植物油加工业（食用植物油加工），行业代码 C151 酒精制造和 C152 酒的制造
	日用品生产	行业代码 C267 日用化学产品制造
	化学药品原药制造	行业代码 C271 化学药品原药制造
	轮胎制造	行业代码 C291 轮胎制造业
含 VOCs 产品的使用和排放	焦炭生产	行业代码 C252 炼焦
	纺织印染	行业代码 C17 纺织业
	合成革制造	行业代码 C305 塑料人造革、合成革制造
	制鞋	行业代码 C1921 皮鞋制造业，C2960 橡胶靴鞋制造，C3081 塑料鞋制造，C1820 纺织面料鞋的制造
	造纸及纸制品	行业代码 C22 造纸及纸制品业
	印刷和包装印刷	行业代码 C231 印刷业
	木材加工	行业代码 C20 木材加工及木、竹、藤、棕、草制品业
	家具制造	行业代码 C21 家具制造业
	机械设备制造	行业代码 C34 金属制品业，C35 通用设备制造业，C36 专用设备制造业，C39 电气机械及器材制造业，C41 仪器仪表及文化、办公用机械制造业，C40 通信设备、计算机及其他电子设备制造
	交通运输设备制造	行业代码 C37 交通运输设备制造业
	建筑装饰	行业代码 E490 建筑装饰业
	环境治理（废物处理）	行业代码 N802 环境治理业
	服务业（服装干洗）	行业代码 O832 清洁服务之其他清洁服务业

根据以上分类，基于《中国统计年鉴（2008—2010 年）》《国家能源统计年鉴（2008—2010 年）》《海关统计年鉴（2008—2010 年）》、国研网数据库、行业协会统计信息等数据来源，采用排放因子法，对我国 2007—2009 年的工业源 VOCs 排放量进行了计算，建立了我国工业源 VOCs 的行业排放清单。其研究结果表明，2009 年我国工业源 VOCs 排放量约为 1 206 万 t，VOCs 的生产、储存和运输、以 VOCs 为原料的工艺过程、含 VOCs 产品的使用和排放 4 个环节的污染排放贡献分别为 18.1%、6.8%、24.7%和 50.3%，合成材料生产、石油炼制和石油化工、机械设备制造等 17 个排放源的年排放量达 20 万 t 以上，排放量之和占全国总排放量的 94.9%。2007—2009 年我国工业源 VOCs 排放量分别为 1 023 万 t、1 079 万 t、1 206 万 t，年均增长率 8.6%，其中含 VOCs 产品的使用和排放环节的排放比重占总排放量的 48%以上，且年均增长率达 10.4%，应是我国工业源 VOCs 污染排放控制的重点环节。

韩丽等基于四川省环境统计调查数据和相关统计资料，结合“自下而上”和“自上而下”两种方法，利用排放因子法，估算得到生物质燃烧源、溶剂使用、化石燃料燃烧、工业过程源、化石燃料分配-汽油 4 类 VOCs 排放源的 VOCs 排放量及其在各地区的分布，研究形成了四川省典型人为污染源的 VOCs 排放清单。同时，利用最大增量反应活性（MIR）和气溶胶生成系数法（FAC）计算各污染源的臭氧和二次有机气溶胶（SOA）的生成潜势，为四川省的大气污染治理提供了基础的数据支持。

韩丽等研究得出，四川省典型人为污染源 2011 年的 VOCs 排放总量为 482 000 t，其中生物质人为燃烧源、溶剂使用源、工业过程源、化石燃料分配源、固定化石燃料燃烧源排放量分别为 174 000 t、153 000 t、121 000 t、21 000 t 和 13 000 t；溶剂使用源中，建筑墙壁涂料使用、家具、木器装修以及人造板制造为主要排放行业；工业过程源中，19.4%的 VOCs 排放量来自于制酒行业。四川省各地区排放数据中，成都市排放量最高为 112 000 t。四川省臭氧生成潜势总量为 1 930 000 t。二次有机气溶胶生成潜势中，溶剂使用排放源贡献 50.5%，生物质人为燃烧源与工业过程源的贡献均为 23%左右，化石燃料分配和固定化石燃料燃烧源贡献率分别为 1.0%和 1.4%。

夏思佳等基于江苏省及各省辖市 2010 年统计年鉴、政府部门网站公布的 2010 年统计数据以及 2010 年江苏省污染源普查数据，并调研了江苏省建筑涂装、化工行业协会和重点企业，对江苏省 VOCs 人为源进行系统分类，收集活动水平数据，应用国内外排放因子研究成果建立了江苏省 2010 年分行业、分城市的人为源 VOCs 排放清单，并利用定性分析法进行了排放清单的不确定性分析。研究结果表明：江苏省人为源 VOCs 排放总量约为 179.2×10^4 t，其中化石燃料燃烧源、生物质燃烧源、工业过程源、溶剂使用源、移动源、油品储运源的排放量分别占排放总量的 24.1%、3.3%、22.3%、25.3%、18.4%和 6.6%，工业过程源中石油炼制、有机化工、医药制造是重点行业，溶剂使用源中机械装备制造、电子设备制造是重点行业。南京、苏州、无锡、常州、南通 5 个苏南城市 VOCs 排放量明显高于苏北和苏中地区，占全省总排放量的 60%，苏州、南京、无锡排放量居前 3 位。各城市化石燃料燃烧源和移动源排放所占比例均超过 10%，其他重点行业差异显著，其中南京市为石油炼制、有机化工，苏州市为有机化工、机械涂装，无锡市为有机化工、电子设备制造。

魏巍等指出，VOCs 排放清单的构建过程实质上是对基本排放单元活动水平信息和排放因子信息的整合计算过程，而这些通过统计、测试或数学模拟获取的活动水平信息和排放因子信息，则由于统计误差、试验系统误差、试验精度误差、模型设计误差的存在，不可避免地携带着自身误差；当这些信息被用来代表某个部门的活动通量或污染物排放速率时，还存在着应用误差。这些误差会随着计算过程传递给排放清单，造成排放清单的不确定性。这种不确定性若得不到正确评估，就无法识别排放清单的缺陷，一方面，影响到基于清单建立的污染物削减方案的有效性和可行性，降低基于清单的空气质量模拟的准确性；另一方面，通过排放清单的不确定性分析，还能有效识别对清单不确定性贡献较大的污染源，有助于在未来工作中提高这些污染源相关信息的准确性，以降低整个清单的不确定性。因此，科学评估清单结果的不确定性是建立排放清单过程中必要且非常重要的内容。

为进一步改善我国人为源 VOCs 排放源清单的准确性，魏巍等针对采用“排放因子法”构建的中国人为源 VOCs 排放清单，基于排放清单输入信息的准确性和可靠性，构建了活动水平和排放因子的不确定度评估系统，获得了清单输入信息概率密度分布函数。利用 Monte Carlo 模型将输入信息的不确定度传递到清单的输出值，计算了 2005 年我国人为源 VOC 排放概率密度分布函数。结果表明，2005 年我国人为源 VOC 排放量概率密度呈对数正态分布，相对标准差为±52%，95%置信区间的不确定度为［−51%，+133%］。若利用传统的误差分析法，在相同输入信息基础上，计算同一清单的不确定性时，其结果比上述 Monte Carlo 数值模拟法的结果偏低约 40%。此外，通过敏感度分析找出了对清单不确定性影响最大的 20 个输入信息，为今后进一步改善我国人为源 VOC 排放清单提供了指导和依据。

4.1.3.2 重点行业 VOCs 排放清单的建立

根据对天津市重点行业各家企业的 VOCs 调查结果，得到 2013 年天津市分行业的 VOCs 排放清单，见表 4-31。

表 4-31 2013 年 VOCs 分行业排放清单

行业名称	2013 年 VOCs 排放量/t	百分比/%
石油炼制与石油化学	83 964	32.24
有机化工	40 782	15.66
家具制造	36 952	14.19
其他	29 845	11.46
塑料制造	27 030	10.38
农副产品与食品加工	13 839	5.31
造纸和纸制品业	8 175	3.14
汽车制造业	7 116	2.73
化学药品原料制造与医药制造	5 506	2.11
纺织业	5 383	2.07
包装印刷与储运过程	1 825	0.70
合计	260 415	100

由表 4-31 可知，2013 年天津市重点行业 VOCs 总排放量为 26.04 万 t，主要 VOCs 排放行业为石油炼制与石油化学、有机化工、家具制造业，分别占比 VOCs 总排放量的 32.24%、15.66%和 14.19%。

根据本次调查中各家企业的 VOCs 排放量、经纬度等信息，通过 GIS 建立天津市 VOCs 网格化排放清单，得到 2013 年天津市 VOCs 排放量的网格化分布，如图 4-29 所示。

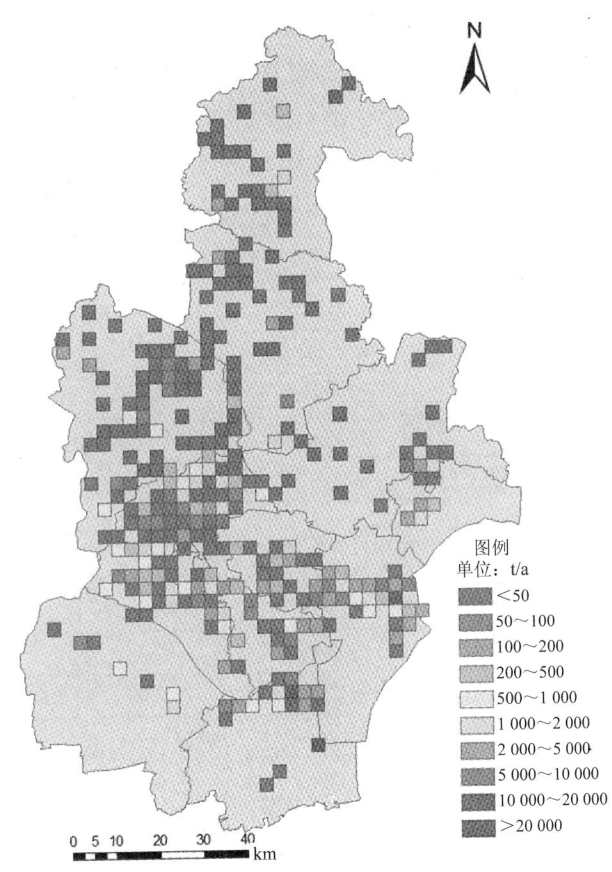

图 4-29 2013 年天津市 VOCs 网格化排放清单（彩图见附件）

图4-29为2013年天津市3 km×3 km范围的VOCs排放网格化清单分布状况，可以得知天津市VOCs的排放大多分布在滨海新区和环城4区，在这些区域中，大部分地区的VOCs年排放量在500 t以下，而VOCs年排放量超过1万t的企业主要分布在滨海新区，这和天津市的工业布局相一致。

通过采取一系列的VOCs治理设施，2015年天津市VOCs排放量有所降低，2015年天津市重点行业的VOCs总排放量为19.21万t，较2013年减排6.83万t，减排比例为26.24%，主要减排行业为石油炼制与石油化学行业，减排4.02万t，其次为有机化工行业和家具制造行业，分别减排1.10万t和0.74万t，其他行业（包括金属制造与冶炼、其他运输设备制造、电子设备制造等）和塑料制品行业分别减排0.71万t和0.70万t。2015年各行业具体排放量及减排量见表4-32。

表4-32　2015年天津市VOCs分行业排放清单

行业名称	2015年VOCs排放量/t	相比2013年VOCs削减量/t	削减百分比/%
石油炼制与石油化学	43 747	40 217	47.90
有机化工	25 973	10 979	29.71
家具制造	19 638	7 393	27.35
其他	33 661	7 121	17.46
塑料制品制造	28 299	1 546	5.18
农副产品与食品加工	6 591	525	7.38
造纸和纸制品业	5 293	213	3.87
汽车制造业	13 634	205	1.48
化学药品原料制造与医药制造	1 738	86	4.73
纺织业	8 126	48	0.59
包装印刷与储运过程	5 383	0	0.00
合计	192 082	68 333	100

根据各家企业的所属区县，得到天津市 2013 年与 2015 年分区县的 VOCs 排放量，见表 4-33，天津市 VOCs 排放的主要区域在滨海新区、北辰区、西青区、东丽区和宁河区，VOCs 排放量占比 92.83%，其中滨海新区 VOCs 排放量占比 69.12%，为各区县最高，但滨海新区 VOCs 削减量为 5.72 万 t，同为各区县减排最多，占减排总量的 83.67%，其次为北辰区，VOCs 减排量为 2.37 万 t，占比 11.34%。

表 4-33 2013 年和 2015 年天津市工业源分区县 VOCs 排放量

区划名称	2013 年 VOCs 排放量/t	2015 年 VOCs 排放量/t	VOCs 削减量/t	削减百分比/%
滨海新区	179 996	122 820	57 175	83.67
北辰区	23 719	15 973	7 746	11.34
西青区	14 086	11 317	2 769	4.05
东丽区	13 197	12 792	405	0.59
宁河区	10 762	10 762	0	0.00
武清区	6 681	6 681	0	0.00
津南区	5 197	5 158	40	0.06
蓟州区	2 933	2 933	0	0.00
静海区	2 251	2 233	18	0.03
宝坻区	746	706	40	0.06
河西区	607	498	110	0.16
红桥区	183	183	0	0.00
河北区	49	26	23	0.03
南开区	6	0	6	0.01
合计	260 415	192 082	68 333	100

根据 2015 年天津市重点行业各企业的信息统计，得到 2015 年天津市重点行业的 3 km×3 km 的网格化清单，如图 4-30 所示。

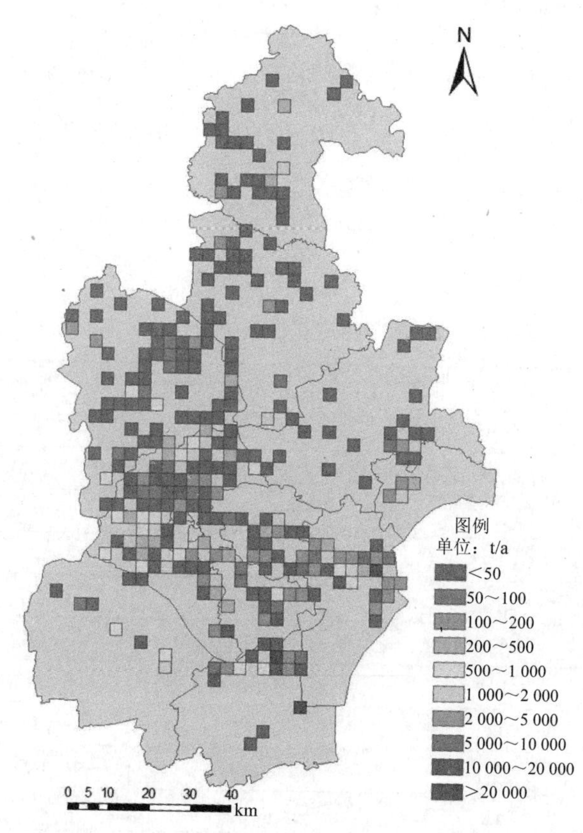

图 4-30　2015 年天津市 VOCs 网格化排放清单（彩图见附件）

由图 4-31 可知，2015 年与 2013 年相比，分布区域方面，天津市 VOCs 排放的主要分布区域依旧为滨海新区和西青区、东丽区、北辰区、宁河区，排放量方面，2015 年 VOCs 年排放量在 2 000～5 000 t 的网格区域有所减少，但 VOCs 年排放量在 10 000～20 000 t 及超过 20 000 t 的区域基本没有变化，并不是这些区域的企业没有减排，而是因为在这些区域工业企业较为集中，VOCs 排放量基数大，所以，即使有所减排，但是总体排放量依然远高于其他区域。

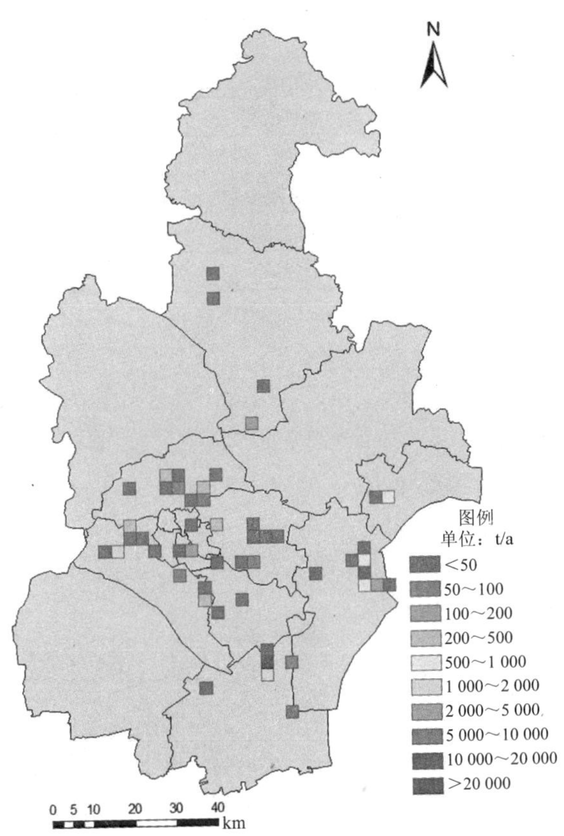

图 4-31 2015 年天津市工业源 VOCs 减排量网格分布（彩图见附件）

陈璐等 2010 年在天津市滨海新区开展了典型工业源 VOCs 的排放调查工作，根据环保部制定的排放因子对滨海新区重点行业 86 家企业进行了 VOCs 的总量估算工作。估算数据显示，石油加工及储运行业的总排放量及单个企业排放量均明显高于其他行业，是滨海新区工业企业 VOCs 排放的重点企业。

刘佳泓等采用排放因子法，利用天津统计年鉴、天津年鉴、天津市环境统计数据库以及一些行业协会的统计资料和学术论文中的 VOCs 排放源活动水平数据，估算得到了天津市人为源 VOCs 排放量见表 4-34 和图 4-32，并研究其排放特征。

表 4-34　2006—2010 年天津市各类源 VOCs 排放情况

源类型	VOCs 排放量/t				
	2006 年	2007 年	2008 年	2009 年	2010 年
工业源	158 316.6	181 041.6	179 857.6	209 015.1	271 333
生活源	94 070.1	92 787.1	84 004.5	82 428.8	93 896.6
生物质燃烧源	6 319.7	6 413.7	6 474.1	6425	6 443.1
流动源	123 442.3	140 817.1	163 037.8	195 836.1	237 052
合计	382 148.7	421 059.4	433 373.9	493705	608 724.8

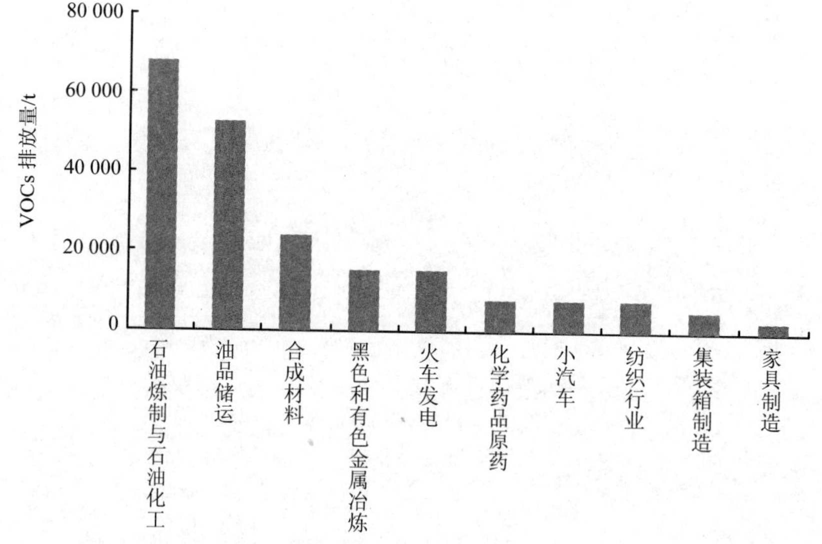

图 4-32　天津市主要工业行业 VOCs 排放情况

研究结果表明，天津市人为源 VOCs 排放量由 2006 年的 38.2 万 t 增加到 2010 年的 60.9 万 t，其中工业源贡献率最大，5 年来均在 40%以上，其次是流动源，生活源和生物质燃烧源贡献较小。工业源中排放量最大的为石油炼制与石油加工行业，其次为油品储运业。

刘佳泓等根据 2010 年天津市公布的各类排放源活动水平数据，采用排放因子法，估算天津市人为源挥发性有机物排放量。结果表明：天津市人为源 VOCs 排放量中工业源贡献率最大，其次是流动源，生活源和生物质燃烧源贡献较小。2010年天津市工业 VOCs 排放量占全市排放量的 44.6%，排放占前 5 位的分别是石油炼制与石油加工行业、油品储运、合成材料、黑色和有色金属冶炼、火力发电行业，上述 5 个行业 VOCs 年排放量占工业排放量的 63.4%，其中居首位的石油炼制与石油加工行业年排放量为 6.8 万 t。天津是华北地区重要的石化产品生产基地，同时北方原油及其制品的集散地天津港也位于天津，造成天津工业源 VOCs 产品量和排放量均较大。根据天津市人为源挥发性有机物排放现状，提出 VOCs 控制对策及建议，为大气环境治理提供参考价值。

本次天津市污染源普查相比上海、北京等地使用调查表的形式来调查的具体优势为：

①与北京、上海相比，本次调查行业分类结合了天津市本地情况和国家 VOCs 排放十大重点行业，基本覆盖了天津市 VOCs 排放的所有行业。

②北京、上海等地采取的调查表形式只是大致核算了包含 VOCs 的产品的 VOCs 排放量，忽略了生产过程中中间环节的无组织排放及转移到废水或废气设施中的排放，本次系统中内嵌调查表则覆盖了企业的整个生产周期，包括了产品的一般原辅材料、有机原辅材料、生产线、生产工序、存储设施、生产车间信息、有机废水等整个生产流程的信息，需要企业填报更多更为细致的信息，可清楚全面地了解 VOCs 排放的动向及具体流程，为下一步的 VOCs 排放控制奠定了基础。

③采用企业自主申报、地方环保局和天津市环保局双重复核审查的形式，令数据来源更加准确、详细。

④开发了全国首个 VOCs 申报系统，提供了天津市 VOCs 排放普查的汇报渠道，且企业定期填报每个季度的核算期数据，可快速得到天津市 VOCs 排放状况，并做到天津市 VOCs 污染源数据的动态更新。

⑤系统内嵌地图，可精确定位企业经纬度信息，为快速形成精确的网格化 VOCs 排放清单提供了基础，且可更加直观、详细地了解 VOCs 的排放状况。

⑥相比北京、上海只分行业普查 VOCs 的排放不同，本次调查分区县、分行

业，可针对不同区县的工业源特点快速形成有针对性的治理措施。

⑦本次调查核算方法分为物料衡算法和排放因子法，且排放因子共根据“十二五”规划和“排放清单指南”提供了两套排放因子，可根据不同行业不同企业状况选择合适的排放因子，规避了排放因子单位不统一、排放因子缺乏等状况。

4.2 道路移动源 VOCs 排放特征

近年来，机动车年平均增长率较快，机动车尾气排放污染物已经是城市中大气主要污染物来源之一，对环境大气 VOCs 的来源贡献率达到了 40%～60%。天津市机动车保有量快速增长，截至 2014 年年底，全市民用汽车拥有量 300 万辆，增长 16.8%，2014 年新注册民用汽车 42.65 万辆，增长 22.9%。随着天津市机动车保有量和机动车消费的稳步增长，在其保有量激增的同时，城市交通拥堵现象导致小型载客车经常处于怠速状态，汽油不完全燃烧也会造成 VOCs 排放量增加，各类型的机动车 VOCs 排放如图 4-33 所示。

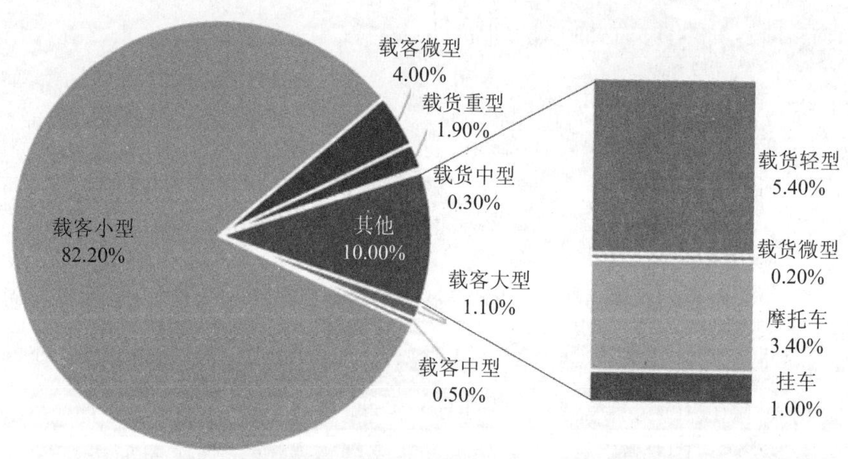

图 4-33 天津市各类型机动车 VOCs 排放比例

机动车尾气污染，主要是指柴油、汽油等机动车燃料及添加剂和杂质，在不完全燃烧时，所排出的一些有害物质对环境及人体造成伤害。研究表明，机动车尾气中污染物成分及比例与燃料、油品、机动车运行工况密切相关。对尾气成分测定表明，其主要成分一般含有 CO、VOCs、NO_x、SO_2、CO_2、H_2O、颗粒物（炭黑、油雾等）、臭气（甲醛、丙烯醛）等，其中 CO、VOCs、NO_x 是机动车尾气的主要污染物成分。

研究表明，机动车尾气产生的 VOCs 主要通过 3 种方式进入大气：绝大多数的 VOCs 经过尾气排放管进入大气；部分经过曲轴箱通气孔泄漏；还有一部分从汽油箱和汽化器蒸发进入大气。

VOCs 作为机动车尾气污染中的一种重要碳氢化合物，是形成光化学烟雾的重要前体物。城市机动车 VOCs 浓度整体呈如下特点：交通稠密区＞工业区＞居民区＞休闲娱乐，基本与交通量的分布趋势一致。

机动车 VOCs 排放来源于尾气排放、曲轴箱窜气、昼间损失、热浸损失、运行损失及加油损失。

4.2.1 道路移动源排放量核算方法

道路机动车大气污染物排放量计算通常有两种方法：一是基于各种类型机动车保有量结合静态排放因子进行计算；二是基于交通流量通过模型法进行各类车型排放因子计算，从而进一步计算各类机动车排放量。二者本质上都是通过排放因子法进行计算，不同在于排放因子的获取方法与途径。

道路机动车的污染物排放水平与单车污染物排放因子及行驶里程密切相关。单车排放因子受车辆类型、燃油品质、排放阶段、车辆载重、使用年限、行驶工况、自然环境等多因素的影响。排放因子的获取方法主要有底盘测功机检测、隧道测试、车载尾气检测、道路遥感检测等实测方法，以及使用 MOBILE、COPERT 和 IVE 等模型进行测算。但是实测法需要针对不同的车型，不同工况开展大量实测，极为耗时、耗力，且成本非常高，难以大规模应用。环保部结合各地机动车排放实际情况，综合考虑不同车型及行驶里程等因素，在污染源普查以及环境统计中提供了全国各地区的各类车型不同油品的单车排放因子，单位为 g/（车·a）。而《道路机动车大气污染物排放清单编制技术指南》中则提供了不同车型单车公排放因子，单位为 g/车，而没有考虑地区差异。

基于机动车保有量的污染物排放量核算方法，采用“自上而下”的方式。利用统计数据分析地区机动车保有量、车辆类型、排放阶段、使用性质，结合不同车型、车况、年均行驶里程等因素确定单车年排放因子，计算地区道路移动源总排放量。该算法优势是可以根据历史统计数据核算不同年份的污染物排放量，方法相对简单，缺点是选用静态排放因子进行排放量核算，忽略了路况、车速、流量等因素对排放量的影响，计算所得排放量与实际道路车辆排放量存在一定差异。

基于交通流量的污染物排放量核算方法，是将地区道路进行分类，统计各类型道路（主干道、次干道、支路等）实时交通流量、车速、车型分布等信息，根据不同车型、车况、启动状态、年均行驶里程、自然环境等因素代入模型确定单车排放因子，进行分时段、分区域的排放量计算，加和得到年排放量。国际上基于道路交通流量的算法衍生出了多种移动源污染物排放量模型，如美国国家环保局（EPA）基于此开发的 MOBILE 系列模型，欧洲委员会（EC）开发的 COPERT 系列模型及加州大学河畔分校等部门联合开发的 IVE 模型等。该算法优势是将车辆行驶工况纳入了机动车污染物排放的影响因子中，提高了污染物排放量核算的准确性，并且，可以分析不同时段、不同区域的机动车污染物排放量，缺点是该方法需要大量的道路实测数据，更适合城市局部区域交通排放测算。

（1）核算期机动车污染物排放量核算方法

核算期机动车污染物排放量核算公式为：

$$E_{总} = E_{上年} + E_{车增} - E_{车减} \tag{4-1}$$

式中：$E_{总}$ —— 核算期机动车大气污染物排放量，t；

$E_{上}$ —— 上年同期机动车大气污染物排放量，t；

$E_{车增}$ —— 核算期机动车大气污染物新增排放量，t；

$E_{车减}$—— 核算期机动车大气污染物新增削减量，t。

（2）机动车大气污染物新增排放量核算

机动车大气污染物新增排放量是指由于车辆增加新增的污染物排放量，核算公式为：

$$E_{车增}=E_{车新}+E_{车转入} \tag{4-2}$$

式中：$E_{车新}$—— 核算期新注册车辆新增污染物排放量，t；

$E_{车转入}$—— 核算期转入车辆新增污染物排放量，t。

（3）新注册车辆新增污染物核算方法

新注册车辆新增污染物排放量核算公式如下：

$$I_{车新}=\sum_{i=1}^{n}\sum_{j=1}^{m}\sum_{k=1}^{p}(N_{i,j,k}\times EF_{i,j,k})\times 10^{6} \tag{4-3}$$

式中：$N_{i,j,k}$—— i 车型、j 燃料种类、k 阶段新注册车辆数，辆；

$EF_{i,j,k}$—— i 车型、j 燃料种类、k 阶段车辆的排放因子，g /（a·辆）；

n—— 核算期机动车车型种类数，种；

m—— 核算期机动车燃料种类数，种；

p—— 核算期机动车排放阶段数，个。

（4）转入车辆新增污染物核算方法

转入车辆新增污染物排放量核算公式如下：

$$E_{车转入}=\sum_{i=1}^{n}\sum_{j=1}^{m}\sum_{k=1}^{p}N_{i,j,k}\times EF_{i,j,k}\times 10^{-6} \tag{4-4}$$

式中：$N_{i,j,k}$—— i 车型、j 燃料种类、k 阶段转入车辆数，辆；

$EF_{i,j,k}$—— i 车型、j 燃料种类、k 阶段车辆的排放因子，g/（a·辆）；

n—— 核算期机动车车型种类数，种；

m—— 核算期机动车燃料种类数，种；

p—— 核算期机动车排放阶段数，个。

（5）机动车大气污染物新增削减量核算

机动车大气污染物削减量是指核算期与上一核算期同期相比，通过实施车辆注销（包括车辆报废、灭失、退车、出境、强制注销）、车辆转出等措施，新增的大气污染物削减量，核算公式为：

$$E_{车增}=E_{车新}+E_{车转入} \tag{4-5}$$

式中：$E_{车新}$ —— 核算期新注册车辆新增污染物排放量，t；

$E_{车转入}$ —— 核算期转入车辆新增污染物排放量，t。

（6）车辆注销污染物削减量

车辆注销污染物削减量核算公式如下：

$$E_{车注}=\sum_{i=1}^{n}\sum_{j=1}^{m}\sum_{k=1}^{p}\left(B_{i,j,k}\times EF_{i,j,k}\right)\times 10^{-6} \tag{4-6}$$

式中：$B_{i,j,k}$ —— i 车型、j 燃料种类、k 阶段注销车辆数，辆；

$EF_{i,j,k}$ —— i 车型、j 燃料种类、k 阶段车辆的排放因子，g/（a·辆）。

（7）车辆转出污染物削减量核算方法

车辆转出污染物削减量核算公式如下：

$$E_{车转出}=\sum_{i=1}^{n}\sum_{j=1}^{m}\sum_{k=1}^{p}\left(C_{i,j,k}\times EF_{i,j,k}\right)\times 10^{-6} \tag{4-7}$$

式中：$C_{i,j,k}$ —— i 车型、j 燃料种类、k 阶段转出车辆数，辆；

$EF_{i,j,k}$ —— i 车型、j 燃料种类、k 阶段车辆的排放因子，g/（a·辆）。

（8）油品升级污染物减排量核算方法

油品升级污染物排放量核算公式如下：

$$E_{油品}=\sum_{i=1}^{n}\sum_{j=1}^{m}\left(\eta_{i,j}\times m_{i,j}\right)\times 10^{-6} \tag{4-8}$$

式中：$\eta_{i,j}$ —— i 燃料种类、j 油品阶段车用燃油使用量，t；

$m_{i,j}$ —— i 燃料种类、j 油品阶段车用燃油的排放因子，g/t。

（9）机动车尾号限行污染物减排量核算方法

机动车尾号限行污染物减排量的核算公式如下：

$$E_{限行}=\sum_{i}^{n}E_i\times\frac{D}{365}\times K\times L\times M \tag{4-9}$$

式中：E—— 限行措施削减污染物的量，t；

i—— 车型；

n—— 车型种类，种；

D—— 单车限行天数，d；

K—— 限行时间段车流量占比，%；

L—— 限行区域车流量占比，%；

M—— 限行车流量下降比例，%。

因限行措施主要针对载客汽车（不包含出租车、公交车）及轻型货车，因此本研究中只考虑载客汽车和轻型货车的减排。杨雨等以天津市为例，研究了限行政策对道路交通流的影响，实测了交通流数据，因此本研究中限行时间段车流量占比和车流量下降比例采用该文献的值。限行区域车流量占比则根据外环内人口数占比计算。

4.2.2 机动车排放因子

机动车的排放总量和分担率是制定城市机动车污染控制战略的主要依据，因此，明确机动车的排放规律意义重大，而排放因子是其中的关键性参数。机动车排放因子是指单辆机动车运行单位里程或消耗单位燃料所排放的污染物量，单位为 g/（km·辆）或 g/（kg·辆），它反映了机动车排放污染物的水平，是污染控制对策研究的基础和主要依据。

获取机动车排放因子比较成熟的手段包括台架实验、实际道路测量、隧道实验、遥感技术测量、模式模拟等。我国目前已有的机动车排放因子研究主要集中在台架测试、隧道实验的直接测量和应用模型的模式计算上。台架实验便于得到不同类型机动车的排放因子，其不足之处是仅针对尾气排放过程，而燃油挥发、泄漏等非尾气排放过程未包括在内，因此，难以代表一个城市或地区的机动车排放水平。隧道实验在国际上也广泛开展，隧道实验由于包含了当地车况、路况和气象条件等的影响，因此，可更真实地反映机动车在道路上的行驶情况，从而可以获得更加可靠的排放因子和源成分谱。其不足之处在于对其他地区不具备广泛的适用性。

我国与欧洲同时期机动车排放水平差距较大。VOCs 组分以烯烃和芳香烃等活性较高的物种为主。此外，付琳琳等在珠江隧道实验的同时，开展了机动车台架测试，其中轻型车、重型车和摩托车的排放因子分别为（0.37±0.49）g/（km·辆）、（0.34±0.20）g/（km·辆）和（1.26±0.98）g/（km·辆）。与隧道实验对比可知，隧道实验获得的机动车排放因子稍低于台架测试结果，可能是由于台架实验中低速和怠速工况使 VOCs 的排放量增加。有研究表明，车辆的行驶工况对污染物的排放浓度及排放因子有明显影响。对比了汽油车在 ECE 和 EUDC 不同测试循环工况下的排放因子，分别介于 0.10～0.25 g/（km·辆）和 0.010～0.020 g/（km·辆），且臭氧生成潜势（OFPs）前者比后者高 10 倍。其中，乙烯（11.80%）、甲苯（11.27%）和苯（8.83%）是尾气中的主要成分。在考虑了燃料特征、排放控制水平、行驶工况等实际因素的影响后，机动车排放因子也可以利用机动车排放因子模型来估算。

美国和欧洲国家在开展了大量的台架实验基础上，建立了机动车排放因子数据库和排放模型。例如，美国国家环保局（EPA）基于大量实测数据开发了 MOBILE（最新版本 6.2）系列模型，该模型可模拟当地机动车运行状况和气候条件，从而预测当地实际排放因子。欧洲委员会（EC）开发了 COPERT（最新版本 IV）系列模型，该模型采用大量可靠实验数据，对不同国家标准和参数变量具有普遍兼容性。由于我国采用的排放标准与欧洲类似，而 MOBILE 模型的参数基于 EPA 采集的数据，与我国机动车技术水平和行驶工况差异较大，同时，COPERT 模型更适用于有着不同尾气排放标准和缺乏交通数据资料的国家。因此，国内学者应用 COPERT 模型，综合考虑车况、路况、油品质量及环境温度等影响机动车 VOCs 排放因子的因素，计算得到了乘用车、轻型货车、重型货车、公交车和摩托车等不同车型在实施欧 0～欧Ⅵ等机动车排放标准情况下的 VOCs 排放因子。可以发现，随着排放标准的提高，各车型的 VOCs 排放因子都明显降低。因此，各地应综合评估当地经济发展水平、油品质量等因素，尽快实施更加严格的机动车排放标准，以降低机动车排放因子，改善城市机动车污染，提高城市空气质量。同时，该结果代表我国机动车的平均排放因子水平，对我国机动车排放清单估算和机动车污染控制措施和战略的制定和评价提供了科学依据和数据支持。

2010 年我国轻型载客汽车 VOCs 排放量比重高达 35.1%，是最主要的排放车型，其次是摩托车（约 23.7%）和重型汽油车（约 20.4%），重型载客汽车以柴油类为主要排放源，排放比重为 65.3%；轻型载客汽车中柴油车排放量仅为 0.1 万 t，而汽油车排放量为 168.5 万 t；重型载货汽车柴油车和汽油车贡献率分别为 41.7% 和 58.3%；轻型载货汽车柴油车和汽油车排放比重分别为 45.3%和 54.7%。

4.2.3 机动车排放 VOCs 成分谱

（1）不同车型排放 VOCs 成分谱

将出租车（LDGT）、小轿车（LDGV）、公交车（HDDB）、卡车（HDDT）、摩托车（GMV）和 LPG 助动车（LMV）尾气源的分析结果进行归一化后取算术平均值，得到每类车型的尾气成分谱，结果列于表 4-35。

表 4-35 不同车型尾气源成分谱

VOCs 物种/wt%		LDGT	LDGV	HDDB	HDDT	GMV	LMV
样本数		6	4	2	5	4	2
烷烃	乙烷	0.38±0.03	0.42±0.06	0.45±0.18	0.70±0.48	2.05±0.48	4.60±2.78
	丙烷	0.03±0.02	0.03±0.03	5.53±3.96	8.02±3.78	0.76±0.39	1.36±0.25
	n-丁烷	0.48±0.06	0.52±0.08	0.11±0.10	0.07±0.03	0.90±0.07	1.29±0.19
	异丁烷	0.26±0.03	0.24±0.05	0.61±0.84	0.05±0.02	0.99±0.08	1.89±1.18
	2,2-二甲基丁烷	0.90±0.41	0.72±0.40	0.00±0.00	0.01±0.01	0.26±0.11	0.00±0.00
	2,3-二甲基丁烷	1.16±0.09	1.02±0.17	0.01±0.02	0.27±0.31	0.90±0.32	0.04±0.03
	n-戊烷	2.50±0.24	2.30±0.23	0.12±0.05	0.13±0.03	0.56±0.71	0.27±0.14
	异戊烷	2.83±0.26	2.95±0.20	0.32±0.24	0.22±0.03	1.81±1.10	1.18±0.59
	2-甲基戊烷	1.91±0.28	2.26±0.15	0.08±0.12	0.08±0.05	1.29±0.37	0.05±0.00
	3-甲基戊烷	1.79±0.39	2.05±0.51	0.11±0.14	0.19±0.06	1.43±0.18	0.02±0.00
	2,3-二甲基戊烷	0.68±0.08	1.02±0.32	0.04±0.00	0.09±0.11	0.92±0.39	0.02±0.01
	2,4-二甲基戊烷	0.05±0.01	0.02±0.01	0.07±0.06	0.03±0.05	0.39±0.24	0.01±0.01
	2,2,4-三甲基戊烷	1.01±0.16	1.39±0.52	0.12±0.01	0.12±0.07	0.66±0.62	0.00±0.00
	2,3,4-三甲基戊烷	0.15±0.02	0.11±0.04	0.13±0.13	0.02±0.03	0.37±0.46	0.02±0.01
	n-己烷	2.91±0.19	3.03±0.55	0.41±0.44	0.13±0.02	2.05±0.13	0.03±0.01
	2-甲基己烷	1.33±0.28	1.25±0.37	0.09±0.01	0.06±0.04	15.65±8.50	0.49±0.23

VOCs 物种/wt%		LDGT	LDGV	HDDB	HDDT	GMV	LMV
烷烃	3-甲基己烷	0.91±0.09	1.10±0.23	0.14±0.03	0.09±0.08	1.02±0.09	0.05±0.02
	n-庚烷	1.45±0.09	1.60±0.21	0.29±0.04	0.27±0.04	1.39±0.86	0.064±0.01
	2-甲基庚烷	1.96±0.21	1.96±0.18	0.21±0.17	0.16±0.06	0.41±0.14	0.03±0.01
	3-甲基庚烷	1.59±0.21	1.61±0.19	0.20±0.10	0.16±0.06	0.52±0.25	0.03±0.01
	n-辛烷	3.07±0.99	2.50±0.31	0.52±0.60	0.58±0.33	0.44±0.09	0.04±0.01
	n-壬烷	0.96±0.17	0.96±0.12	1.13±0.26	1.04±0.37	0.20±0.15	0.03±0.03
	n-癸烷	3.69±0.78	3.93±0.47	2.23±0.40	2.12±0.77	0.06±0.06	0.04±0.03
	n-十一烷	0.49±0.37	0.38±0.08	5.66±1.94	5.62±1.40	0.04±0.03	0.04±0.02
	n-十二烷	0.28±0.07	0.16±0.02	27.74±7.85	27.91±9.67	0.04±0.02	0.07±0.06
	环戊烷	1.23±0.12	1.32±0.42	0.04±0.01	0.03±0.01	0.73±0.19	0.04±0.01
	甲基环戊烷	2.54±0.75	2.63±0.15	0.10±0.05	0.07±0.02	0.89±0.16	0.02±0.00
	环己烷	0.35±0.04	0.48±0.12	0.06±0.09	0.00±0.00	0.53±0.47	ND
	甲基环己烷	0.94±0.15	1.67±0.66	0.34±0.24	0.24±0.06	0.44±0.34	0.02±0.01
	烷烃合计	37.82±6.58	39.62±6.85	46.86±18.08	48.57±17.99	37.73±7.75	11.71±3.49
烯烃	乙烯	0.37±0.04	0.40±0.07	0.45±0.17	0.77±0.47	2.20±0.77	1.66±1.55
	丙烯	1.90±0.31	1.18±0.68	12.21±0.82	10.00±1.87	0.42±0.26	2.18±2.72
	1-丁烯	2.12±0.39	2.05±0.25	0.90±0.02	1.21±0.71	1.22±0.14	1.27±0.09
	顺-2-丁烯	0.77±1.16	0.27±0.01	0.16±0.05	0.16±0.06	0.43±0.18	0.10±0.00
	反-2-丁烯	0.24±0.05	0.19±0.13	0.23±0.06	0.25±0.10	0.29±0.35	0.21±0.02
	1,3-丁二烯	0.02±0.01	0.01±0.00	0.06±0.09	0.00±0.00	0.02±0.00	0.07±0.06
	1-戊烯	0.28±0.02	0.35±0.12	0.74±0.09	1.12±0.76	0.46±0.20	0.05±0.05
	顺-2-戊烯	0.74±0.13	0.38±0.18	0.08±0.01	0.08±0.04	0.19±0.20	0.01±0.00
	反-2-戊烯	0.54±0.07	0.94±0.24	0.14±0.00	0.16±0.10	0.27±0.15	0.02±0.01
	异戊二烯	0.03±0.02	0.03±0.01	0.00±0.00	0.00±0.00	0.03±0.02	0.01±0.00
	1-己烯	1.18±0.56	0.74±0.21	1.36±0.39	1.82±1.52	1.14±0.72	0.06±0.02
	烯烃合计	8.17±2.75	6.54±1.91	16.32±1.69	15.56±5.64	6.67±1.10	5.64±1.24
芳香烃	苯	2.83±0.31	2.89±0.53	2.97±0.32	3.44±0.86	0.89±0.14	0.25±0.21
	甲苯	7.66±0.64	7.35±0.10	2.27±1.97	3.09±0.80	1.73±0.11	0.31±0.24
	邻-二甲苯	4.91±0.38	5.53±0.46	0.92±0.19	0.76±0.06	1.33±0.24	0.22±0.24
	间-二甲苯、对-二甲苯	5.84±0.47	7.51±0.56	2.47±0.60	2.16±0.27	3.99±0.83	0.47±0.50
	乙苯	4.55±0.33	4.29±0.22	0.93±0.73	0.96±0.13	1.94±0.68	0.26±0.26
	苯乙烯	2.22±0.28	2.08±0.23	0.24±0.12	0.13±0.02	0.16±0.06	0.02±0.01
	1,2,3-三甲苯	2.09±0.39	1.76±0.24	1.05±0.36	0.74±0.13	0.21±0.16	0.07±0.08
	1,2,4-三甲苯	3.55±0.29	3.47±0.26	1.57±0.61	1.17±0.30	0.49±0.24	0.12±0.14
	1,3,5-三甲苯	1.92±0.28	1.82±0.07	0.46±0.10	0.35±0.06	0.41±0.22	0.10±0.11
	邻-乙基甲苯	1.51±0.34	1.15±0.34	0.20±0.06	0.20±0.13	0.23±0.09	0.06±0.06

VOCs 物种/wt%		LDGT	LDGV	HDDB	HDDT	GMV	LMV
芳香烃	间-乙基甲苯	0.57±0.14	0.49±0.19	0.94±0.38	0.56±0.23	0.27±0.15	0.11±0.12
	对-乙基甲苯	3.57±0.39	2.31±0.98	0.49±0.19	0.32±0.08	0.15±0.05	0.06±0.06
	对-二乙苯	1.14±0.18	0.86±0.18	2.51±3.13	0.56±0.82	ND	ND
	间-二乙苯	0.77±0.42	0.69±0.16	0.42±0.23	0.22±0.05	ND	ND
	n-丙苯	0.70±0.08	0.71±0.09	0.31±0.08	0.24±0.03	ND	ND
	异丙苯	0.62±0.04	0.49±0.11	0.10±0.03	0.08±0.02	0.09±0.02	0.02±0.01
	n-丙烯苯	ND	ND	ND	ND	0.03±0.01	0.01±0.01
	芳香烃合计	44.45±4.94	43.38±4.71	17.83±9.08	14.99±4.01	12.05±0.73	2.09±2.05
炔烃	乙炔	0.35±0.02	0.40±0.05	0.43±0.19	0.75±0.46	39.75±7.86	76.67±0.85
	烷烃合计	0.35±0.02	0.40±0.05	0.43±0.19	0.75±0.46	39.75±7.86	76.67±0.85
卤代烃	氯甲烷	0.00±0.00	0.00±0.00	0.18±0.09	0.16±0.08	0.00±0.00	0.00±0.01
	二氯甲烷	0.27±0.10	0.48±0.09	1.95±0.35	1.66±0.42	0.00±0.00	0.00±0.00
	氯仿	0.16±0.02	0.20±0.08	0.19±0.05	0.17±0.07	0.00±0.00	0.00±0.00
	四氯化碳	1.10±0.12	1.30±0.15	0.11±0.01	0.12±0.06	0.00±0.00	0.00±0.00
	溴甲烷	0.01±0.00	0.01±0.01	0.02±0.03	0.05±0.02	ND	ND
	溴仿	0.07±0.03	0.09±0.01	0.07±0.00	0.05±0.02	ND	ND
	溴二氯甲烷	0.93±0.54	1.47±0.39	0.13±0.01	0.09±0.05	ND	ND
	二溴氯甲烷	0.07±0.07	0.01±0.00	0.11±0.07	0.04±0.03	ND	ND
	氟利昂 12	0.00±0.00	0.00±0.00	0.13±0.10	0.13±0.07	ND	ND
	氟利昂 11	0.00±0.00	0.00±0.00	0.09±0.01	0.10±0.02	ND	ND
	氯乙烷	0.01±0.00	0.02±0.00	0.03±0.04	0.03±0.02	0.00±0.00	0.00±0.00
	1,1-二氯乙烷	0.07±0.02	0.06±0.02	0.03±0.05	0.06±0.01	0.01±0.00	0.00±0.00
	1,2-二氯乙烷	0.15±0.03	0.15±0.01	0.48±0.01	0.47±0.14	0.01±0.01	0.01±0.00
	1,1,1-三氯乙烷	0.14±.07	0.07±0.02	0.00±0.00	0.03±0.02	ND	ND
	1,1,2-三氯乙烷	0.24±0.03	0.28±0.06	0.04±0.05	0.00±0.00	0.04±0.02	0.00±0.01
	1,1,2,2-四氯乙烷	0.91±0.08	0.95±0.10	0.15±0.02	0.20±0.13	ND	ND
	二溴乙烷	0.91±0.40	0.67±0.13	0.04±0.05	0.05±0.03	0.00±0.00	0.00±0.00
	氟氯昂 114	0.00±0.00	0.00±0.00	0.04±0.05	0.04±0.03	ND	ND
	氟氯昂 113	0.00±0.00	0.00±0.00	0.03±0.04	0.04±0.02	ND	ND
	1,2-二氯丙烷	0.26±0.16	0.19±0.02	0.16±0.00	0.07±0.04	0.00±0.00	0.02±0.03
	氯乙烯	0.01±0.00	0.00±0.00	0.18±0.09	0.19±0.04	0.00±0.00	0.01±0.00
	1,1-二氯乙烷	0.06±0.02	0.10±0.04	0.06±0.08	0.12±0.07	ND	ND
	顺-1,2-二氯乙烯	0.17±0.10	0.15±0.05	0.09±0.13	0.05±0.04	ND	ND
	反-1,2-二氯乙烯	0.06±0.05	0.05±0.02	0.00±0.00	0.00±0.00	0.00±0.00	0.00±0.00
	三氯乙烯	0.09±0.02	0.08±0.03	0.17±0.01	0.13±0.02	0.00±0.00	0.01±0.00
	四氯乙烯	0.92±0.11	0.79±0.55	0.22±0.11	0.09±0.01	0.00±0.00	0.01±0.00

VOCs 物种/wt%		LDGT	LDGV	HDDB	HDDT	GMV	LMV
卤代烃	顺-1,3-二氯乙烯	0.19±0.07	0.15±0.02	0.00±0.00	0.05±0.07	ND	ND
	反-1,3-二氯乙烯	0.06±0.02	0.06±0.01	0.00±0.00	0.04±0.06	ND	ND
	3-氯丙烯	ND	ND	ND	ND	0.01±0.00	0.01±0.00
	六氯-1,3-丁二烯	0.12±0.04	0.12±0.03	0.03±0.04	0.01±0.02	0.00±0.00	0.00±0.00
	氯苯	0.08±0.04	0.21±0.08	0.05±0.07	0.06±0.01	0.03±0.01	0.01±0.00
	1,2-二氯苯	0.18±0.04	0.17±0.09	0.00±0.00	0.00±0.00	ND	ND
	1,3-二氯苯	0.16±0.03	0.17±0.07	0.00±0.00	0.00±0.00	ND	ND
	1,4-二氯苯	0.15±0.05	0.16±0.04	0.00±0.00	0.00±0.00	ND	ND
	1,2,4-三氯苯	0.19±0.05	0.21±0.07	0.07±0.10	0.10±0.02	0.00±0.00	0.00±0.00
	卤代烃合计	8.11±2.32	8.78±2.24	5.28±1.87	5.12±2.11	0.11±0.01	0.08±0.06
含氧/硫化合物	丙酮	0.40±0.07	0.63±0.12	6.69±1.84	7.75±4.68	0.34±0.31	0.45±0.41
	2-丁酮	0.06±0.02	0.05±0.01	1.43±0.54	1.80±1.18	ND	ND
	4-甲基-2-戊酮	0.11±0.02	0.14±0.03	0.25±0.01	0.20±0.04	ND	ND
	2-己酮	0.10±0.02	0.03±0.02	0.39±0.08	0.56±0.20	ND	ND
	2-丙醇	0.04±0.01	0.06±0.03	1.07±1.10	0.81±0.83	0.00±0.00	0.00±0.00
	甲基叔丁基醚	0.10±0.03	0.08±0.00	0.46±0.25	0.29±0.07	2.76±0.79	0.00±0.00
	乙酸乙烯酯	0.01±0.01	0.01±0.01	1.44±0.07	2.35±0.74	0.00±0.00	0.23±0.32
	乙酸乙酯	0.10±0.02	0.09±0.01	1.10±0.03	0.89±0.23	0.59±0.22	3.13±3.43
	四氢呋喃	0.07±0.01	0.07±0.01	0.20±0.05	0.22±0.07	ND	ND
	1,4-二噁烷	0.02±0.01	0.01±0.00	0.00±0.00	0.00±0.00	ND	ND
	二硫化碳	0.08±0.03	0.12±0.02	0.24±0.11	0.15±0.15	ND	ND
	含氧/硫化合物合计	1.09±0.25	1.28±0.26	13.28±4.08	15.01±8.21	3.69±0.81	3.81±3.51

注：ND 表示未检出。

甲苯、间-二甲苯、对-二甲苯和邻二甲苯是汽油车出租车和小轿车尾气中质量分数最高的物种，三者之和分别占出租车和小轿车尾气组分的和。在怠速工况下苯系物排放比例较高可能与汽油中添加了芳香烃有关。汽油车中的主要烷烃成分为异戊烷、*n*-戊烷、甲基环戊烷、2-甲基戊烷和 3-甲基戊烷等，这些污染物主要来自汽油及其添加剂中的未燃烧组分。柴油车尾气中富含丙烯、丙烷等短链碳氢化合物，这可能与柴油发动机热效率高，燃料燃烧充分有关。此外，柴油车中还含有大量的 *n*-十二烷、*n*-十一烷和癸烷等 C8 以上的直链烷烃，这些组分主要是柴油的未燃烧成分。柴油车中的含氧有机物组分显著高于其他车型，其中又以丙酮为主，这可能是由于柴油机在运行过程中普遍处于稀薄燃烧状态，缸内部分区域存在较多的过量空气，使该区域内温度降低而氧含量升高，燃料在该区域内易发生弱氧化过程，产生含氧有机物。

摩托车的 VOCs 组分主要为乙炔，占 VOCs 组分的 39.75%，其次为 2-甲基己烷，占摩托车 VOCs 组分的 15.65%。摩托车尾气中芳香烃和烯烃的含量分别为 12.05%和 6.67%，其中间-二甲苯、对-二甲苯和乙烯的含量分别达到 3.99%和 2.20%。此外，摩托车尾气中还含有约 2.76%的甲基叔丁基醚，这可能是由于汽油添加剂未燃烧产生的。LPG 助动车排放的 VOCs 主要以低碳原子数的短链碳氢化合物为主，依次为乙炔、乙烷、乙酸乙酯、丙烯、异丁烯、乙烯等，这主要与 LPC 燃料以丙烷、丙烯、丁烷等短链烷烃和烯烃类物质为主的特征有关。

（2）尾气成分谱和 T/B 比的研究比较

芳香烃中的苯是机动车尾气的典型物种，而甲苯除受机动车影响外，还受多种污染源的影响，因此采用浓度比来评价环境受机动车尾气影响的程度。通常认为，T/B 小于 2.0 表示受机动车尾气影响显著，而受溶剂挥发等其他排放源影响时，则相对较大。利用台架实验采集机动车在整个运行工况后的混合尾气测得汽油车和柴油车尾气 VOCs 的 T/B 比分别为 2.26 和 0.74，其中汽油车尾气的特征物种为甲苯和二甲苯，柴油车尾气的特征物种为长链烷烃和丙烯、丙酮。各地区隧道空气中测得的 T/B 比平均为 2.38±0.50，接近于汽油车和柴油车原始排放的 T/B 比，且其主要物种为甲苯、二甲苯、苯和短链碳氢化合物。交通干道测得的平均 T/B 比为 2.75±0.41，略高于隧道空气的测试结果，说明交通干道组分除受原生的机动车排气直接影响外，还可能受其他污染源及光化学反应的影响，但影响的程度较小。

4.2.4 天津市机动车排放源排放量核算

（1）天津市道路移动源大气污染物排放情况

2013 年天津市机动车保有量总量达 2 758 573 辆，其中小型客车保有量为

2 347 894 辆，占机动车总保有量 94.8%；此外，高排放、高污染的“黄标车”的保有量为 230830 辆，占 8.4%，虽然黄标车保有量占比较小，但根据国际上较为通用的“二八理论”，即 20%的高污染、高排放车辆占总排放量的 80%，因此，“黄标车”的污染排放不容忽视。2013 年天津市机动车排放污染物分别为 PM_{10} 0.622 7 万 t，$PM_{2.5}$ 0.560 4 万 t，NO_x 5.861 9 万 t，CO 45.222 9 万 t，VOCs 5.108 万 t。

2015 年天津市道路移动源污染物排放量为 PM_{10} 0.381 5 万 t，$PM_{2.5}$ 0.343 4 万 t，NO_x4.491 3 万 t，CO33.608 1 万 t，VOCs 3.809 7 万 t，具体数据见表 4-36，污染物排放比例如图 4-34 所示。

表 4-36　2015 年天津市移动源污染物排放量

车辆类型	机动车保有量/辆	大气污染物排放量/万 t				
		PM_{10}	$PM_{2.5}$	NO_x	CO	VOCs
载客汽车	2 452 620	0.099 8	0.089 8	2.096 8	29.049 8	3.083 8
微型客车	39 972	0	0	0.032	0.247 2	0.017 7
小型客车	2 368 436	0.008 4	0.007 6	0.755 9	25.237 3	2.581 1
中型客车	20 047	0.003 6	0.003 2	0.316 7	2.312 2	0.290 2
大型客车	24 165	0.087 8	0.079	0.992 2	1.253 2	0.194 8
载货汽车	230 096	0.281 5	0.253 3	2.387 6	4.192 2	0.698 8
微型货车	615	0	0	0.000 8	0.015 1	0.001 3
轻型货车	179 666	0.052 9	0.047 6	0.281 3	2.531 8	0.256 9
中型货车	10 626	0.026 6	0.023 9	0.239 8	0.331 3	0.084 7
重型货车	39 189	0.201 9	0.181 7	1.865 6	1.314	0.355 8
低速载货汽车	519	0.000 2	0.000 2	0.002 8	0.000 9	0.000 8
三轮汽车	461	0.000 1	0.000 1	0.002 3	0.000 8	0.000 6
低速货车	58	0.000 1	0.000 1	0.000 5	0.000 2	0.000 2
摩托车	55 091	0	0	0.004 1	0.365 2	0.048 8
普通摩托车	52 458	0	0	0.003 9	0.341 5	0.036
轻便摩托车	2 633	0	0	0.000 1	0.023 8	0.012 8
合计	2 738 326	0.381 5	0.343 4	4.491 3	33.608 1	3.809 7

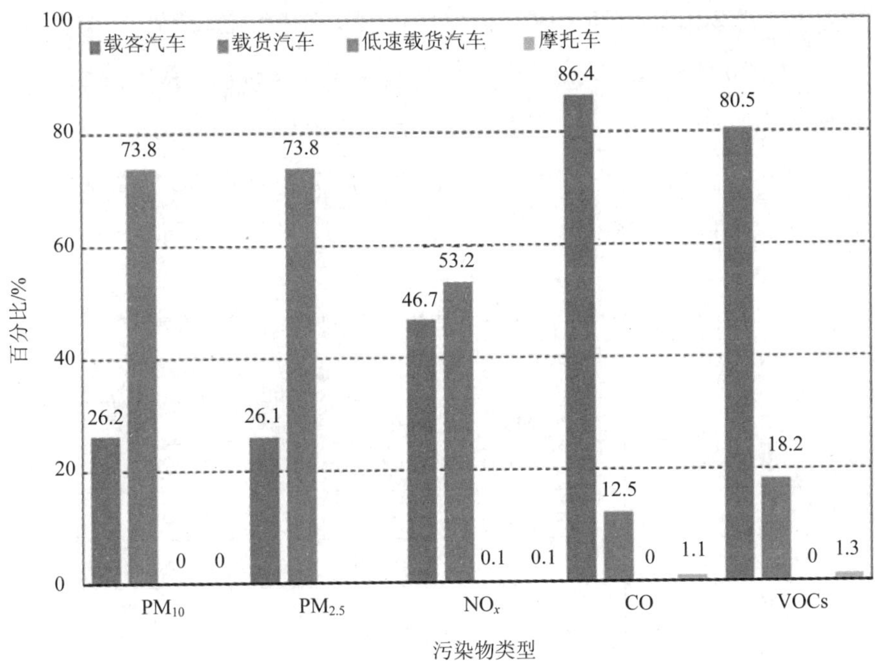

图 4-34　天津市 2015 年机动车污染物排放比例

2013—2015 年天津市在控车方面主要采取了以下几项措施：

①淘汰黄标车和老旧车。《天津市清新空气行动方案》要求：2015 年年底全市基本淘汰 29 万辆黄标车。2014—2015 年，天津市已累计淘汰黄标车 23.1 万辆，全部完成黄标车淘汰任务。

②油品升级。2014 年以前，天津市执行国家第三阶段车用汽、柴油标准，自 2014 年开始，天津市逐步提升油品质量，2014 年，将车用汽油由国Ⅲ标准提升至国Ⅳ标准，2015 年，全面实施国家第五阶段车用汽、柴油标准。

③机动车尾号限行。自 2014 年 3 月 1 日，天津市实施工作日（法定节假日除外）每日 7 时至 19 时，天津市及外埠牌照机动车在外环线（不含）以内道路按车牌尾号区域限行交通管理措施。

（2）天津市 2013—2015 年道路机动车大气污染物减排量测算

对 2013—2015 年通过实施黄标车淘汰、尾号限行、油品升级等措施实施的道路机动车减排量进行测算，根据计算结果，共减排 PM_{10} 0.247 4 万 t，$PM_{2.5}$ 0.222 7 万 t，NO_x 1.407 0 万 t，CO 12.105 7 万 t，VOC1.349 5 万 t、SO_2 0.234 4 万 t，具体数据见表 4-37 和表 4-38。

表 4-37　2013—2015 年天津市大气污染物减排量测算表

车辆类型	机动车削减/辆	大气污染物削减量/万 t				
		PM_{10}	$PM_{2.5}$	NO_x	CO	VOCs
载客汽车	−76 739	0.054 4	0.048 9	0.659 4	9.677 8	0.951 6
微型客车	69 930	0	0	0.144 9	4.645 9	0.461 6
小型客车	−151 837	0.000 9	0.000 8	0.133	4.218 6	0.360 4
中型客车	3 859	0.002	0.001 8	0.058 5	0.226	0.030 9
大型客车	1 309	0.051 5	0.046 3	0.323	0.587 3	0.098 7
载货汽车	5 859	0.190 8	0.171 7	0.709 2	1.779 6	0.320 4
微型货车	67	0	0	0.000 2	0.001 2	0.000 2
轻型货车	2 001	0.066	0.059 4	0.177 6	0.810 5	0.135 3
中型货车	5 610	0.009 4	0.008 4	0.189 3	0.094	0.026
重型货车	−1 819	0.115 5	0.103 9	0.342 2	0.873 9	0.159
低速载货汽车	−66	0	0	0.000 2	0.000 1	0
三轮汽车	−66	0	0	0.000 2	0.000 1	0
低速货车	0	0	0	0	0	0
摩托车	30 044	0	0	0.002 2	0.164 5	0.026 3
普通摩托车	25 004	0	0	0.002	0.144 7	0.016 6
轻便摩托车	5 040	0	0	0.000 2	0.019 7	0.009 7
限号减排	0	0.002 3	0.002 1	0.036 4	0.483 9	0.051 2
合计	−40 902	0.247 4	0.222 7	1.407	12.105 7	1.349 5

表 4-38 天津市油品升级减排情况表

类别	年用量/万 t	SO_2削减量/t	削减比例/%
车用柴油	180	1 224	97.14
车用汽油	400	1 120	93.33
合计	580	2 344	95.28

2013—2015 年不同污染物排放变化如图 4-35 所示，不同控制措施对机动车污染物减排的贡献如图 4-36～图 4-38 所示。在这些污染物减排量中，按减排措施分类，淘汰黄标车控制措施对 PM_{10}、NO_x 等五项污染物的减排量最大，而油品升级措施可降低超过 95%的 SO_2 的排放，限行措施相对减排量较少；按车型分类，载客汽车贡献了超过七成的 CO 和 VOCs，载货汽车则贡献了绝大部分的 PM_{10}，其贡献率达到 77.8%，而 NO_x 的减排中载客汽车和载货汽车占比超过 99%，摩托车和低速汽车对各项污染物减排量较小。

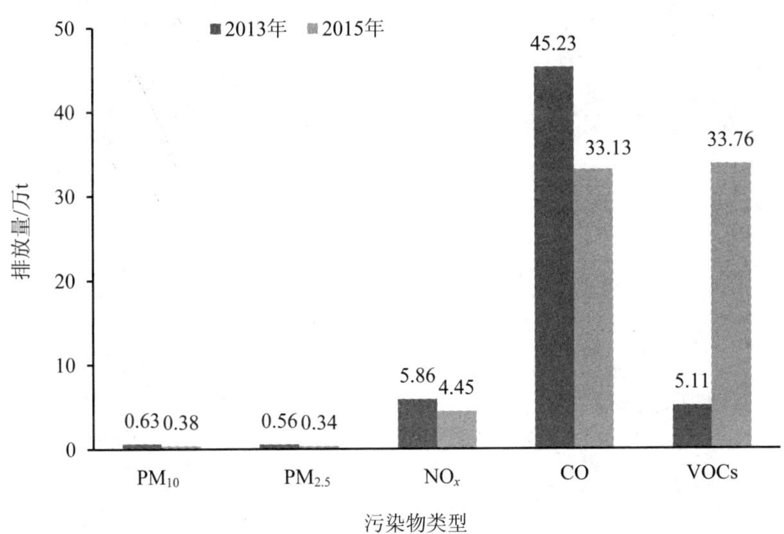

图 4-35 天津市 2013—2015 年机动车污染物排放量对比

60
50
40
30
20
10
0
控制措施减排比/%
淘汰黄标车和老旧车
限号
39.12
0.37
39.12
0.37
23.38
0.62
25.70
1.07
25.42
1.00
PM_{10}
$PM_{2.5}$
NO_x
CO
VOCs
污染物类型

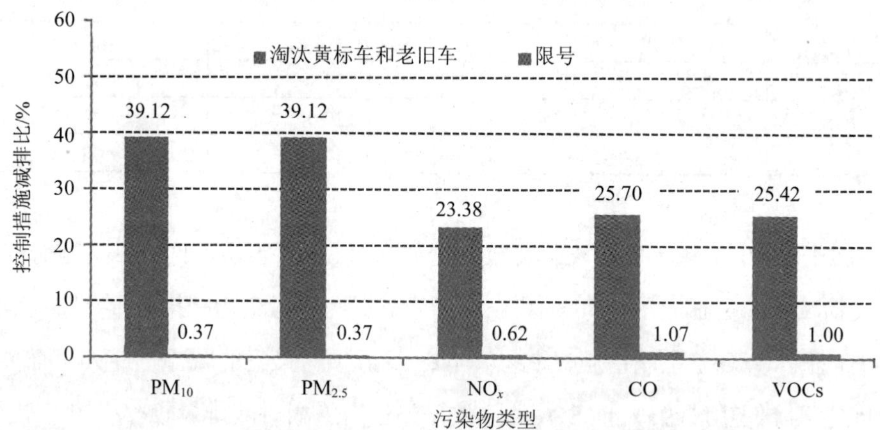

图 4-36　淘汰黄标车和老旧车及限号措施减排比例

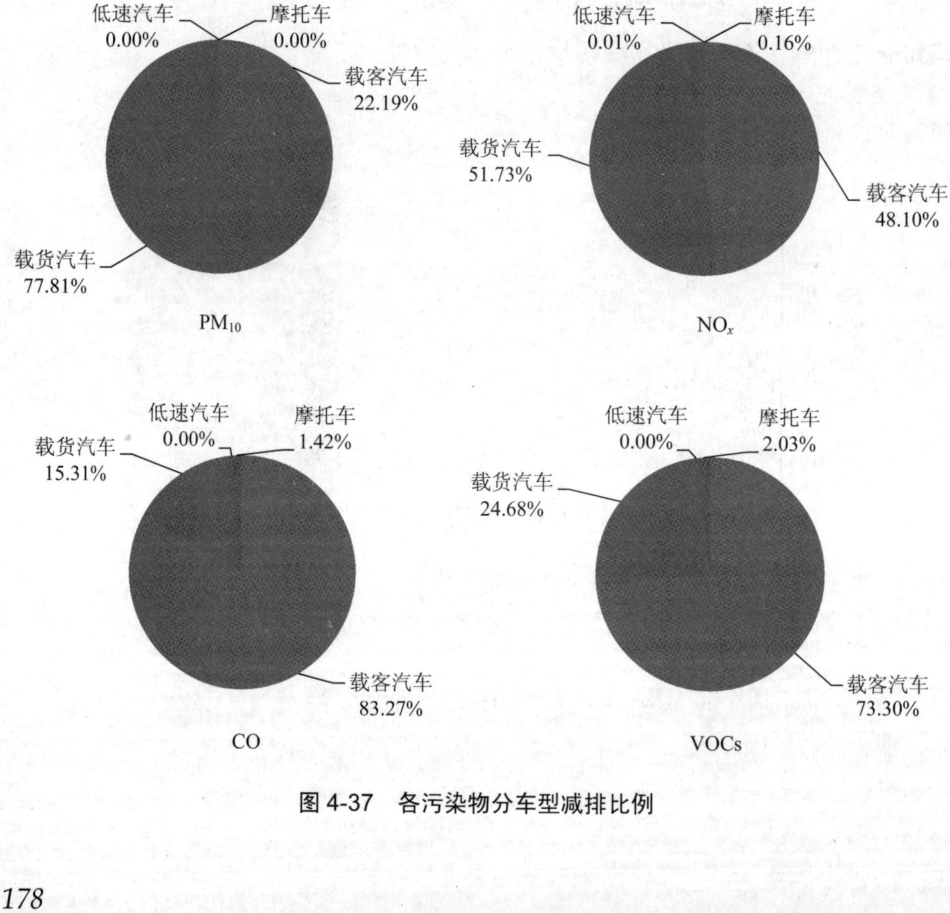

低速汽车
0.00%
摩托车
0.00%
载客汽车
22.19%
载货汽车
77.81%
PM_{10}
低速汽车
0.01%
摩托车
0.16%
载货汽车
51.73%
载客汽车
48.10%
NO_x
低速汽车
0.00%
摩托车
1.42%
载货汽车
15.31%
载客汽车
83.27%
CO
低速汽车
0.00%
摩托车
2.03%
载货汽车
24.68%
载客汽车
73.30%
VOCs

图 4-37　各污染物分车型减排比例

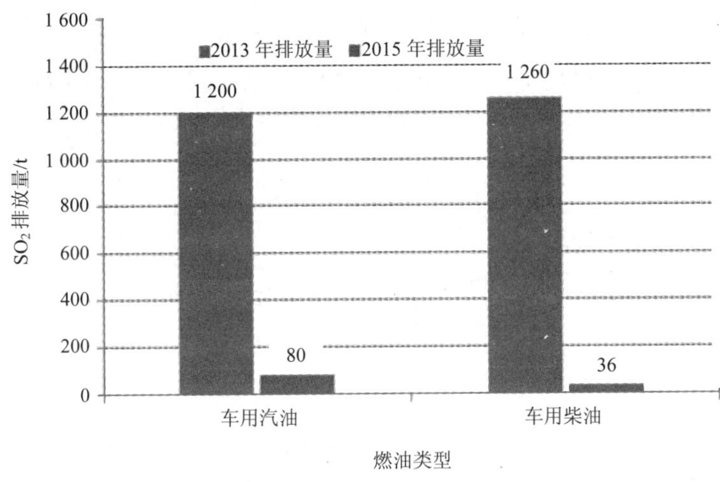

图 4-38 油品升级措施减排比例

4.2.5 交通源污染控制建议

①加快我国机动车研究制造水平，提高机动车整车品质。控制燃烧条件空燃比、燃烧温度、燃烧时间以提高机动车发动机燃油效率，减少燃油消耗，降低尾气排放水平。

②加速研发尾气催化装置，提高尾气净化、转化效率。

③严格控制机动车保有量的增长及时淘汰老旧车辆，严格实施机动车强制报废标准，淘汰到期的老旧轻型汽车和摩托车。加强机动车的维护保养，增加机动车的使用年限，重点地区推行轻型汽油车燃油蒸发控制系统检验。

④优化机动车结构，推广新能源和清洁能源汽车。随着经济水平的提高，越来越多的人购买小轿车作为出行的交通工具，不仅增加了交通压力，还加重了大气污染状况。由此应大力发展公共交通，鼓励购买新能源和清洁能源汽车。

⑤全面提升燃油品质，加快实施国Ⅵ汽油标准，显著降低烯烃、芳烃含量和夏季蒸汽压。“2+26”京津冀大气污染传输通道城市 2017 年 10 月提前供应；2019 年 1 月 1 日起全面实施Ⅵ A 车用汽油标准；2023 年 1 月 1 日起全面实施Ⅵ B 车

用汽油标准。

⑥实施更严格的机动车排放标准，自 2017 年 1 月 1 日起，全国实施轻型汽油车第五阶段排放标准；自 2020 年 7 月 1 日起，全国实施轻型汽车第六阶段排放标准，引入车载油气回收技术（ORVR）；自 2020 年 7 月 1 日起，实施摩托车第四阶段排放标准。鼓励各地提前实施轻型汽车第六阶段排放标准。

⑦城市交通道路的优化设计与建设，改善交通拥堵现状，减少机动车在等待过程中由于怠速产生的尾气排放及燃油由于发动机温度过高而产生的挥发和泄漏。

⑧加强监督管理，加大新车生产环保一致性、在用车环保符合性、在用车环保检验、油品质量等监管力度；实施机动车排放检验信息全国联网；加快推进机动车遥感监测建设和联网。

4.3 生活源 VOCs 排放特征

餐饮业、家庭油烟、建筑装饰、干洗行业、汽修行业等均可纳入生活源 VOCs 排放范围。

4.3.1 餐饮油烟类 VOCs 污染源排放特征

餐饮业蓬勃发展所带来的环境污染问题已成为我国城市群区域面临的主要环境问题之一。2001 年颁布的《饮食业油烟排放标准（试行）》（GB 18483—2001）在一定程度上推进了餐饮业大气污染物排放的制度化管理，为监察部门执法提供了法律依据。随着科研工作的不断深入，人们认识到餐饮业排放的油烟气中除颗粒物之外，还存在挥发性有机物。餐饮业作为集中于城市区域的 VOCs 排放源，由于数量众多，对城市短时局地空气质量和排口周边居住环境都有不小的影响，理应进行深入研究。根据现有研究表明，北京餐饮油烟排放是细粒子有机颗粒物的主要来源之一；香港排放清单显示，餐饮业 VOCs 和 $PM_{2.5}$ 的排放分别占其排放总量的 1.07%和 4.16%；根据天津市 VOCs 来源解析结果，餐饮源是天津市 VOCs 污染的一个重要贡献来源之一。

餐饮业排放的 VOCs 成分复杂，已经检测到的有机物有脂肪酸、烷烃、烯烃、醛、酮、醇、酯、多环芳烃和杂环化合物，不仅直接威胁厨房工作人员的健康状况，而且对区域大气环境质量产生明显影响．其主要危害在于可以与氮氧化物反应生成臭氧，形成光化学烟雾污染，还可以经过一系列反应转化为二次气溶胶（Secondary Organic Aerosol，SOA），而 SOA 是构成城市细颗粒物污染物的重要部分。因此北京、上海等大城市开始将控制餐饮业 VOCs 排放作为环境管理的重点工作之一。

由于国内外饮食习惯和烹饪方式不同，国外的研究内容集中于 VOCs 在食用油加热和油炸烤制肉类过程中的排放状况，如 Chung 等研究了食用油加热时 VOCs 的排放特征，但由于中式烹饪的复杂性，这些成果对国内控制餐饮业 VOCs 的借鉴意义不大。

根据已有研究结果，按照国内的主要烹饪方式和菜系，选取 5 种典型菜系，对各菜系所排放 VOCs 的浓度水平、组分构成和每人每餐 VOCs 排放浓度进行分析，并根据天津市餐饮行业的活动水平数据、分布特征，核算天津市餐饮行业 VOCs 排放总量及排放清单，并根据以上研究内容，对餐饮行业 VOCs 控制措施给出相关建议，为城市群区域开展餐饮业 VOCs 排放控制提供决策依据。

（1）估算方法

餐饮油烟源大气污染物的排放量 E 计算，采用下面的公式：

$$E = A \times \mathrm{EF} \tag{4-10}$$

式中，A —— 排放源活动水平；

EF —— 排放系数。

活动水平 A，即餐饮业油烟烟气排放量，采用下面的公式进行计算：

$$A = n \times V \times H \tag{4-11}$$

式中：n—— 固定炉头数；

V—— 烟气排放速率，m^3/h；

H—— 年总使用时间，h。

污染物排放系数主要来自环保部技术手册，餐饮油烟的 VOCs 排放量按照式（4-11）计算。通过天津市油烟在线监控系统获取，包括 16 区规模以上餐饮企业的地理位置与固定炉头数。

（2）餐饮行业 VOCs 排放调查

餐饮业大气污染物以油烟气的形式排入环境，它是食材、食用油和调料在烹饪、加工过程中排放出来的油脂、有机质及其加热分解或裂解产物组成的气、固、液三相混合物。油烟对环境的污染主要表现为黏性较强的挥发性油类物质，经较长时间后会黏结在墙壁、各种器壁表面，并发出霉味，使器壁表面发黑、清洗极为困难，既破坏环境卫生，又影响城市景观。另外，油烟为气溶胶，其中的液态颗粒物在排气筒及出口处遇冷凝聚，形成黏稠的油滴，油滴又与环境中的泥沙、尘土混合形成难以消除的油渍，附着在排气筒内壁和管道接口外壁以及周围的建筑物体上，天长日久成为火灾隐患。

餐饮油烟是大气中挥发性有机物（VOCs）和 $PM_{2.5}$（颗粒粒径小于 2.5 μm 的可吸入颗粒物）的主要来源之一。首先油烟是 $PM_{2.5}$ 的直接排放源，同时油烟中的一些挥发性有机物与大气中的二氧化氮发生光化学反应，形成更复杂、更有害的光化学烟雾，同时增强了大气的氧化性，加速了二次颗粒物的形成，使环境大气受到越来越严重的污染。此外，厨房油烟一经排出，极易与室外空气中的悬浮颗粒及其他有害气体结合，在太阳紫外线照射下，迅速、持续地发生化学反应，随风飘散，有的被人们呼吸所吸收，有的吸附在建筑物表面上，大部分则悬浮在空气中，使城市大气中油烟气凝聚物增多，大气质量不断下降。此外餐饮油烟含有强致癌物，会对人体的健康造成直接的威胁。

①不同烹饪方式对 VOCs 排放的影响

不同菜系的烹饪特点是造成不同菜系 VOCs 基准风量排放浓度差异的主要原

因。研究发现，菜系的烹饪方式、常用食材特点、翻炒频率和程度都是影响餐饮业油烟气中 VOCs 排放浓度的重要因素。烧烤一般使用木炭作为燃料，烹饪过程中燃料的燃烧，肉类食材中油脂的高温气化及酱料的挥发，是造成烧烤基准风量排放浓度高的主要原因。西餐中的煎炸过程所需的油温较高，食用油沸腾和肉类高温烹饪时产生的 VOCs 种类复杂，浓度较高。川菜和中式快餐的肉类使用量少于西餐，但翻炒频率高于前者，加速了 VOCs 的产生和挥发，同时川菜还经常添加有刺激性气味的调料。相比之下，浙菜是上述诸多影响因素出现最少的菜系，因而浓度水平最低（表 4-39）。

表 4-39　各种菜系的烹饪方式

菜系	烹饪情况	燃料	上座率/%
烧烤	使用木炭作为燃料，食材涉及肉类、海鲜和蔬菜等的综合型烧烤，油烟较大	木炭	80
中式快餐	荤素搭配，大火烹炒，客流量大	天然气	100
西式快餐	以炸鸡腿、薯条，烘焙面点为主，非连续性烹饪	天然气	50
川菜	多油多盐，多使用辣椒等有刺激性气味的食材，烹调方式以炒、爆、烧、煸居多	天然气	90
浙菜	口味清淡，食材以蔬菜居多，烹饪方式以蒸煮居多	天然气	70

依据文献，检测油烟排放浓度时将实测排放浓度折算为基准风量的排放浓度（表 4-40），以此来排除餐饮企业规模、上座率、风机风量等因素对不同菜系污染物排放强度的影响。采用单个灶头基准排风量时的 VOCs 排放浓度作为指标，以期科学客观地比较各菜系 VOCs 排放的浓度水平。研究表明，川菜的实测排放浓度最高，其次是烧烤，而中式快餐、西式快餐和浙菜的实测排放浓度相当，其中浙菜最低。但折算为基准风量浓度后，烧烤的排放浓度显著高于其他 4 种菜系，即同等规模的餐饮企业，烧烤餐馆的 VOCs 排放浓度是中、西式快餐餐馆的 2～3 倍，西式快餐成为非烧烤菜系中排放浓度最大的菜系，浙菜仍然在 5 种菜系中排

放浓度最低。

表 4-40 典型餐饮企业油烟气中 VOCs 的实测排放浓度　　单位：μg/m³

种类	化合物	化学式	VOCs 实测平均排放浓度				
			烧烤	中式快餐	西式快餐	川菜	浙菜
烷烃	丙烷	C_3H_8	742.52	52.3		29.85	53.35
	正丁烷	C_4H_{10}	982.89	80.53		42.97	46.22
	环戊烷	C_5H_{10}	10.45				
	正戊烷	C_5H_{12}	486.81	102.21	146.89	54.77	19.58
	异戊烷	C_5H_{12}	27.76	32.85		18.84	24.51
	甲基环戊烷	C_6H_{12}	27.85	7.44		2.55	
	环己烷	C_6H_{14}	21.29	6.1			
	2,2-二甲基丁烷	C_6H_{14}	24.68	5.51	12.98		
	2,3-二甲基丁烷	C_6H_{14}	9.96				
	2-甲基戊烷	C_6H_{14}	7.01	4.47		3.6	7.03
	3-甲基戊烷	C_6H_{14}	1.68	2.07		1.68	
	正己烷	C_6H_{14}	329.54	23.61	15.13	11.17	7.99
	甲基环己烷	C_7H_{14}	21.13	6.08		2.7	
	庚烷	C_7H_{16}	308.33	20	90.18	10.83	
	2,3-二甲基戊烷	C_7H_{16}	17.26				
	3-甲基己烷	C_7H_{16}	1.77				
	辛烷	C_8H_{18}	280.42	15.7	105.86	15.52	
	壬烷	C_9H_{20}	190.48		104.57		
	癸烷	$C_{10}H_{22}$	122.14		71.63		
	正十一烷	$C_{11}H_{24}$	129.07				
	正十二烷	$C_{12}H_{26}$	41.87				
	2-甲基丁烷	C_5H_{12}		25.55		390.43	44.7
烯烃	丙烯	C_3H_6	1 131.5	81	8.29	60.88	49.22
	1,3-丁二烯	C_4H_6	288.64	13.86		18.78	
	1-丁烯	C_4H_8	1 020	46.5		29.66	19.01
	顺-2-丁烯	C_4H_8	221.08				

种类	化合物	化学式	VOCs实测平均排放浓度				
			烧烤	中式快餐	西式快餐	川菜	浙菜
烯烃	反-2-丁烯	C_4H_8	148.92				
	正戊烯	C_5H_{10}	565.83	20.17	115.94	12.25	
	顺-2-戊烯	C_5H_{10}	56.56				
	反-2-戊烯	C_5H_{10}	108.02				
	异戊二烯	C_5H_{18}	56.97				
	正己烯	C_6H_{12}	592.13	22.35	7.88	5.68	
芳香烃	苯	C_6H_6	857.54	13.37	5.05	35.63	6.2
	甲苯	C_7H_8	404.14	23.18		18.22	11.4
	乙苯	C_8H_{10}	144.01		5.87	4.97	
	间-二甲苯、对-二甲苯	C_8H_{10}	44.56			2.65	
	邻-二甲苯	C_8H_{10}	123.35			2.79	
	苯乙烯	C_8H_8	98.89				
	正丙苯	C_9H_{12}	76.96				
	异丙苯	C_9H_{20}	19.91			5.87	
	对乙基甲苯	C_9H_{20}	69.64			8.84	
	4-乙基甲苯	C_9H_{20}	12.39			18.51	
	1,3,5-三甲苯	C_9H_{20}	15.21			17.34	
	1,2,4-三甲苯	C_9H_{20}	10.73			6.94	
	间-二乙苯	$C_{10}H_{14}$	34.26			9.67	
	对-二乙苯	$C_{10}H_{14}$	30.21			11.25	
	1,3-二氯苯	$C_6H_4Cl_2$				13.04	
	1,4-二氯苯	$C_6H_4Cl_2$		7.27		15.06	
	1,2,4-三氯苯	$C_6H_3Cl_3$	3.46			5.57	
	1-乙基-2-甲基苯	C_9H_{13}	46.02			4.37	
	1-乙基-3-甲基苯	C_9H_{13}	21.57			12.29	
醇	乙醇	C_2H_6O	7.19	3 696.43	1 248.57	10 338.36	3 367.86
	异丙醇	C_3H_8O			450.8		
醛酮	丙烯醛	C_3H_4O	501.67	261.63	117.75	181.5	31.13
	丙酮	C_3H_6O	341.44	52.69	1 667.5	41.65	30.68

种类	化合物	化学式	VOCs 实测平均排放浓度				
			烧烤	中式快餐	西式快餐	川菜	浙菜
醛酮	2-丁酮	C_4H_8O	102.64	14.66	11.03	12.31	9.9
	2-己酮	$C_6H_{12}O$	22.01		98.51		
	丁醛	C_4H_8O		188.98		476.57	
	戊醛	$C_5H_{10}O$		400.05	1 368.26	1 169.7	45.88
	己醛	$C_5H_{12}O$		2 023.21	5 862.8	3 678.57	315.18
	氯甲烷	CH_3Cl	9.07		5.04	0.79	
卤代烃	二氯甲烷	CH_2Cl_2	24.24		16.09	1.64	5.94
四氯化碳	CCl_4	12.6	31.25			4.41	
其他	乙酸乙酯	$C_4H_8O_2$	47.68	15.79	100.18	13.76	9.17
	甲基丙烯酸甲酯	$C_5H_8O_2$	17.93				
	四氢呋喃	C_4H_8O	14.66			1.41	2.86
	萘	$C_{10}H_8$	43.7				
	1-甲基-乙酸丙酯	$C_6H_{12}O_2$				15.69	
实测排放浓度（物质未计入）			11 064.66	4 659.02	4 405.74	11 089.5	3 706.46
基准排放浓度（物质未计入））			12 219.49	4 283.19	5 787.27	5 445.68	3 925.05

②人均 VOCs 排放浓度

根据各餐饮企业的 VOCs 基准风量浓度、规模和采样期间的上座率等信息，可以计算该菜系的人均 VOCs 排放浓度。根据研究，烧烤的人均 VOCs 排放浓度最高，达到 0.19 mg/m^3，其次是西式快餐 0.08 mg/m^3，中式快餐、川湘菜和浙菜均在 0.02～0.03 mg/m^3，即一名普通市民外出就餐选择烧烤或西式快餐时，相应餐饮企业产生 VOCs 的排放浓度分别是中式快餐等的 6 倍和 2 倍。从个体环保减排的角度考虑，市民食用烧烤将会加重城市区域大气环境的负担。根据 VOCs 排放总量和人均 VOCs 排放浓度两个数据，烧烤的排放水平均为最高，污染最为严重。

③典型菜系的 VOCs 组分构成

折算基准风量浓度后发现，烧烤排放的 VOCs 组分构成明显区别于中式快餐、西式快餐、川菜和浙菜，因此将 5 种菜系分为烧烤和非烧烤菜系进行分析，比较烧烤和非烧烤菜系的 VOCs 主要排放组分。烧烤的主要排放组分有丙烯、1-丁烯和正丁烷等，非烧烤菜系的主要排放组分有乙醇、丙酮和丙烯醛等。同时烧烤与非烧烤的主要组分有部分相同，但其排放浓度水平相差甚远。烧烤排放的组分浓度均比较高，非烧烤菜系排放的组分除乙醇外均处于很低的浓度水平。

烧烤排放的主要组分是烯烃、烷烃、芳香烃和醛酮类有机物，各类别所占比重在 8.6%～37.9%，其中烯烃有机物的比重最高。与非烧烤菜系相比，烧烤排放 VOCs 的特点是醇类的比重很小，烃类有机物的比重大，占总量的 89%以上。

西式快餐排放的主要组分是醛酮类、醇类和烷烃有机物，其中醛酮类有机物占 43%，显著高于其他菜系。其醇类有机物的比重高于烧烤，但低于中式快餐等菜系。中式快餐、川菜和浙菜的 VOCs 组成更为相似，醇类有机物是主要排放组分，比重在 79.4%～93.2%，并且全部是乙醇。其次是醛酮类和烷烃有机物，比重在 2%～7%。黄酒或料酒是腌制、烹饪肉类时的常用调料，乙醇含量约为 15%，加热时易挥发，是乙醇的主要来源之一。浙菜和川菜中以鱼、肉作为原料的菜品很多，因而使用黄酒、料酒更多，乙醇的比重更高。

根据各菜系的基准风量浓度和人均 VOCs 排放量，即从餐饮企业 VOCs 排放控制和个人环保减排两个角度分析，烧烤餐馆排放是城市区域大气环境 VOCs 的重点源，应是重点管控对象。

④现有油烟净化设备对醛酮类化合物排放的影响

目前餐饮企业排放的油烟主流油烟净化技术是高压静电式净化器，研究表明，经高压静电式油烟净化器处理后，醛酮类化合物并没有得到有效去除，相反部分物种浓度还有一定幅度的增加，这一结果与高压静电式油烟净化器原理有关，其原理是利用阴极在高压电场中发射的电子与空气分子碰撞，使油雾颗粒荷电，荷电后的油雾颗粒在电场力的作用下向阳极板运动，并被捕集达到去除的目的。但事实上，对于油烟中的气态污染物来说，静电净化器运行时内部高压放电过程会有一定概率使得油烟中的大分子有机物分解生成小分子有机物，其中很可能包含醛酮类化合物，此外在放电过程中产生的臭氧也有一定概率与高分子有机物接触，发生反应从而增加油烟中醛酮类化合物的浓度。

（3）天津市餐饮排放源的分布特征

①家庭居民餐饮源分布

餐饮源活动水平数据分为家庭餐饮和社会餐饮两大部分，其中家庭餐饮源按每户家庭一个灶头计算，家庭户籍数据来自于天津市环境统计年鉴的2014年各区县户籍数数据，具体见表4-41。

表4-41 2014年天津市不同区县户籍数 单位：万户

地区	户籍数		
	非农业	农业	合计
全市	239.66	122.98	362.64
和平	13.99	0	13.99
河东	29.20	0.03	29.23
河西	28.85	0.13	28.98
南开	30.86	0.50	31.36
河北	24.30	0.01	24.31
红桥	20.62	0.12	20.74
东丽	9.20	4.74	13.94
西青	4.60	9.19	13.79
津南	5.19	10.01	15.2
北辰	7.18	7.82	15
武清	7.34	20.86	28.2
宝坻	5.57	16.68	22.25
滨海新区	36.20	7.83	44.03
蓟州	6.28	20.63	26.91
静海	5.52	15.25	20.77
宁河	4.76	9.18	13.94

家庭的油烟排放速率根据调研数据，按900 m^3/h 计，处理效率按60%计，年使用小时数按180 h计。

②社会餐饮源

社会餐饮源主要包括各类中西餐馆、火锅店、烧烤店、快餐店、小吃店等及大型宾馆酒店、学校、大型医院等地点的内部就餐场所。结合实地调研和天津市工商管理部门等处调研数据，共得到上述各类源共计 51 350 家，其中高等院校类 137 家，占比 0.3%；星级宾馆 263 家，占比 0.5%；中学 596 家，占比 1.2%；幼儿园 1 628 家，占比 3.2%；大型综合医院 80 家，占比 0.2%；中餐馆 28 648 家，占比 55.8%；西餐 1 979 家，占比 3.9%；快餐、糕点及小型餐馆类 18 019 家，占比 35.1%。

不同类型餐饮企业灶头数、排放速率、年经营时间及餐饮油烟去除效率结合实际调研数据，并参考《饮食业油烟排放标准》，确定见表 4-42。

表 4-42　餐饮行业清单估算活动水平数据

类型	数量/家	单灶头风量/（m^3/h）	灶头数/个	年运行小时数/h	处理效率/%
高校	137	2 500	30	2 000	85
星级宾馆	263	2 500	10	2 000	85
中学	596	2 000	10	1 500	75
幼儿园	1 628	2 000	6	1 500	75
大型医院	80	2 500	6	2 000	85
中餐馆	28 648	2 500	6	2 000	75
西餐	1 979	2 000	3	1 800	75
快餐糕点等	18 019	1 500	1	1 600	60

（4）天津市餐饮源 VOCs 统计量

按照居民和社会企业的差异分区县对天津市餐饮业各类污染物的排放情况进行测算（表 4-43），2014 年天津市居民餐饮源排放 VOCs 小计 1 315.95 t，居民餐饮源污染物排放区县占比以滨海新区、南开区、河东区及河西区居多，分别占比 12.14%、8.65%、8.06%、7.99%；2014 年天津市社会企业餐饮源排放 VOCs 合计 1 399.9 t，社会餐饮源污染物排放区县占比以滨海新区、南开区及西青区居多，分别占比 16.3%、10.9%、8.0%；2014 年天津市总餐饮源排放 VOCs 共计 2 715.8 t，餐饮源各类污染物的排放以居民餐饮排放为主，约为社会企业餐饮排放的 4 倍，排放的区域分布主要集中于市内 6 区和滨海新区的核心区及其他区县人口密度分布较大的建成区等区域，滨海新区和市内六区餐饮源的污染物排放占天津市餐饮源污染物排放总量的 55.8%之多。

表 4-43　2014 年天津市餐饮源各类污染物排放情况分布

区县	居民餐饮 VOCs 排放量		灶头数		社会企业餐饮 VOCs 排放		灶头数		天津市总餐饮排放量	
	t/a	%	个	%	t/a	%	个	%	t/a	%
和平	50.77	3.90	136 700	3.80	101.2	7.20	15 854	7.20	152	5.60
河东	106.07	8.10	287 600	8.10	90.5	6.50	13 980	6.40	196.6	7.20
河西	105.16	8.00	285 986	8.00	107.7	7.70	16 735	7.60	212.9	7.80
南开	113.8	8.60	308 286	8.60	153.1	10.90	23 577	10.80	266.9	9.80
河北	88.22	6.70	240 800	6.80	80.7	5.80	12 501	5.70	168.9	6.20
红桥	75.26	5.70	205 986	5.80	55.4	4.00	8 585	3.90	130.7	4.80
东丽	50.59	3.80	136 200	3.80	72.9	5.20	11 351	5.20	123.5	4.50
西青	50.04	3.80	134 300	3.80	112.1	8.00	17 372	7.90	162.1	6.00
津南	55.16	4.20	149 700	4.20	80	5.70	12 414	5.70	135.2	5.00
北辰	54.43	4.10	145 600	4.10	80.2	5.70	12 468	5.70	134.6	5.00
武清	102.33	7.80	277 300	7.80	70.4	5.00	11 387	5.20	172.7	6.40
宝坻	80.74	6.10	220 000	6.20	42	3.00	6 881	3.10	122.7	4.50
滨海新区	159.78	12.10	428 872	12.00	227.8	16.30	35 483	16.20	387.6	14.30
蓟州	97.65	7.40	266 700	7.50	23	1.60	3 683	1.70	120.7	4.40
静海	75.37	5.70	205 300	5.80	57	4.10	9 065	4.10	132.4	4.90
宁河	50.59	3.80	136 700	3.80	45.9	3.30	7 526	3.40	96.5	3.60
全市	1 315.95	100	3 566 030	100	1 399.9	100	218 862	100	2 715.8	100

（5）天津市餐饮源空间分布特征

①家庭餐饮油烟

家庭餐饮油烟空间分配方法按照面源处理。获取方式根据天津市统计年鉴获取得到的各区县户籍数，将家庭餐饮源分配到各区县，然后结合各区县的人口密度分布数据，进一步将家庭餐饮源排放量分配到各个网格。

根据天津市家庭餐饮排放的 VOCs 进行 3 km×3 km 空间分配，如图 4-39 所示，天津市家庭餐饮油烟的 VOCs 等大气污染物排放同样主要集中在中心城区、滨海新区核心区，其分布较社会餐饮源更为广布。

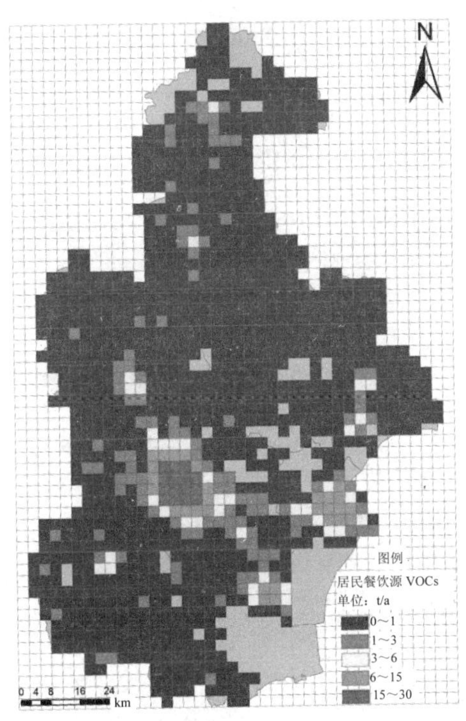

图 4-39　天津市家庭餐饮源 VOCs 排放特征（彩图见附件）

②社会餐饮源

获取方式为从天津市工商管理等部门获取天津市各类餐馆、宾馆酒店及医院、学校等地址信息解析得到其相应经纬度信息。按照纬度信息将天津市餐饮行业 VOCs 排放量分别分配至所在的空间网格中，从而实现天津市餐饮行业 VOCs 排放量空间分配。

根据各类餐馆、大型宾馆酒店、学校、医院等的位置坐标信息绘制天津市社会餐饮分布图，显示出社会餐饮主要分布在中心城区、滨海新区及其他人口密集地区的特征。其具体结果如图 4-40 所示。

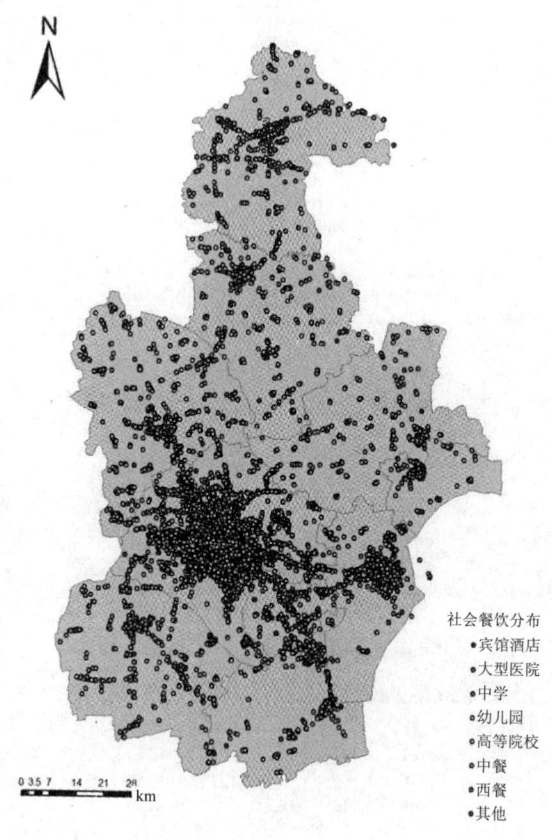

图 4-40　天津市社会餐饮分布（彩图见附件）

从社会餐饮源的污染物排放量分布看，餐饮业 VOCs 排放主要集中在中心城区、滨海新区，二者排放占天津市社会餐饮排放的近 60%。具体 VOCs 的 3 km×3 km 空间网格分配如图 4-41 所示。

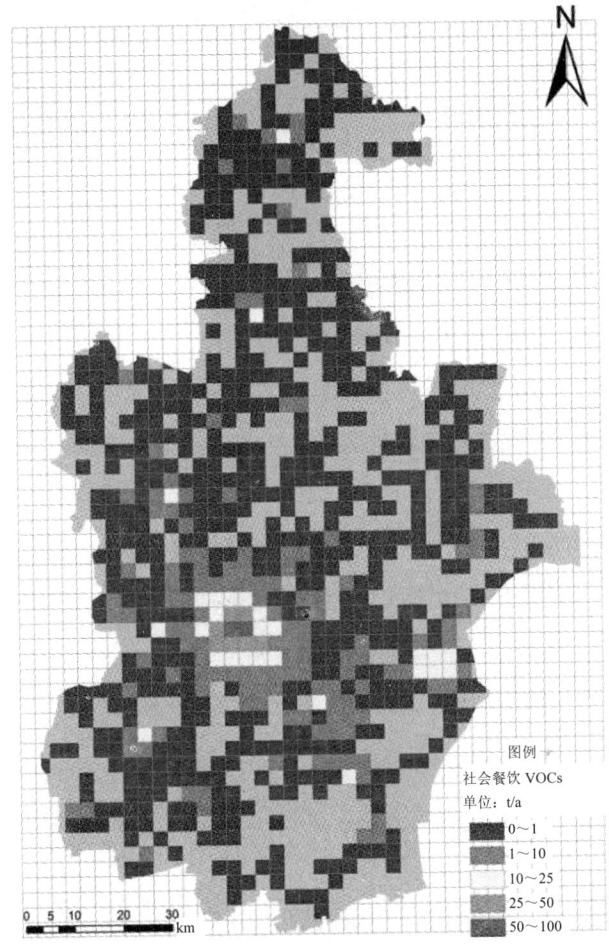

图 4-41 天津市社会餐饮 VOC 排放量（彩图见附件）

（6）餐饮源的控制建议

①在餐饮服务行业鼓励使用管道煤气、天然气、电等清洁能源；倡导低油烟、低污染、低能耗的饮食方式，禁止使用燃煤炉灶和煤制品。

②产生油烟的餐饮服务企业都必须安装油烟气净化装置，做到达标排放；推广使用带有 VOCs 净化功能的油烟净化器；推广使用前端安装的具有油雾回收功能的高效油烟净化设施；严禁不安装油烟处理装置的无组织排放行为。

③政府要对辖区建成区内餐饮服务企业的发展统一规划，合理布局。

④餐饮服务企业应合理设置油烟排放口位置，远离居民住宅等环境敏感保护目标。

⑤在不利气象条件下，餐饮企业应减少煎、炒、烧、烤操作，减少刺激性气味调料的使用，禁止露天烧烤，推广使用蒸煮菜谱，减少油烟排放。

⑥营业性烧烤餐饮要安装油烟净化装置，以烧烤类和烤鸭等为主的餐饮，高压静电式油烟净化器净化效果有限。

⑦环保、工商、规划、税务、城建等多部门应相互配合，共同加强日常管理，建立良好的市场秩序。餐饮服务企业办理工商执照时应坚持实行环保第一审批权。

4.3.2 干洗行业 VOCs 污染排放特征及控制要求

随着人们生活质量和消费水平的提高，干洗业产生的环境问题（如废气、废水、废渣）也越来越严重，其中干洗剂的使用过程产生的挥发性有机物废气是大气光化学反应过程，对臭氧、二次有机粒子的产生有重要的作用。

目前，天津市干洗行业存在干洗机多为不环保型、废气治理技术不完善或直接排放等问题，这对改善天津市臭氧、雾霾等突出的环境问题是不利的，为此有必要对天津市干洗行业企业的作业方式、VOCs 的排放量以及治理技术等方面进行调查研究，并提出相应的治理减排措施和实施要求，进而改善空气质量，营造良好的生活环境。

调查方法：本次调查采用现在考察以及填写表格两种方法。

调查范围：本次调查范围为天津市全区。

调查内容：本次调查主要涉及干洗店两个方面的情况。一是干洗店的一般情况，如名称、地址、性质、干洗机牌号及生产厂家、干洗机数量、衣物洗涤量等；二是干洗剂使用及排放情况，包括干洗剂种类、来源、使用量、更换周期、蒸馏残渣排放方法以及排放量等，由天津市洗染协会统计。

4.3.2.1 干洗业 VOCs 的计算方法

对于干洗排放的估算，美国国家环保局（EPA）通常采用以下方法。干洗单位调查法：通过对当地主要的干洗单位类型实地调查来获得排放量，调查的主要内容包括干洗剂种类和消耗情况、排放的控制措施及当地干洗单位总数，从而估算排放量。

干洗行业 VOCs 排放量的计算采用排放因子法，计算公式为式（4-12）。

$$E = \sum_{i=1} P_i \times F \tag{4-12}$$

式中：E —— VOCs 的排放量；

i —— VOCs 的排放源；

P_i —— i 的污染物的排放因子；

F —— 活动水平。

4.3.2.2 干洗业调查

干洗，是指用有机化学溶剂对衣物进行洗涤的一种干进干出的洗涤方式。通常使用的有机化学溶剂包括四氯乙烯、石油溶剂等。四氯乙烯由于其相对毒性低、热稳定性好、去油污能力强及可回收重复使用的显著特性，在干洗业已使用了 60 多年，被洗衣界公认为比较好的干洗溶剂，但不排除仍有使用石油溶剂作为干洗剂的作坊。

（1）干洗店工艺流程

干洗店洗衣工艺流程如图 4-42 所示，主要是顾客进到干洗店进行洗前分类检查，然后送入水洗、干洗、皮衣保养等干洗工序，干洗完成后进行检查去渍，熨烫和质量检查，最后核对包装和发送。

（2）干洗运行工艺及产污过程

尽管干洗机形式及设计有所不同，但洗涤原理大致相同，以使用四氯乙烯为干洗剂的干洗流程为例介绍干洗的基本过程，如图 4-43 所示。将待干洗的脏衣物放入洗衣机内，加入四氯乙烯经滚筒洗涤 30～40 min，然后烘干 30 min，洗净衣物经熨烫后即完成整个洗涤过程。其中洗涤过程中放出的液体四氯乙烯经蒸馏冷凝后回用，烘干过程中产生的气体四氯乙烯经冷凝后回用。

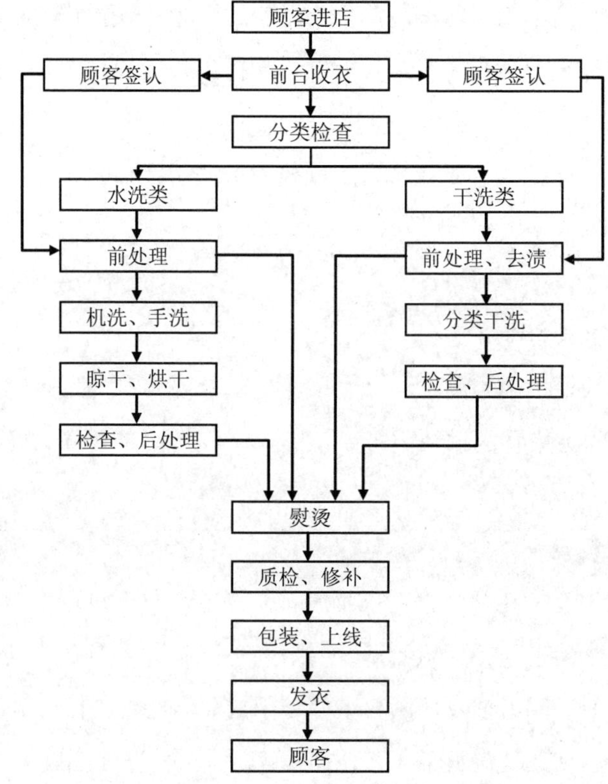

图 4-42　干洗店工艺流程

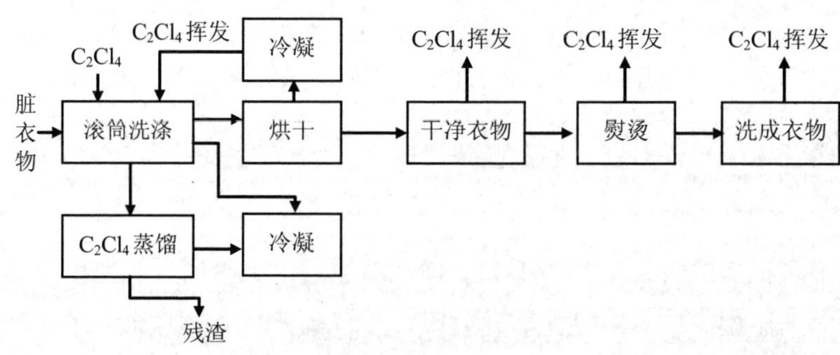

图 4-43　干洗工艺流程

从图 4-43 中可以看出，四氯乙烯进入环境有两种方式：一是在洗涤及衣物烘干、熨烫过程中通过挥发进入大气；二是随蒸馏残渣排入生活垃圾及下水道中。根据调查结果，干洗店产生的蒸馏残渣绝大部分排入生活垃圾中，少部分直接排放下水道中，因此主要的是来自四氯乙烯产生的废气污染。

（3）干洗运行设备

干洗行业使用的主要设备是干洗机，干洗机必须具备洗涤功能、过滤功能、烘干回收功能、洗涤溶剂的再生功能（石油溶剂干洗机除外）、洗涤剂的循环功能 5 项基本功能，根据干洗机的结构，可分为开启式干洗机和全封闭干洗机，其主要的区别是烘干回收系统，具体的对比见表 4-44。

表 4-44　干洗机对比

设备	干洗机类型	
	开启式干洗机	全封闭式干洗机
系统结构	水冷回收	制冷式
烘干过程	冷却水冷却盘管	氟利昂制冷
降温及排臭过程	通过开阀门进入空气降温，并完成排臭过程	冷却管冷却，无排臭过程
干洗机消耗量	10%～20%	1.1%～1.5%
洗衣成本	约 2 元	0.2～0.25 元
环境保护	存在排臭过程，干洗剂含量高，空气污染大	全封闭式，空气污染小

开启式水冷回收干洗机有两缸或三缸溶剂箱，独立溶剂蒸馏水冷回收系统，没有大容积蒸馏箱，没有制冷回收系统，回收干洗液不彻底，属于不环保型干洗机。

全封闭制冷回收干洗机采用全不锈钢结构，全铜制冷回收盘管，全封闭制冷回收系统，大流量可再生尼龙过滤器，全自动电脑控制，多种温度、压力自动控制，大容积蒸馏箱，回收干洗液彻底，采用制冷机组进行织物洗涤烘干、药液回收处理时的溶剂回收。制冷回收技术、实际烘干检测，使机器在洗涤过程中的四氯乙烯的泄流量低于国际环保标准规定的 25×10^{-6} 浓度的高要求，洗涤剂的消耗主要在于蒸馏残渣中的微量消耗，是比较理想的绿色环保型机器。

桶内四氯乙烯残余量≤300×10^{-6}，周围环境≤25×10^{-6}。符合《车间空气中四氯乙烯卫生标准》（GB 16204—1996）车间空气中四氯乙烯最高容许浓度为 200 mg/m^3（相当于 27×10^{-6}）的规定。

根据商务部、国家工商行政管理总局、国家环境保护总局 2007 年第 5 号令《洗染业管理办法》规定："新建或改建、扩建洗染店应当使用具有净化回收干洗溶剂功能的全封闭式干洗机""逐步淘汰开启式干洗机"。现有洗染店使用开启式干洗机的，必须进行改装，增加压缩机制冷回收系统，强制回收干洗溶剂；使用开启式石油衍生溶剂干洗机和烘干机的，还需配备防火、防爆的安全装置。

由于烘干冷却器的冷却方式不同，溶剂回收效果差别很大，采用自来水冷却，效果很差，大量的溶剂不能回收，开启干洗机开门时会造成环境污染。为了保证溶剂比较彻底回收，应当使用制冷机组冷却。因此，冷却器所能达到的温度决定回收效果如何，温度越低，效果越好，当然能耗就越高，反之亦然。

开启式四氯乙烯干洗机的排放量不能达到标准，出现了过多排放和较多的残留物质，所以，属逐步淘汰机型，根据国家有关法规，应该制定相应的管理法规，限期淘汰、更新，推行全封闭式干洗机，是保障干洗溶剂不会超标排放的前提，也是控制四氯乙烯对人体和环境影响的有效手段。

（4）干洗剂使用

目前常用的干洗溶剂主要是石油类碳氢溶剂和以四氯乙烯（PCE）为代表的氯化烯烃溶剂，表 4-45 列出了 PCE 和石油碳氢干洗剂的性能比较。

由表 4-45 可知，对比干洗剂的各要素去污力、成本、可回收能力、安全性和环保要求，与碳氢溶剂各种性能的比较，PCE 综合起来似乎更为理想，但由于国际癌症研究机构（IARC）已经将 PCE 列为可能的致癌物，职业健康与安全研究机构（N10HS）建议将它作为一种致癌物来对待。PCE 干洗开始面临来自环保人士和消费者的巨大压力。新型的碳氢溶剂取代 PCE 的尝试虽然已经努力了很久，但由于对设备改造、运转成本和人员培训方面的费用，以及需要专门的处理方法加之该类溶剂还有严格的消防规定，这些都在一定程度上限制了碳氢溶剂在小型干洗店的应用。

表 4-45　PCE 与碳氢干洗剂性能比较

洗涤剂	PCE	石油溶剂
洗衣程序	废有机溶剂、废气	废水
营运成本	低	高，不能完全回收
可回收能力	能完全回收，产品非常普及，一般全封闭干洗，回收率 99%以上	一般甩干后尚有 10%溶剂残留，烘干进入大气
安全性	较强	差，易燃易爆
人体健康	大量吸入有毒，对肝、视神经有影响，废液对水资源有污染	大量吸入有害，对肝、神经造血系统有影响，有致癌危险

天津市干洗企业基本都是采用“四氯乙烯（PCE）干洗剂”和“石油干洗剂”，这是两种含有害性的化学物质，年消耗量 150 余 t，开启式干洗机干洗溶剂挥发扩散后易造成环境污染。

（5）干洗行业企业 VOCs 产排污情况分析

干洗过程中，由于各种干洗剂均为易挥发性有机物，因此会造成大量的 VOCs 污染，其主要产污过程有：

①干洗机在干洗过程中的泄漏引起污染，主要包括溶剂泄漏、气体泄漏和残存泄漏。

溶剂泄漏：包括油缸、外笼、金属过滤器，水分离器，尼龙过滤器，蒸馏冷凝器等各干洗机容腔的泄漏；干洗剂输送管道、阀门的泄漏，溶剂泵的泄漏，洗笼主轴轴封的泄漏等。

气体泄漏：干洗机在烘干衣物时，风道各密封的泄漏，平衡管路的泄漏，各腔体密封，风道口盖的泄漏等引起烘干过程含氯气体外溢污染环境。

残存泄漏：在干洗过程中，残留在干洗机各容腔内、洗衣笼、风道、过滤器中的四氯乙烯，以及蒸馏器、水分器内绒毛、残渣等带有的四氯乙烯没能回收，可能带出机外或开启机门，各口盖形成气体溢出产生污染。

②残存气体污染：干洗机在烘干衣物时在笼内和风道中的气流含有大量四氯乙烯，在干衣过程中没能完全把气流中的四氯乙烯回收，在干衣结束后，机内气体含有四氯乙烯，当开门取衣时会溢出机外产生污染。

③残渣污染：溶剂过滤过程中，衣物带来的绒毛、杂质等会形成干洗残渣，这些残渣在排除机外时造成污染，如蒸馏残渣，过滤器滤内部黏附绒毛等残渣，纽扣捕集器中滤留的绒毛，干燥冷凝器、干燥加热器翅片上的绒毛等。

（6）干洗行业 VOCs 污染控制技术

目前，干洗业用于分解、回收 PCE 的污染治理技术主要有生物降解法、化学法、物理方法、活性炭吸附法和超临界流体处理技术，各种方法的工作原理、优缺点见表 4-46，由于 PCE 作为一种挥发性有机气体，是一种比较常见的挥发性有机化合物，因此消除 PCE 的方法可能与消除 VOCs 的方法有些类似。

表 4-46　PCE 的处理方法

处理方法	工作原理	优点	缺点
生物降解	助微生物的分解、氧化和转化等机制，将污染物分解氧化	高效、经济、无二次污染	对成分复杂、难以降解的 VOCs 处理困难
活性炭吸附	使用吸附剂吸附净化	效率高、能耗低、工艺成熟	吸附剂再生运行费用高，二次污染
催化氧化法	将吸附在光催化剂表面上的有机物氧化为无毒无害物质	氧化较彻底，无二次污染	催化剂易失活，运行不稳定，技术不成熟
超临界流体处理技术	它既具有液体的溶解性，又具有气体的扩散性，对很多物质具有很好的溶解能力	效率高、无二次污染	运行成本高，设备复杂

在当前干洗行业消除 VOCs 的过程中还可以从以下几个方面采取措施来降低 VOCs 的产生，可在一定时间内使温度保持 30℃以上，使 VOCs 散发，同时换气

以降低其室内浓度；并在干洗过程中保持良好的通风条件，促进 PCE 的挥发，减少与人接触的时间。

4.3.2.3 天津市干洗业概况

（1）洗衣门店分布不均匀

天津市共有干洗店 1 221 家，其中中心城区数量最多，为 467 户，占 38.2%；环城 4 区包括东丽、津南、西青、东丽，占 25.88%，滨海新区和新 5 区各占 17.04% 和 18.84%，见表 4-47 和图 4-44。

表 4-47 天津市干洗行业企业数量及分布

分布地区	数量/户	分布地区	数量/户
市内六区	467	宝坻	29
滨海新区	208	武清	68
东丽	50	宁河	25
津南	96	蓟县	47
西青	113	静海	61
北辰	57		

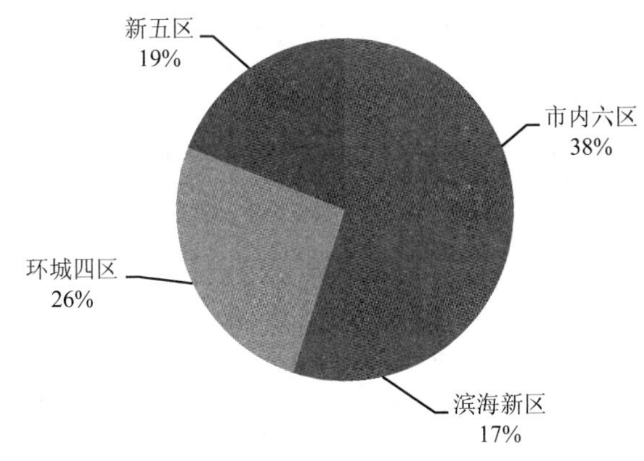

图 4-44 天津市干洗店数量各区域占比

图 4-45 为天津市干洗行业企业地理分布图，从图中看出，干洗行业分布以聚集式分布为主，一个行政区划的干洗店都集中于某个街区，干洗店存在的街区一般都有一家或数家同时存在。干洗店的聚集式特点，为整个干洗行业的统筹规划提供了可行性。

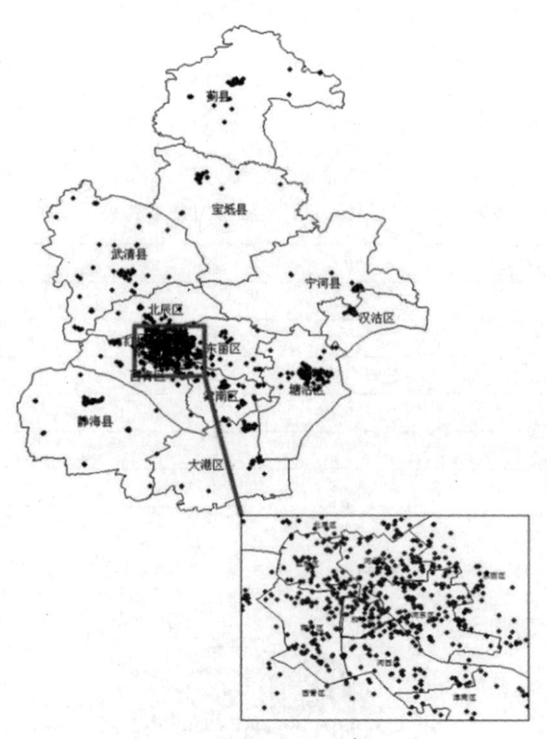

图 4-45　天津市干洗行业企业地理分布（彩图见附件）

（2）洗衣店从业人数居多

2014 年，天津市洗染行业的从业人数 4 万左右，其中洗染公司最多，达 30 200 人，其次是公用纺织品洗涤企业（7 700 人）和皮具护理企业（2 100 人）。分区域市内六区 3.3 万余人，滨海新区、新四区、五区县约 6 000 余人。

（3）营业额较快增长。

2014 年，天津市洗染行业的营业额约 12 亿元，同比增长 15.58%。其中，市内六区营业额 9 亿元，滨海新区营业额 1.8 亿元，郊区县营业额 1.2 亿元。

（4）干洗机分布情况

目前，天津市洗染企业拥有各种干洗机 4 100 余台，其中全封闭式环保型干洗机 1 700 余台，占 41.46%；开启式非环保型干洗机 2 400 余台，占 58.57%。水洗机 2 800 余台，其中全功能环保型水洗机 1 200 余台，占 43%。可以看出绝大部分洗染企业仍然使用开启式干洗机和非环保型水洗机。洗衣店干洗机分布情况与洗衣店成正比。

（5）干洗剂使用量

天津市洗染企业基本都是采用“四氯乙烯干洗剂”和“石油干洗剂”，这是两种含有害性的化学物质，年消耗量 150 余 t，开启式干洗机干洗溶剂挥发扩散后易造成环境污染。

4.3.2.4　天津市干洗业 VOCs 排放情况

本调查中已知 2015 年干洗溶剂的消耗量为 156 t，实际能排放 VOCs 的量为 15.6 t，其中开启式 VOCs 的贡献率为 52%，封闭式的贡献率为 48%，开启式活动水平为 1，则计算的天津市 VOCs 的排放量为 8.11 t，同时计算了 2014 年、2013 年的干洗行业 VOCs 的排放量，分别为 8.79 t、9.43 t，主要是全封闭式的干洗机逐渐取代了之前的开启式干洗机，因此 2015 年的 VOCs 的排放量降低了 14%，见表 4-48。

表 4-48　天津市干洗行业 VOCs 排放量

年份	使用量/t	开启式/%	封闭式/%	开启式活动水平/（t/t）	VOCs 排放量/t
2013	145	65	35	1	9.43
2014	150	58.57	41.43	1	8.79
2015	156	52	48	1	8.11

4.3.2.5　效益分析

干洗行业产生的 VOCs 积极参与光化学反应的过程，对大气环境中臭氧、雾霾的形成有较大的影响，目前天津市还没有对干洗业的 VOCs 排放量的相关的统计工作，研究工作具有较大的意义，主要表现在详细调查了天津市的干洗企业，干洗的生产工艺和干洗剂的使用情况，并核算了天津市干洗行业的 VOCs 的排放量，明确了天津市干洗行业 VOCs 污染情况，对下一步提出干洗行业 VOCs 的排放控制要求和管理措施提供了依据，并对干洗行业的 VOCs 的排放治理控制标准的提出有较大的意义。

4.3.3 汽修业挥发性有机物控制管理要求研究

有研究表明，汽车维修行业是重要的 VOCs 污染来源，不容忽视，应采取相应的措施来控制其 VOCs 排放。目前国内已有相关地区已经开展了汽车维修行业 VOCs 污染控制研究，制定了相关标准和管理思路，本研究通过对其他行业对汽修行业 VOCs 防治的理解，总结其思路和成果，从而提出天津市汽修行业 VOCs 控制相关建议。

进入 21 世纪以来，我国汽车保有量快速增长。据统计，2003—2014 年，全国民用汽车拥有量从 2 380 万辆增长到 1.6 亿辆，城镇家庭每百户家用汽车拥有量从 1.4 辆跃升至 21.5 辆，我国已进入了汽车社会。与此同时，汽车维修业也从过去单纯的道路运输车辆维修保障行业，发展为现在面向全社会的民生服务业，进入了一个全新的发展时期。截至 2014 年年底，全国共有机动车维修业户 46 万家、从业人员近 300 万人，完成年维修量 3.3 亿辆次，年产值达 5 000 亿元以上。一个多种经济成分并存、多种业态模式互补、服务供给充足、社会保障有力的机动车维修市场体系已初步形成，较好地适应和满足了经济社会发展和广大人民群众多层次、多样化、多品牌、多车型的维修消费需求。

2014 年 9 月 11 日，交通运输部联合国家十部委联合下发了《关于促进汽车维修业转型升级提升服务质量的指导意》（交运发〔2014〕186 号，以下简称指导意见），其指导思想是以最大限度地服务经济社会发展，不断改善人民群众汽车生活品质为宗旨，以转变行业发展方式、提升行业服务能力和治理体系为主线，尊重市场规律，锐意改革创新，优化市场结构，激发市场活力，推进汽车维修业规范、健康、可持续发展。

指导意见第九条强调：推广绿色维修作业，促进行业可持续发展。要按照《汽车绿色维修指南》要求，建立健全行业绿色汽修技术和管理体系，促进汽车维修业与现代城市、居民社区有机融合、和谐共处。企业要制定落实环境保护和资源节约的规章制度。要鼓励企业进行绿色汽修设施设备及工艺的升级改造，推广使用符合节能环保要求的新设备、新工艺和新材料，形成维修废弃物和有害排放少、资源利用率高的成套工艺规范。维修企业要做好废机油、制动液、制冷剂、废铅酸蓄电池等废弃物的回收处置，力争 3 年内实现全国一、二类维修企业危险维修废弃物规范处置率达到 95%以上；要加大喷烤漆房废气治理设施建设，避免大气污染。要逐步建立维修企业环境保护责任追究制度。要不断拓展绿色汽修作业的深度和广度，促进绿色汽修常态化、长效化。

汽修业随着汽车保有量的增加，其产生的环境问题（如废气、废水、废渣）也越来越严重，其中喷涂过程产生的挥发性有机物废气是大气光化学反应过程，对臭氧、二次有机粒子的产生有重要的作用。

目前，天津市汽修行业存在喷涂违规操作、废气治理技术不完善或直接排放等问题，这对改善天津市臭氧、雾霾等突出的环境问题是不利的，为此有必要对天津市汽修行业企业的喷涂的作业方式、VOCs 的排放量及治理技术等方面进行调查研究，并提出相应的治理减排措施和实施要求，进而改善空气质量，营造良好的生活环境。

4.3.3.1 天津市汽修企业分布调查

调查方法：采用现场考察和填写表格的方法。

调查范围：天津市。

调查内容：本次调查主要涉及汽修企业两个方面的情况：一是汽修企业的一般情况，如名称、地址、经纬度、性质、喷涂设备、维修数量等；二是汽修店油漆的使用及排放情况，包括油漆的种类、来源、使用量、更换周期、喷涂方法及排放量等，由天津市机动车维修管理处统计。

（1）汽修业 VOCs 的计算方法

汽修行业 VOCs 的计算根据式（4-13）进行计算。

$$E=\sum_{i}\left[A_{i}\times p\times f\times M+A_{i}\times p\times f\times N(1-\eta)\right] \tag{4-13}$$

式中：i—— 某汽修店；

A_i—— i 汽修店维修总量，万辆；

p—— 汽修店平均喷漆比例；

f—— 汽修喷漆排放因子，t/万辆；

M—— 户外喷涂比例；

N—— 室内喷涂比例；

η—— 治理效率；

E—— 排放总量，t。

（2）汽车维修行业

汽车维修是汽车维护和修理的泛称，它们都是以保证汽车安全运行，降低运输成本，提高运输效率，节约能源为目的。汽车维护主要是汽车的保养，汽车的修理及对车辆出现的故障修理，以保证车辆的正常运行。

汽车维修企业根据经营项目和服务能力可分为从事一类、二类整车维修业务企业和可以从事专项维修业务的三类维修企业。一类汽车整车维修企业和二类汽车整车维修企业［《汽车维修业开业条件　第 1 部分：汽车整车维修企业》（GB/T 16739.1）］是指有能力对所维修车型的整车、各个总成及主要零部件进行各级维护、修理及更换，使汽车的技术状况和运行性能完全（或接近完全）恢复到原车的技术要求，并符合相应国家标准和行业标准规定的汽车维修企业。三类汽车专项维修业企业［《汽车维修业开业条件　第 2 部分：汽车专项维修业户》（GB/T 16739.2—2004）］是指从事汽车发动机、车身、电气系统、自动变速器、车身清洁维护、涂漆、轮胎动平衡及修补、四轮定位监测调整、供油系统维护及油品更换、喷油泵和喷油器维修、曲轴修磨、气缸磨、散热器（水箱）、空调维修、汽车装潢（篷布、布垫及内装饰）、汽车玻璃安装等专项维修作业的业户。

汽车维修企业按照经营方式又可以分为以下 3 种：直属维修企业，即隶属于汽车制造公司或代理、专门维修其生产或销售的所有车型的维修企业；特约维修企业，即采用自营式或是汽车代理商、经销商签订合同的维修体系，主要维修已签约为其特约厂的车型，但其他车型也在维修范围以内；独营维修企业，即采用自营方式，专修特别熟悉的车型，其他相近的车型也在维修范围以内。

随着经济、社会的快速发展和城市化进程的不断加快，机动车保有量持续增加，维修需求进一步增长，维修服务与城市运行、经济发展和人民群众生活质量的关联程度越加紧密。

近年来，天津市机动车保有量快速增长，截至 2014 年年底，全市民用汽车拥有量 300 万辆，增长 16.8%，2014 年新注册民用汽车 42.65 万辆，增长 22.9%。随着天津市机动车保有量和机动车消费的稳步增长，带动汽车售后维修服务行业的快速发展，汽车维修业从业人员 6 万余人，全年维修汽车 700 万辆次，实现维修总产值 84.4 亿元，使得汽车维修行业在国民经济和人民生活中发挥越来越重要的作用。

（3）汽修企业类型分析

汽车维修企业的发展与公路交通事业和经济发展紧密相连。一方面，天津大力发展公路交通运输事业的既定方针带动了汽车保有量的大幅增长，也为汽车维修企业营造了广阔的发展空间，市场需求的旺盛在一定程度上刺激和带动了行业的快速发展；另一方面，由于受经济发展的制约，汽车维修企业从服务理念、经营方式、管理模式、技术手段、人员素质等方面与全国先进省份有较大差距。

目前，通过激烈的市场竞争和优胜劣汰，天津汽车维修企业逐步整合形成了相对稳定的 3 个阵营，并在各自服务领域体现出较为明显的优势和问题。

1）综合型的汽车修理企业

这些企业多是一、二类维修企业，大多分布于车辆相对密集和经济较为繁荣的大、中城市，技术力量强，设备较为先进，管理水平较高，是行业的骨干力量由于服务品种齐全，能够为客户提供多方位的服务，因而拥有大量的客户群体，市场占有率较高。

2）特约维修、专修企业和4S店

这是适应汽车消费增长和售后服务需要而出现的新兴服务方式，是汽车制造企业车辆销售的服务延伸，主要分布在天津及经济较为发达的地区大多依托其他汽修企业，以特约维修站点的形式出现，少量以独立经营的模式出现。

3）小型汽车维修企业

这些企业以三类维修企业为主，以乡镇企业及个体户为主体，是传统的作坊型、混合型企业的代表，大多以路边店的形式存在，主要分布于公路沿线和乡镇地带。

（4）汽修工艺及设备

汽车修理按照车辆损坏部位、损坏程度不同，主要包括发动机故障、底盘损坏、车身损坏等方面，汽车修理工艺流程主要为检修、装配喷、烤漆等工序，待修的汽车进厂后，首先进行检查，然后送往维修车间根据不同的故障和问题进行拆除，对拆除的零部件进行修复和更换；对于需要进行表面修复的车辆先进入钣金车间修理，然后送入烤漆房进行烤漆喷漆的涂装工艺，对于不需要进行表面修复的车辆，进入维修车间修理，修理后的汽车经检测工序合格后出厂，具体流程示意及各环节产生的污染类型如图4-46所示。

从图4-46可以看出，在整个汽车修理过程中会产生废气、噪声、固废等污染，其中产生废气的主要工艺是车身修补的喷烤漆工序，所以这里着重介绍具有喷烤漆过程的汽车修补生产工艺，其具体的工序主要包括修补部位表面处理、打腻子、喷烤漆（喷底漆、喷面漆、喷罩罩光漆）、上蜡打磨等步骤，其流程如图4-47所示。

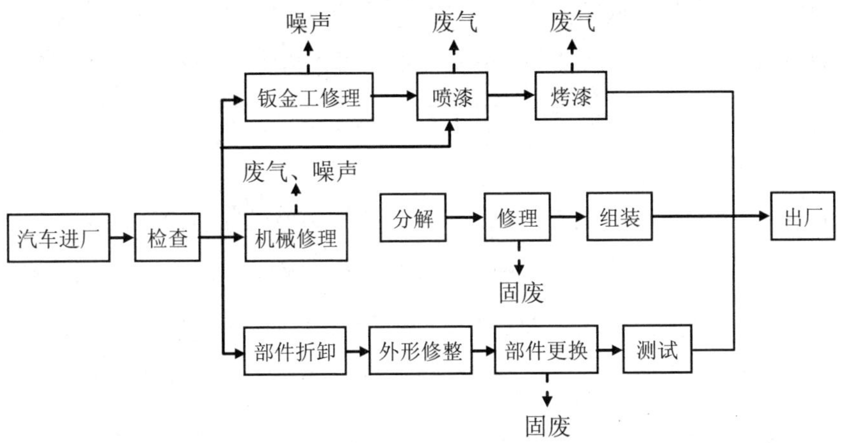

图4-46 汽车维修工艺流程示意

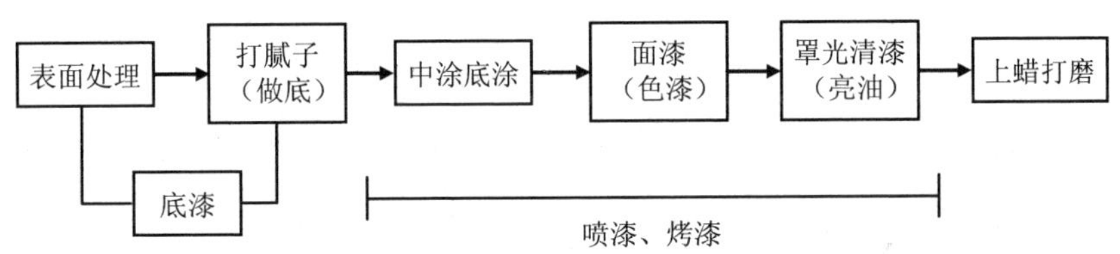

图4-47 汽车车身修补工序

下面将对汽车修补工序进行详细的介绍。

1）表面处理

表面处理一般包括钣金、清洗、彻底清除已遭破坏的漆膜、打磨除锈及最后清洗等工艺。

2）打腻子

表面处理后的待修补汽车进行第二步工作——打腻子，腻子又被细分为“填眼灰”“原子灰”等，是为了填平由于各种原因造成的汽车待修补表面的机械凹陷，提高平整度而必不可少的一类辅料；腻子是一种黏稠物质，主要由体质颜料、固化剂（催干剂）、溶剂组成，在使用前按照比例将原子灰与固化剂（催干剂）调配至待用状态，并在规定时间内用完，使用时将调配好的腻子均匀涂抹在待修补表面，用刮板抹平。待腻子晾干后，用打磨机将不平整的地方打磨平滑。常用腻子种类包括醇酸腻子、硝基纤维素腻子、环氧腻子、原子灰等。

3）喷烤漆工艺过程

喷漆是通过喷枪借助于空气压力，分散成均匀而微细的雾滴，涂在被涂物表面的一种方法，汽修过程主要是指经表面处理后，喷上底漆、面漆、清漆，自然晾干的过程。烤漆是经喷漆后有若干层油漆的基底层，经高温烘烤定型，从而提高油漆的附着力及色度的过程。喷漆常见的过程及其技术要点见表4-49，经喷漆后需每一次都要经烤漆过程对油漆定型。喷烤漆过程所处的环境是全封闭和隔尘处理的专用房间，并且油漆喷枪和烤漆温度都是专业电脑控制的，对温度控制也有一定的要求。

表4-49　喷烤漆常见过程

喷漆种类	技术要点	作用	主要成分
底漆	底漆与基材有良好的附着力；与面漆有良好兼容性	防腐蚀和填平基材细微缺陷及锈斑	硝基纤维素底漆、环氧底漆、聚氨酯底漆、磷化底漆
中涂底漆	要有一定的附着力、耐溶剂性及填充性	增强涂层间的附着力，填充细微痕迹的作用	硝基纤维素类、环氧树脂类、醇酸树脂类
面漆（本色漆）	按照原厂车所采用的调色系统调配出合适的色母，使用前按照比例添加固化剂和稀释剂	表面颜色修补并起到遮盖作用	热塑性丙烯酸树脂、聚酯-聚氨酯树脂、丙烯酸聚氨酯
罩光清漆（光油）	清漆使用前需要按照比例配套固化剂和稀释剂	提高车身光泽、明亮程度及防UV，避免颜色淡化、抗冲击等作用	高耐候性含羟基丙烯酸树脂、氨基树脂、助剂和有机溶剂

汽车维修设备一般可以分为汽车诊断设备、养护清洗设备、钣金烤漆设备、保养用品、轮胎设备等，由于汽车维修设备种类和品种繁多，严格分类比较困难，但基本上以行业主流分类方法。这里着重介绍具有涂漆工序的汽车修补生产工艺

相关的设备。

①打磨系统。

汽车修理工序中在钣金修理后、喷漆前需要对受损部位进行表面处理，表面处理应根据具体情况区别对待，一般来说应该包括清洗、除油污、润滑脂、彻底清除已遭破坏的漆膜、打磨除锈及最后清理等工作。

表面清洗干净后，对损伤部位需采用打磨系统去除掉已损坏的漆膜，对于待修补部位不大或部位外形比较复杂的情况下多采用手工砂纸打磨，主要目的是除锈、去除已被破坏的旧涂层、打掉底漆和砂薄，临近并未破损涂层的边缘、将基材表面打磨平整并将它砂光；对于待修补面积部位较大的情况下多采用机械打磨、电动磨光机对基材表面进行打磨、砂光、抛光等操作。

②喷烤漆房（喷漆间+烘房）。

喷烤漆设备是汽车维修企业进行喷涂和烘干工序不可或缺的主要设施之一，除部分汽车总装厂外，一般汽车修理厂的喷漆和烤漆都是在同一间喷烤漆房中完成的，喷漆时具有通风、空气净化、漆雾处理及冬季送热风功能，烤漆时具有升温、恒温定时、废气处理功能。这为整车修补涂装创造了清洁的工作环境，完成面漆喷涂工序后，可直接转换供应热空气，使温度达60℃，使汽车修补面漆（单组分或双组分）快速固化。

喷烤漆房主要为长方体，具体规格按照修理车型有所差异，常见规格为7 m×4 m×3 m。其基本要求如下：可以提供较好的喷漆环境，为喷漆工提供最安全、符合有关标准的工作条件；可以防止尘埃等脏物混入喷漆间；可以防止操作时漆雾和挥发性有机物进入周围环境，污染空气。

喷烤漆房按照进风和出风方式不同分为 3 种：全下冲式（上进风下出风）、侧流式（上进风旁路出风）、平流式（平进风平出风），喷烤漆房常用全下冲式的方式，进出风前要经过顶棉和地棉过滤，是目前较先进的技术，这种排气方式可得到较洁净的喷漆过程和安全的工作环境。但其成本高，占用空间大。按照加热方式又可以分为燃油加热型、燃气加热型和电加热型。按照漆雾处理方式可以分为干式和湿式（水处理）烤漆房两大类。表 4-50 列出了不同类型的喷烤漆房的优缺点。

表 4-50　不同类型的喷烤漆房的优缺点

分类依据	类型	优点	缺点
进出风	横流式	成本低、易安装	雾状物沿车身侧面移动，雾气不能从操作者面部除去，工作环境差
	侧面下冲式	雾状物远离车身、能从操作者周围除去，工作环境较佳	
	全下冲式	安全性高、喷漆质量高	成本高、占用空间大
加热方式	燃油加热型	加热速度快	不环保、安全性低、需及时清理
	燃气加热型	热效率高、升温快、加热时间短、环保	存在安全隐患
	电加热型	环保、安全、烘烤方式灵活、无须长时间静置，自然冷冷却后即可使用	耗电量大、价格高，升温速率慢、整车烘烤温度不均匀
漆雾处理	干式	漆雾捕捉效率高，理论 100%，构造简单、造价低，无水污染问题	过滤材料容漆量小，需频繁更换过滤材料
	湿式	容漆量大、不必经常维护且对排风效果无明显影响	地基复杂，造价高，需对污水进行处理，积漆处理困难

③加热系统。

通常喷烤漆房整体附有为烘干过程提供热量（加热空气）的加热系统，为了保证施工质量，汽车喷涂完毕后，使漆膜完成挥发固化，需要增加温度，加快表面干燥速度。常用加温方式包括红外加热，适用于局部小面积加温；热空气循环，适用于喷涂面积大及需要加温时间较长的情况。在汽车修补过程中最常用的还是热空气加热方式，在局部需要快干的情况下采用红外加热，或吹风机加热，通常控制喷烤漆房温度在 60℃左右。常用加热系统包括电加热和燃油机加热，通过电加热或燃油加热进入喷烤漆房的空气，使空气温度达到烘干所需温度，完成漆膜烘干成型。

④喷枪和供漆系统。

喷枪的种类和型号很多，各家涂装设备制造公司的命名方式和分类虽然有所不同，但是大体上有以下几种分类方法：按供漆方式可分为吸上式、压送式、重力式；按喷嘴类型可分为对嘴式、单嘴式、扁嘴式；按雾化方式可分为枪内混合式、枪外混合式。

企业用喷枪通常以空气喷枪为主，空气喷枪虽然雾化效果较好，但是喷涂效率低，浪费汽车漆的同时也增加了对环境的污染；除空气喷枪之外，常用喷枪还包括无气喷枪、气助喷枪等，另外一些喷涂效率较高的新型喷枪也逐渐被市场所采用，如 AA 系列喷枪，即辅助式无气喷枪，其综合了空气雾化式与高压无气式喷枪的优点，具有节省原料、供漆量比较容易控制和空气消耗量低的特点；HVLP 系列喷枪，包括 HVLP，高流量低压力喷枪和 LVLP，低流量低压力喷枪，具有喷涂效率高，在 65%～90%，与一般传统喷枪相比可节省涂料 50%以上，雾束均匀等特点。

通常汽车修补时油漆用量相对较少，采用吸上式和重力式即可满足修补漆用量；修补不同车辆时颜色更换频繁，采用漆壶调配，免去了压送式管道清洗的过程，节约时间也可以减少清洗剂用量。

⑤环保系统。

汽车修理过程中，喷漆过程中未附着在待喷涂表面的漆雾及汽车漆中挥发的溶剂会在喷漆和烘干过程中释放挥发性有机物，进而污染环境空气，必须经过环保装置的处理，达到相关环保要求。

修补操作过程中，喷漆和烘干均在封闭的喷烤漆房中进行，漆房中的顶棉、地面可以过滤漆雾等颗粒物，挥发性有机物经送风系统抽出，进入活性炭吸附等处理设备，使排出气体达到环保标准要求，除活性炭吸附外用于处理挥发性有机物的处理装置还包括分子筛吸附、焚烧法等。

（5）汽修喷涂工艺产 VOCs 分析

油漆喷涂过程中主要产生漆雾、有机废气污染。油漆在高压作用下雾化成微粒，在喷涂时，部分油漆未到达喷漆物表面，随气流弥散形成漆雾，而油漆中的有机溶剂易挥发，在喷漆、晾干过程将逐渐挥发出来形成有机废气。

汽车修补喷漆的一般工艺主要为漆前表面处理、腻子补灰、喷补漆及烤漆等工艺，在此着重介绍其详细过程及其产生的废气污染物，如图 4-48 所示。

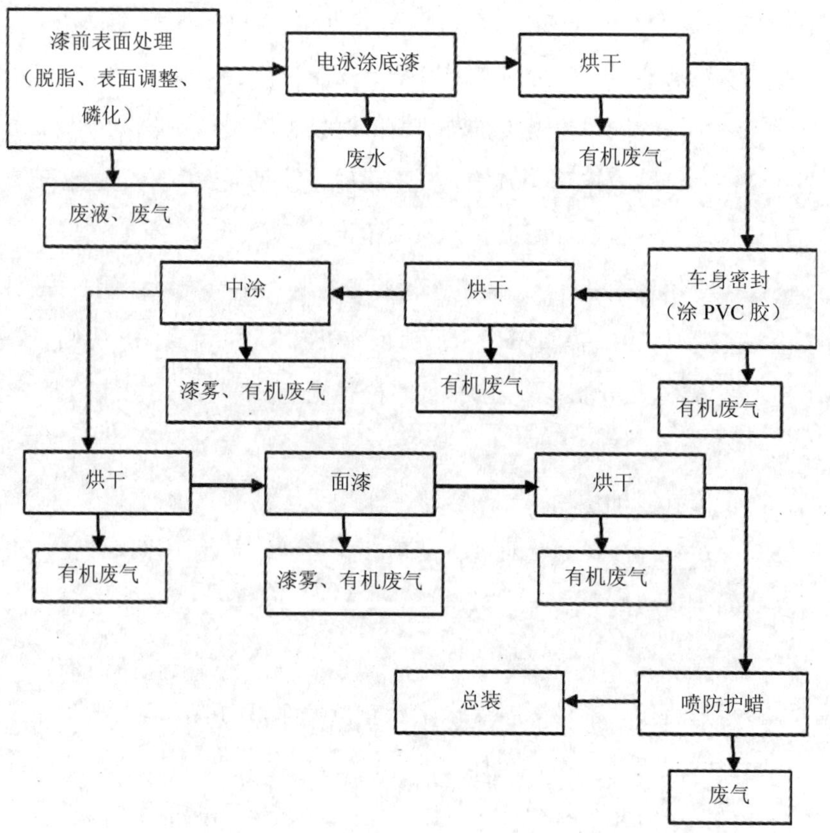

图 4-48　汽车修理喷涂过程及其产生的废气来源

漆前表面处理工艺主要是清理补漆部位，基本上不产生 VOCs。补灰工艺所用的原料为原子灰和原子灰固化剂，原子灰中含苯乙烯，原子灰固化剂本身为挥发性有机物，但因补灰的原料消耗相对较少，会产生少量 VOCs。喷漆、补漆和烘干中，补漆通常是在车身上的小面积作业，涂料用量远远少于新车的喷涂，且多采用红外局部照射加热烘干。

挥发性有机气态污染物主要产生于喷涂底漆、中涂、面漆及烤漆、车身烘干等工序。在中涂和面漆喷漆过程中，80%～90%的 VOCs 是在喷漆室排放，10%～20%的 VOCs 随车身涂膜在烘干室中排放。

根据汽修车间各个工艺环节的特点对车间挥发性有机物排放情况进行分析。

1）喷漆废气

喷漆室排放废气的主要构成取决于喷漆室内涂装溶剂的有机物成分，根据我国汽车厂喷漆工艺使用主要喷漆种类分析，主要废气的组成成分为芳香烃、醇醚类和酯类。

根据《劳动安全卫生法》的规定，喷涂作业时，喷漆室内应连续换风，换风速度应控制在 0.25～1 m/s 的范围内。由于喷漆室的排风量很大，所以排放废气中有机物总浓度通常在 100 mg/m^3 以下。另外，喷漆室的排气中还经常含有少量未处理完全的漆雾，特别是干式漆雾捕集喷漆室，排气中漆雾较多，可能成为废气处理的障碍，所以废气处理前必须经预处理，避免废气中的颗粒物堵塞废气吸附材料，导致吸附材料快速失效。

2）晾置废气

面漆在喷涂之后、烘干之前，要进行流平晾置，在湿漆膜晾置过程中存在有机溶剂挥发，为防止晾置室内有机溶剂聚集发生爆炸事故，晾置室应连续换风，换风速度一般控制在 0.1 m/s 左右。晾置室排放废气的成分与喷漆室排放废气的成分相近，但不含漆雾，有机废气的总浓度比喷漆室废气偏大，根据排风量大小不同，一般为喷漆室废气浓度的 2 倍左右，通常与喷漆室排风混合后集中处理。另外，调漆间、面漆循环水池也排放类似的有机废气。

3）烘干废气

烘干室属于汽车涂装工艺环节的最后一步，在烘干过程中，由于温度较高，会造成除喷漆涂料、有机溶剂、部分增塑剂或树脂单体等挥的挥发以外，还会造成涂料的热分解和相关反应生成物的生成，导致烘干室废气成分复杂。

烘干废气中总有机物浓度一般在 2 500 mg/m^3 左右，超过了《大气污染综合排放标准》的废气浓度限值要求，所以必须处理达标后才能排放。

汽车喷漆是汽车制造业中最严重的公害发生源之一，是耗能、耗水和排 VOCs 的大户，汽车制造过程的 VOCs 排放量 90%以上来自涂装工程，为了保护环境，必须采用环保型新材料、新技术、新设备来革新汽车涂装工艺。

（6）汽修行业产排污情况分析

通过上述的分析，可以看出整个汽修生产工序中主要排放的特征污染物 VOCs 主要来自于以下几个方面。

1）汽车漆溶剂挥发

喷涂时所采用的喷枪转移效率越高，到达汽车表面的漆量越多，反之飞散到空气中的漆雾越多，产生的 VOCs 也越多。采用高转移效率的喷枪、使用低 VOCs 含量的涂料可以减少喷烤漆房的 VOCs 排放量。

除喷涂、烘干时会产生 VOCs 外，喷涂前的储存及调配也会产生有机物挥发。储存过程中，一经开盖的涂料（含固化剂和稀释剂）其中挥发性有机物就会挥发至环境中，未盖盖和密封不严的涂料挥发量会增加；调配、取用过程中也会有 VOCs 挥发至空气中；操作过程中遗撒到桌面、地面的涂料 VOCs 也会完全挥发至空气中。

只有增强操作管理，减少遗撒、减少涂料暴露时间才可以降低储存及调配过程中 VOCs 的排放。

2）腻子补灰中溶剂挥发

腻子中含有以二甲苯为主的挥发性有机物，使用过程中也会挥发到空气中。汽车修理过程中打腻子是在车间中露天进行的，调配及涂抹过程中腻子中的挥发性有机物会直接挥发到车间环境中，依照每辆车修补面积和腻子用量不同，挥发量有所不同。

3）清洗剂挥发

在完成任务量的喷涂作业及需要更换颜色时，需要对喷枪进行清洗，防止残留涂料污染喷枪，清洗剂中含有大量挥发性有机物，在清洗过程中挥发到空气中。大部分汽车维修企业喷枪清洗都是露天清洗，虽然对清洗用的清洗剂有回收，但是在清洗过程中清洗剂中溶剂大量挥发，并且直接进入到环境空气中。采用喷枪清洗系统，在比较密闭的设备内进行清洗，可以减少挥发量。

（7）汽修喷涂 VOCs 排放的影响因素

汽修行业喷漆车间所使用涂料是产生 VOCs 的重要来源，不同溶剂类型涂料、喷漆方法、涂料的使用效率、涂料 VOCs 含量及涂料厚度等对汽修行业产生的 VOCs 有很多的影响，下面将分别进行介绍。

1）涂料种类

汽修行业常用的涂料类型有有机溶剂型涂料、水性涂料和粉体涂料等类型，溶剂型涂料是以有机成分为主，是我国汽车制造业涂装车间最早使用的涂料类型。溶剂型涂料固体组分只有 15%左右，溶剂含量高达 85%，溶剂主要成分以甲苯、二甲苯、酯、醇、醚、酮为主，经过涂装过程中烘干等工序时，最终均以 VOCs 的形式进入环境。水性涂料的溶剂以水为主，而有机溶剂含量较低，占涂料比重的 5%～15%，是一种 VOCs 含量较低的涂料类型之一，作为溶剂型涂料主要替代品正逐渐被广泛推广使用。粉体涂料是由聚合物、颜料和添加剂组成，喷涂过程过喷的涂料可回收再利用，在成膜过程中 VOCs 产生量极少。粉末涂料的主要特点是具有无害、高效率、节省资源和少量的挥发性有机物排放量，是 VOCs 排放量最低的涂料之一。表 4-51 列出了不同涂料类型所含的 VOCs 的比例。

表 4-51　不同类型涂料的 VOCs 的百分比　　单位：%

涂料种类	固体组分	有机溶剂	水
溶剂型涂料	20	80	0
水性涂料	18	12	79
高固体涂料	40	60	0
粉体涂料	98	2	0

汽修工艺中喷烤漆过程中使用的修补漆的类型 VOCs 含量也不尽相同，目前天津市汽车维修厂所采用的修补漆品牌主要包括 PPG、巴斯夫、东来高飞等，各大品牌也相继开发出水性底色漆、高固体清漆等低 VOCs 汽车用修补漆，选择各大品牌的修补漆，并对其 VOCs 含量检测结果进行对比见表 4-52，可以看出不同涂料品牌类型的涂料 VOCs 含量不同，但水性涂料相对 VOCs 含量较低。

表 4-52 汽车修补漆 VOCs 含量

品牌	水分含量/%	涂料类型	VOCs 含量/（g/L）
PPG	—	高固底漆	322
	60.5	黑色水性底色漆	183
	55.6	银灰色水性底色漆	229
	—	高固清漆	394
巴斯夫	—	水性中涂底漆	134
	65.4	银色水性底色漆	319
	62.9	红色水性底色漆	310
东来高飞	—	环氧底漆	442
	—	超级中涂	470
	50.9	水性底色漆	104
	—	超固化风干清漆	545
	—	高耐候清漆	509

2）不同涂料膜厚及 VOCs 含量

涂料中 VOCs 的释放量与涂层的厚度有很大关系，VOCs 释放量随着涂层厚度的增加而增加，研究表明涂层厚度每增加一倍（0.1～0.2 mm），涂料中挥发性有机物的释放强度将增加 20%，不同类型的溶剂型底漆（Solvent based primer，SB）、水性漆（Water borne，WB）、高固分漆（High solid，HS）、中涂底漆（Primer，Pr）、底色漆（Based clear，BC）、清漆（Clear coat，CC）的涂层厚度 VOCs 的含量见表 4-53，一般底漆的厚度为 30～40 μm，中涂漆为 20～30 μm，清漆厚度为 35～45 μm，总厚度在 120 μm 左右。

表 4-53 汽车修补漆涂层厚度及 VOCs 含量

SBprimer		WBprimer		HSSBBC		1KCC		2KCC	
厚度/μm	VOCs 含量/（g/L）	厚度/μm	VOCs 含量/（g/L）	厚度/μm	VOCs 含量/（g/L）	厚度/μm	VOCs 含量/（g/L）	厚度/μm	VOCs 含量/（g/L）
30	420	23	60	20	100	35	500	35	400
35	480	26	120	25	120	40	550	40	450
40	540	30	145	30	155	45	600	45	500

3）喷涂方法

涂装工艺水平决定涂料的有效利用水平。涂装工艺先进，涂料利用率高，则过喷漆雾少、废气污染物排放量小；反之，则过喷漆雾量大、废气污染物排放量大。汽车涂装企业如果采用机械人自动仿形、静电旋杯喷涂，则出漆量及喷涂图形可根据车身的不同位置调整到最佳状态。

采用大容量低压喷枪、无气喷枪等先进喷枪，可使涂料利用率提高到 70%，甚至 90%以上，物料流失率低，废气污染物排放量大大减少，表 4-54 列出了目前常用的喷漆方法及涂料的有效使用效率，可以看出使用静电喷涂方法涂料使用效率明显高于空气喷涂及无气喷涂的方法，因此推广使用静电喷涂的方法有利于减少 VOCs 的产生。

表 4-54 喷涂方法与涂料使用效率

喷涂方法	具体类型	涂料有效使用效率/%
静电喷涂	空气雾化静电	50～60
	无气高压雾化静电	55～65
	旋杯式离心雾化静电	80～85
	手提式空气静电喷枪	80～85
	手提式高压无气静电喷枪	50～60
低压空气喷涂	涡流式	55～60
	降压式	50～65
高压无气喷涂	无气高压雾化	50～60
	空气辅助高压雾化	55～65
空气喷涂	—	30～40

（8）汽修喷涂 VOCs 治理技术概述

在汽修喷漆过程中产 VOCs，其处理的技术有传统的燃烧技术、吸附技术、吸收技术、冷凝技术和生物技术，联用的吸附-水蒸气脱附、吸附-催化燃烧，新技术主要有低温等离子体技术、变压吸附技术、光催化技术（表 4-55）。

表 4-55　喷漆废气末端治理技术比选

技术名称	技术要点	优点	缺点
燃烧工艺	废气进入燃烧室，在高温、过量空气条件下进行完全燃烧，分解成 CO_2 和 H_2O	适用高浓度、低风量废气。效率高，处理彻底	需要额外添加燃料
冷凝工艺	将废气冷却至温度低于 VOCs 的露点温度，冷凝变成液滴，从废气中分离出来，直接回收，常与吸收、吸附等净化方式联合使用	对沸点 60℃以下 VOCs 去除效率在 80%～90%常作为吸附法、燃烧法的前期处理方法	投资大、能耗高、运行费用大
吸收工艺	利用污染物在水中的溶解特性将 VOCs 从废气中分离的方法	该法对于大气量、温度低、浓度高的废气效果较好	净化率只有 60%～80%，后处理过程复杂，二次污染
吸附工艺	吸附剂对 VOCs 进行吸附净化，一般用于处理中、低浓度的气相污染物	去除效率高、能耗低、工艺成熟、易于推广、实用等	吸附剂再生运行费用高，二次污染
生物降解工艺	借助微生物的分解、氧化和转化等机制，将污染物分解氧化成 CO_2、H_2O 等无害物质	投资少、运行费用低、二次污染少	对成分复杂、难以降解的 VOCs 处理困难
吸附-水蒸气脱附	利用高性能的活性炭纤维或颗粒炭等吸附剂吸附有机废气	脱附完全，易冷凝的优点，有机溶剂和水可自动有效分离并回收利用	溶剂需提纯，存在二次污染
吸附催化燃烧工艺	是处理低浓度的 VOCs 气体的一种有效而经济的治理技术，是目前在汽车喷漆废气处理应用最为广泛的工艺技术	节能显著，净化效率高、无二次污染、运行成本低	投资相对较高
光催化工艺	将吸附在光催化剂表面上的有机物氧化为 CO_2 和 H_2O 等无毒无害物质	适用于各类处理 VOCs，转化彻底，无二次污染	催化剂易失活，运行不稳定，技术不成熟
压缩冷凝膜分离工艺	使用对有机物具有选择渗透性的聚合物膜，该膜对有机蒸气较空气更易于渗透 10～100 倍，从而实现有机物的分离	膜分离系统是一种高效的新型分离技术，其流程简单、回收率高、能耗低、无二次污染	半透膜容易被污染，运行成本费用极高

技术名称	技术要点	优点	缺点
低温等离子技术	在外加电场的作用下，通过介质放电产生大量的高能粒子，其与有机污染物分子发生一系列复杂的等离子体物理—化学反应，从而将有机污染物降解为无毒无害物质	适用于各类处理 VOCs，转化彻底，易操作，无二次污染	工艺能耗较高，成本大，不成熟

4.3.3.2 天津市汽修业现状

天津是中国汽车维修服务业最早的发源地，行业发展具有悠久的历史。早在 20 世纪 20 年代，伴随着帝国主义炮舰外交和租界的建立，天津港口岸对外开放，那时，所有汽车和外来工业品都从天津口岸进入中国，在进口汽车通过天津港运到国内来的同时，汽车维修服务与维修技术也随之而来，国内最早从事汽车销售、汽车修理的买办车行出现在 20 世纪 20 年代的天津五大道的法租界，距今已有近百年历史。

经过多年的艰苦努力，天津市基本形成了一个以中心城区为依托，一类企业为骨干，二类企业为基础，三类企业为补充，汽车综合性能检测站为质量保证的 5 200 多户机动车维修企业，年维修量次近 700 万辆次，产值近 90 亿元，从业人员 8 万余人所组成的行业大军的基本格局。较好地适应和满足了天津经济发展和广大人民群众多层次、多样化、多品牌、多车型的维修消费需求。

截至 2015 年 11 月底统计情况分析，全市维修 620 万辆次中钣喷作业约占 40%。对比 2013 年维修 655 万辆次，钣喷作业占 45%来看，下降了 5%，另外，我们走访了部分 4S 店和综合行修理厂，对钣喷作业占该企业的维修辆次比例进行了分析，与 2015 年和 2013 年对比数字基本吻合。预计 2016 年，受保险办法改革的影响，钣喷作业占全行业年维修总辆次的比例还会有所降低。

（1）天津市汽修企业分布

天津市汽车维修行业企业数量及分布见表 4-56，目前共有汽车修理企业 5 546 家，其中一类 262 家，二类 1 410 家（不包括摩托车二类维修企业 26 家），与 2010 年年底相比，增加企业数 2 415 家，同比增长 77.1%，从数量上可以看出，天津市汽车修理行业企业数量众多，说明该行业发展迅速，在国民经济中占有较高地位。

表 4-56 天津市汽车维修行业企业数量及分布

区属	一类	二类	三类	总计
中心城区	38	220	709	967
和平区	0	2	18	20
河东区	5	50	127	182
河西区	12	62	217	291
南开区	18	73	222	313
河北区	3	21	94	118
红桥区	0	12	31	43
滨海新区	88	312	732	1 132
环城四区	93	480	1 010	1 583
东丽区	10	127	196	333
西青区	34	147	436	617
津南区	16	78	150	244
北辰区	33	128	228	389
新五区	43	398	1423	1 864
武清区	19	86	165	270
宝坻区	2	79	122	203
宁河区	3	80	211	294
静海区	8	71	101	180
蓟州区	11	82	824	917
总计	262	1 410	3 874	5 546

天津汽车维修各类企业分布如图 4-49 所示，可以看出汽修行业主要以三类企业为主，一类、二类在行业中所占比重较低，分别占 4.6%和 25.4%，三类企业在行业中所占比例超过 2/3，表明天津市汽车维修企业以小型为主，没有形成经营规模，汽修行业布局存在一定问题。政府可以从宏观角度进行系统规划，以提高行业整体素质，适应市场的长期需求。

天津市汽修行业企业数量在各地区的比例如图 4-50 所示，可以看出，滨海新区汽修行业数量占比 20.4%，是占有天津市汽修行业企业最多的地区；中心 6 区企业数量占18.4%，主要集中在南开区和河西区；环城4区的企业数量占28.2%，其中西青区比例高达11.1%；远郊2区3县企业占比33.3%，其中蓟县企业数量占比高达16.5%。

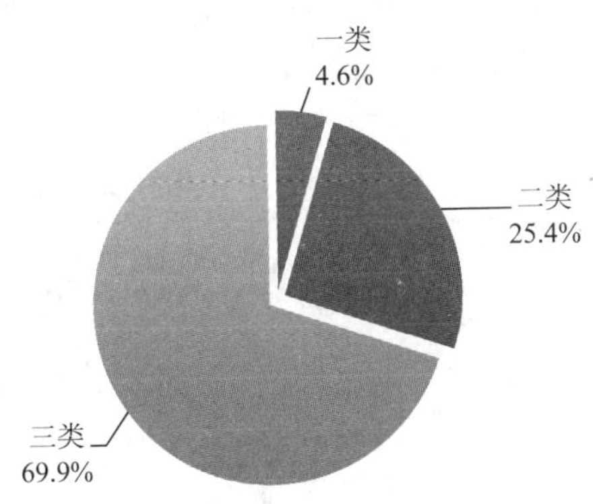

图4-49 天津市汽车维修各类企业占比

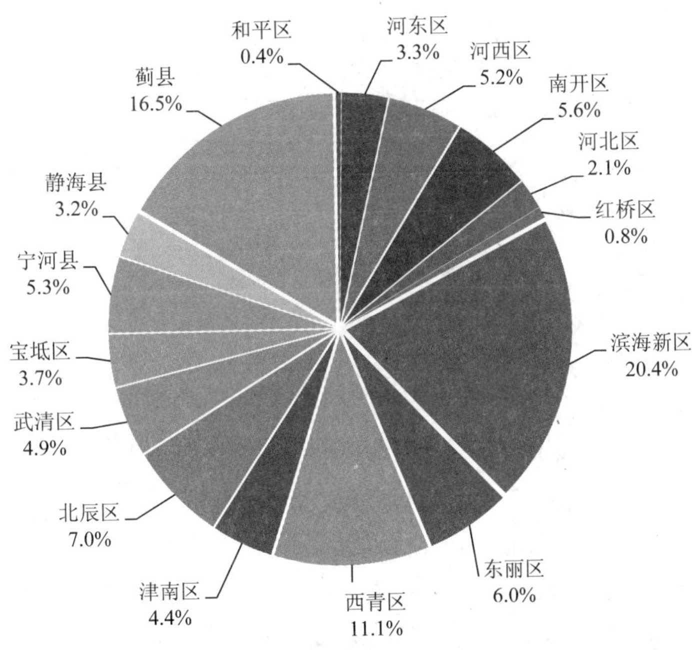

图4-50 天津市汽修行业各企业地区所占比例

天津市各类型汽修企业地理分布如图 4-51 所示，各地区企业密度中心 6 区企业密度最大，滨海新区塘沽区和蓟县也有较高密度，而宁河县和宝坻县的企业密度相对较少。从图 4-51 中还可以看出，汽车修理行业企业分布与路网有关，企业基本分布在主要交通要道附近或两侧，企业沿交通要道呈带状分布。

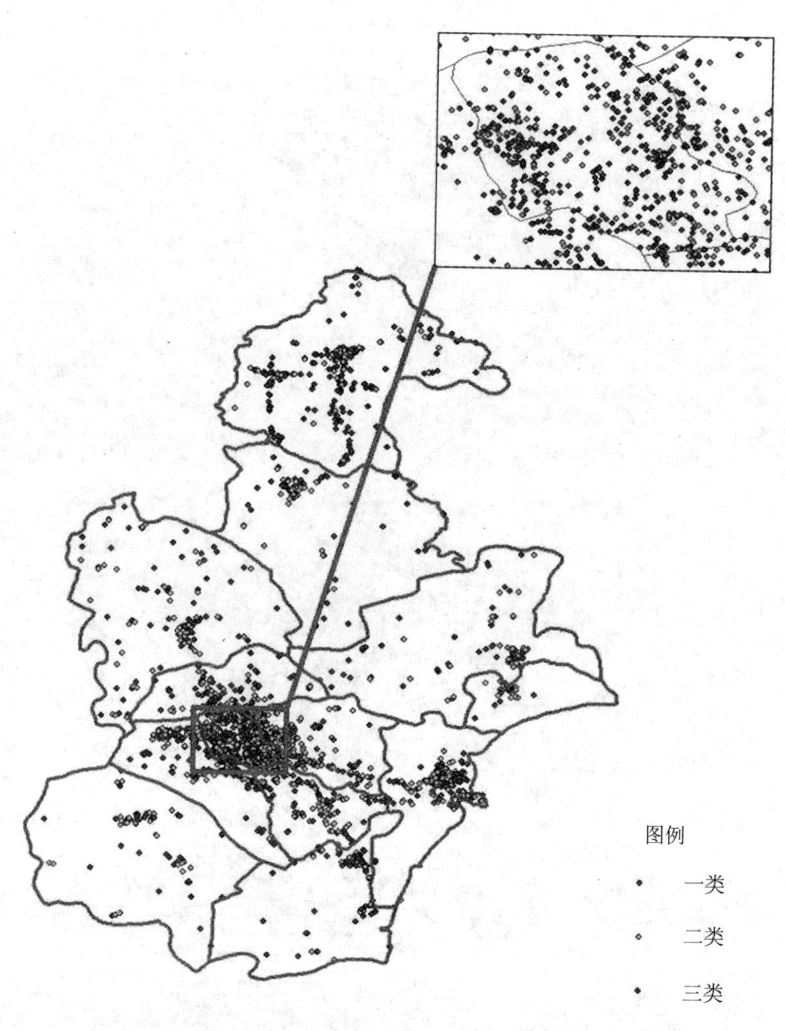

图 4-51　天津市各类型汽修企业地理分布（彩图见附件）

从总体上看，天津市汽车维修企业的结构呈现以下特点：

①汽车维修企业构成以二、三类企业为主，行业整体水平较低。

天津市一类汽车维修企业 262 家，只占到总数的 4.6%，而二、三类企业占到总数的 95.4%，从业人员的构成也呈现相同的分布特点，这说明天津汽车维修企业还有较大的发展空间。

②汽车维修一类企业地域分布不均衡。

天津汽车维修企业分布从数量上看，城中心区域和环城 4 区共有 2 654 家，占 16.53%，这一比例与天津汽车保有量和市场需求相匹配。其中一类企业达 131 家，占到一类企业总数的 50%，其他各个县市所占比重偏低，最少的只有 0 家，一类企业地域分布极不均衡。

（2）天津市汽修业企业 VOCs 产排污情况

本次汽修行业 VOCs 污染源排放量计算数据主要包括天津市 2015 年汽车维修总量、汽车喷涂比例、汽车喷涂 VOCs 挥发量活动水平、户外喷涂与室内喷涂比例、天津市汽修企业名单及类型等。相关企业明细及计算依据主要来自天津市交通运输委员会机动车维修管理处的统计数据。相关排放因子来自《城市大气污染物排放清单编制工作手册》，见表 4-57。

表 4-57　天津市汽车维修活动水平与排放因子

项目	2015 年
汽车维修总量/万辆	700
喷漆作业比例/%	40
整车喷漆排放因子/（t/万辆）	21.2
汽车维修喷漆排放因子/（t/万辆）	4.24
户外喷漆比例/%	40
室内喷漆比例/%	60
减排措施治理效率/%	40

由表 4-57 可知，汽车维修总量 2015 年达到了 700 万辆，其中喷漆作业比例小幅回落。根据《城市大气污染物排放清单编制工作手册》，得到整车喷漆作业排

放因子为 21.2 t/万辆，汽修行业喷漆作业通常为受损部件整件喷涂，因此通常情况下估算为汽车整体喷涂的 1/5，即 4.24 t/万辆。室内喷漆比例上升到 60%。由于目前汽修行业喷漆治理措施实施及技术水平不一，部分室内喷漆上没有完全实现治理措施的有效运行，估算 2015 年治理效率上升为 40%。

由于企业规模、场地、人员投入等方面的差别，一类、二类、三类汽修店维修质量也各不相同，各车主选择到一类、二类、三类维修企业的意向百分数按照统计分别为 45.2%、30%、24.8%，进而得到各类汽修店的维修总量及单店平均维修量，各类汽修店活动水平见表 4-58。

表 4-58　天津市各类汽修店活动水平

汽修分类	企业数量	意向维修百分数/%	雇员人数	维修单价次比例	喷烤漆房/间	年维修总量/万辆
一类汽修	262	45.2	＞20	10	3	316.4
二类汽修	1 410	30	10～19	7	2	210
三类汽修	3 874	24.8	1～9	4	1	173.6
总计	5 546	100	—	—	—	700

根据统计的车主选择到不同汽修企业的意向百分数，可以计算出一类、二类、三类汽修店 2015 年维修总量及单店维修量，并根据汽修行业 VOCs 排放量计算公式及数据，计算出各类汽修店 VOCs 的排放水平，见表 4-59。

表 4-59　天津市各类汽修店 VOCs 排放水平

汽修分类	汽修企业数量/个	意向维修百分数/%	维修总量/万辆	单店维修量/万辆	单店排放量/t	总排放量/t
一类汽修	262	45.2	316.4	1.207	1.556	407.827
二类汽修	1 410	30	210	0.149	0.192	270.682
三类汽修	3 874	24.8	173.6	0.044 8	0.057 8	223.763
总计	5 546	100	700	—	—	902.272

由表 4-59 可以看出，2015 年一类、二类、三类汽修店年单店维修量分别为 1.207 万辆、0.149 万辆和 0.044 8 万辆，一类和二类汽修企业尽管维修的单价次比较高，但是其维修水平较高，一类、二类汽修企业 2015 年排放总量为 902.272 t，并且一类汽修的 VOCs 的排放量较大，达到了 407.827 t，占年排放总量的 45.2%，其次是二类和三类汽修店，分别为 270.682 t、223.763 t，这与二、三类企业的喷烤漆设备不足、维修过程不完善有很大的关系，但其 VOCs 后处理过程简单，因此 VOCs 的排放量也不容小觑。

目前天津市各区县汽修行业分布不均匀，各区各类汽修店 VOCs 排放量分布也呈现差异化趋势，如表 4-60、图 4-52 和图 4-53 所示。从其中可以看出，2015 年滨海新区由于汽修店数量较多，其一、二、三类汽修店比例占到 20.11%，在各区县中比例较高，因此滨海新区汽修行业 VOCs 排放量也较大，为 239.156 t，占天津市总排放量 26%左右，市内六区总排放量为 142.336 t，占全市 16%，排放较为集中。西青区、北辰区、蓟州区排放总量也处于较高水平，分别为 106.328 t、89.109 t、80.458 t，这主要与该区具有较高数量的各类汽修店，因此其 VOCs 的排放量较高。

表 4-60 天津市各区各类汽修店 VOCs 排放水平　　单位：t

区属	一类排放量	二类排放量	三类排放量	总排放量
中心城区	59.150	42.234	40.952	142.336
和平区	0	0.384	1.039 6	1.423 6
河东区	7.783	9.598	7.336	24.717
河西区	18.679	11.902	12.534	43.115
南开区	28.018 6	14.014	12.823	54.855
河北区	4.669	4.031 4	5.429	14.131
红桥区	0	2.303 67	1.791	4.094 2
滨海新区	136.98	59.895 5	42.281	239.156
环城 4 区	144.763	92.146 9	58.338	295.248
东丽区	15.566	24.381	11.321	51.267

区属	一类排放量	二类排放量	三类排放量	总排放量
西青区	52.924	28.220	25.183	106.328
津南区	24.905	14.974	8.664	48.543
北辰区	51.368	24.573	13.169	89.109
新五区	66.933	76.405	82.193	225.532
武清区	29.575	16.510	9.530	55.615
宝坻区	3.113	15.166	7.046 7	25.326
宁河区	4.669	15.358	12.187	32.215
静海区	12.453	13.630	5.834	31.916
蓟州区	17.123	15.74	47.595	80.458
总计	407.827	270.682	223.763	902.272

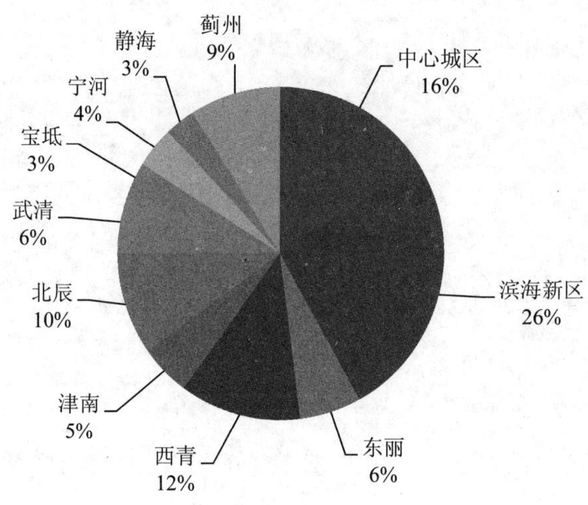

图 4-52　2015 年天津市各区各类汽修总排放量的百分比

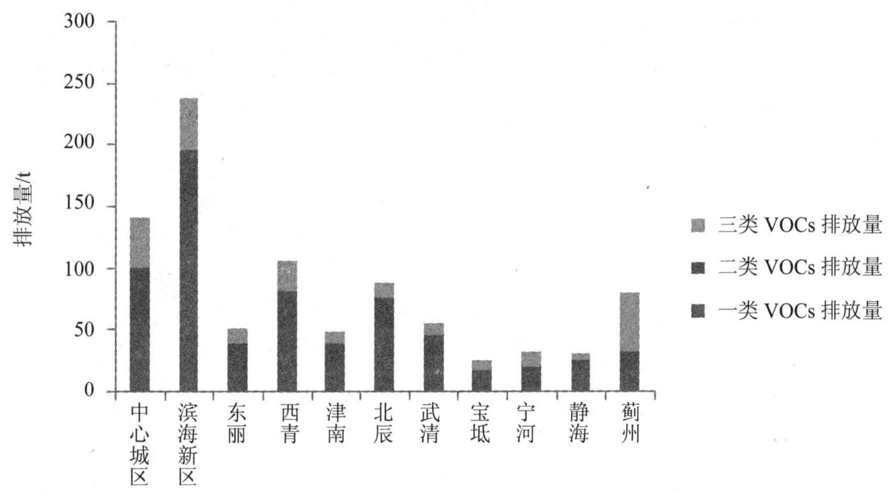

图 4-53 2015 年天津市各区各类排放总量趋势

4.3.3.3 减排治理措施

随着天津市车辆的逐年增加，汽修企业的数量也会相应的增加，若无相应的治理减排措施，其 VOCs 的排放量也会相应的增加，因此有必要对目前的汽修行业实施减排措施，下面将根据不同减排措施来计算 VOCs 的减排量，为进一步的控制管理提供一定的依据。

为判断涂料类型、喷漆效率和污染防治措施差别均对挥发性有机物排放量产生影响，假设采用同一车型，分别就上述 3 个方面进行对比分析。

①涂料类型：涂料类别分水性涂料和溶剂型涂料，其中，底漆为水性涂料，中涂漆、色漆为水性或溶剂型涂料，罩光漆为溶剂型涂料，水性涂料和溶剂型各工艺及其 VOCs 含量差别见表 4-61。

②喷漆效率：根据现有汽车涂装车间涂装车间喷漆工艺水平，将喷漆效率分为 70%和 80%，喷漆效率（80%）原料消耗情况及喷漆效率（70%）原料消耗情况见表 4-62 和表 4-63。

表 4-61　使用溶剂型和水性涂料的 VOCs 值对比

工序	涂料类型	原料	VOCs 比例/%
底漆	水性	乳液	2
		色浆	1
中涂面漆	溶剂	涂料	25
		溶剂	100
		清洗溶剂	100
	水性	涂料	10
		溶剂	0
		清洗溶剂	100
色漆	溶剂	涂料	30
		溶剂	100
		清洗溶剂	100
	水性	涂料	15
		溶剂	0
		清洗溶剂	100
罩光清漆	溶剂	涂料	40
		溶剂	100
		清洗溶剂	100

表 4-62　喷漆效率（80%）原料消耗

工序	涂料类型	原料	漆耗/（kg/辆）
底漆	水性	乳液	5.680
		色浆	1.080
中涂面漆	溶剂	涂料	2.457
		溶剂	1.061
		清洗溶剂	1.000
	水性	涂料	2.45
		清洗溶剂	1.000
色漆	溶剂	涂料	4.179
		溶剂	0.937
		清洗溶剂	2.500
	水性	涂料	3.600
		清洗溶剂	2.5
罩光清漆	溶剂	涂料	2.882
		溶剂	0.960
		清洗溶剂	0.500

表 4-63 喷漆效率（70%）原料消耗

工序	涂料类型	原料	漆耗/（kg/辆）
底漆	水性	乳液	5.680
		色浆	1.080
中涂面漆	溶剂	涂料	2.808
		溶剂	1.213
		清洗溶剂	1.000
	水性	涂料	2.8
		清洗溶剂	1.000
色漆	溶剂	涂料	4.776
		溶剂	1.071
		清洗溶剂	2.500
	水性	涂料	4.114
		清洗溶剂	2.5
罩光清漆	溶剂	涂料	3.294
		溶剂	1.097
		清洗溶剂	0.500

③污染防治措施类型：喷漆工序污染防治措施分为湿式和干式，具体情况见表 4-64。

表 4-64 喷漆工序污染防治措施类型

类型	污染防治措施	净化效率/%
湿式	水幕	10
干式	吸附浓缩-催化燃烧	90

（1）减排结果分析

根据涂料类型、喷漆效率和污染防治措施方案，确定以下对比方案，见 4-65。

表 4-65 污染防治措施方案

方案	原料	喷漆效率/%	污染防治类型
1	溶剂型	70	水幕
2	水性	80	干式

方案一和方案二的核算结果对比分析分别见表 4-66 和表 4-67。

表 4-66　方案一挥发性有机物（VOCs）排放情况核算

工序	涂料类型	原料	VOCs 比例/%	漆耗/（t/万辆）	VOCs 理论产生量/（t/万辆）	VOCs 排放量/（t/万辆）
底漆	水性	乳液	2	14.2	0.285	0.000 25
		色浆	1	2.7	0.027 5	0
中涂面漆	溶剂	涂料	25	7.02	1.755	0.095 5
		溶剂	100	3.032 5	3.032	0.165
		清洗溶剂	100	2.5	2.5	0.09
色漆	溶剂	涂料	30	11.94	3.583	0.195
		溶剂	100	2.678	2.678	0.146
		清洗溶剂	100	6.25	2.5	0.225
罩光清漆	溶剂	涂料	40	8.235	3.293	0.178
		溶剂	100	0.274	2.743	0.148
		清洗溶剂	100	12.5	12.5	0.045
总计	—				34.895	1.287

表 4-67　方案二挥发性有机物（VOCs）排放情况核算

工序	涂料类型	原料	VOCs 比例/%	漆耗/（t/万辆）	VOCs 理论产生量/（t/万辆）	VOCs 排放量/（t/万辆）
底漆	水性	乳液	2	14.2	0.285	0.002 5
		色浆	1	2.7	0.027 5	0
中涂面漆	水性	涂料	10	7.02	0.702 5	0.045
		清洗溶剂	100	2.5	1	0.1
色漆	水性	涂料	15	11.94	1.79	0.115
		清洗溶剂	100	6.25	2.5	0.25
罩光清漆	溶剂	涂料	40	8.235	3.292 5	0.21
		溶剂	100	0.274	2.742 5	0.175
		清洗溶剂	100	12.5	12.5	0.05
总计	—				24.84	0.948

天津 2015 年的统计汽修量在 700 万辆左右，则采用溶剂型涂料实际排放量、喷漆效率为 70%的方案一和采用水性涂料、喷漆效率为 80%的方案二的 VOCs 排

放量分别为 900.9 t、663.25 t，表明实施减排措施后 VOCs 的排放量降低了 26.4%，说明有必要实施 VOCs 减排措施。

（2）效益分析

汽修行业产生的 VOCs 积极参与光化学反应的过程，对大气环境中臭氧、雾霾的形成有较大的影响，目前天津市还没有对汽修业的 VOCs 排放量的相关统计工作，研究工作具有较大的意义，主要表现在详细调查了天津市的各类型汽修企业，汽修业生产工艺和废气排放情况，并核算了天津市汽修行业的 VOCs 的排放量，明确了天津市汽修行业 VOCs 污染情况，对下一步提出汽修业 VOCs 的排放控制要求和管理措施提供了依据，并对汽修业的 VOCs 的排放治理控制标准的提出有较大的意义。

4.3.4 建筑外墙低毒低挥发性涂料使用及管理建议

近年来，我国大气环境受雾霾影响日益加重，引起国家有关部门的高度关注。以国务院办公厅转发环保部等部门《关于推进大气污染联防联控工作改善区域空气质量指导意见的通知》（国办发〔2010〕33 号）为标志，从国家层面正式将 VOCs 污染防治工作提上了日程；2012 年 9 月国务院批复实施的《重点区域大气污染防治“十二五”规划》，将 VOCs 和二氧化硫、氮氧化物、工业烟粉尘一起列为了“三区十群”的防控重点，把开展 VOCs 污染防治工作纳入了重点防治任务；2015 年 2 月 1 日起将涂料纳入消费税征收范畴，对施工状态下 VOCs 含量低于 420 g/L（含）的涂料免征消费税。国家《大气污染防治行动计划》和《天津市清新空气行动方案》都提出了“推广使用水性涂料，鼓励生产、销售和使用低毒、低挥发性溶剂”的要求。

天津市大气污染日益呈现复合型的特点，表现在二次污染物尤其是臭氧和细颗粒物 $PM_{2.5}$ 出现了逐年加重的趋势，复合型污染问题已成为目前解决天津市大气环境问题的瓶颈之一，给天津市空气质量改善带来了巨大压力。研究表明，VOCs 在天津市大气复合型污染过程中扮演着关键角色。

研究表明，建筑类涂料是天津市 VOCs 的重要排放来源之一，其中溶剂型涂料尤为明显。天津市每年因为建筑外立面涂装和内部装饰装修涂装造成的 VOCs 排放一直居高不下。据统计，2010 年天津市建筑装饰业 VOCs 排放量为 10.87 万 t，按照环保部下发的家具制造行业排放因子核算，VOCs 年产生量为 2.9 万 t。

美国的 VOCs 治理历程和排放现状表明，随着机动车污染控制力度的加大，工业点源治理的推进，胶黏剂与建筑类涂料使用的 VOCs 排放贡献率将呈现不断增加的趋势。由此可推断出，随着我国城市化进程的不断加快，建筑类涂料使用将是今后相当长一段时期内天津市 VOCs 污染的主要来源之一，要控制天津市 VOCs 排放，必须采取有效措施控制建筑类涂料使用造成的 VOCs 排放。

建筑涂料使用过程排放源分散，建筑墙体必须在开放空间中涂装，涂装中产生的 VOCs 基本属于无组织排放，污染控制技术不完善，污染控制难，环境监管难度大，成本高，而源头的配方完善才是建筑涂料使用过程中 VOCs 减排的核心。因此直接控制产品中 VOCs 含量，采用低 VOCs 或无 VOCs 的环境友好型涂料（高固体组分涂料、水性涂料、粉末涂料、UV 涂料等）替代溶剂型涂料，改善乳胶漆配方，形成建筑涂料与胶黏剂行业从用途管控、配方设计、毒性替代、使用监管等 VOCs 减排一体化战略，才可以降低建筑涂料行业 VOCs 排放。因此要限制建筑涂料使用过程中 VOCs 排放必须要限制胶黏剂与建筑类涂料产品中 VOCs 含量。

研究表明，建筑类涂料是天津市 VOCs 的重要排放来源之一，其中溶剂型涂料尤为明显。天津市每年因为建筑外立面涂装和内部装饰装修涂装造成的 VOCs 排放一直居高不下。据统计，2010 年天津市建筑装饰业 VOCs 排放量为 10.87 万 t。

建筑涂料使用过程排放源分散，建筑墙体必须在开放空间中涂装，涂装中产生的 VOCs 基本属于无组织排放，污染控制技术不完善，污染控制难，环境监管难度大，成本高，而源头的配方完善才是建筑涂料使用过程中 VOCs 减排的核心。因此直接控制产品中 VOCs 含量，采用低 VOCs 或无 VOCs 的环境友好型涂料（高固体组分涂料、水性涂料、粉末涂料、UV 涂料等）替代溶剂型涂料，改善乳胶漆配方，形成建筑涂料与胶黏剂行业从用途管控、配方设计、毒性替代、使用监管等 VOCs 减排一体化战略，才可以降低建筑涂料行业 VOCs 排放。因此要限制建筑涂料使用过程中 VOCs 排放必须要限制胶黏剂与建筑类涂料产品中 VOCs 含量。

建筑涂料作为涂料工业中一大门类，已成为一个国家国民生活水平的重要标志，国内外建筑涂料尤其国内建筑涂料近年来得到了突飞猛进的发展，具备了相当的规模和一定的基础。

4.3.4.1 国外研究概况

（1）研究进展

近年来，国外建筑涂料从产品品种、规模应用、质量水平及研究水平上，都有了很大的发展，已经成为涂料中产量最大的品种。发展较快的地区主要分布在美国、日本、西欧及亚太地区。

美国是涂料工业发达国家，建筑涂料占涂料总量的 50%。在外墙装饰材料中，建筑涂料占 45%；在内墙装饰材料中，建筑涂料占 60%。在美国，80%的建筑物外墙用各种优雅的调和色涂料装饰，住宅小区和别墅基本上以涂料装饰为主，栋建筑物常用 1～2 种色彩的涂料，使建筑物显得丰富多彩、生机盎然，而室内常用单色涂料。

日本年涂料销量约 200 万 t，销售额约 7 000 亿日元，建筑涂料占总涂料量的 33%，占总销售额的 28%。即建筑涂料年销量约 66 万 t，销售额约 1 960 亿日元。

德国、瑞士等国家，80%的外墙使用涂料装饰，意大利、西班牙等地中海沿岸国家，66%的外墙用涂料装饰。亚太地区近几年来建筑涂料发展迅速，一些国家的政府从美化环境出发，颁布了相关政策法规，为建筑涂料的消费量迅速增长提供了有力的支持。

（2）国外涂料使用相关管理规定

在美国，人们已经认识到可以通过减少 VOCs 的排放量来达到国家环境空气质量标准（NAAQS）中的臭氧含量要求，因此，先后制定和实施了一系列针对涂料行业 VOC 污染控制的法律法规，如图 4-54 所示，促进了行业工艺水平和污染控制技术的发展，有效地减少了 VOCs 的排放，为涂料行业的环境保护工作带来了极大的促进作用。VOCs 排放标准主要以联邦政府政策法规为基础，辅之地方及行业标准来进行排放限制。

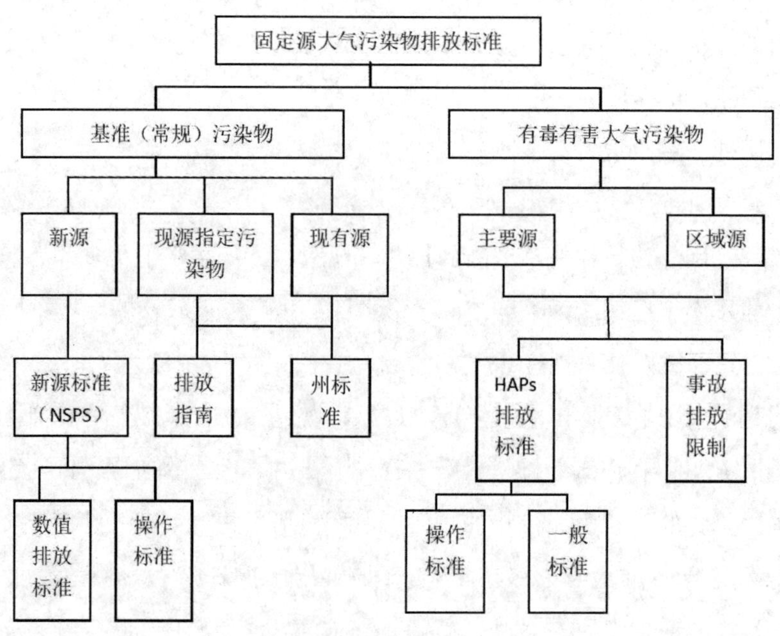

图 4-54 美国 VOCs 管控体系

1）《清洁空气法》（CAA）及其修正案

《清洁空气法》（CAA）是美国环境空气质量保护的基础法律，美国国家环保局（EPA）以该法作为基本依据建立了 NAAQS 等一系列重要法律法规作为补充，构成了联邦核心法规（CFR）。1990 年通过的《清洁空气法修正案》（CAAA）要求采取严格措施，到 2000 年降低 70%VOCs 排放量。在对涂料行业的控制方面，规定工业涂料的 VOCs（稀释后）排放限值为 420 g/L。CAAA 列出的 189 种禁止或限制排放的有毒有害物质中 70%为 VOCs，包括了甲醇、甲乙酮、甲苯等几乎所有涂料中常用的有机溶剂。

2）新污染源行为标准（NSPS）

为促进大气污染控制技术的推广使用，减缓空气污染问题，同时考虑到技术成本、健康和环境影响、能源需求等因素，根据 1977 年《清洁空气法》制定了新污染源行为标准（NSPS），它定义了限值和对特定排放单元的检测方法及 VOCs 排放限值等。

3）国家有毒空气污染物排放标准（NESHAPs）

根据国会的要求，EPA 须建立标准和管理措施控制导致癌症或其他严重影响健康的危险空气污染物的来源。1992 年 7 月 16 日，EPA 公布了第一批排放有毒空气污染物源类别清单，该名单包括了工业表面涂装 VOCs 污染源。为保证有效减少该类污染物，EPA 将 CAAA 列出的危险空气污染物按不同污染源制定了国家排放标准，即国家有毒空气污染物排放标准（NESHAPs），给出了部分工业维护表面涂装的有机有毒空气污染物（OHAP）限值要求。为最大限度地减少 HAP 的排放，EPA 专门设立了最高可实现控制技术（MACT），通过最佳的清洁生产工艺、控制技术、操作手段等途径达到限值要求。对 HAP 污染源实行严格的空气污染削减措施。对现有污染源，①若有 30 个以上同类污染源，MACT 底线应达到最佳的前 12%企业的平均限值；②若同类污染源小于 30 个，应达到前 4 名的平均限值。对于新污染源，须达到现有同类污染源的最佳控制水平。

4）控制技术指南（CTG）

《清洁空气法》第 183（e）条款要求美国国家环保局对消费和商业品产生的 VOCs 的排放量进行管理。为了对 VOCs 污染源进行监管，协助国家和地方达到空气质量标准，EPA 编制了控制技术指南（CTG），对船舶制造、家具、大型家电涂装等均提出了具体排放限值要求及控制措施。CTG 虽不属于法规，但各州须以此为指导文件，制定相应的法律标准，作为减排计划的一部分。

5）地方法规

除上述联邦法规、控制技术指导之外，各地区对 VOCs 排放也制定了严格的限值要求。

为促进区域性污染物的综合治理，美国设有多个区域性的管辖区，如南海岸空气质量管理区（AQMD）、加州空气资源委员会（CARB）、东北臭氧迁移委员会（OTC）等。以AQMD为例，针对游艇、金属零部件及产品、汽车生产线、金属容器、密封件和线圈、电磁线、气溶胶涂料、木材产品、建筑等方面的涂料使用均有具体的VOCs标准，并根据需要不断更新。如为控制大小船舶及其辅助设备、海上浮标、石油钻井平台等方面海洋涂料的VOCs排放设立了1106条例（游艇另设专门的规定），规定了详细的涂料VOCs含量和排放限值、可替代的污染控制措施及VOCs削减效率核算方法、VOCs检测分析手段。

6）总结

经过数十年的努力，美国先后颁布和实施了一系列污染控制法律法规，推动了各行业工艺技术的升级，有效减少了VOCs的排放，极大改善了区域环境质量。美国在VOCs污染控制法律标准方面积累的先进经验很值得我们学习。

①VOCs排放标准如NESHAPs等均建立在MACT的基础之上，这不仅保证了主要生产企业在采用较优的VOCs削减措施的前提下达到标准要求，也在一定程度上迫使污染源生产工艺和污染治理技术升级，促进了产业的良性发展。我国有必要综合考虑行业工艺进步和治理技术发展状况，适时修订和完善法规体系，在保证法规顺利执行的同时，促进产业技术升级改造。

②污染控制对象遵循先从大的污染源抓起，随时间推移向中小型污染源扩展的思路，VOCs排放限值及控制技术要求也逐步提高。随着工业的发展，我国新的污染源不断增加，若维持现有的法规标准不变，污染将会加重，须尽早修订完善相关法规，按照“污染源由大到小、要求由宽到严”的原则逐步修改污染排放标准。

③为有效保障区域大气环境质量，美国突破各州行政区划的限制，先后划定了AQMD、OTC等多个司法管辖区，制定专门的VOCs污染物控制目标和措施要求。其跨行政区域的管控经验对于我国在“三区十群”等地区VOCs污染综合防治工作具有较高的借鉴意义，特别在合作理念、组织机构、法规体系和资源整合等方面。

④美国联邦政府和各地方政府部门在污染控制上的责任明确、配合良好，也是保障各行业限制要求和VOCs减量化指标实施成效的主要原因之一。我国在"十二五"期间，可尝试由国家出台重点VOCs防控清单、典型行业控制技术导引等，各区域以此为依据在"十二五"期间因地制宜地制定类似美国"州实施计划"的地方达标计划，明确控制指标、达标时限等。

⑤美国的控制规定在内容上比较全面，除有技术数据，还附加了如何达到这些条款要求的配套技术和导引措施，如CTG、BACT等，保证了执行可操作性。我国有必要通过对科技攻关项目的示范工程、行业内龙头企业的工艺技术生产实践、废气治理行业成熟技术产品等进行评估和筛选，建立基于不同行业类别的VOCs治理先进技术数据库，用以指导各污染源的治理。

4.3.4.2 国内研究概况

（1）研究进展

2010年以来我国建筑涂料进入高速发展阶段，建筑涂料行业在高速成长的房地产行业的带动下，除2011年受宏观政策调控略有下降外，其他年份建筑涂料生产总量每年均以双位数的增速发展，年均增长率高于涂料工业平均增长率，更高于GDP增长率，呈现出产量连连攀升，发展势头强劲的特点，产量从2010年的351.8万t增长至2014年的516万t，见表4-68。

表4-68 2010年以来我国涂料生产总量变化

年份	涂料总产量/万t	增长率/%	建筑涂料产量/万t	增长率/%	建筑涂料占比/%
2010	967	28	352	34	36
2011	1 080	12	346	-2	32
2012	1 272	18	416	20	33
2013	1 303	2	478	15	37
2014	1 648	26	516	8	31

我国建筑涂料的总产量、销量的比例，都远远低于美国和欧洲，与日本相当。建筑涂料产品质量基本与国外相当。

目前国内应用于外墙装饰材料主要有装饰石材、玻璃幕墙、外墙饰面砖、铝塑板、外墙涂料等，前 4 种饰面材料在应用过程中普遍存在着各种各样的问题。如石材易爆裂、施工难、造价高；玻璃幕墙光污染；面砖耗能大，存在不安全等问题。所以国内外现采用外墙涂料装饰外墙建筑的比例为 90%以上。由于城市化的发展，使建筑业得到空前发展，城市的住宅小区，工业园区及大学城的兴起，为外墙涂料提供了前所未有的发展机遇。随着人们对环境与资源认识的加深及建筑节能材料的大力推广实施，采用轻质墙体材料以提高建筑外墙结构的保温隔热性能已成为建筑节能的主要措施。外墙涂料资源消耗低、易于施工及更新、无安全隐患、色彩及品种丰富，所以越来越多的外墙将会采用涂料作为建筑装饰材料。

我国建筑涂料产品结构仍以建筑乳胶漆为主，以苯丙乳胶漆、纯丙乳胶漆、醋丙乳胶漆、醋叔乳胶漆、乙烯醋酸乙烯及改性乳胶漆为主。这是一段时间内不会改变的。

在内墙涂料方面，在性能基本满足要求的条件下，生产企业和用户更多关注环境友好型产品，如低 VOCs 和零 VOCs，没有烷基酚聚氧乙烯醚（APEO-free），除甲醛和低气味等。

在外墙涂料方面，由平涂建筑涂料向质感建筑涂料发展趋势在继续。真石漆和质感涂料产量继续快速增加。

生产企业和用户都高度关注水性多彩涂料。多数生产企业投入大量人力、物力改进水性多彩涂料的稳定性、耐水性和施工结果的一致性等。水性多彩涂料从原材料、研发、生产和施工等方面取得一些进展。

其他新产品，如反射隔热涂料、环境友好型涂料、智能涂料、无机干粉建筑涂料等也有发展。

（2）国内涂料使用相关管理规定

1）北京

北京市于 2007 年颁布了《大气污染物综合排放标准》，于 2008 年 1 月实施，现有源自本标准实施之日起至 2009 年 12 月 31 日止执行第 I 时段标准，自 2010

年 1 月 1 日起执行第Ⅱ时段标准，新源自本标准实施之日起执行第Ⅱ时段标准。该标准规定了北京市固定污染源大气污染物排放控制要求，其中涉及涂装行业 VOCs 排放控制。

为推进企业实施环保技改，北京市环保部门将会同相关部门，研究制定引导政策，建立激励机制。

一是发挥标准的引领作用。参考国际先进的污染防治水平，制修订严格的污染物排放标准，引导企业采用先进技术和设备，实施环保技术改造，淘汰污染工艺和设备，实现全过程清洁生产。目前已制定 7 个与涂料及有机溶剂使用行业污染物的排放标准或限值，见表 4-69。

表 4-69 北京市涂料行业及有机溶剂管理相关文件

1	《木质家具制造业大气污染物排放标准》（DB 11/1202—2015）
2	《胶黏剂与建筑类涂料挥发性有机物含量限值标准》
3	《汽车整车制造业（涂装工序）大气污染物排放标准》（DB 11/1227—2015）
4	《汽车维修业大气污染物排放标准》（DB 11/1228—2015）
5	《工业涂装工序大气污染物排放标准》（DB 11/1226—2015）
6	《防水卷材行业大气污染物排放标准》（DB 11/1055—2013）
7	《印刷业挥发性有机物排放标准》（DB 11/1201—2015）

北京市地方标准主要以污染物排放标准为主体建立环保标准体系，主要具有以下特点：

①标准发布数量多，涵盖范围广，居全国各省市前列。

②污染物排放限值全国最严，部分标准达到国际先进水平。

③标准实施走在全国前列，起到了引领和示范作用。

④发挥标准引导和倒逼作用，加快产业结构调整。

二是完善企业环境信用体系。北京市环保部门与经信、金融、税务等相关部门建立环境信息交换机制，将超标违法行为记入中国人民银行企业信用信息基础数据库等企业信用系统，作为办理信贷业务、增值税减免优惠、上市融资核查的审核条件，限制污染企业发展。

三是强化环境经济政策的引导作用。征收工业挥发性有机物等排污费，并研究高污染行业差别化资源价格政策，增加企业排污成本，促进企业治污减排。

四是完善激励政策。制定环保技改资金奖励办法，建立环保“领跑者”制度，对实施环保技改措施、污染物排放达标并进一步减排的企业给予资金奖励，增强环保型企业的市场竞争优势，促进工业与环境协调发展。

2）广州

为贯彻落实国家和广东省有关文件关于重点行业挥发性有机物综合整治的工作部署，大力推进广东省重点行业挥发性有机物（VOCs）的综合治理，降低 VOCs 的排放总量，切实改善区域环境空气质量，广东省环保厅提出重点行业挥发性有机物综合整治的实施方案，其中涉及建筑涂料使用管理措施如下：

生活服务业：在建筑装饰装修行业推广使用符合环保要求的建筑涂料、木器漆和胶黏剂。室内装饰用涂料应符合《室内装饰装修材料　溶剂型木器涂料中有害物质限量》（GB 18581—2009）和《室内装饰装修材料　水性木器涂料中有害物质限量》（GB 24410—2009）的要求。鼓励企业使用符合《环境标志产品技术要求　水性涂料》（HJ 2537—2014）规定的涂料。各地应建立涂料产品政府绿色采购制度，涉及使用涂料、油漆和有机溶剂的市政工程、政府投资的房屋建设和维修工程等，优先采用低挥发性有机物含量产品；政府主导的建设工程应优先选用“绿色施工”企业。

除提出相关管理建议要点外，《广东省环境保护厅关于重点行业挥发性有机物综合整治的实施方案（2014—2017 年）》还提出了保障措施来保障建议的执行，见表 4-70。

表 4-70　广东省涂料行业及有机溶剂管理相关文件

1	《电子设备制造业挥发性有机化合物排放标准》（征求意见阶段）
2	《集装箱制造业挥发性有机物排放标准》（DB 44/1837—2016）
3	《印刷行业挥发性有机化合物排放标准》（DB 44/815—2010）
4	《表面涂装（汽车制造业）挥发性有机化合物排放标准》（DB 44/816—2010）
5	《家具制造行业挥发性有机化合物排放标准》（DB 44/814—2010）

4.3.4.3 建筑涂料污染特征

建筑涂料涂装的施工方式有刷涂、滚涂、有气喷涂和无气喷涂。墙面涂层的构成主要有找平层、底漆层、罩面涂层，但是这个搭配会根据工程造价等具体要求的不同，部分搭配的工序及产品被省略掉或者增加涂刷遍数。

建筑涂料行业排放的污染物主要来自于建筑涂料的使用过程（涂装）中，排放的污染物主要是 VOCs。由于建筑墙体必须在开放空间中涂装，所以建筑涂料涂装中产生的 VOCs 基本属于无组织排放。溶剂型涂料中 30%～50%的成分为有机溶剂，在涂装过程中基本都挥发到大气中，成膜物质仅剩 50%～70%；水性涂料 VOCs 比溶剂型涂料少很多，乳胶漆配方中 VOCs 主要来源于乳液、溶剂、助剂、色浆等，其中最主要的来源是成膜助剂和防冻剂如二醇类溶剂。

乙醇、乙二醇、丙二醇、正丁醇、异丁醇、乙二醇单丁醚、乙酸乙酯、乙酸丁酯、乙酸异丁酯、碳酸二甲酯等多类有毒有害物质。

以 2013 年为例，2013 年全国内外墙涂料总用量为 208.59 万 t（不包括旧墙翻新），假设全部使用水性乳胶涂料（实际使用部分溶剂型内外墙涂料），且 VOCs 含量符合国家标准 GB 18582—2008 规定的含量限值，以 VOCs≤120 g/L 计算，2013 年全国内外墙涂料的使用排放到大气中约 18 万 tVOCs；如果使用的水性乳胶涂料 VOCs 含量都达到环境标志产品技术要求 HJ/T 201—2005 的规定，以 VOCs ≤80 g/L 计算，全年仍有约 12 万 t 的 VOCs 挥发到大气中，排放量仍然很大。以上只是内外墙涂料使用排放的 VOCs 估算量，近 4 年内外墙涂料在建筑涂料中占比在 50%左右，不包括防水、地坪与功能性建筑涂料，这几种建筑涂料中溶剂型涂料使用比例很高，VOCs 排放量更大。

4.3.4.4 天津市建筑外墙水性建筑涂料使用情况

（1）天津市建筑外墙涂料使用量

水性建筑涂料的应用范围从目前天津市建筑分布情况来看，主要是工业与民用建筑、市容街道、工业园区、大学城、医院等建筑，约占整个建筑外墙面积的 90%。其中大部分建筑外墙均采用外墙外保温、抹面砂浆、封闭底漆、水性外墙建筑涂料（真石漆、水性多彩涂料等）进行装饰，满足了国家对建筑节能、安全环保、降低污染等方面的要求。

目前我们掌握的天津市房地产开发项目和累计施工面积中包含各区县，没有分区县统计数据（农村自建房不在统计范围），所以各区县所占比例无法估算。因此天津市建筑外墙使用水性建筑涂料的占 90%。

2015 年天津市建筑外墙各区 VOCs 排放情况见表 4-71，VOCs 排放总量约为 2 120 t，其中排放量在前 3 位的分别是滨海新区、南开区和武清区，排放量均超过 150 t，排放量在 100～150 t 的区县有 8 个，排放量在 100 t 以下的区县有 5 个。

表 4-71　2015 年天津市各区县建筑外墙 VOCs 排放总量

区　县	排放量/t
滨海新区	401.4
南开区	164.2
武清区	158.8
河西区	141.5
河东区	139.2
蓟州区	129.3
宝坻区	126.9
河北区	126.4
北辰区	112.6
西青区	112.5
静海县	107.8
东丽区	99.3
津南区	98.5
红桥区	83.1
宁河县	66.0
和平区	52.4
全市	2 120

据2013—2015年协会调查情况来看，生产和使用溶剂型建筑涂料单位在逐年递减，扩大水性建筑涂料的生产和使用（溶剂型建筑涂料不适宜在外墙外保温上使用，其中的溶剂渗透到保温板表面易将其溶解变形）。其中，天津在协会备案有70家生产建筑涂料企业；外埠企业备案有60家生产与销售建筑涂料企业；没在协会备案的小企业20家左右，也基本上是生产水性涂料，溶剂型涂料基本上是工业涂料居多。

2013年天津市生产水性建筑涂料10万t，外埠在津销售建筑涂料约5万t，不在册小企业生产与销售建筑涂料1.5万t；2014年较2013年提高10%；产量在11万t；2015年在国家经济整体下行压力之下，让越来越多的建筑涂料企业感受到市场寒意，一些企业因市场的萎缩、运营成本上升、资金周转不畅，传统盈利点失效等难题，步履艰难。有的企业减产或半停产，甚至出现僵尸企业。通过对天津市涂料企业经济运行情况进行统计调查看，涂料企业出现了整体下滑总产量10万t。

溶剂型建筑涂料情况：2013年天津市涂料企业共生产溶剂型涂料0.5万t；2014年共生产溶剂型涂料0.3万t；2015年天津市企业共计生产0.1万t。总体呈递减态势。溶剂型建筑涂料逐步被水性涂料所替代。

（2）水性建筑涂料 VOCs 含量满足国家强制性标准要求

依据《建筑用外墙涂料中有害物质限量》（GB 24408—2009）要求，VOCs 含量要小于或等于150 g/L，我们对98家企业建筑外墙涂料进行抽查统计，其中：VOCs 未检出的企业有4家、占抽查总数的4.08%；VOCs 1～10 t 的企业有15家、占抽查总数的15.31%；VOCs 11～20 t 的企业有13家、占抽查总数的13.26%，VOCs 21～30 t 的企业有19家、占抽查总数的19.38%，VOCs 31～40 t 的企业有16家、占抽查总数的16.32%，VOCs 41～50 t 的企业13家、占抽查总数的13.26%，VOCs 51～60 t 的企业有6家、占抽查总数的6.12%，VOCs 61～70 t 的企业有7家、占抽查总数的7.14%，VOCs 71～80 t 的企业有3家、占抽查总数的3.06%，VOCs 81～90 t 的企业有1家、占抽查总数的1.02%，VOCs 120～130 t 的企业有1家、占抽查总数的1.02%。在抽查中我们没有检出 VOCs 超出国家标准的生产企业，完全可以放心使用。人类赖以生存的环境越来越多地受到人们的关注。建筑涂料的品种、结构正向低 VOCs 环保方向和功能化发展，以满足各类建筑对不同功能的需求。

（3）管控建议

①强化涂料生产企业 VOCs 处理装置监管。企业应制定 VOCs 处理装置的运行和管理方案，确保 VOCs 处理装置长期有效运行，各监察大队应会同各区县环保局将 VOCs 治理设施的运行监管列为现场执法要点，进行重点检查。企业应建立健全活性炭吸附剂、催化剂或吸收液购买和更换台账，每两个月报各环保分局备案，废弃活性炭按危险废物处理处置。

②实行低挥发性有机物含量涂料或胶水使用申报制度。低挥发性有机物含量涂料或胶水的使用企业应每两个月向所在各区县环保局申报使用量（附上其进货量、使用量清单、票据等），各区县环保局要严格按照环评批复的有关要求，每年至少一次对相关企业进行严格核查，确认企业低挥发性有机物含量涂料（胶水）占总涂料（胶水）使用量的比例是否符合环评批复有关要求，并形成有关核查记录。对于无法满足环评批复要求的企业，应向企业下达整改通知，并督促企业落实整改措施。

③全面清理违规建设项目。对无环评批复、未经“三同时”验收等存在严重环保违法行为的企业一律责令停产整治，限期补办相关手续，逾期仍未取得相关环保手续的依法予以查处。布局不符合生态环境功能区划、环境功能区划，大气环境防护距离和卫生防护距离不能满足要求的污染企业一律依法实施停产整治或关闭。

④落实监督性抽查、监测制度。市环保局每季度对全市挥发性有机物治理情况进行抽查，各区县环保局须加强对挥发性有机物排放企业的执法检查力度，每月进行抽查。每半年要进行一次监督性监测，并将监测报告抄送市环保局，对不能达标排放的企业应进行查处。

为了鼓励发展水性涂料，提出以下保障措施：

①发挥标准的引领作用。参考国内、国际先进的污染防治水平，引用或制修订严格的污染物排放标准，引导企业采用先进技术和设备，实施环保技术改造，淘汰污染工艺和设备，实现全过程清洁生产。

②完善企业环境信用体系。市环保部门与经信、金融、税务等相关部门建立环境信息交换机制，将超标违法行为记入中国人民银行企业信用信息基础数据库等企业信用系统，作为办理信贷业务、增值税减免优惠、上市融资核查的审核条件，限制污染企业发展。

③强化环境经济政策的引导作用。发改、工商、质监、环保等相关部门加强对水性涂料的生产、销售和使用情况的督查，出台相关政策鼓励并大力推广使用水性涂料，对溶剂型涂料征收消费税。征收工业挥发性有机物等排污费，并研究高污染行业差别化资源价格政策，增加企业排污成本，促进企业治污减排。

④完善激励政策。制定环保技术改造资金奖励办法，建立环保领跑者制度，对实施环保技术改造措施、污染物排放达标并进一步减排的企业给予资金奖励，鼓励企业加大研发力度，突破技术瓶颈，不断改进、提升水性涂料的性能。增强环保型企业的市场竞争优势，促进工业与环境协调发展。

市财政局设立财政专项资金，对使用水性涂料的企业给予资金补助。市科委设立专项科技支撑计划，支撑水性树脂、水性漆、紫外光固化油漆（UV 漆）等生产技术的研发与推广和产业化。

所得建议如下：

推广使用符合环保要求的建筑涂料。建筑内外墙涂料应符合《建筑用外墙涂料中有害物质限量》（GB 24408—2009）、《室内装饰装修材料　内墙涂料中有害物质限量》（GB 18582—2008）的要求；地坪涂料用涂料应符合《地坪涂料中 VOCs 含量限值要求》（GB/T 22374—2008）；防水涂料应符合《聚氨酯防水涂料中 VOCs 含量限值要求》（GB/T 19250—2013）；室内装饰用涂料应符合《室内装饰装修材料溶剂型木器涂料中有害物质限量》（GB 18581—2009）和《室内装饰装修材料水性木器涂料中有害物质限量》（GB 24410—2009）的要求；建筑钢结构防腐涂料应符合《建筑钢结构防腐涂料中有害物质限量》（GB 30981—2014）要求。鼓励企业使用符合《环境标志产品技术要求　水性涂料》（HJ 2537—2014）、《环境标志产品技术要求　防水涂料》（HJ 457—2009）规定的涂料。

各地应建立涂料产品政府绿色采购制度，涉及使用涂料、油漆和有机溶剂的市政工程、政府投资的房屋建设和维修工程等，优先采用低挥发性有机物含量产品；政府主导的建设工程应符合《建筑工程绿色施工规范》（GB/T 50905—2014）。

在参考水性涂料生命周期的基础上选择信誉好、质量好的水性涂料产品，严格控制产品质量，做好施工过程监督，杜绝施工中以次充好，保证涂装质量和使用年限，并将关注点主要着眼于地坪涂料和防腐涂料。完善建筑涂料施工应用技术规程，规范建筑涂料市场。天津市区域内建设项目须遵守《天津市建筑内外墙涂料应用技术规程》。

4.4　天津市自然源 VOCs 排放特征调查

4.4.1　国内外研究进展

大气中 VOCs 的来源主要可分为自然源和人为源，尽管在某些地区人工源是大气 VOCs 的主要污染源，但在全球尺度上的自然源 VOCs 的排放量远远高于人工源 VOCs。目前已有研究表明，自然源 VOCs 的光化学反应活性是人工源 VOCs 的 2～3 倍，在大气光化学氧化和全球碳循环过程中具有重要作用，而植被是自然源 VOCs 最主要的排放源，其作为陆地生态系统中第一生产者，对维持整个生态系统的平衡具有重要的作用。

植被 VOCs 排放是一个多种因素协同作用的复杂过程，所有植物体都会产生和释放 VOCs，据估计植物释放的 VOCs 种类大于 10 000 种，目前将植被释放的 VOCs 主要分为异戊二烯（ISOP）、单萜烯（如α-蒎烯、β-蒎烯和柠檬烯等）和其他 VOCs（如醇、醛、酮、有机酸、低碳烷烃和烯烃等）三大类，其中其他 VOCs

又可以分为其他活性 VOCs 和其他非活性 VOCs，表 4-72 列出了植物源 VOCs 的主要分类、特性及其所占的排放比例，异戊二烯等植物 VOCs 挥发性强，合成后很快就会释放到大气中，而且排放量大、化学反应活性高，极易参与大气光化学氧化过程，单萜烯的化学反应活性次之，其他 VOCs 的化学反应活性最次之，对光化学烟雾的形成、酸性降水与全球碳循环都起着非常重要的作用。

表 4-72 植物自然源（BVOCs）的种类及其特性

排放种类	BVOCs 百分数	在大气中的寿命/h	化学式	主要代表物
异戊二烯	44	1～2	C_5H_8	异戊二烯
单萜烯	11	0.5～3	$C_{10}H_{18}$	α-蒎烯、β-蒎烯
其他活性	22.5	＜24	$C_xH_yO_z$	甲基丁烯醇、己烯醛
其他非活性	22.5	＞24	$C_xH_yO_z$	甲醇、乙醇、丙酮

（1）VOCs 自然源的分类

异戊二烯和单萜烯是植物释放的 VOCs 主要成分，占全球植物总 VOCs 的年排放量的近一半，且挥发性很强，合成后很快就会释放到大气中，而且由于排放量大、化学活性高，积极参与大气光化学氧化过程，对光化学烟雾的形成、酸性降水与全球碳循环都起着非常重要的作用。

单萜烯是由 2 个异戊二烯单位构成的 C10 萜烯类化合物，是由异戊二烯为基本结构单元的一类化合物，也可称为类异戊二烯，包括所有的异戊二烯聚合物及其衍生物，是自然界中排放量最大的非甲烷烃类化合物。

萜烯化合物具有很高的还原活性，被认为是光化学臭氧和二次有机气溶胶生成的重要前体物，能比较容易地参与到光化学过程中，与大气中的臭氧、羟基自由基、氮氧化物这样一类在大气对流层中很重要的物质起光化学反应，生成新的碳氢化合物，如醛、酮、醇、烷、烯和 O_3 等光化学氧化剂，及过氧乙酰硝酸酯等二次污染物。

其他 VOCs 主要包括醛酮类、醇类、醚类、低分子有机酸、有机酯及活泼的烯醛、烯酮等化合物等，这些含氧挥发性有机物（OVOCs）是非甲烷碳氢化合物经过一系列光化学反应形成的中间产物，又能够继续作为反应物与大气中的·OH、NO_3、O_3反应或直接发生光解作用，产生多种活性自由基。这些自由基的转化速度不仅影响了非甲烷碳氢化合物的氧化过程，还控制了氧化剂生成速度和效率，是大气氧化能力变化的关键化合物，也是大气化学过程的重要指示物质。

由于 OVOCs 的种类很多，实验上关于它们的氧化产物及反应机理的研究是非常有限的；且缺少活性中间体的检测技术，使得许多关于 OVOCs 反应机制的研究还存在诸多不完善之处，因此目前的植被 VOCs 主要研究的是异戊二烯和单萜烯类化合物。

（2）植物排放 VOCs 的机制

VOCs 作为有机物被排放出植物体外的过程中，大量的碳也被排出体外，对植物来说无疑是一种损失。科学家对植物排放 VOCs 的原因意见不一，现在有很多假说来解释植物为什么要排放 VOCs，其中主要有热忍耐假说、消除过剩能假说、促氮同化假说等。

近几年，异戊二烯和单萜烯的基本生化途径被证实，植物合成过程最后一步所需的蛋白也被提纯对异戊二烯和单萜烯的释放机制和合成已有深入的研究，以下是它们在植物体内合成的途径：

异戊二烯在叶绿体中通过甲羟戊酸途径合成，它把两分子的乙酰 CoA 合成羟甲基戊二酰 CoA（HMGCoA），再通过甲羟戊酸焦磷酸（MVAPP）合成异戊二烯基焦磷酸（IPP）和它的异构体二甲基丙烯基焦磷酸（DMAPP），然后在异戊二烯合成酶的作用下合成异戊二烯。异戊二烯也可进行逆反应，生成二甲基丙烯基焦磷酸（DMAPP）。

异戊二烯在叶内没有贮存结构，因而叶内气压在饱和点以下，它的释放率等于生物合成率。释放率主要与环境因子有关，影响异戊二烯释放的环境影响因子，包括生物因子，如植物的遗传特性、发育阶段、昆虫取食等和非生物因子如温度、光照、水分、营养、CO_2浓度、空气湿度、机械损伤等。

单萜是 C10 碳氢化合物，与异戊二烯一样，由甲羟戊酸途径产生，包括乙酰辅酶 A 合成 IPP 或 DAMPP 通过异戊二烯转移酶形成焦磷酸牦牛儿脂（GPP），再在单萜环化酶的作用下产生单萜。

单萜在植物体内有特别的贮存结构，这些结构在植物间有差异，例如，薄荷有腺体毛，松树针叶里有树脂道，冷杉有树脂泡，芸香科植物有腺体点，桉树里有贮存洞。

（3）影响 VOCs 自然源排放因素

1）植物类别

不同的植被具有不同的 VOCs 排放能力。植被是自然源 VOCs 排放的主体，占全球总自然源 VOCs 年排放量的 70%以上。一般来讲，异戊二烯的排放常见于阔叶树种，单萜烯的排放常见于针叶树种。但也有研究指出叶片表面有角质层的阔叶树，其排放的自然源 VOCs 主要以单萜烯为主。相对于阔叶树的异戊二烯排放而言，针叶常绿树的异戊二烯排放比阔叶树低约 85%。同一树种在不同的气候带和季节的自然源 VOCs 排放也表现出明显的差异，中国南方地区植被的自然源 VOCs 排放速率普遍高于北方。

2）光照

除遗传、发育因素外，在时间尺度上，大多数植物 VOCs 的释放速率受光照强度的影响很大。光合作用水平很低时，植物能利用储存的碳库作为异戊二烯合成的资源，但当植物从光照条件转向暗处时，异戊二烯的释放量明显减少，这说明植物光合作用合成的碳明显有利于异戊二烯的合成。植物的异戊二烯释放速率与光合有效辐射（PAR）关系密切，随着光合有效辐射强度增加，异戊二烯的释放速率也迅速增加。

单萜烯的释放与异戊二烯的光依赖性相反，通常不需要光，而少数不释放异戊二烯的植物表现出单萜烯释放的光依赖性，针叶树幼叶释放单萜烯的过程同时有光依赖性和非光依赖性的特点。

3）温度

叶片温度直接影响异戊二烯合成酶的活性，因而异戊二烯的释放表现出强烈的温度依赖性，大多数温带和热带植物在 40°C 有最大的释放率，而在更高温度下，植物叶片的光合作用受到抑制，出现碳源供应不足，这时异戊二烯释放速率会快速的急剧下降。

温度是单萜烯释放的支配性因素，单萜烯在叶内的气压依赖于它挥发性和在叶含量，因此温度与单萜烯释放之间的关系与气压和温度之间的关系一致。随着温度升高，植物释放单萜烯的速率增大。当温度超过 30°C 时，由于光合电子转移率降低，植物的单萜烯释放速率会下降。

4）其他因素

叶片是植物排放 VOCs 的主要器官，不同发育状态的叶子表现出不同的 VOCs 排放能力。成熟的叶片在适宜的光热环境中，能合成并排放出异戊二烯。新生长的叶子因仍处在生长阶段，不合成和排放异戊二烯，但具有很高的单萜烯排放能力。

湿度、养分、CO_2 和臭氧的环境浓度能不同程度地影响 VOCs 排放。

（4）研究意义

植物在生长过程中通过叶片气孔向大气中释放的挥发性有机气体占全球排放的 90%以上。因其化学活性较高，在对流层大气化学中有重要作用，且影响人体健康，因此越来越受到人们的关注。

一方面，VOCs 对植物生长具有促进作用。在生态系统中，VOCs 作为防卫的生物信号物质，能向植物体的其他组织和器官及邻近的其他植物传递信号或示警，来抵御胁迫环境，而且植物释放的 VOCs 一般具有杀菌、抑菌、调节精神、解除疲劳、祛病保健的功效。另一方面，植物 VOCs 也会对环境造成一些负面作用，例如，臭氧、二次有机气溶胶（Secondary Organic Aerosol，SOA）等问题，但此方面的研究相对较少。VOCs 影响着大气的氧化平衡、温室气体的浓度及气溶胶的形成等，在空气对流层的大气化学过程中起着非常重要的作用。

本研究通过解析 VOCs 的自然源排放结构，分析天津市 VOCs 排放的空间分布特征，对比国内外控制 VOCs 的主要政策法规与标准等，明晰天津市控制 VOCs 存在的主要问题，并提出具体的对策建议，以期提升 VOCs 的控制与管理水平提供技术支撑。

4.4.2 植被分布调查及 VOCs 排放量核算方法

利用《1∶1 000 000 中国植被图集》，用 ArcMap10.2 分析天津市的植被类型分布图。该植被图将中国植被按针叶林、针阔叶混交林、阔叶林、草丛、草甸、沼泽、栽培植物 7 种大植被型组。

4.4.2.1 自然源 VOCs 的计算方法

（1）GloBEIS 模型

GloBEIS 模型中包括目前研究中常用的几种机理，包括 CB4、CB05、SAPRC99 和 Native，按照机理不同，可以输出很多的物种。本调查选择目前研究植被 VOCs 常用的机理，即将植被排放的 VOCs 划分为异戊二烯、单萜烯和除此之外的所有其他 VOCs（醇、醛、酮、有机酸、低碳烷烃和烯烃等多种）3 类。植被排放量计算公式是依据 Guenther 等提出的算法来确定。

（2）异戊二烯排放量

$$E_{\mathrm{ISOP}}=[\varepsilon][D][\gamma_p\gamma_t][\rho] \tag{4-14}$$

式中：E_{ISOP} —— 异戊二烯的排放量，μgC/（m^2·h）；

ε —— 标准状态下［温度为 30℃，PAR 为 1 000 μmolphoton/（m^2·s）］基本排放速率，μgC/（g·h）；

D —— 叶生物量密度，g/m^2；

γ_p、γ_t —— 环境校正因子，分别为光合有效辐射影响因子、温度影响因子；

ρ —— 逸出效率（即排放总量中逸入树冠上方大气中部分所占的比例，取值为 1）。

γ_p 及 γ_t 校正因子计算如下：

$$\gamma_t = \exp[C_{T1}(T - T_s) / RT_sT] / \{1 + \exp[C_{T2}(T - T_M) / RT_sT]\} \quad (4\text{-}15)$$

式中：T—— 当前叶表面温度，K，简单等于树冠外的气温；

T_s=303 K；

R—— 气体常数（8.314J/K）；

C_{T1}、C_{T2}、T_M—— 经验常数，C_{T1}=95 000 J/mol；C_{T2}=230 000 J/mol，T_M=314K。

$$\gamma_p = (aC_LQ) / [(1 + a^2Q^2)^{0.5}] \quad (4\text{-}16)$$

式中：a、C_L—— 经验参数，可取为 0.002 7 和 1.066；

Q—— 当前的光合有效量子密度，μmol/（m^2·s），来源于太阳辐射数据。

（3）单萜烯和其他 VOCs

$$E_{\text{TMT}},\ E_{\text{OVOC}} = [\varepsilon][\text{D}][\gamma_t][\rho] \quad (4\text{-}17)$$

式中：E_{TMT}，E_{OVOCS}—— 一段时间内单萜烯和其他 VOCs 排放量，μgC/（m^2·h）。

环境校正因子计算方法如下：由于单萜烯和其他 VOCs 排放量仅与温度相关，故仅考虑γ_t；γ_t=exp[β (T−T_s)]，经验常数β值为 0.09 K^{-1}。

（4）标准排放因子

对于我国主要树种，如果国内有可靠的观测研究结果，则按种确定排放强度因子，否则，参照国外研究结果，按属确定排放强度因子，然后利用分档处理的方法，将国内外已报道的各种树种的天然源 VOCs 标准排放因子为基础，根据植被类型中各种植物所占比例进行加权平均，然后将加权平均值与 VOCs 标准排放因子的分档值进行比较，取数值最接近的分档值为该植被类型的 VOCs 标准排放因子。

天津地区的针叶林以油松为主，因此异戊二烯和单萜烯的排放（以 C 计）以油松的标准排放因子取值，阔叶林可以按照主要是桉树、杨树取值，草丛、草甸、沼泽植被的异戊二烯和单萜烯的排放将按照文献取值，对其他 VOCs 的排放，有林地的标准排放因子取为 1.5 μgC/（g·h），在缺乏有关观测资料的情况下，已被许多研究者所采用。将最后得到的植被排放异戊二烯和单萜烯的标准排放因子按七大类给出数值，见表 4-73。

表 4-73 植被类型的标准排放因子和平均叶生物量密度

植被类型	标准排放因子/[μgC/（g·h）]			平均叶生物量密度/（g/m²）
	异戊二烯	单萜烯	其他 VOCs	
针叶林	0.4	19	1.5	620
针阔叶林	6	0.6	1.5	700
阔叶林	22.1	7.8	1.5	869
草丛	0.5	0.2	0.56	105
草甸	0.5	0.2	0.04	105
沼泽	2	1.5	1.85	75
栽培植被	0.1	0.1	0.02	740

（5）叶生物量密度（LMD）

对目前实际调查的典型森林类型的群落生物量、乔木层生物量及各种典型树种叶生物量、各种草地、灌木、农作物的生物量等大量资料进行了比较系统分析，并以上述工作为基础，得到天津主要植被类型的生物量密度因子，并按七大类给出数值，见表 4-73。

（6）植被 VOCs 排放对城市臭氧及二次粒子形成的贡献

1）臭氧生成潜势（OFP）估算方法

臭氧生成潜势（Ozone Formation Potential，OFP）代表 VOCs 物种在最佳条件下对臭氧生成的最大贡献。本研究只计算天然源 VOCs 排放中含量较大的异戊二烯和单萜烯的 OFP。其计算公式如下所示：

$$\mathrm{OFP}_i=\mathrm{VOC}_i \cdot \mathrm{MIR}_i \tag{4-18}$$

式中：OFP_i —— 某个 VOCs 物种 i 的 OFP 值；

VOC_i —— 该 VOCs 物种的浓度或排放量；

MIR_i —— 某 VOCs 物种在臭氧最大增量反应中的臭氧生成系数，g/g。本书采用 Carter 等的最新 MIR 数据，其中异戊二烯为 10.61 g/g，单萜烯为 4.04 g/g。

2）SOA 生成潜势估算方法

二次有机气溶胶（Secondary Organic Aerosol，SOA）是天然源或人为源排放的挥发性有机物或半挥发性有机物经氧化和气粒分配等过程而生成的悬浮于大气中的固体或液体微粒，是城市大气细粒子的重要组成部分。

本研究采用气溶胶生成系数法（Fractional Aerosol Coefficient，FAC）来估算SOA 的生成潜势。SOA 生成潜势计算公式见式（4-19）。

$$SOA_i = VOC_i \cdot FAC_i \tag{4-19}$$

式中：SOA_i —— 某个 VOC 物种 i 的 SOA 值；

VOC_i —— 某种 VOCs 的排放量或排放浓度；

FAC —— 该种 VOCs 的气溶胶生成系数。本研究的 FAC 值主要来源于 Grosjean 的研究结果，其中异戊二烯为 2%，单萜烯为 30%。

4.4.2.2 天津市植被分布调查

结合天津市现有土地利用及植被分布资料，天津市植被分布涵盖了城内 6 区、远郊区及风景名胜区，以非地带性植被占优势其中尤以农作物分布最广，达到了57.8%，混有温带针叶林和次生灌草丛，各种植被类型的所占面积及区县的主要植被类型见图 4-55、表 4-74、表 4-75。

天津地处华北平原东北部，海河流域下游，气候属于典型的暖温带半湿润半干旱季风气候，具有四季分明，季节交替明显的特点，并且属于暖温带落阔叶针叶混交林植被区系，落叶树种占绝对优势。

从图 4-55 可以看出，天津北部蓟县地区存在多样化植被类型，主要是针叶林、阔叶林、针阔混交林及栽培植物，蓟县北部地带发育着茂盛的以油松为主的针叶林，东北地区针阔混交林以油松、栎林为主，并在林地坡面上生长次生草丛等植被。

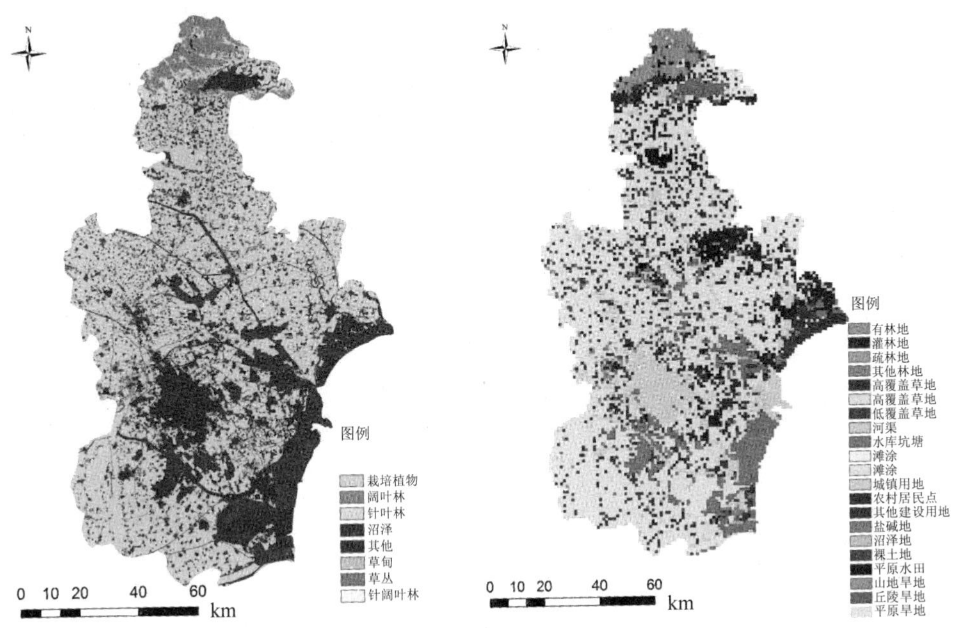

图 4-55 天津市植被分布和土地利用分布（彩图见附件）

表 4-74 天津市植被类型面积统计

植被类型	面积/km^2	百分数/%
针叶林	87.1	0.73
针阔叶林	43.2	0.36
阔叶林	262.92	2.21
草丛	226.2	1.89
草甸	1 204	10.1
沼泽植物	580	4.8
栽培植物	6 889.3	57.81
其他	2 624.88	22.03

表 4-75 天津市各区县植被类型面积统计

地名	总面积/ km^2	植被面积/ km^2	植被类型						
			针叶林	针阔叶林	阔叶林	草从	草甸	沼泽	栽培植物
蓟州	1 590.2	1 324.8	86	37.4	116	22	0	0	1 063.4
宝坻	1 509.7	1 219.01	0	2.2	2.51	73	70	18	1 053.3
东丽	478.8	393.91	0	0	2.21	23	85	17	266.7
西青	563.6	438.3	0	2.8	17.6	0	58	28	331.9
津南	389.3	108.9	0	0	1.7	0	200	80	227.2
北辰	478.5	387.2	0	0	39.8	41	20	0	286.4
宁河	1 431.4	1 085.9	0	0	12.2	10.2	32	30	1 001.5
武清	1 573.5	1 281.6	0	0	46.1	0	85	41	1 109.5
静海	1 480.2	1 197.6	0	0	12	12	260	43	870.6
塘沽	758.4	388.7	0	0	5.7	31	100	82	170
汉沽	439.8	297.7	0	0.8	4.9	0	180	0	112
大港	1 056.2	755.8	1.1	0	2.2	10.5	110	241	391
市六区	168	9.3	0	0	0	3.5	0	0	5.8
天津	11 917.6	9 288.72	87.1	43.2	262.92	226.2	1200	580	6 889.3

非地带性植被发育旺盛，最显著的是盐生草甸植被，占到了 10.1%，主要分布在汉沽区、塘沽区和大港区等滨海地区，呈带状分布，盐生草甸植被有强烈的适应盐土环境的能力，在维护海岸带、改造滩涂等方面具有特殊的地位。天津坑塘洼淀众多，发育着良好的芦苇等沼泽植被，在调节水热平衡方面具有重要意义。

天津境内主要是平原，夏季高温，雨量集中，光照充足，有利于各种农作物的生长，栽培植物的面积也达到了 57.8%，栽培植物主要分布在以农作物为主的蓟县、宝坻区、武清区、宁河区、北辰区、东丽区、静海区等远郊区，以城市绿化植物的栽培植物主要分布在城内六区（和平区、南开区、河西区、河东区、河北区、红桥区）及其他的区县绿化地带。城市绿化植物以落叶乔木、灌木和常绿树种为主，天津城市树种较单一、季相变化少，园林景观不够丰富。

沼泽植被面积为 580 km^2，占全市植被的 4.8%，主要分布比较零散，主要生长在积水洼淀、坑塘四周的湿土中，土壤有机质一般较高，质地黏重，有机质分解缓慢，在土壤中逐渐积累腐殖质层，如武清区的大黄堡、宁河区的七里海等，是芦苇的主要产地。

天津主要是平原地区，大面积种植农作物，但农作物不作为植被 VOCs 排放的控制对象。其他土地利用类型包括城镇用地、农村居民点、其他建设用地、裸土地等。

4.4.3 天津市 VOCs 自然源排放特征

（1）天津市 VOCs 自然源的年排放特征

根据天津市各种植被类型分布及其面积、叶生物密度、排放因子、温度等数据估算自然源 VOCs 的排放量，见表 4-76，2013 年的排放量为 43 479.43 tC/a，其中异戊二烯的排放量为 25 515.85 tC/a，占年总 VOCs 排放量的 58.67%，单萜烯的排放量为 15 029.52 tC/a，占总排放量的 34.57%，其他 VOCs 所占的比例较低，仅为 6.74%。这说明自然源 VOCs 排放的主要种类是异戊二烯和单萜烯，其他 VOCs 的排放量较少，并且排放的 VOCs 主要来源于森林。

表 4-76 2013 年天津市自然源 VOCs 的年排放总量

植被类型	异戊二烯		单萜烯		其他 VOCs	
	年排放量/（tC/a）	贡献率/%	年排放量/（tC/a）	贡献率/%	年排放量/（tC/a）	贡献率/%
针叶林	16.25	0.037	4 494.046	10.34	354.79	0.82
针阔叶林	783.82	1.8	79.47	0.18	198.67	0.45
阔叶林	21 813.2	50.17	7 805.7	17.95	1 501.097	3.45
草丛	51.30	0.12	20.81	0.047 8	58.26	0.13
草甸	273.07	0.63	110.74	0.25	22.15	0.051
沼泽	375.84	0.86	285.79	0.65	352.48	0.81
栽培植被	2 202.37	5.06	2 232.95	5.14	446.59	1.03
总计	25 515.85	58.67	15 029.52	34.57	2 934.04	6.74
总 VOCs 年排放量/（tC/a）	43 479.43					

不同植被类型对自然源 VOCs 的贡献率见表 4-76，可以看出，阔叶林是异戊二烯的主要贡献者，贡献率为 50.17%，其次是针阔叶林，单萜烯主要来源针叶林和阔叶林，贡献率为 28.29%，栽培植物的面积广阔，释放的异戊二烯、单萜烯、其他 VOCs，占自然源 VOCs 年排放量的比例分别为 5.06%、5.14%、1.03%，其他 VOCs 所占的比例最大，表明栽培植物主要释放的 VOCs 对大气环境的影响不是很大。天津地区针叶林、阔叶林及针阔叶林所占面积比例较少，但其异戊二烯、单萜烯的排放量明显高于草丛、草甸、沼泽及栽培植物的自然源 VOCs 的排放量，表明天津市主要自然源 VOCs 的来源是森林。

（2）天津市 VOCs 自然源的季节排放特征

根据各季节 VOCs 所占的比例估算天津各季度的自然源 VOCs 的排放量，并计算不同自然源 VOCs 所占的百分数，见表 4-77，可以看出天津夏季（6—8 月）自然源 VOCs 的总排放量高达 24 110.230 t，占年排放量的 55.45%，最小排放量出现在温度较低、光强较弱的冬季（12 月—翌年 2 月），异戊二烯和单萜烯的排放速率较低，其排放量只占年度排放量的 0.13%，为 2 955.7 t。

表 4-77　天津市自然源 VOCs 季节排放量（以 C 计）比较

季节	异戊二烯		单萜烯		其他 VOCs		各季度
	排放量/t	百分比/%	排放量/t	百分比/%	排放量/t	百分比/%	排放量/t
春（3—5 月）	5 205.24	0.21	3 592.06	0.24	674.83	0.23	9 472.12
夏（6—8 月）	15 921.89	0.62	7 093.94	0.47	1 094.440	0.37	24 110.23
秋（9—11 月）	3 061.90	0.12	3 096.08	0.21	783.39	0.27	6 941.38
冬（12 月—翌年 2 月）	1 326.82	0.052	1 247.45	0.083	381.43	0.13	2 955.70

异戊二烯和单萜烯排放的季节变化大致相同，异戊二烯在夏季和冬季的变化更为明显，夏季排放量达到了 23 015.86 t，占全年异戊二烯排放量的 52.93%，主要是受夏季温度高、光照强等条件的影响，异戊二烯和单萜烯的释放速率增大，排放量也会增大。

估算天津自然源 VOCs 排放量的月变化，如图 4-56 所示。天津自然源 VOCs 的总排放量存在明显的峰值和谷值，7 月达到最大排放量 5 868.65 t，1 月出现最小排放量 436.32 t，12 月和 2 月的排放量也相对较小。异戊二烯、单萜和其他种类 VOCs 呈现类似的月间变化趋势，但异戊二烯月间差异更为明显，而单萜和其他种类 VOCs 变化趋势较为平缓，表明环境气象因素对异戊二烯的排放影响更大。

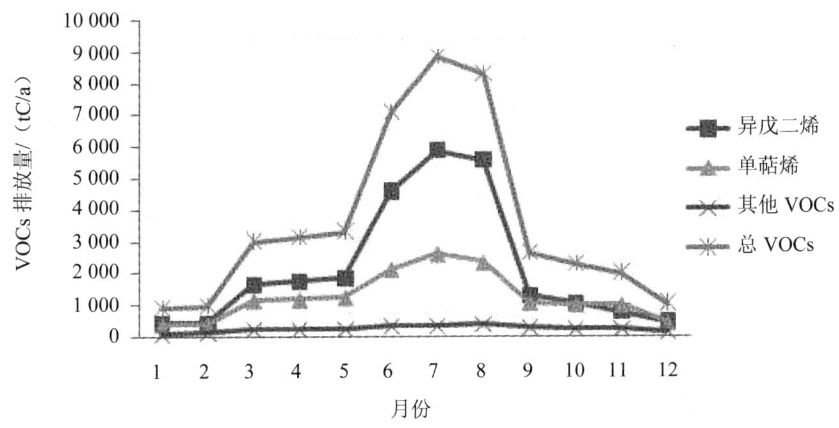

图 4-56　天津市自然源 VOCs 排放量的月变化

（3）天津市各区县 VOCs 自然源的排放特征

根据天津市各区县植被类型及其所占的面积和天津市自然源 VOCs 的年排放量，计算天津各区县的自然源 VOCs 的年排放量，见表 4-78。

表 4-78　天津市各区县自然源 VOCs 的年排放量

地名	异戊二烯/（tC/a）	单萜烯/（tC/a）	其他 VOCs/（tC/a）	总 VOCs/（tC/a）	总 VOCs 所占比例/%
蓟县	10 663.53	8 296.65	1 259.19	20 219.36	46.50
宝坻	628.97	441.98	123.76	1 194.712	2.75
东丽	304.12	170.36	47.73	522.211 6	1.20
西青	1 648.39	654.37	152.96	2 455.724	5.65
津南	310.87	181.92	76.73	569.528 5	1.31

地名	异戊二烯/（tC/a）	单萜烯/（tC/a）	其他 VOCs/（tC/a）	总 VOCs/（tC/a）	总 VOCs 所占比例/%
北辰	3 407.40	1 280.04	256.72	4 944.17	11.37
宁河	1 361.35	705.47	156.02	2 222.836	5.11
武清	4 225.22	1 756.27	361.60	6 343.097	14.58
静海	1 363.45	684.65	158.95	2 207.048	5.08
塘沽	610.09	276.78	103.22	990.093 4	2.28
汉沽	497.67	199.80	42.23	739.701 9	1.70
大港	491.22	378.64	193.57	1 063.433	2.45
市六区	2.65	2.20	1.28	6.127 227	0.014
天津	25 514.94	15 029.14	2 933.96	43 478.04	100

由表 4-78 和图 4-57 可以看出，蓟县自然源 VOCs 的总年排放量较其他区县的排放量高，达到 20 219.36 t，占天津市自然源 VOCs 总年排放量的 46.51%，而北辰区、西青区、武清区、宁河区、静海区等区县也有较高的 VOCs 排放量，为 18 172.88 t，占天津市 VOCs 总年排放量的 41.80%，在这些区县草丛、草甸、沼泽等植被会释放大量的植被 VOCs。相比较而言，城内六区的异戊二烯和单萜烯的排放量均很低，对天津市总 VOCs 年排放量的贡献很小。

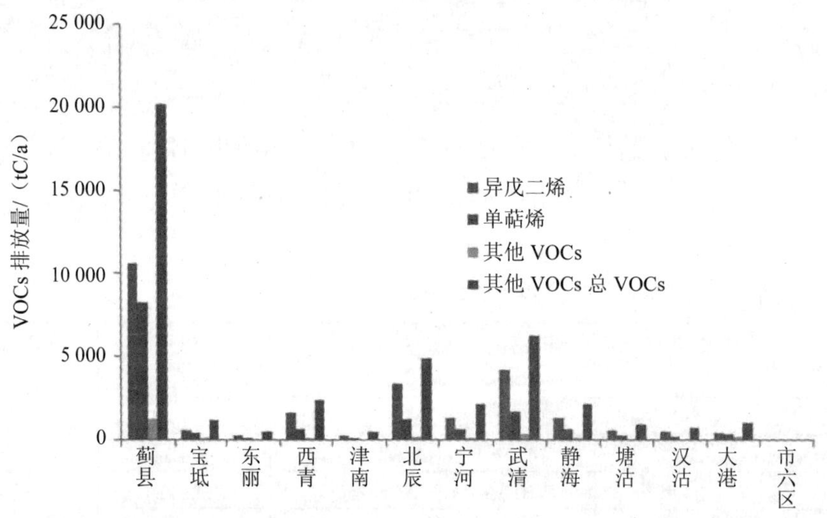

图 4-57 天津市各区县自然源 VOCs 的年排放量

（4）不同植被类型VOCs排放特征

对于植被类型的VOCs标准排放因子，通过文献获得的国内部分树种的VOCs标准排放因子实测值为基础，根据天津市森林资源调查中各植被类型植物所占比例进行加权平均，得到天津市常见的植物的标准排放因子，见表4-79。

表4-79 天津市常见的植被的标准排放因子

植被名称	拉丁名	科属	异戊二烯	单萜烯
白皮松	*Pinaceace*	松科	＜0.01	1.2
华山松	*Pinusarmandii*	松科	＜0.01	2.8
云杉	*Piceaasperata* Mast.	松科	20	1.5
油松	*Bungeana* Zucc.	松科	0.4	19
坚桦	*Betulachinensis* Maxim.	桦木科	0.5	2.3
侧柏	*Platycladusorientalis*（L.）Franco	柏科	＜0.1	2.2
槲栎	*Quercusaliena* Bl	壳斗科	65.5	4.0
栎树	*Quercusserrata* Thunb.	壳斗科	46.9	7.8
法桐	*Plantnusorientalis*	悬铃木科	139	0.3
毛白杨	*Populustomentosa*	杨柳科	37.0	7
山杨	*Populusdavidiana*	杨柳科	105.8	0.2
垂柳	*Salixbabylonica*,	杨柳科	70.2	0.19
大叶女贞	*Ligustrunlucidumait*	木樨科	2.48	0
大叶白蜡	*Fraxinusrhynchophylla*	木樨科	＜0.01	＜0.01
迎春花	*Jasminumnudiflorum*	木樨科	＜0.01	＜0.01
丁香	*Syringa* spp	木樨科	0.2	1.8
国槐	*Sophorajaponical*	豆科	52.5	1.9
洋槐	*Robiniapseudoacacia*	豆科	37.3	2.3
合欢	*Albizziajulibrissin*	豆科	6.81	0
栾树	*Koelreuteriapaniculata*	无患子科	0.02	0.04
榆树	*Ulmuspumila*	榆科	0	0
臭椿	*Ailanthusaltissima*	苦木科	0	0
银杏	*Ginkgobiloba* L	银杏科	＜0.01	0.2
核桃	*J μglansregia*	胡桃科	0	0
梨	*Pyrus* sp.	蔷薇科	0	0
榆叶梅	*Prunustriloba*	蔷薇科	＜0.01	＜0.01
山楂树	*Crataeguspinnatifida*	蔷薇科	＜0.01	＜0.01
西府海棠	*M.micromalus* Makino	蔷薇科	＜0.01	＜0.01

植被名称	拉丁名	科属	异戊二烯	单萜烯
碧桃	*Prunuspersica* Batsch.var.*duplex* Rehd	蔷薇科	0	0
杏树	*Prunusarmeniaca* L.	蔷薇科	0.1	0.1
黄棣棠	*Kerriajaponica*	蔷薇科	＜0.01	＜0.01
月季	*Rosachinensis* Jacq.	蔷薇科	＜0.01	＜0.01
苹果树	*Maluspumila* Mill	蔷薇科	0	0
柿树	*Diospyroskaki*	柿科	0.1	0.1
木槿	*Hibiscussyriacus* Linn.	锦葵科	0.237	＜0.01
紫薇	*Lagerstroemiaindica*	千屈菜科	＜0.01	＜0.01
金银木	*Loniceramaackii*（Rupr.）Maxim.	忍冬科	＜0.01	＜0.01
石榴树	*Punicagranatum* L.	石榴科	＜0.01	＜0.01
小麦	*Triticumaestivum*	禾本科	＜0.1	2.1
玉米	*Zeamays* L	禾本科	0	0.35

异戊二烯和单萜烯的排放量的级别可以分别按照各自不同的排放速率的高低进行分类，分为高、中、低及可忽略 4 个级别，具体的排放速率高低见表 4-80，也可以将异戊二烯和单萜烯的排放速率相结合划分为异戊二烯和单萜烯均较高、异戊二烯排放高、单萜烯排放高、异戊二烯和单萜烯均低、异戊二烯和单萜烯排放可忽略 5 种级别。在本部分工作中将天津市不同植被按照第二种的方法进行区分，详见表 4-81，这有利于园林绿化时选择异戊二烯、单萜烯排放速率低的树种，从而降低植物 VOCs 的释放，减少其对大气化学中 O_3、二次气凝胶的形成。

表 4-80　异戊二烯和单萜烯标准排放速率分类　　单位：μgC/（g·h）

化合物	高	中	低	可忽略
异戊二烯	＞40	10～40	1～10	＜1
单萜烯	＞3	1～3	0.2～1	＜0.2

植物 VOCs 的释放速率、成分组成与植物所属的类群有非常密切的关系，即不同属植物之间差别很大。不同植物间异戊二烯的排放有明显的差异，从科的水平上看，如壳斗科的栎树、松科的云杉、悬铃木科的法桐、杨柳科的杨柳树、豆科的国槐等植物大多数释放异戊二烯，桦木科的坚桦、松科的油松等植物主要释

放的萜烯类的化合物，而木樨科、蔷薇科、榆科、苦木科、禾本科等植物释放的异戊二烯和单萜烯均较少。同属的不同树种，释放速率也有很大差异。可见，树种的差异是不同树种 VOCs 排放速率和成分不同的主要原因。

表 4-81　天津市植被异戊二烯和单萜烯排放级别

排放级别	植物名称
异戊二烯和单萜烯均较高	栎树、云杉、国槐、洋槐、柳树
异戊二烯排放高	法桐、毛白树、合欢
单萜烯排放高	油松、柏树、白皮松、丁香、大叶女贞、小麦等
异戊二烯和单萜烯均低	落叶松、榆树、栾树、玉米、杏树等
异戊二烯和单萜烯排放可忽略	榆树、臭椿、银杏、榆叶梅、山楂树、西府海棠、碧桃、月季、紫薇、金银木等

（5）温度和光照对植被 VOCs 排放的影响

植物释放异戊二烯和单萜烯主要受光照和温度的影响。异戊二烯的排放速率与光照和温度都有关，光照越强，40℃以下，温度越高，异戊二烯排放速率越大；单萜烯的排放速率主要与温度有关，温度越高，单萜烯的排放速率越大。将所测物种中的中国槐和油松的 VOCs 排放速率对光照和温度作图，如图 4-58～图 4-60 所示。

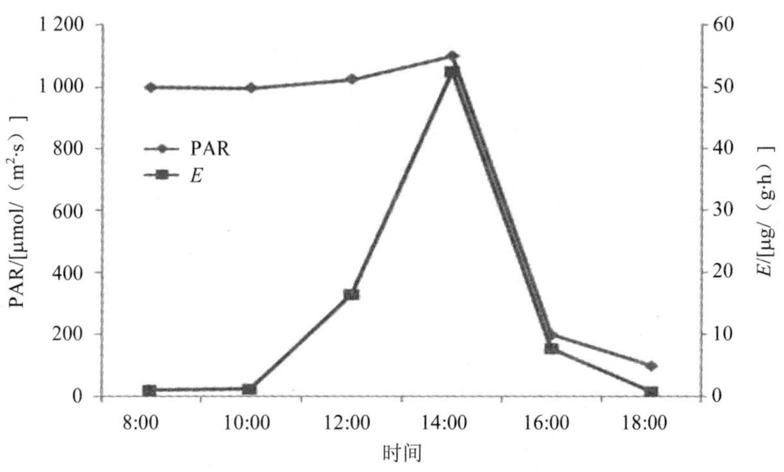

图 4-58　中国槐异戊二烯释放及 PAR 日变化

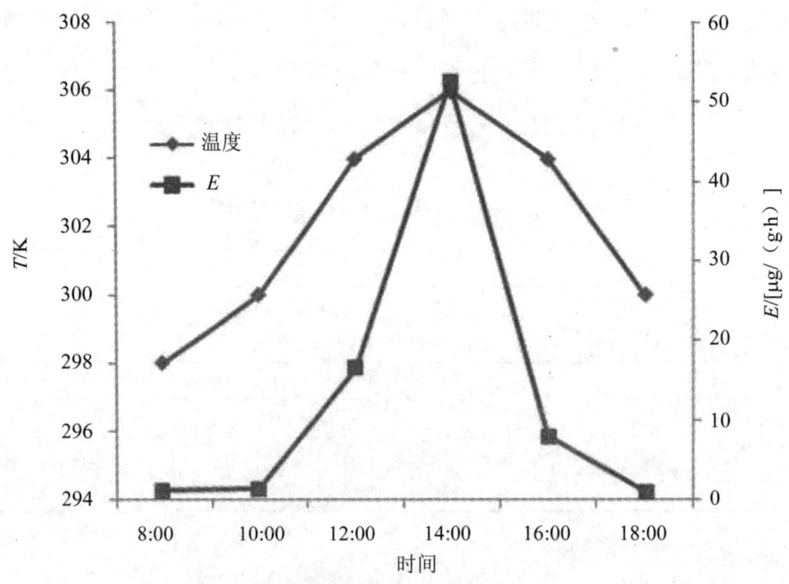

图 4-59　中国槐异戊二烯释放及温度日变化

从图 4-58 和图 4-59 中可以看出，异戊二烯和单萜烯的排放速率都是早晨较小，之后逐渐增加，到了中午左右达到最大值，而这之后又逐渐减少，存在明显的日变化特征。由于异戊二烯和单萜烯的排放主要是受温度和光照的影响，导致植物 VOCs 的释放存在着明显的日变化。图 4-58 中早晨 8 点左右光照已经很强，但异戊二烯排放速率还比较低，原因可能是植物从夜间停止光合作用到早晨又开始光合作用这一过程的转变需要一段时间，不是一出现阳光就立即开始释放异戊二烯，所以异戊二烯排放速率从早晨开始是逐渐增大的，直到最大值。

图 4-60 是油松单萜烯的排放速率与温度的关系图，可以看出单萜烯的排放速率主要与温度有关，温度越高，单萜烯的排放速率越大，与其他研究中的结论一致。

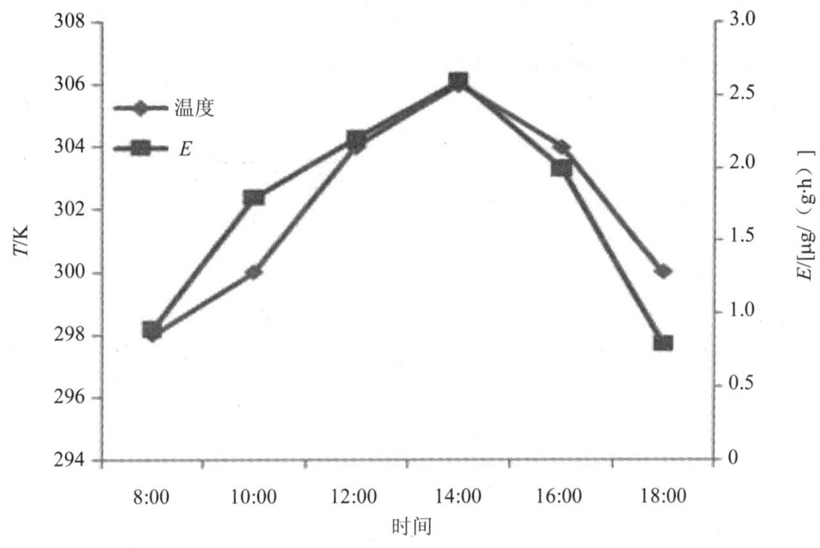

图4-60 油松萜烯释放日变化

4.4.4 自然源VOCs对臭氧生产潜势及SOA的贡献

（1）估算臭氧生成潜势（OFP）

根据最大增量反应性（MIR）方法估算植被VOCs的臭氧生成潜势，得出天津市自然源VOCs排放的OFP总量为331 442 t，其中异戊二烯产生的OFP占81.7%，为270 723.2 t，单萜烯产生的OFP占18.3%，为60 719.3 t。由于天津市目前还没有估算过人为源对臭氧生成潜势的排放量，因此无法估算天津的植被VOCs的OFP占人为源和自然源的OFP总和所占的百分数。

对比目前北京地区的研究表明，植被自然源排放的VOCs对臭氧生成潜势较低，有一定的参考价值。在同一时期内，北京机动车相关的流动源对城市大气中O_3的生成贡献达50.2%，固定源贡献41.9%，植物排放贡献7.9%，很显然，植物VOCs排放量值对城市O_3形成的贡献较少。还有研究表明，北京地区植被的异戊二烯占总OPF的23%，而烯烃与芳香化合物有超过70%的臭氧生成潜力，其中烯烃主要来源于机动车尾气的排放和汽油挥发，而芳香烃类化合物则来源于建筑涂料与石油精炼。这也可以说明植被 VOCs 对城市 O_3 的贡献较小，主要是人为源的贡献大。

（2）估算 SOA 生成潜势

SOA 形成潜势也是评价 VOCs 排放对环境质量影响的指标之一，其原理和 OFP 类似。本研究估算得出，天津市天然源 VOCs 的 SOA 的生成潜势总量为 5 019.2 t，其中单萜烯为主要贡献来源，其产生的 SOA 生成潜势占总量的 89.8%，为 4 508.9 t；而异戊二烯的贡献率为 10.1%，为 510.3 t。

同样，无法估算天津植被 VOCs 的 SOA 生成潜势占人为源和植被的 SOA 总和的百分数，因此无法明确的说明植物对天津 SOA 的影响。但对比其他地区的植被对 SOA 的研究，植被自然源排放的 VOCs 对 SOA 生成潜势较低，有一定的参考价值。目前北京地区对北京市夏季 SOA 的生成潜势进行了估算研究，表明由人为源排放的芳香烃占北京 SOA 生成潜势的 76%，自然源排放的烯烃对 SOA 生成潜势的贡献仅占 16%。

总体而言，关于植被 VOC 排放量对城市 O_3 和 SOA 形成的贡献，在同一时期内，以人为源排放的活性芳香烃类化合物和烯烃类贡献大，而植被 VOCs 的贡献值较小。

（3）天津植物 VOCs 与人为源 VOCs 的对比

据天津市大气污染的成因和来源分析估算 2013 年 VOCs 人为源总排放量为 60.9×10^4 t 左右，其中工业源 27.1×10^4 t，排放量较大的是石油炼制与加工行业、油品存储行业，分别为 6.8×10^4 t 和 5.2×10^4 t，流动源为 23.7×10^4 t、生活源 9.4×10^4 t、生物质燃烧源 0.6×10^4 t。与人为源总排放量相比，天津植物 VOCs 的排放量为 43 479.43 t，与工业源中的油品存储行业的排放量相当，也应该引起重视。

4.4.5 自然源 VOCs 污染排放控制措施

植被自然源产生的 VOCs 积极参与光化学反应的过程，对大气环境中臭氧、雾霾的形成有较大影响，目前天津市还没有对自然源 VOCs 排放量的相关统计工作，研究工作具有较大意义，主要表现在详细调查了天津市各类型植被种类及面积、各区的植被种类及面积，年度和不同季节的排放特征，并核算了天津市植被自然源 VOCs 的排放量，明确了天津市自然源 VOCs 污染情况，对下一步提出自然源 VOCs 排放的控制建议具有重要的指导意义。

①优化城市绿化树种，考虑到天津植物 VOCs 排放的特点，为遏制光化学污染，必须大幅削减各污染源的氮氧化物排放，并严格控制机动车碳氢化合物排放，同时优化树种。树种的优化可从新增植物开始，选择种植异戊二烯和单萜烯排放小的树种，如榆树、臭椿、银杏、榆叶梅、山楂树、西府海棠、碧桃、月季、紫薇、金银木等，同时逐步减少大叶白蜡、杨树种植量，总之城市绿化时不仅要考虑植物的景观生态效应，而且要考虑植物的化学生态效应。

②控制植被的修剪，天津市区及其周边种植了大量的草种、树木，绿化面积明显增加，因此，夏季植物 VOCs 的排放必将大量增加。城市剪草、剪枝等活动应该在阴天早上或傍晚植被释放植被 VOCs 速率低的天气下进行，以避免产生大量的植被 VOCs。

③加强植物 VOCs 释放机理的研究，并建立和完善理论模型，用以模拟各种植物 VOCs 排放的时空动态，同时正确预测植物 VOCs 对大气化学过程的时空影响，为控制由植物 VOCs 造成的污染及其对气候变化的影响做出预测。

4.5 天津市 VOCs 排放管理系统建立

我国 VOCs 污染防治工作研究起步较晚，VOCs 排放的动态更新机制尚未形成体系，有关 VOCs 排放情况的研究主要是开展相关排放清单的编制工作。城市层面，除北京、上海、天津、广州等少数城市通过调查表的方式进行过 VOCs 排放情况的调查外，大部分城市 VOCs 的排放基数及治理状况仍不甚清晰，极大地影响了治理 VOCs 的进程。

天津市挥发性有机物排放申报系统，可建立稳定的工业源 VOCs 动态更新平台，形成区域工业源 VOCs 的完善数据库，逐步建立不同区域、不同时段的工业源 VOCs 清单数据。工业源 VOCs 清单是指导不同区域开展工业 VOCs 污染治理的基础性工作，可为区域 VOCs 总量控制、VOCs 收费等提供重要的支持。同时，通过对区域工业源 VOCs 时空分布的纵横比较，有助于环境管理部门依照清单分析结果制定各项整改措施和控制对策，减少雾霾污染，提高环境空气质量。

天津市挥发性有机物排放申报系统具有先进性，是全国首个企业自主申报、可动态更新的 VOCs 申报系统；系统具有广泛的行业适应性，融合了工业企业全部行业产污节点，可进行全工业行业申报工作；系统具有数据丰富性，申报内容囊括工业企业生产的全生命周期，确保数据全面；市级及区县环保部门对企业注册、填报形式、填报内容的“两级三次”审核制度，确保数据准确性；根据企业申报数据，迅速地形成清晰、直观的工业源 VOCs 清单，实现各工业污染源的动态监控；实现天津市不同时段、不同地区、不同行业间 VOCs 排放量的纵横比较，指导天津市 VOCs 工业源污染管控工作。

4.5.1 天津 VOCs 申报系统简介

（1）系统工作流程

建立天津市挥发性有机物排放申报系统数据库的工作流程主要包括 5 个方面：

①充分调研各行业主要 VOCs 产污环节，建立完善、全面的区域活动水平调查表格或调查系统，组织相关行业企业进行生产、排放数据的申报工作。

②广泛吸取其他数据统计方式的经验，建立规范的企业申报、环保行政主管部门审核流程，确保活动水平数据的真实、有效性。

③结合区域实际生产及治理水平，选择合理的 VOCs 总量核算办法，结合企业活动水平，进行工业源 VOCs 总量核算工作。

④根据总量核算结果，选择合理的工业源分类方式，形成调查时间段内的工业源 VOCs 排放清单。

⑤总结经验，完善申报表格或系统，形成定期更新机制，逐步形成不同时期

的工业源 VOCs 排放清单，完善天津市挥发性有机物排放申报系统数据库，形成工业源 VOCs 动态更新平台。图 4-61 所示为天津市工业源 VOCs 动态更新平台的工作流程（“是”代表审核通过，“否”代表审核未通过）。

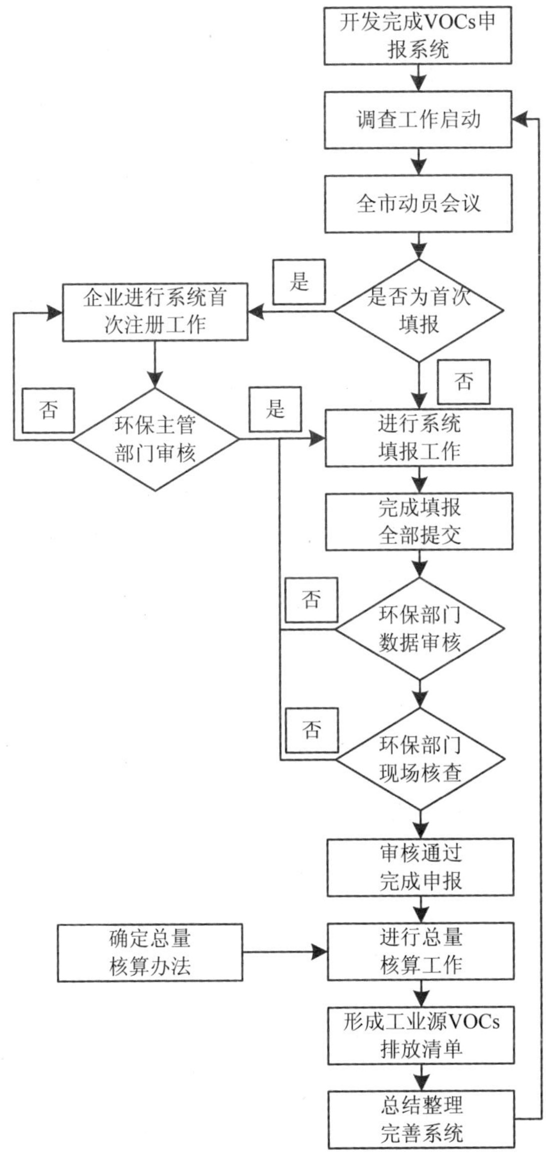

图 4-61 天津市工业源 VOCs 动态更新平台工作流程

（2）系统架构理论

在研究北京、上海、中国台湾等地 VOCs 排污申报登记、美国 AP42 排放因子手册、全国第一次污染源普查、环境统计、危险化学品环境管理登记等的基础上，综合考虑当前企业人员综合素质水平，以易填报、可核算、可校核、VOCs 物料流向清晰为原则，研发了天津市挥发性有机物排放申报系统，系统架构如图 4-62 所示。申报方面，企业初次申报数据包括基础数据库和核算期数据，在随后的申报过程中，基础数据库信息进行保留，企业只需要填报相应核算期的生产、使用数据，减轻企业填报压力。

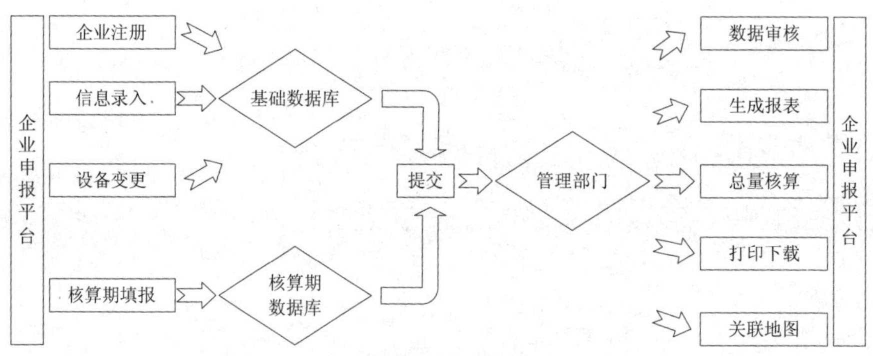

图 4-62　天津市挥发性有机物排放申报系统架构

管理系统可以在任何地方随时通过浏览器在同一界面远程管理，支持主流操作系统，并能对数据库进行有效的监控和管理，可对这些服务的可用性、响应时间的趋势变化进行实时、集中的监控；系统还具有独立的角色或者权限管理，实现系统管理人员不同方式的管理。

（3）系统审核流程设计

数据审核方面，天津市挥发性有机物排放申报后台管理系统中对市级和区县级环境管理部门分别设置了管理账号，实现企业自查、区县审核、市级部门审核的三级审核体系，同时将通过系统进行数据内容审核和通过深入企业进行现场审核相结合，注重核算数据之间的逻辑关系及与实际数据是否相符合，从而保证天津市挥发性有机物排放申报工作的准确性和真实性，系统审核流程如图 4-63 所示。

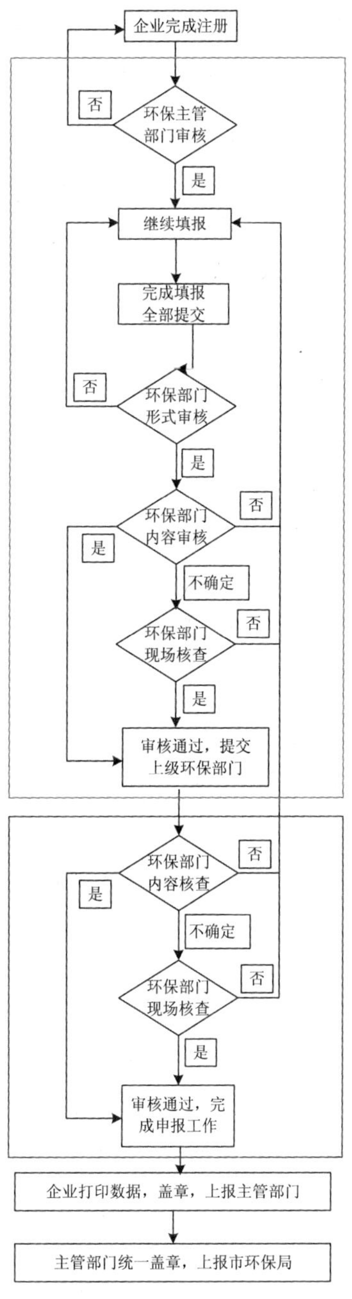

图 4-63　天津市挥发性有机物排放申报系统数据审核流程

（4）申报系统结构

依据前期设计的普查表格基本内容，基于企业易于填报、环境管理部门易于审核的原则，并经过与软件公司多次讨论研究，最终开发的天津市工业企业挥发性有机物排放申报系统分为基础数据库和上报数据两个部分。

企业在第一次注册申报时需要依据企业实际情况，将基础数据库填报完全，基础数据库内容包括企业基本信息、一般原辅材料、有机原辅材料、产品信息、工序信息、生产线、车间信息、存储设施、无组织排放、有机废水委托处理、有机废水自行处理、废水治理设施 12 项内容，上报数据包括一般原辅材料、有机原辅材料（涂料类）、有机原辅材料（胶黏剂）、有机原辅材料（有机溶剂）、有机原辅材料（其他）、产品信息、生产车间信息、生产线信息（产品和产物）、生产线信息（一般原辅材料）、生产线信息（有机原辅材料）、生产线信息（工序）、贮存有机物储罐信息、贮存场地信息、自由液面信息、有机废水产生情况、有机废水处理信息（委托外单位处理）、有机废水处理设施（自行处理）、有机废水产生、排放（自行处理）、废气治理设施信息、废气排放口信息、排放工艺环节工作规律、吸附剂处理情况、漆渣处理情况、有机溶剂回收情况、工艺流程图、物料平衡图、总量核算情况、意见和建议等 30 余项，系统结构如图 4-64 所示。

企业完成基础数据库填报后，上报数据中将关联出现基础数据库中填报的原辅材料、产品、工序、生产线、生产车间等信息，企业只需填报其中的核算期用量和供应量即可。在之后的核算期中，企业不需要重新对基础数据库进行填报，只需根据企业实际情况，对基础数据库中已经填报的信息进行修改或补充，然后填报上报数据中核算期的数据即可。

（5）申报系统核查细则

根据天津市经济技术开发区试点填报情况，形成了科学、严格的系统数据审核及核查工作细则。有关申报系统核查流程如图 4-64 所示。

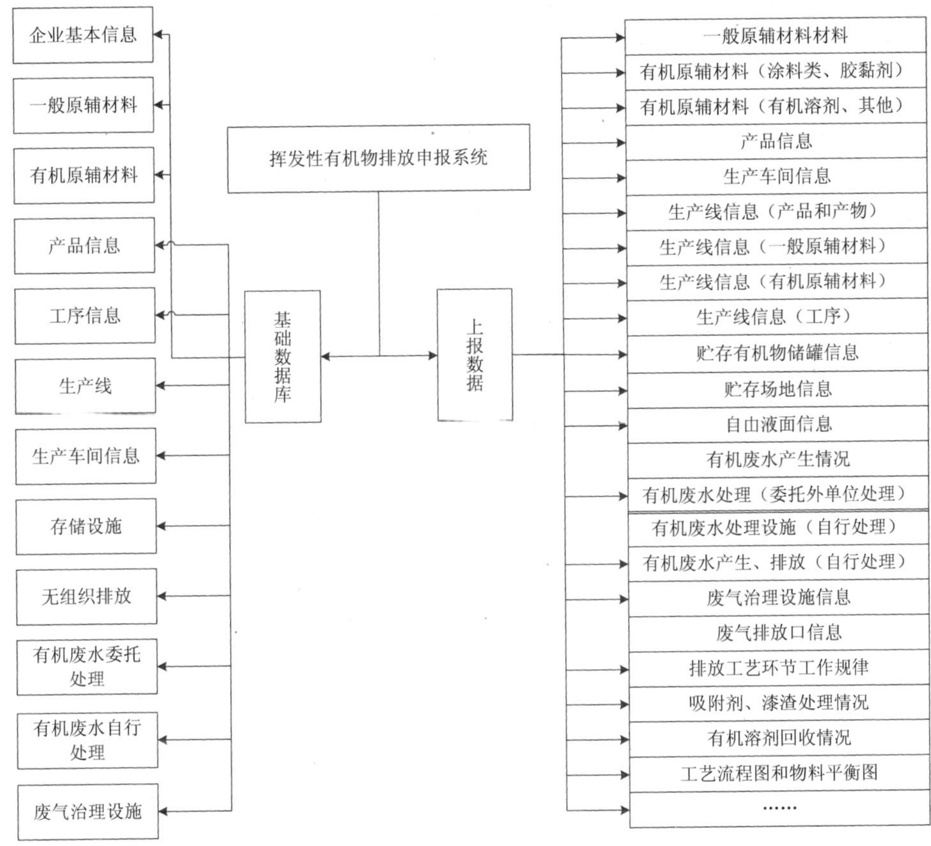

图 4-64　天津市挥发性有机物排放申报系统结构

①注册审核

企业注册：企业点击注册，完成注册的全部填报信息，提交，等待区县环保部门审核。

审核内容：企业注册的基本信息是否真实、准确。

企业填报：企业完成基础数据库、上报信息的填报，并进行提交。

②内容完善性审核

企业上报的照片、工艺流程图、物料平衡图、总量计算说明等附件是否上传，能否下载查看，是否存在基础数据库填报但上报数据未填写的情况。

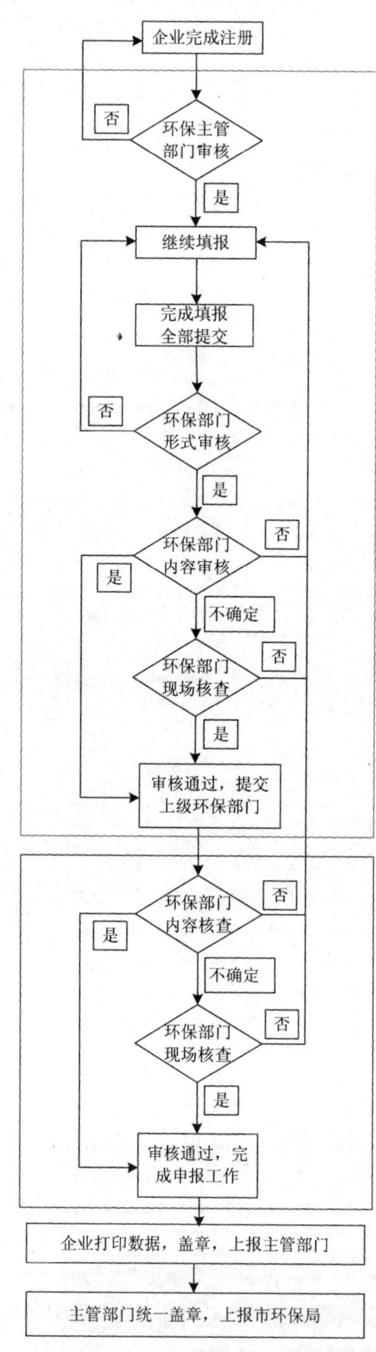

图 4-65　天津市挥发性有机物排放申报系统审核体系

③表间指标关系

a. 产品信息中某种产品年生产能力＞上报列表产品信息中该产品核算期产品产量。

b. 产品信息中某种产品年生产能力＞生产线信息中该产品设计年生产能力。

c. 生产线信息中产品设计年生产能力＞上报列表生产线信息（产品和产物）中的该产品核算期产量。

d. 生产线信息中一般原辅材料信息设计年使用量＞上报列表生产线信息（一般原辅材料）中的该一般原辅材料核算期用量。

e. 生产线信息中有机原辅材料信息设计年使用量＞上报列表生产线信息（有机原辅材料）中的该有机原辅材料核算期用量。

f. 废气治理设施处理技术及主要污染中设计处理能力＞上报列表废气治理设施信息中的实际处理量。

④表内指标关系

上报列表中存在如下关系：

a. 一般原辅材料信息中某种一般原辅材料的核算期使用量=生产线信息（一般原辅材料）中各条生产线中某种一般原辅材料的核算期使用量。

b. 有机原辅材料信息（涂料）、有机原辅材料信息（胶黏剂）、有机原辅材料信息（有机溶剂）中某种有机原辅材料的核算期使用量=生产线信息（有机原辅材料）中各条生产线中某种有机原辅材料的核算期使用量。

c. 原辅材料信息（其他）中某种其他有机原辅材料的核算期使用量=生产线信息（有机原辅材料）中各条生产线中某种其他有机原辅材料的核算期使用量。

d. 产品信息中某种产品的核算期产量=生产线信息（产品和产物）中各条生产线中某种产品的核算期产量。

e. 生产车间信息中某车间核算期运行时间＜核算期总小时数。

⑤内容审核

a. 依据企业相关资料，掌握核查对象的生产流程、工艺状况及污染治理工艺的相关知识，对企业形成初步认识，了解企业在系统申报中的重点和难点。

b. 把申报系统中的一般原辅材料、有机原辅材料、产品信息等数据与企业的原始记录、台账资料、票据凭证等进行核对审核。

c. 依据企业相关资料，对企业填报的工艺、生产线、生产车间等内容进行核查，重点核查企业是否漏填、少填涉及 VOCs 产生的工艺环节。

d. 依据企业票据凭证、危险废物处理发票等信息，核查企业存储设施、废水处理等情况。

e. 依据企业可行性研究报告、环境影响评价、监测报告等相关材料，核查企业废气治理设施、排放口等填报情况。

根据企业实际生产情况，确保企业生产过程中可能涉及的 VOCs 产生环节均要求填报在系统当中，对于不同企业的具体要求如下。

a. 各个企业均应该存在的填报项目包括一般原辅材料、有机原辅材料（涂料类、胶黏剂和油墨、有机溶剂类、其他，以上 4 项至少应该存在一项）、产品信息、生产车间信息、生产线信息（产品和产物）、生产线信息（一般原辅材料）、生产线信息（有机原辅材料）、生产线信息（工序）、废气排放口、排放工艺环节工作规律、工艺流程图和物料平衡图、总量核算情况、意见和建议，其余项目根据企业实际情况进行填报。

b. 包装印刷行业（行业代码 23**）有机原辅材料中的必填项目为有机原辅材料（胶黏剂和油墨）、有机原辅材料（有机溶剂类）。

c. 工业涂装行业（行业代码 21**、33**、34**、35**、36**、37**、38**、39**、40**、43**）有机原辅材料中的必填项目为有机原辅材料（涂料类）、有机原辅材料（有机溶剂类）。

d. 涂料、油墨、颜料及类似产品制造（行业代码 264*）有机原辅材料中的必填项目为有机原辅材料（有机溶剂类）、有机原辅材料（其他）（主要为树脂类），如果为涂料生产行业，除①中必填项目外，还需要填报相应储罐或存储场地中的相关信息。

e. 仓储业（行业代码 5990）必填项目为产品信息（即存储的物质）、相应的储罐信息、废气治理设施信息（如存在需填报）、废气排放口信息（如存在需填报）。

f. 污水处理及其再生利用行业（行业代码 4620）必填项目为一般原辅材料（即企业处理的污水）、自由液面信息、有机废水处理设施（自行处理）等相关信息。

⑥逻辑性要求即审核填报数据数量级是否与企业实际情况相符；检查企业系统填报的数据之间是否合乎逻辑

a. 一般原辅材料信息、有机原辅材料信息（涂料类）、有机原辅材料信息（胶黏剂和油墨）、有机原辅材料信息（有机溶剂类）、有机原辅材料信息（其他）中企业填报的用量是否符合实际，注意此处的单位为 t。

b. 废气治理设施信息中的总投资额、运行费用数目填报是否符合实际，注意此处的单位为万元。

c. 总量核算情况中，如企业填报了总量核算情况，是否上传了总量计算说明的相关附件。如果企业按照排放因子法，则需要上传进行总量计算的过程，并在其中说明选用的排放因子；如果企业采用物料衡算法计算，则企业需要上传带有 VOCs 物料损失过程的物料平衡图及总量计算过程；如果企业按照监测法进行了计算，则需上传相应的监测报告及进行总量计算的过程。

d. 核算期内一般原辅材料、有机原辅材料（涂料类）、有机原辅材料信息（胶黏剂和油墨）、有机原辅材料信息（有机溶剂类）、有机原辅材料信息（其他）的用量之和与产品产量是否合乎逻辑，是否存在数量级上的差别。

e. 一条生产线中一般原辅材料与有机原辅材料用量之和与产品产量之间是否合乎逻辑，是否存在数量级上的差别。

f. 各条生产线中的一般原辅材料之和与企业填报的一般原辅材料总用量是否相等。

g. 各条生产线中有机原辅材料之和与企业填报的有机原辅材料总用量之和是否相等。

⑦本次挥发性有机物普查工作是实施环境管理的基础依据，系统中填报的数据必须与企业实际数据相一致

a. 企业核算期内涂料、胶黏剂、油墨、有机溶剂类及其他有机原辅材料的用量以企业购买有机原辅材料的发票等结算凭证为依据，企业填报的数据要与各项凭证保持一致。

b. 企业核算期内产品产量以企业的生产记录、实际产能或年产值表等实际记录为依据，企业填报的数据要与各项依据保持一致。

c. 企业废气治理设施的各项信息要以废气治理设施的产品说明书、环境影响评价报告、监测报告、运行记录等实际记录为依据，企业填报的数据要与各项依据保持一致。

d. 企业生产过程中的VOCs回收量以企业委托的有资质危险废物处理公司出具的发票、企业废有机溶剂回收利用技术改造项目相关报告为核算依据，企业填报的数据要与各项依据保持一致。

⑧及时性要求

天津全市各进行申报工作的VOCs相关工业企业要在规定时间内将相关填报数据进行上报。

⑨现场核查

a. 对产品生产的完整生产工艺流程进行现场监督检查。核查企业实际的生产工艺、生产线、生产车间等信息与申报是否相符，是否存在少报、漏报。此外，现场核查车间是否存在自由液面、自由液面位置、内部物料、规格是否与系统申报相符合。

b. 了解整个生产过程各阶段污染物产生的位置、种类和数量，分析申报数据有无少报、漏报；污染因子、排污量是否与申报对应相符。

c. 对厂区的储罐类型、数量、内部物料、存贮场所数量、内部存贮装置、装置数量、是否存在自由液面、自由液面位置、内部物料、规格等进行现场核查。

d. 对固体废弃物的名称、种类、数量、综合利用情况进行检查，审核申报与

实际是否相符；对固体废弃物的贮存情况、贮存场地、场地容量、密闭情况、处置现场进行检查，察看贮存、处置场所是否采取防扬散、防流失、防渗漏等防治措施，是否符合环境保护要求。

e. 查看企业废水治理设施设计能力、运行状况、排放去向、废水处理过程集气设施等进行全面检查，核实实际处理量与处理能力是否相符、污染治理设施运行是否正常、实际处理效率如何、企业管理是否到位。

f. 对照企业污染防治设施运行记录、污染治理消耗的原材料记录台账及采购发票、污染治理能源消耗台账等，查看企业的废气治理设施运行情况、能耗情况等是否与实际相符，核实实际处理量与处理能力是否相符、污染治理设施运行是否正常、实际处理效率如何、企业管理是否到位。此外，根据废气治理设施相关资料核查废气来源是否与申报系统相符。

g. 根据厂区平面图，对照企业相关监测数据，查看企业废气排放口、等效排放口信息，并与系统中的申报信息进行校对。

h. 与工人、技术人员及排污单位周边居民群众交谈，了解发现排污单位是否有谎报、瞒报或其他非法排污现象。

（6）系统总量核算方法设计

为推进我国大气污染防治工作的进程，增强大气挥发性有机物污染防治工作的科学性、针对性和有效性，国家前后发布了《“十二五”重点区域大气污染联防联控规划编制培训——VOCs 排放清单和治理技术培训资料》《大气挥发性有机物源排放清单编制技术指南》（试行）、《挥发性有机物排污收费试点办法》等 VOCs 相关文件，其中涉及 VOCs 的总量核算方法、VOCs 排放源分类和 VOCs 排放系数的推荐值。天津市挥发性有机物排放申报系统综合采用以上几种方法计算，根据企业申报数据，计算 VOCs 排放总量。

（7）系统动态更新机制

由于我国开展 VOCs 环境管理和污染治理工作较晚，当前相关原辅材料、产品中有关 VOCs 的含量标准、相关治理技术、VOCs 监测方法、在线监测仪器等工作尚未形成体系。此外，由于 VOCs 来源广泛、种类众多，各行业产污节点差别较大，企业人员相关知识有待加强，因此工业源 VOCs 的动态更新时间宜采取先长后短的方法，既考虑企业实际情况也要形成有益于 VOCs 治理的动态数据库。综合以上原因，天津市工业源 VOCs 动态更新采用一年作为核算周期，将来随着 VOCs 环境管理和治理工作的逐步深入，将考虑季节、温度、降水等因素对于工业源 VOCs 排放的影响，逐步将工业源 VOCs 的动态更新时间进行缩短，确保数据更加精确，及时准确地反映 VOCs 排放的动态变化，指导区域 VOCs 污染治理工作。

（8）系统创新点

天津市挥发性有机物排放申报系统的创新点主要包括以下几个方面：

①系统具有先进性，是全国首个企业自主申报、可动态更新的 VOCs 申报系统。

②系统具有广泛的行业适应性，融合了工业企业全部行业产污节点，可进行全工业行业申报工作。

③系统具有数据丰富性，申报内容囊括工业企业生产的全生命周期，确保数据全面。

④市级及区县环保部门对企业注册、填报形式、填报内容的“两级三次”审核制度，确保数据准确性。

⑤根据企业申报数据，迅速地形成清晰、直观的工业源 VOCs 清单，实现各工业污染源的动态监控。

⑥实现天津市不同时段、不同地区、不同行业间 VOCs 排放量的纵横比较，指导天津市 VOCs 工业源污染管控工作。

通过天津市挥发性有机物排放申报系统，可建立稳定的工业源 VOCs 动态更新平台，形成区域工业源 VOCs 的完善数据库，逐步建立不同区域、不同时段的工业源 VOCs 清单数据。工业源 VOCs 清单是指导不同区域开展工业 VOCs 污染治理的基础性工作，可为区域 VOCs 总量控制、VOCs 收费等提供重要的支持。

同时，通过对区域工业源 VOCs 时空分布的纵横比较，有助于环境管理部门依照清单分析结果制定各项整改措施和控制对策，减少雾霾污染，提高环境空气质量。

4.5.2 天津市 VOCs 申报系统应用

4.5.2.1 核算方案一

随着经济的发展，由工业、居民生活等为源排放的 VOCs 总量正逐年增加，导致光化学烟雾、城市灰霾等复合大气污染问题日益严重。我国开始启动 VOCs 控制管理工作，并且与其他大气污染物进行协同控制。“十二五”大气污染防治规划将大气污染防治工作扩展至涵盖 NO_x、O_3、$PM_{2.5}$、VOCs、有毒有害物质等污染因子，实现多污染同时控制。2010 年 5 月 11 日，国务院办公厅转发《环境保护部等部门关于推进大气污染联防联控工作改善区域空气质量指导意见的通知》，把开展 VOCs 防治工作作为大气污染联防联控工作的重要部分。

为了在“十二五”大气污染防治规划中对 VOCs 防治提出合理的 VOCs 排放量削减目标和措施，必须了解和掌握全国总体排放情况及各地区 VOCs 污染源的排放现状，同时预测“十二五”期间 VOCs 排放增量及可能的排放削减量。基于此目的，2010 年 11 月，由环境保护部污染防治司主编，中国环境科学学会、华南理工大学、解放军防化研究院、清华大学、同济大学、华南环境科学研究所、中科院生态环境研究中心为技术支持，共同编制了《“十二五”重点区域大气污染联防联控规划编制培训——VOCs 排放清单和治理技术培训资料》(以下简称《“十二五”培训资料》)。《“十二五”培训资料》中简要陈述了当时全国主要行业、区域和城市的 VOCs 排放现状及增量、削减量估算，介绍了工业固定源 VOCs 污染排放特点及常用 VOCs 控制技术概述，给出了我国重点 VOCs 排放的工业源种类及平均水平排放因子，对各地区进行 VOCs 排放量估算工作具有重要的指导意义。

根据天津市挥发性有机物排放申报系统中企业填报的各类原辅材料、产品等用量、产量信息，采用《“十二五”培训资料》中的平均水平排放因子，初步核算了天津市 2014 年重点工业源 VOCs 排放情况。

（1）研究方法

1）研究范围

根据天津市产业布局，本次工业企业 VOCs 排放清单的调查范围包括石油炼制与石油化学、医药制造、橡胶制品制造、涂料与油墨生产、塑料制品制造、电子工业、汽车制造、印刷与包装印刷、家具制造、表面涂装、黑色金属冶炼等重点产业，同时也是天津市 VOCs 排放的典型行业。

2）估算方法

VOCs 排放量估算采用排放因子法，估算公式：

$$E_i = P_i \times \mathrm{EF}_i \tag{4-20}$$

式中：E_i —— 排放源 i 的 VOCs 排放量；

P_i —— 排放源 i 的活动水平；

EF_i —— 排放源 i 的排放因子。

在 VOCs 排放量测算方面，美国、欧盟等开展了大量研究，建立了自己的排放因子数据库。我国结合自身情况，选择性吸收国外排放因子成果形成了相对全面的排放因子，即《“十二五”培训资料》，本研究中主要采用该排放因子进行测算，具体排放因子见表 4-82。

表 4-82 《“十二五”培训资料》排放因子表

行业代码	行业名称	排放因子	活动水平
1511	酒精制造	0.246 kg/kL	发酵酒精产量
1512	白酒制造	16.14 kg/kL	白酒产量
1513	啤酒制造	4.274 4 kg/kL	啤酒产量
1514	黄酒制造	15.71 kg/kL	黄酒产量
1515	葡萄酒制造	0.552 4 kg/kL	红葡萄酒产量
1515	葡萄酒制造	0.216 4 kg/kL	白葡萄酒产量
2110	木质家具制造	725 kg/t	木器家具涂料使用量
2511	原油加工及石油制品制造	4.444 kg/t	原油加工量
2651	初级形态塑料及合成树脂制造	8.5 kg/t	初级形态塑料产量
2652	合成橡胶制造	1.122 kg/t	橡胶产量

行业代码	行业名称	排放因子	活动水平
2653	合成纤维单（聚合）体制造	2.75 kg/t	合成纤维产量
2911	轮胎制造	0.025 5 kg/条	外胎产量
3610	汽车整车制造	8.95 kg/辆	小汽车产量
4620	污水处理及其再生利用	0.000 961 8 kg/t	生活污水量
5990	其他仓储业	0.26 kg/t	储运量
7723	水利、环境和公共设施管理业	0.008 2 kg/t	干堆肥量
7723	水利、环境和公共设施管理业	0.02 kg/t	卫生填埋量
133*	植物油加工	0.307 kg/t	植物油
17**	纺织业	10 kg/t	纱产量
17**	纺织业	0.002 2 kg/米	布产量
17**	纺织业	98 kg/t	染料助剂/染料使用量
19**	皮革、毛皮、羽毛及其制品	166.9 kg/t	轻革皮产量
195*	制鞋业	1.5 kg/万双	鞋产量
20**	木材加工和木、竹、藤、棕、草制品业	90 kg/t	胶黏剂消耗量
221*	纸浆制造	3.9 kg/t	风干浆
23**	印刷和记录媒介复制业	32 kg/t	印刷品产量
24**	文教、工美、体育和娱乐用品制造业	550 kg/t	涂料使用量
261*	化学原料和化学制品制造业	5 kg/t	有机化学品产量
264*	涂料、油墨、颜料及类似产品制造	9.3 kg/t	涂料量
264*	涂料、油墨、颜料及类似产品制造	3 kg/t	溶剂基油墨
268*	日用化学品制造	10 kg/t	肥皂及合成洗涤剂产量/化妆品/香精、香料产量
271*	化学药品原料药制造	372 kg/t	化学原料药产量
292*	塑料制品	2.9 kg/t	塑料制品产量
321*	常用有色金属冶炼	0.358 kg/t	钢铁产量
33**	金属制品	550 kg/t	各制品制造业的涂料使用量
34**	通用设备制造	550 kg/t	各制品制造业的涂料使用量
35**	专用设备制造	550 kg/t	各制品制造业的涂料使用量
36**	汽车制造	8.95 kg/辆	小汽车产量
371*	铁路运输设备制造	830 kg/辆	铁路客车/火车产量
373*	船舶及相关装置制造	750 kg/t	民用船舶涂料使用量
375*	摩托车制造	0.24 kg/辆	摩托车产量
376*	自行车制造	0.12 kg/辆	自行车产量

行业代码	行业名称	排放因子	活动水平
38**	电气机械和器材制造业	550 kg/t	涂料使用量
39**	计算机、通信和其他电子设备制造业（除电子器件制造和电子元件制造）	525 kg/t	涂料使用量
40**	仪器仪表制造业	550 kg/t	涂料使用量
41**	其他制造业	550 kg/t	涂料量
43**	金属制品、机械和设备修理业	550 kg/t	涂料量

3）数据来源

本研究中的活动水平数据来源于天津市挥发性有机物排放申报系统中全市重点行业典型企业自主申报数据。该系统申报内容包括企业基本信息、有机原辅材料、产品信息、工序、生产线、生产车间、存储设施、无组织排放、废气治理设施等全生产、处理过程信息。此外，申报系统设置了从企业直属主管环保部门到市级环保部门的层层数据审核体系，确保数据的真实性和完善性。

4）工业源分类

根据陈颖等对我国工业源 VOCs 排放的源头追踪和行业特征研究，天津市工业 VOCs 排放源可分为 VOCs 的生产、储运和运输、以 VOCs 为原料的工艺过程、含 VOCs 产品的使用和排放及 4 个环节以外的其他环节。VOCs 的生产环节包括石油炼制和石油化工、基础化学原料制造等行业；储存和运输环节主要包括与 VOCs 相关的仓储行业；以 VOCs 为原料的工艺过程环节包括涂料、油墨、合成材料、胶黏剂、食品饮料、日用品等的生产，化学药品原药制造及轮胎制造等行业；含 VOCs 产品的使用和排放环节包括焦炭生产、纺织印染、合成革制造、制鞋、造纸及纸制品、印刷和包装印刷、木材加工、家具制造、机械设备制造、交通运输设备制造等行业。

5）区域分布研究

随着天津市工业布局的改变，天津市内 6 区（和平区、南开区、河东区、河西区、河北区、红桥区）以第三产业为主，蓟县以旅游业为主，因此本研究中典型行业企业选区范围主要为天津市工业企业较多的区县，不考虑市内六区及蓟县。

为更加清晰地了解天津市工业源 VOCs 排放情况，对天津市制造业研发转化基地滨海新区各功能区工业源 VOCs 排放情况进行细化研究。

（2）天津市典型工业源 VOCs 排放量

表 4-83 为根据企业申报数据及《“十二五”培训资料》，2014 年天津市典型行业企业 VOCs 排放情况。从表中可知，本次普查工作涉及食用植物油加工（1331）、其他酒制造（1519）、皮鞋制造（1952）、木质家具制造（2110）、纸和纸板容器制造（2231）、其他纸制品制造（2239）、书、报刊印刷（2311）等 66 个四位代码小行业 215 家典型企业，基本涉及了天津全市工业源 VOCs 排放的重点行业。

核算总量为根据企业活动水平及排放因子计算得出的实际排放量；设施去除量为根据企业填报 VOCs 去除设施得出的 VOCs 去除量，由于当前 VOCs 监测能力有限，无法监测处理设施实际处理能力，因此统一按照 30%的去除效率计算；最终排放量为实际排放量减去去除量之后的预估最终排放量。由于当前 VOCs 处理设施质量参差不齐，去除量差异很大，为较好了解全市工业源 VOCs 产污情况，以典型企业排放量进行清单研究工作。

表 4-83　2014 年天津市典型行业企业 VOCs 排放情况

序号	行业名称	行业代码	企业数目	核算总量/kg	设施去除量/kg	最终排放量/kg
1	食用植物油加工	1331	6	349 034.35	23 139.85	325 894.50
2	其他酒制造	1519	1	8 070.00	—	8 070.00
3	皮鞋制造	1952	1	150.00	—	150.00
4	木质家具制造	2110	18	1 522 932.10	254 475.00	1 268 457.10
5	纸和纸板容器制造	2231	1	2.52	—	2.52
6	其他纸制品制造	2239	1	4.50	—	4.50
7	书、报刊印刷	2311	2	166 272.00	—	166 272.00
8	包装装潢及其他印刷	2319	7	1 006 490.22	197 945.28	808 544.94
9	教学用模型及教具制造	2413	1	962.50	—	962.50
10	西乐器制造	2422	3	33 231.00	6 682.50	26 548.50
11	电子乐器制造	2423	1	6 622.00	—	6 622.00
12	原油加工及石油制品制造	2511	6	70 538 138.43	1 602 730.24	68 935 408.18

序号	行业名称	行业代码	企业数目	核算总量/kg	设施去除量/kg	最终排放量/kg
13	无机碱制造	2612	1	4 665 105.00	1 399 531.50	3 265 573.50
14	有机化学原料制造	2614	6	51 803 706.78	14 049 984.26	37 753 722.51
15	其他基础化学原料制造	2619	3	2 397 985.00	683 695.50	1 714 289.50
16	涂料制造	2641	19	1 673 797.08	91 195.65	1 582 601.43
17	油墨及类似产品制造	2642	2	16 950.00	—	16 950.00
18	初级形态塑料及合成树脂制造	2651	4	1 336 829.00	286 566.45	1 050 262.55
19	合成橡胶制造	2652	2	83 877.35	13 845.03	70 032.32
20	其他合成材料制造	2659	1	45 755.00	13 726.50	32 028.50
21	化学试剂和助剂制造	2661	3	1 911 455.55	140 997.17	1 770 458.39
22	专项化学用品制造	2662	2	65 115.00	19 534.50	45 580.50
23	肥皂及合成洗涤剂制造	2681	1	1 493 150.00	—	1 493 150.00
24	香料、香精制造	2684	2	69 220.00	19 866.00	49 354.00
25	其他日用化学产品制造	2689	2	560 000.00	166 500.00	393 500.00
26	化学药品原料药制造	2710	7	1 456 536.24	30 736.87	1 425 799.37
27	化学药品制剂制造	2720	2	151 318.74	45 390.04	105 928.70
28	轮胎制造	2911	5	549 787.65	99 450.00	450 337.65
29	其他橡胶制品制造	2919	2	16 575.00	—	16 575.00
30	塑料薄膜制造	2921	2	29 478.50	3 623.55	25 854.95
31	塑料板、管、型材制造	2922	1	10 016.60	—	10 016.60
32	塑料丝、绳及编织品制造	2923	1	14 500.00	—	14 500.00
33	泡沫塑料制造	2924	1	668 160.00	200 448.00	467 712.00
34	塑料零件制造	2928	2	6 244.96	—	6 244.96
35	其他塑料制品制造	2929	3	288 042.50	—	288 042.50
36	炼铁	3110	1	335 649.99	—	335 649.99
37	钢压延加工	3140	4	3 411 758.85	444 069.62	2 967 689.24
38	金属结构制造	3311	3	97 230.65	29 169.20	68 061.46
39	集装箱制造	3331	1	1 113 750.00	334 125.00	779 625.00
40	金属压力容器制造	3332	1	17 600.00	5 280.00	12 320.00
41	金属包装容器制造	3333	1	893.75	—	893.75
42	建筑、家具用金属配件制造	3351	1	1 762 200.00	528 660.00	1 233 540.00
43	水轮机及辅机制造	3414	1	2 013.00	603.90	1 409.10
44	风能原动设备制造	3415	1	4 851.00	—	4 851.00
45	铸造机械制造	3423	1	2 200.00	660.00	1 540.00
46	其他通用零部件制造	3489	1	5 500.00	1 650.00	3 850.00

序号	行业名称	行业代码	企业数目	核算总量/kg	设施去除量/kg	最终排放量/kg
47	其他通用设备制造业	3490	1	70 400.00	—	70 400.00
48	矿山机械制造	3511	2	7 086.20	2 125.86	4 960.34
49	石油钻采专用设备制造	3512	2	5 417.50	1 625.25	3 792.25
50	建筑工程用机械制造	3513	2	30 140.00	9 025.50	21 114.50
51	模具制造	3525	1	14.30	—	14.30
52	其他专用设备制造	3599	6	132 259.60	27 424.65	104 834.95
53	汽车整车制造	3610	5	7 945 989.00	—	7 945 989.00
54	汽车零部件及配件制造	3660	14	1 923 496.68	16 001.70	1 907 494.98
55	铁路机车车辆及动车组制造	3711	1	132 800.00	39 840.00	92 960.00
56	飞机制造	3741	2	18 544.35	5 563.31	12 981.05
57	脚踏自行车及残疾人座车制造	3761	2	697 264.08	209 179.22	488 084.86
58	助动自行车制造	3762	2	67 268.16	20 180.45	47 087.71
59	发电机及发电机组制造	3811	1	2 200.00	660.00	1 540.00
60	电动机制造	3812	1	15 103.00	4 530.90	10 572.10
61	电线、电缆制造	3831	1	1 100 000.00	—	1 100 000.00
62	光纤、光缆制造	3832	1	148 324.00	—	148 324.00
63	电子元件及组件制造	3971	6	87 033.98	1 076.04	85 957.94
64	其他未列明制造业	4190	20	2 413 413.12	512 039.67	1 901 373.44
65	污水处理及其再生利用	4620	2	4 109.50	—	4 109.50
66	其他仓储业	5990	5	671 959.34	199 701.76	472 257.58
合计			215	165 171 985.61	21 743 255.92	143 428 729.69

表 4-84 为 2014 年天津市典型工业源 VOCs 排放情况，由表 4-48 可知，天津市 2014 年典型工业源 VOCs 排放量达 16.52 万 t，其中 VOCs 的生产过程为主要的 VOCs 产生过程，排放量达 12.94 万 t，这也与天津市全国重要石化基地的定位一致。天津市作为全国先进制造研发基地，其工业源 VOCs 排放中含 VOCs 产品的使用和排放环节排放量为 1.80 万 t，仅次于 VOCs 的生产过程排放量，占典型工业源 VOCs 排放量的 10.9%。4 个排放工艺之外的其他工业 VOCs 排放源排放量为 1.08 万 t，占总排放量的 6.55%，最后是以 VOCs 为原料的工艺过程及 VOCs 储存和运输工艺，二者的排放量分别为 0.63 万 t 和 0.07 万 t。

表 4-84　2014 年天津市典型工业源 VOCs 排放清单

序号	工业源类别	VOCs 排放量/万 t	占总排放量百分比/%
1	VOCs 的生产环节	12.94	78.33
2	储存和运输	0.07	0.41
3	以 VOCs 为原料的工艺过程	0.63	3.82
4	含 VOCs 产品的使用和排放	1.80	10.90
5	其他	1.08	6.55
合计		16.52	100

（3）天津市各行业 VOCs 排放量贡献率分析

通过对天津市典型工业源排放量的估算，得到了天津市 4 类工业源类别中各个行业的排放贡献情况（储存和运输环节只包括仓储一个行业，因此不再计算贡献率），如图 4-66 所示。

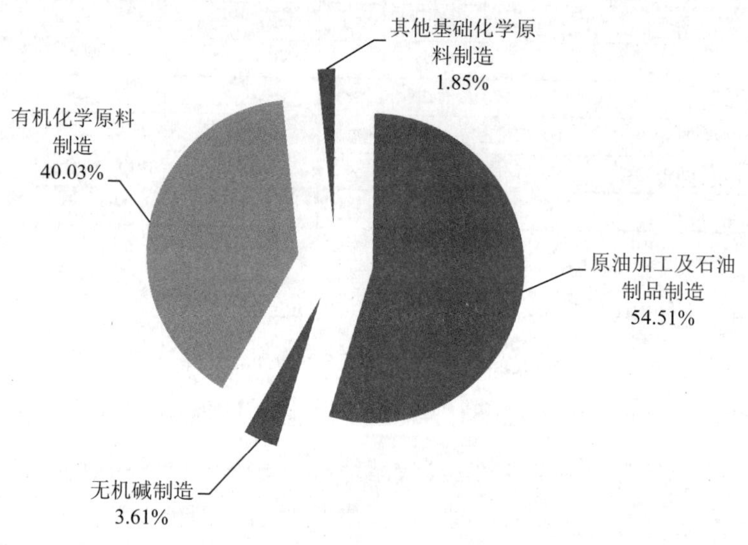

（a）VOCs 的生产环节各个行业贡献率情况

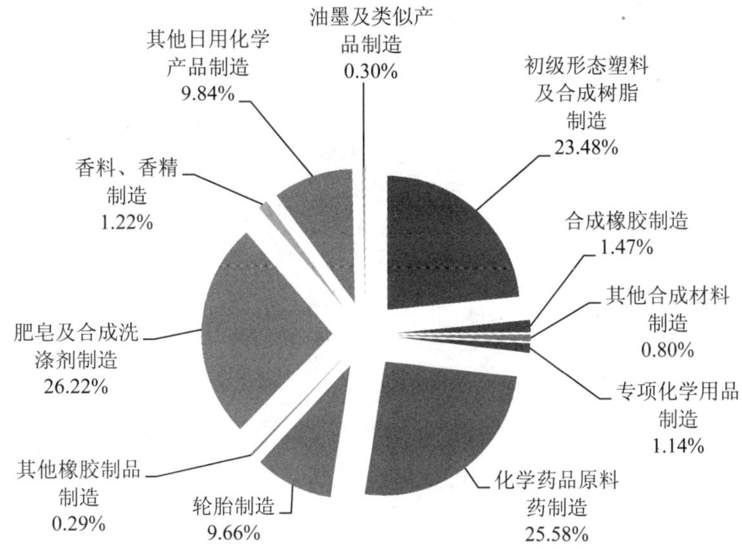

（b）以 VOCs 为原料的工艺过程各行业贡献率情况

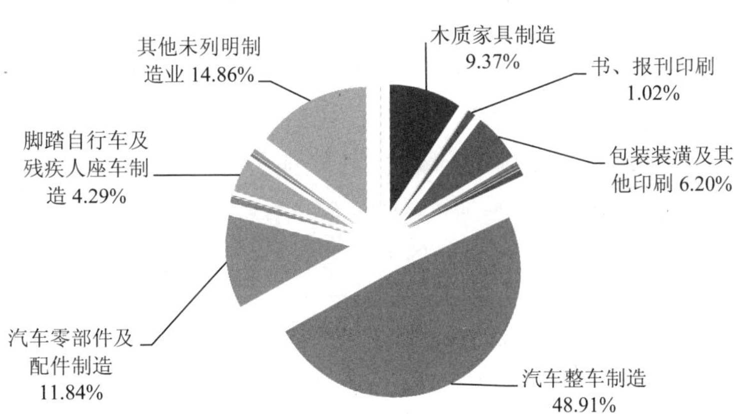

（c）含 VOCs 产品的使用的排放环节各行业贡献率情况

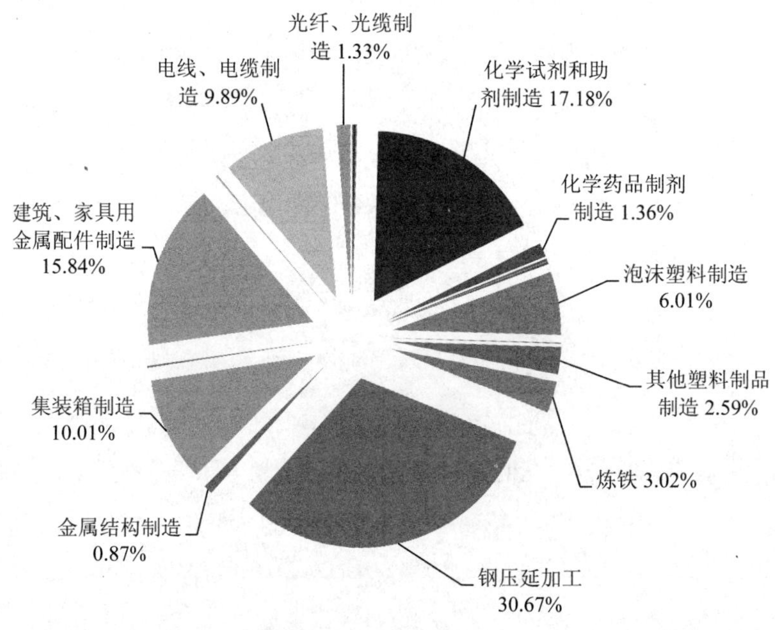

（d）其他工艺各行业贡献率情况

图 4-66　2014 年 4 类工业源各行业排放贡献率

由图 4-66 可知，对于天津市，VOCs 生产过程中主要的 VOCs 工业源为原油加工及石油制品制造行业，其排放量占比为 54.51%，该行业的 VOCs 排放主要来自装置泄漏、储罐、装卸、废除处理系统等过程。有机化学原料制造行业由于企业数目较多，也是重要的 VOCs 排放源，占该环节排放量的 40.03%；以 VOCs 为原料的工艺过程中，主要的 VOCs 工业源为肥皂及合成洗涤剂制造、化学药品原料药制造、初级形态塑料及合成树脂制造等行业，其 VOCs 排放贡献率分别为 26.22%、25.58%、23.48%；含 VOCs 产品的使用和排放过程中，由于天津市具有多家大型汽车生产企业，其排放量占比为 48.91%，是该环节中 VOCs 排放最大的贡献者，其次为汽车零部件及配件制造、其他未列明制造业及木质家具制造业；其他工艺过程主要指属于 VOCs 产生典型行业但未列入以上 4 类分类的行业，该工艺过程的主要 VOCs 污染源为钢压延加工、化学试剂和助剂制造、建筑、家具用金属配件制造、集装箱制造等行业，以上行业对该过程的 VOCs 排放分别贡献了 30.67%、17.18%、15.84%、10.01%。

（4）天津市各区县典型工业源 VOCs 排放量分布

表 4-85 为天津市重点区域工业源 VOCs 的排放情况。由表 4-85 可知，2014 年，滨海新区和东丽区对 2014 年天津市工业源 VOCs 排放的贡献率最大，尤其是滨海新区，作为高水平的现代制造业和研发转化基地，区域内工业企业众多，其 VOCs 排放量占到了天津全市典型工业源 VOCs 总排放量的 88.25%。

表 4-85　2014 年天津市重点区县 VOCs 排放贡献情况　　单位：%

区县	东丽区	西青区	北辰区	津南区	武清区	宝坻区	滨海新区
排放量占比情况	3.93	3.30	2.77	1.28	0.39	0.07	88.25

表 4-86 为天津市重点区县挥发性有机物排放环节的贡献情况。由表 4-86 可知，东丽区主要的 VOCs 排放环节为 4 个环节之外的其他工艺过程排放，其对东丽区工业源 VOCs 总量的贡献率为 72.03%，远高于其他两个环节。北辰区、津南区、武清区 3 个区县由于家具制造、包装印刷、设备制造等企业较多，均以含 VOCs 产品的使用和排放环节为主，且其贡献率远高于其他环节，分别为 92.68%、87.28%、61.42%。宝坻区工业源 VOCs 的排放主要来自设备制造、塑料加工等含 VOCs 产品的使用和排放及其他两个环节，其贡献率分别为 59.17%和 40.83%。对于西青区，VOCs 的生产、含 VOCs 产品的使用和排放、其他 3 个环节的 VOCs 排放量差别不大，VOCs 为原料的工艺过程贡献率为 29.93%，稍高于以上 3 个环节。滨海新区作为天津市的重点工业基地，其主要的 VOCs 排放源为 VOCs 的生产环节，其占滨海新区 VOCs 总排放量的 87.70%，其次为含 VOCs 产品的使用和排放环节，其占比约为 6.34%。

表 4-86 2014 年天津市重点区县 VOCs 排放环节贡献情况 单位：%

工艺环节	东丽区	西青区	北辰区	津南区	武清区	宝坻区	滨海新区
VOCs 的生产	—	27.30	1.31	—	—	—	87.70
储存和运输	—	—	—	—	—	—	0.46
以 VOCs 为原料的工艺过程	11.94	29.93	5.13	0.89	37.08	—	2.33
含 VOCs 产品的使用和排放	16.04	21.39	92.68	87.28	61.42	59.17	6.34
其他	72.03	21.38	0.88	11.83	1.50	40.83	3.17
合计	100	100	100	100	100	100	100

（5）天津市滨海新区各功能区典型工业源 VOCs 排放量分布

滨海新区作为天津市工业源 VOCs 排放的重点区县，为进一步了解其工业源 VOCs 分布情况，对其主要功能区工业源 VOCs 排放情况进行了分析，其结果见表 4-87。

表 4-87 2014 年天津市滨海新区重点功能区 VOCs 排放贡献情况 单位：%

功能区	大港	汉沽	塘沽	临港经济区	高新技术产业开发区	天津港保税区	天津经济技术开发区
排放量占比情况	78.84	1.16	0.81	9.96	0.16	1.01	8.05

由 4-88 可知，大港功能区集聚了天津市 3 大石油炼化、石油化工企业，其工业源 VOCs 的排放量占滨海新区排放量的 78.84%，是滨海新区最主要的工业源 VOCs 排放来源。汉沽和临港经济区中也存在部分石油炼化和大型的化工企业，因此，两个功能区中均以 VOCs 的生产环节排放为主，排放量占比分别为 83.29% 和 82.07%，同时，临港经济区由于涉及挥发性有机物、油品类的仓储企业较多，其储存和运输环节的 VOCs 排放贡献率为 4.63%。天津经济技术开发区为中国首批国家级开发区之一，为天津市滨海新区的重要组成部分，集聚了大批国内外先进企业，其工业源 VOCs 的排放量约占滨海新区总量的 8.05%，由于该区内集中了天津市大型的汽车整车制造、木质家具制造、有机化学原料制造等行业，其含

VOCs 产品的使用和排放环节的 VOCs 排放量占功能区工业源总量的 68.18%，是该功能区将来进行工业源 VOCs 治理的主要行业。天津港保税区工业源 VOCs 排放量占滨海新区工业源总量的 1.01%，该功能区主要来自于其他塑料制品制造、钢压延加工等 4 个环节之外的其他行业环节及食用植物油加工等以 VOCs 为原料的环节的排放，二者占该功能区 VOCs 总排放量的 64.33%。塘沽和高新技术产业开发区工业源 VOCs 排放量较少，且 VOCs 主要来自于 4 个环节之外的其他行业环节的排放。

表 4-88　2014 年天津市滨海新区重点功能区 VOCs 排放贡献情况　　单位：%

行业分类	大港	汉沽	塘沽	临港经济区	高新技术产业开发区	天津港保税区	天津经济技术开发区
VOCs 的生产	99.37	83.29	—	82.07	—	21.12	—
储存和运输	—	—	—	4.63	—	—	—
以 VOCs 为原料的工艺过程	0.29	2.70	—	3.88	—	14.55	19.09
含 VOCs 产品的使用和排放	0.28	14.01	6.11	1.55	29.68	21.35	68.18
其他	0.06	—	93.89	7.87	70.32	42.98	12.73
合计	100	100	100	100	100	100	100

（6）天津市挥发性有机物排放空间分布

根据 VOCs 申报系统中统计的各企业的经纬度、核算期数据等信息，根据《“十二五”培训资料》中的排放因子，计算得到各企业最终的 VOCs 排放量。使用 ArcGIS 软件对计算得到的各企业 VOCs 排放量进行空间处理，得到天津市工业企业 VOCs 排放的空间分布，详细如图 4-67 所示。

根据《“十二五”培训资料》中的排放因子结合企业核算期上传的数据计算的结果如图 4-67 所示，天津市的 VOCs 年排放量大于 5 000 t 的企业全部都分布在滨海新区（包括大港、塘沽、汉沽），而排放量在 10 000 t 以上的企业则全部在滨海新区的大港地带，这是由于工业布局的原因，排放 VOCs 较多的大型石化行业基本都坐落在大港地区。

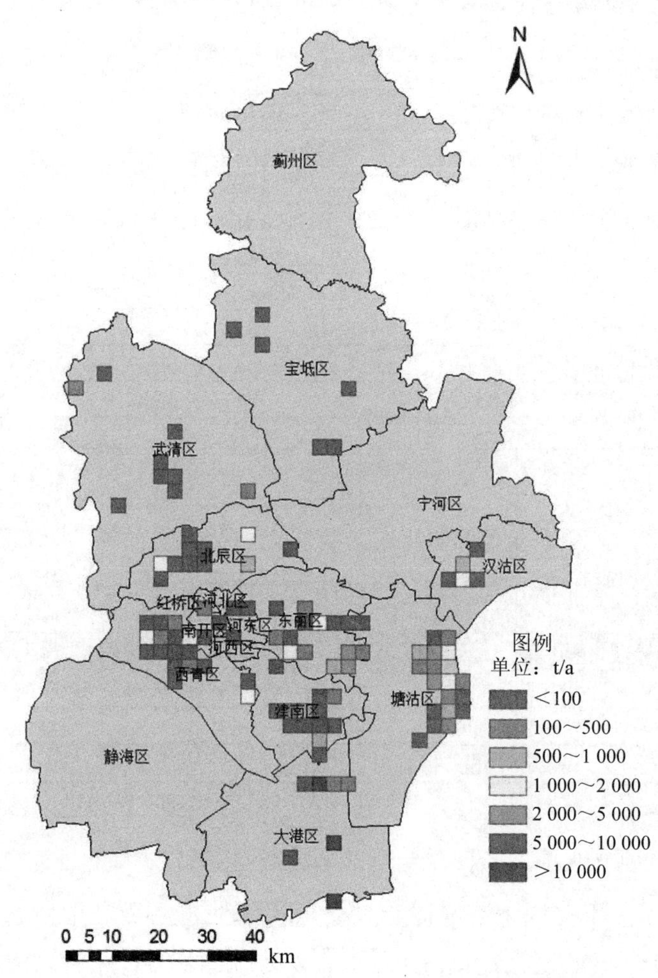

图 4-67 天津市工业企业 VOCs 排放空间分布（彩图见附件）

（7）不确定性分析

在天津市典型工业源 VOCs 排放清单建立过程中，其不确定性主要来自于排放因子的确定和活动水平数据的收集。排放因子方面，本书中采用的排放因子为我国“十二五”期间发布的排放因子，且主要借鉴国外的研究成果，与目前国内的排放水平存在一定的差异。本研究中的活动水平主要来自于企业自主申报，在一定程度上存在人为因素的影响。以上这些均为清单的建立引入了较大的不确定性。

（8）结论

①通过企业自主申报的方式，研究形成建立了天津市重点区县典型工业源VOCs清单，得出2014年天津市典型工业源VOCs的排放量为16.52万t。

②VOCs的生产环节为天津市主要的工业源VOCs来源，占总排放量的78.33%，其次为含VOCs产品的使用和排放环节，占比为10.90%。四个环节以外的其他环节、以VOCs为原料的工艺过程、储存和运输三个环节的排放量占比依次降低，分别为6.55%、3.82%和0.41%。

③天津市工业源VOCs排放量最多的区县为滨海新区，占天津市总排放量的88.25%，其功能区中的大港、临港经济区、天津经济技术开发区三者的排放量最大，分别占滨海新区工业源VOCs总量的78.84%、9.96%和8.05%。

根据以上研究结果，VOCs的生产环节及含VOCs产品的使用和排放是天津市工业源VOCs的主要来源，也是将来天津市应着重控制的VOCs排放环节。

4.5.2.2 核算方案二

大气污染物源排放清单编制是制定大气污染物优化减排方案、环境空气质量达标规划和重污染天气应急预案的重要基础和科学依据。为贯彻落实国务院《大气污染防治行动计划》，指导各地开展大气污染物源排放清单编制工作，推动我国大气污染防治工作进程，增强大气挥发性有机物污染防治工作的科学性、针对性和有效性，2015年8月，环境保护部发布了《大气挥发性有机物源排放清单编制技术指南（试行）》（以下简称《VOCs源排放清单》）。

根据天津市挥发性有机物排放申报系统中企业填报的各类原辅材料、产品等用量、产量信息，采用《VOCs源排放清单》中的平均水平排放因子，初步核算了天津市2014年重点工业源VOCs排放情况。

（1）研究方法

1）研究范围

根据天津市产业布局，本次工业企业 VOCs 排放清单的调查范围包括石油炼制与石油化学、医药制造、橡胶制品制造、涂料与油墨生产、塑料制品制造、电子工业、汽车制造、印刷与包装印刷、家具制造、表面涂装、黑色金属冶炼等重点产业，同时也是天津市 VOCs 排放的典型行业。

2）估算方法

VOCs 排放量估算采用排放因子法，估算公式：

$$E_i = P_i \times \mathrm{EF}_i \tag{4-21}$$

式中：E_i —— 排放源 i 的 VOCs 排放量；

P_i —— 排放源 i 的活动水平；

EF_i —— 排放源 i 的排放因子。

本次估算中排放因子来自《VOCs 源排放清单》中的排放因子，具体排放因子见表 4-89。

表 4-89 《VOCs 源排放清单》排放因子

行业代码	行业名称	排放因子	活动水平
1340	制糖	8 kg/t	制糖
1340	农副食品加工业	5.5 kg/t	溶剂萃取产品
1353	肉制品及副产品加工业	0.143 kg/t	熏肉
1511	酒精制造	218.25 kg/t	酒精
1512	白酒制造	25 kg/t	白酒
1513	啤酒制造	0.25 kg/t	啤酒
1515	葡萄酒制造	0.5 kg/t	红酒
2110	木质家具制造	0.4 kg/件	木制家具涂层
2130	金属家具制造	218 t/（厂·a）	金属家具涂层
2520	炼焦	2.96 kg/t	机械炼焦
2520	炼焦	5.36 kg/t	土法炼焦
2645	建筑涂料	120 kg/t	建筑内墙涂料
2645	建筑涂料	120 kg/t	建筑外墙水性涂料

行业代码	行业名称	排放因子	活动水平
2645	建筑涂料	450 kg/t	建筑外墙溶剂型涂料
2651	初级形态塑料及合成树脂制造	0.744 8 kg/t	聚氯乙烯（PVC）
2651	初级形态塑料及合成树脂制造	5.4 kg/t	聚苯乙烯（PS）
2651	初级形态塑料及合成树脂制造	3 kg/t	聚丙烯（PP）
2651	初级形态塑料及合成树脂制造	5.7 kg/t	高密度聚乙烯
2651	初级形态塑料及合成树脂制造	10 kg/t	线性聚乙烯
2651	初级形态塑料及合成树脂制造	10 kg/t	低密度聚乙烯
2652	合成橡胶	7.17 kg/t	顺丁橡胶/丁苯橡胶/氯丁橡胶/丁腈橡胶
2914	再生橡胶制造	0.91 kg/个	轮胎
2924	泡沫塑料制造	770 kg/t	泡沫塑料
2925	塑料人造革、合成革制造	0.182 kg/m^2	人造革/合成革
3041	平板玻璃制造	4.4 kg/t	平板玻璃
3061	玻璃纤维及制品制造	3.15 kg/t	玻璃纤维
3120	炼钢	0.1 kg/t	电弧炉炼钢
3120	炼钢	0.3 kg/t	热轧炼钢
3120	炼钢	0.2 kg/t	未注明工艺轧钢
4620	污水处理及其再生利用	0.001 1 kg/t	污水处理
5990	油品储存	0.123 kg/t	原油储存
5990	油品储存	0.156 kg/t	汽油储存
7723	水利、环境和公共设施管理业	0.74 kg/t	固体废物焚烧
7723	水利、环境和公共设施管理业	0.74 kg/t	固体废物堆肥
7723	水利、环境和公共设施管理业	0.23 kg/t	固体废物填埋
06**	煤炭开采	0.196 kg/t	洗煤
0710	石油开采	1.417 5 kg/t	石油开采量
0720	天然气开采	0.5 kg/t	天然气开采量
133*	植物油加工	9.35 kg/t	玉米油
133*	植物油加工	8.75 kg/t	棉花籽油
133*	植物油加工	10.35 kg/t	花生油
133*	植物油加工	2.45 kg/t	大豆油
133*	植物油加工	9.165 kg/t	非食用植物油
141*	培烤食品制造	1 kg/t	饼干
141*	培烤食品制造	10.62 kg/t	面包
17**	纺织业	81.4 kg/t	染料使用量
202*	人造板制造	0.000 5 kg/m^3	人造板
221*	纸浆制造	3.1 kg/t	牛皮纸制浆量

行业代码	行业名称	排放因子	活动水平
231*	印刷	750 kg/t 油墨	传统油墨印刷
231*	印刷	100 kg/t 油墨	新型油墨印刷
251*	精炼石油产品	1.82 kg/t	精炼石油产量
261*	基础化学原料制造（石油化工）	0.097 kg/t	乙烯
261*	基础化学原料制造（石油化工）	0.111 kg/t	丙烯
261*	基础化学原料制造（石油化工）	0.988 kg/t	丙烯腈
261*	基础化学原料制造（石油化工）	1.72×10^5 kg/生产线/a	苯
261*	基础化学原料制造（石油化工）	1.72×10^5 kg/生产线/a	甲苯
261*	基础化学原料制造（石油化工）	0.1 kg/t	乙苯
261*	基础化学原料制造（石油化工）	139.74 kg/t	丁二烯
261*	基础化学原料制造（石油化工）	0.223 kg/t	苯乙烯
261*	基础化学原料制造（石油化工）	1.72×10^5 kg/生产线/a	邻-二甲苯
261*	基础化学原料制造（石油化工）	1.72×10^5 kg/生产线/a	间-二甲苯
261*	基础化学原料制造（石油化工）	1.72×10^5 kg/生产线/a	对-二甲苯
261*	基础化学原料制造（石油化工）	1.72×10^5 kg/生产线/a	混合二甲苯
261*	基础化学原料制造（石油化工）	430 kg/t	化学原料药
262*	肥料制造	0.01 kg/t	尿素
262*	肥料制造	4.72 kg/t	合成氨
263*	杀虫剂	576 kg/t	敌敌畏
263*	杀虫剂	568 kg/t	氧化乐果
263*	杀虫剂	562 kg/t	氯氰菊酯
263*	除草剂	276 kg/t	百草枯
263*	除草剂	382 kg/t	多菌灵
263*	除草剂	355.8 kg/t	草甘膦
263*	杀菌剂	568 kg/t	稻瘟净
264*	涂料、油墨、颜料及类似产品制造	50 kg/t	油墨
264*	涂料、油墨、颜料及类似产品制造	15 kg/t	油漆
264*	涂料、油墨、颜料及类似产品制造	81.4 kg/t	染料
264*	涂料、油墨、颜料及类似产品制造	52 kg/t	炭黑
264*	涂料、油墨、颜料及类似产品制造	81.4 kg/t	印染
282*	合成纤维制造	19.8 kg/t	精对苯二甲酸
282*	合成纤维制造	0.988 kg/t	丙烯腈
282*	合成纤维制造	0.515 kg/t	乙二醇
282*	合成纤维制造	3.3 kg/t	尼龙
282*	合成纤维制造	0.7 kg/t	涤纶
282*	合成纤维制造	37.1 kg/t	腈纶

行业代码	行业名称	排放因子	活动水平
282*	合成纤维制造	37.1 kg/t	丙纶
282*	合成纤维制造	7.7 kg/t	维纶
282*	合成纤维制造	14.5 kg/t	黏胶纤维
2926/3333	其他涂层	97 t/（生产线·a）	饮料罐涂层
301*	水泥、石灰和石膏的制造	0.177 kg/t	水泥/石灰/石膏
303*	砖瓦、石材及其他建筑材料制造	0.132 kg/t	黏土砖瓦
303*	砖瓦、石材及其他建筑材料制造	29.22 kg/t	建筑陶瓷
303*	砖瓦、石材及其他建筑材料制造	0.432 kg/t	沥青油毡
307*	陶瓷制品制造	29.22 kg/t	卫生陶瓷
307*	陶瓷制品制造	29.22 kg/t	搪瓷
342*	其他涂层	0.4 kg/件	机床涂层
36**	汽车制造	2.43 kg/辆	轿车
36**	汽车制造	21.2 kg/辆	汽车
36**	汽车制造	20 kg/辆	汽车喷漆（大车）
37**	铁路、船舶、航空航天和其他运输设备制造业	1.8 kg/辆	摩托车
37**	铁路、船舶、航空航天和其他运输设备制造业	0.3 kg/辆	自行车
383*	其他涂层	84.37 t/（生产线·a）	漆包线涂层
385*	家用电力器具制造	0.2 kg/件	家电涂层
41**	其他制造业	0.4 kg/件	设备制造

3）数据来源

本研究中的活动水平数据来源于天津市挥发性有机物排放申报系统中全市重点行业典型企业自主申报数据。该系统申报内容包括企业基本信息、有机原辅材料、产品信息、工序、生产线、生产车间、存储设施、无组织排放、废气治理设施等全生产、处理过程信息。此外，申报系统设置了从企业直属主管环保部门到市级环保部门的层层数据审核体系，确保数据的真实性和完善性。

4）工业源分类

本次估算过程中排放源分类根据《VOCs 源排放清单》附录 A 中的挥发性有机物的排放源分类方法进行分类，其中工业源 VOCs 分为工艺过程源和溶剂使用源两类，具体分类情况见表 4-90。

表 4-90　工艺过程源和溶剂使用源分类

第一级	第二级	第三级	第四级
工艺过程源	石油化工业	天然原油和天然气开采	天然原油/天然气
		基础化学原料制造	乙烯/丙烯/丙烯腈/苯/乙苯/丁二烯/苯乙烯
		肥料制造	合成氨
		农药制造	杀虫剂/除草剂/杀菌剂
		涂料、油墨、颜料及类似产品制造	涂料/油墨/颜料/染料
		合成材料制造	塑料［聚氯乙烯（PVC）/聚丙烯（PP）/聚苯乙烯（PS）/高密度聚乙烯/线性聚乙烯/低密度聚乙烯］/合成橡胶/合成纤维单体/炭黑
		纤维素纤维原料及纤维制造	纤维素纤维/黏胶纤维
		合成纤维制造	锦纶/涤纶/腈纶/维纶/丙纶
		精炼石油产品	精炼石油
		油品运输	原油/汽油
		油品储存	原油/汽油
		加油站	汽油/柴油
		橡胶板、管、带的制造	电缆光缆涂层
		再生橡胶制造	再生橡胶制造
		泡沫塑料制造	泡沫塑料
		塑料人造革、合成革制造	人造革/PU 革
工艺过程源	其他工艺过程	水泥、石灰和石膏的制造	水泥/石灰/石膏
		砖瓦、石材及其他建筑材料制造	黏土砖瓦/建筑陶瓷/油毡
		玻璃及玻璃制品制造	平板玻璃/玻璃纤维
		陶瓷制品制造	卫生陶瓷
		石墨及其他非金属矿物制品制造	石墨/木炭
		炼钢	电弧炉/热轧

第一级	第二级	第三级	第四级
工艺过程源	其他工艺过程	炼焦	机械炼焦/土法炼焦
		植物油加工	植物油/非植物油
		制糖	制糖
		焙烤食品制造	饼干/面包
		酒的制造	白酒/啤酒/葡萄酒
		人造板制造	胶合板/纤维板/刨花板
		纸浆制造	纸浆
		煤矿采选	洗煤
溶剂使用源	染色过程	印刷	传统油墨印刷/水性油墨印刷
		印染布	—
	沥青铺路	沥青	—
	表面涂层	建筑涂料	溶剂涂料/水性涂料
		家具制造	木制家具/金属家具
		汽车制造	汽车整车制造/汽车修理
		摩托车制造	摩托车整车制造
		自行车制造	自行车
		机械涂层	机床设备/农用机械涂层/商业机械涂层
		易拉罐生产/漆包线生产/汽车维修/工艺品表面涂层	—
	农药使用	杀虫剂/除草剂/除菌剂	—
	其他	干洗剂	三氯乙烯/四氯乙烯
		日用化妆品	—
		去污脱脂	—

（2）天津市典型工业源 VOCs 排放量

表 4-91 为根据《VOCs 源排放清单》核算出的 2014 年天津市典型工业源 VOCs 排放情况。从表 4-91 中可知，根据企业填报情况共核算出了 40 个小行业（4 位行业代码）139 家典型企业排放量，排污总量合计为 9.32 万 t，自 2013 年天津市实施清新空气行动方案以来，天津市部分企业积极行动，采取了 VOCs 治理措施，2014 年天津市典型工业源 VOCs 削减量 1.69 万 t，最终排放量 7.63 万 t。

表 4-91 天津市典型工业源 VOCs 排放清单

序号	行业名称	行业代码	企业数量	排放量/t	削减量/t	排放量/t
1	泡沫塑料制造	2924	1	1 244.16	373.25	870.91
2	有机化学原料制造	2614	3	33 451.40	10 035.42	23 415.98
3	轮胎制造	2911	5	19 619.87	3 549.00	16 070.87
4	塑料薄膜制造	2921	2	7 827.05	962.12	6 864.94
5	塑料丝、绳及编织品制造	2923	1	3 850.00	—	3 850.00
6	原油加工及石油制品制造	2511	5	3 600.05	948.38	2 651.67
7	食用植物油加工	1331	6	2 785.45	184.67	2 600.79
8	炼焦	2520	1	2 745.04	—	2 745.04
9	涂料制造	2641	19	2 546.13	96.87	2 449.26
10	其他未列明制造业	4190	11	2 457.32	87.60	2 369.72
11	其他电子设备制造	3990	2	2 280.64	—	2 280.64
12	汽车整车制造	3610	5	2 157.40	—	2 157.40
13	脚踏自行车及残疾人座车制造	3761	2	1 743.16	117.95	1 625.21
14	化学药品原料药制造	2710	8	1 685.16	35.79	1 649.37
15	钢压延加工	3140	1	1 072.92	—	1 072.92
16	助动自行车制造	3762	2	1 009.02	302.71	706.32
17	其他橡胶制品制造	2919	2	591.50	—	591.50
18	化学药品制剂制造	2720	2	496.22	—	496.22
19	金属包装容器制造	3333	1	388.00	—	388.00
20	其他仓储业	5990	4	314.92	94.47	220.44
21	油墨及类似产品制造	2642	2	304.79	—	304.79
22	木质家具制造	2110	20	263.86	7.49	256.37
23	合成橡胶制造	2652	1	241.09	—	241.09
24	书、报刊印刷	2311	2	169.20	—	169.20
25	电线、电缆制造	3831	1	84.37	25.31	59.06
26	光纤、光缆制造	3832	1	84.37	25.31	59.06
27	防水建筑材料制造	3034	4	72.90	21.87	51.03
28	其他基础化学原料制造	2619	1	44.21	13.26	30.95
29	其他酒制造	1519	1	12.50	—	12.50
30	其他专用设备制造	3599	5	9.35	1.15	8.20
31	包装装潢及其他印刷	2319	7	9.12	0.87	8.25
32	污水处理及其再生利用	4620	2	4.70	—	4.70
33	电动机制造	3812	1	1.97	0.59	1.38

序号	行业名称	行业代码	企业数量	排放量/t	削减量/t	排放量/t
34	石油钻采专用设备制造	3512	1	1.60	0.48	1.12
35	发电机及发电机组制造	3811	1	0.20	0.06	0.14
36	风能原动设备制造	3415	1	0.10	—	0.10
37	建筑工程用机械制造	3513	1	0.08	—	0.08
38	矿山机械制造	3511	2	0.04	0.01	0.03
39	水轮机及辅机制造	3414	1	0.003	—	0.003
40	其他通用设备制造业	3490	1	0.002	—	0.002
汇总			139	93 169.86	16 884.62	76 285.24

根据《VOCs 源排放清单》的分类方法，将 2014 年天津市典型工业源 VOCs 排放情况进行分类，具体情况见表 4-92。从表 4-92 中可知，天津市工艺过程源排放量为 8.25 万 t，占总排放量的 88.56%，其中石油化工业排放量 7.58 万 t，是该工业源的主要排放类别，占典型工业源排放总量的 81.37%。溶剂使用源 VOCs 排放量相对较小，占天津市典型工业源 VOCs 排放总量的 11.44%，在该工业源中又以表面涂层为主要的 VOCs 排放类别，占典型工业源 VOCs 排放量的 11.25%，是溶剂使用源类别中应该主要控制的对象。

表 4-92　2014 年天津市典型工业源 VOCs 分类排放情况

序号	一级工业源类别	二级工业源类别	企业数量/个	VOCs 排放量/t	占比情况/%
1	工艺过程源	石油化工业	56	75 816.56	81.37
2		其他工艺过程	15	6 693.51	7.18
3		小计	71	82 510.07	88.56
4	溶剂使用源	表面涂层	59	10 481.47	11.25
5		染色过程	9	178.32	0.19
6		小计	68	10 659.79	11.44
合计			139	93 169.86	100.00

（3）天津市各行业 VOCs 排放量贡献率情况

图 4-68 所示为天津市 4 类工业源类别中各行业贡献率情况。由图可知，石油

化工行业中主要的 VOCs 排放行业为有机化学原料制造、轮胎制造、塑料行业、原油加工及石油制品制造等行业，其排放量占石油化工行业总排放量的比例分别为 44.12%、25.88%、15.4%、4.75%。其他工业过程 VOCs 排放中主要贡献来源于炼焦、食用植物油加工及钢压延加工行业，排放量贡献率分别为 41.01%、41.61% 和 16.03%。炼焦过程中顶装焦炉与捣固焦炉炉顶无组织烟气的排放不容忽视，其中的 VOCs 质量浓度较高，主要污染物为乙烯、乙烷、丙烯、苯、甲苯、间-二甲苯、对-二甲苯、丁烯等。表面涂层行业主要的 VOCs 排放行业为其他未列明制造业、其他电子设备制造、汽车整车制造和脚踏自行车及残疾人座车制造等行业，贡献率分别为 23.44%、21.76%、20.58%、16.63%，是天津市今后进行该类别工业源污染治理的重点行业。染色过程中的 VOCs 排放主要以书、报刊印刷为主，其贡献率达到 94.86%。

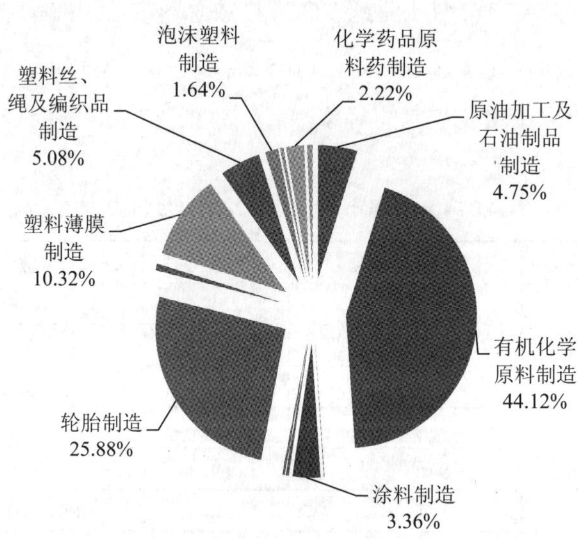

（a）石油化工业行业贡献率情况

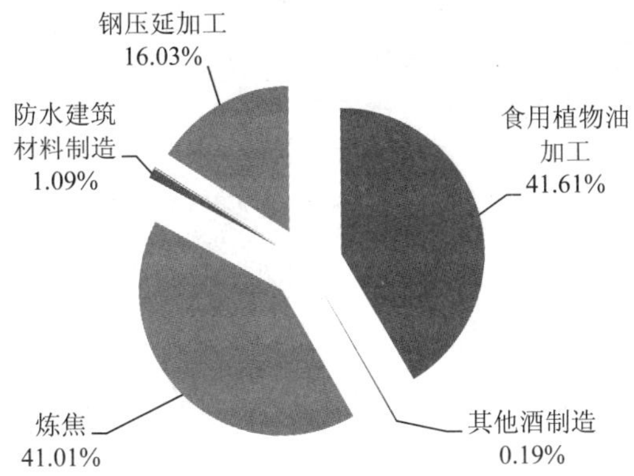

（b）其他工艺过程行业贡献率情况

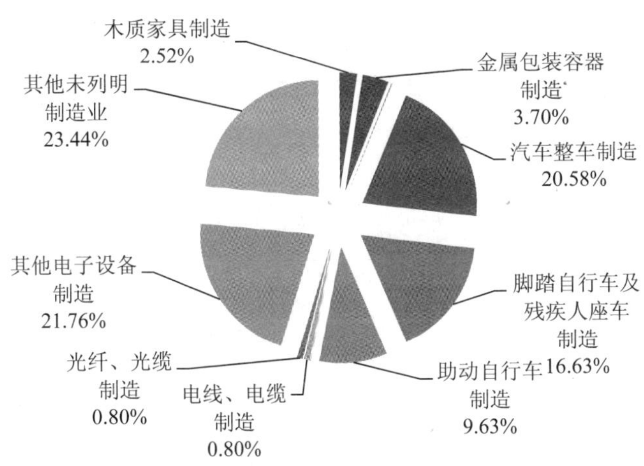

（c）表面涂层行业贡献率情况

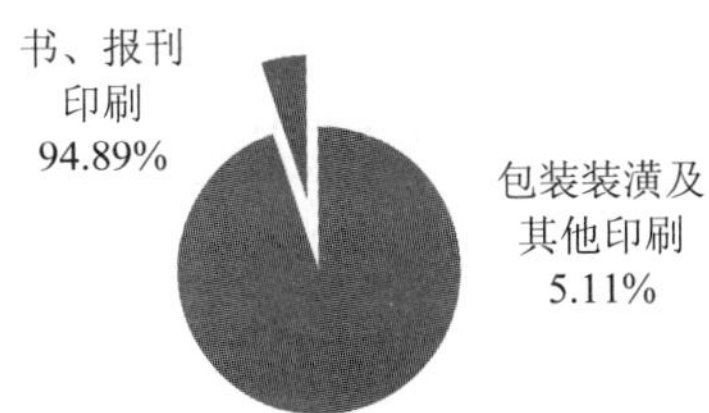

（d）染色过程行业贡献率情况

图4-68 天津市工业源各行业贡献率情况

（4）天津市各区县典型工业源 VOCs 排放量分布

表 4-93 为根据天津典型工业源 VOCs 排放清单得出的天津市重点区县典型工业源 VOCs 排放贡献情况，可知，无论是企业数量还是典型工业源 VOCs 的排放贡献情况，滨海新区均为主要区域，其企业数量占此次企业总数目的 48.92%，工业源 VOCs 排放量占全市典型工业源总排放量的 63.22%。除滨海新区外，西青区、宝坻区、东丽区、北辰区等典型工业源 VOCs 排放量也较为靠前，排放量占全市典型工业源 VOCs 排放量的比例分别为 15.13%、7.69%、6.61%、6.35%。

表 4-93　2014 年天津市重点区县典型工业源 VOCs 排放贡献情况

区县	东丽区	西青区	津南区	北辰区	武清区	宝坻区	滨海新区	合计
企业数量/个	14	17	12	19	5	4	68	139
贡献率/%	6.61	15.13	0.35	6.35	0.65	7.69	63.22	100

表 4-94 为 2014 年天津市重点区县不同工业源的贡献率情况，从表 4-94 中可知，东丽区由于具有黑色金属冶炼及炼焦等行业，其主要的工业源为其他工艺过程，占该区典型工业源 VOCs 排放量的 62.21%，其次为表面涂层行业，占比为 24.64%。武清区主要的 VOCs 排放来自于表面涂层行业，占比达到了 63.64%，其次为涂料生产为主的石油化工业。西青区、津南区、北辰区、宝坻区、滨海新区等均为石油化工行业为主的区域，其石油化工行业的 VOCs 排放量贡献率占比均达到了 82.24%以上，宝坻区更高达 98.5%。

表 4-94　2014 年天津市重点区县不同工业源贡献率情况　　单位：%

区县		东丽区	西青区	津南区	北辰区	武清区	宝坻区	滨海新区
工艺过程源	石油化工业	10.33	97.75	85.73	91.35	36.36	98.50	82.24
	其他工艺过程	62.21	—	—	1.23	—	—	4.74
溶剂使用源	表面涂层	24.64	2.25	14.23	7.40	63.64	1.50	13.02
	染色过程	2.81	—	0.05	0.01	—	—	0.01
贡献率合计		100	100	100	100	100	100	100

（5）天津市滨海新区各功能区典型工业源 VOCs 排放量分布

由于滨海新区为天津市主要的工业源 VOCs 排放区域，为进一步了解滨海新区不同区域的 VOCs 排放情况，将其按照不同的功能区进行工业源 VOCs 排放贡献率的分析，具体情况见表 4-95 及表 4-96。

表 4-95 2014 年天津市滨海新区各功能区排放贡献率情况

区县	大港	汉沽	塘沽	临港	高新区	保税区	开发区	合计
企业数量	8	2	1	14	6	14	23	68
贡献率/%	59.67	0.49	0.002	4.70	0.15	7.67	27.32	100

表 4-96 2014 年天津市滨海新区各功能区不同工业源贡献率情况　　单位：%

功能区		大港	汉沽	塘沽	临港	高新区	保税区	开发区
工艺过程源	石油化工业	92.28	49.94	—	60.90	—	2.98	87.27
	其他工艺过程	—	—	—	39.10	—	37.83	—
溶剂使用源	表面涂层	7.72	50.06	100	—	99.63	59.11	12.73
	染色过程	—	—	—	—	0.37	0.08	—
贡献率合计		100	100	100	100	100	100	100

从表 4-96 中可知，滨海新区主要的工业源 VOCs 排放功能区为大港、经济技术开发区、天津港保税区、临港经济区 4 个功能区，其占滨海新区工业源 VOCs 的比例分别为 59.67%、27.32%、7.67%和 4.7%。

大港由于聚集了天津市三大石化企业，因此该功能区中石油化工业是主要的工业源排放，排放量占比高达 92.28%，其次由于石油化工为 VOCs 排放的大户，因此该功能区的 VOCs 排放量远高于其他功能区。天津市经济技术开发区中集聚了 PPG 涂料、一汽丰田等大型涂料加工、工业涂装企业，因此其工业源 VOCs 排放量在滨海新区各功能区的排放量贡献中居第二位，且主要为涂料生产为主的石油化工业和家具制造、整车制造为主的表面涂层行业，两个工业源的排放量占比分别为 87.27%和 12.73%。汉沽开发区、高新技术开发区、天津港保税区 3 个功能区主要的工业源 VOCs 排放主要集中在表面涂层行业，贡献率占比均在 50%以上。临港经济区由于涉及挥发性有机物储存的其他仓储企业较多，其主要的工业源 VOCs 排放集中在石油化工行业。

（6）天津市挥发性有机物排放空间分布

根据 VOCs 申报系统中统计的各企业的经纬度、核算期数据等信息，根据《VOCs 源排放清单》中的排放因子，计算得到各企业最终的 VOCs 排放量。使用 ArcGIS 软件对计算得到的各企业 VOCs 排放量进行空间处理，得到天津市工业企业 VOCs 排放的空间分布，如图 4-69 所示。

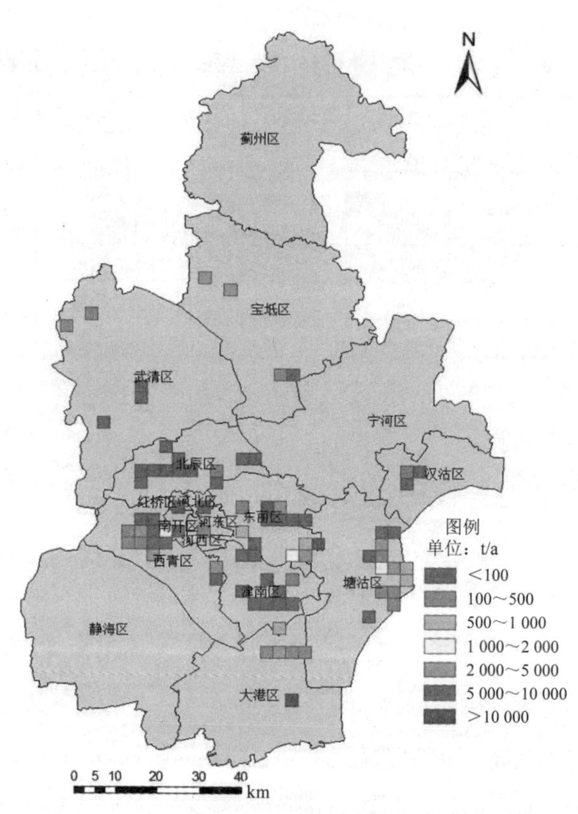

图 4-69 天津市工业企业 VOCs 排放空间分布（彩图见附件）

根据《VOCs 源排放清单》中的排放因子结合企业核算期上传的数据计算的结果如图 4-69 所示，可以看到，天津市的 VOCs 年排放量大于 5 000 t 的企业全部分布在滨海新区（包括大港、塘沽、汉沽），而排放量在 10 000 t 以上的企业则分布在滨海新区的大港和临港地区，因为和上节中 VOCs 核算方法的不同，核算范围也不同，所以和上节中得到的分布情况有所不同。

（7）不确定性分析

在天津市典型工业源 VOCs 排放清单建立过程中，其不确定性主要来自于排放因子的确定和活动水平数据的收集。本研究中的活动水平主要来自于企业自主申报，在一定程度上存在人为因素的影响。以上这些均为清单的建立引入了较大的不确定性。其次，《VOCs 源排放清单》中的排放因子存在与企业填报活动水平类别或单位不相对应的情况，导致无法计算或计算结果存在误差的结果。采用《VOCs 源排放清单》计算得出的天津市 2014 年工业源 VOCs 排放清单企业数目较少，对全市工业源 VOCs 的行业、区域分布分析可能存在一定的误差。

（8）结论

①通过企业自主申报的方式，研究形成建立了天津市重点区县典型工业源 VOCs 清单，得出 2014 年天津市典型工业源 VOCs 的排放量为 9.32 万 t。

②二级工业源类别中的石油化工业、其他工艺过程、表面涂层、染色过程 4 类占天津市典型工业源排放量的比例分别为 81.37%、7.18%、11.25%和 0.19%；一级工业源类别中的工艺过程源和溶剂使用源的占比情况分别为 88.56%和 11.44%。

③天津市工业源 VOCs 排放量最多的区县为滨海新区，占天津市总排放量的 63.22%，其功能区中的大港、天津经济技术开发区、天津港保税区、临港经济区 4 个功能区的排放量最大，分别占滨海新区工业源 VOCs 总量的 59.67%、27.32%、7.67%和 4.7%。

（9）小结

①开发了全国首个由企业自主申报的 VOCs 系统，基本覆盖了全部行业，数

据较为详尽丰富准确，可动态监管天津市工业源的 VOCs 排放量，且可分区县、分行业的查看具体的 VOCs 排放量。

②实现了天津市工业源 VOCs 排放清单的动态更新，VOCs 作为臭氧的重要前体物，该系统可为天津市政府的大气污染防治工作提供一定的参考，对天津市臭氧防控与治理提供依据。

③申报系统内有详细的企业信息，结合 GIS 可方便地形成排放清单网格化，综合 CMAQ 模型可对 VOCs 对空气质量的具体影响做出评估判断。

④申报系统刚开始需要详细的数据填写，但后期只需定期简单的填报及统计，为以后的 VOCs 治理工作节省了大量的人力、物力、财力。

4.6 天津市工业源 VOCs 治理技术效果评估

通过现场监测，建立天津市重点 VOCs 排放行业典型排放环节的 VOCs 排放成分特征谱（定性和定量）。总结各企业治理设施的特点，进出口总 VOCs 浓度及各组分浓度，治理效果分析。通过 85 家企业的情况综合分析 17 个行业的主要工艺、VOCs 排放环节，VOCs 成分谱及不同 VOCs 治理设施效果。

根据大气中 VOCs 产生的原理和 VOCs 的理化性质，其控制技术可以分为过程控制和末端控制两大类。过程控制是针对 VOCs 的生产过程，从 VOCs 的原理上减少 VOCs 的产生，一般通过工艺提升、技术改造和泄漏控制来实现。末端控制则是针对 VOCs 的化学特性，着力于 VOCs 废气的治理，利用燃烧、分解等方法来控制 VOCs 的排放，如图 4-70 所示。

4.6.1 销毁技术

（1）热破坏法

热破坏法是指直接和辅助燃烧有机气体（VOCs），或利用合适的催化剂加快 VOCs 的化学反应，最终达到降低有机物浓度，使其不再具有危害性的一种处理方法（图 4-71）。

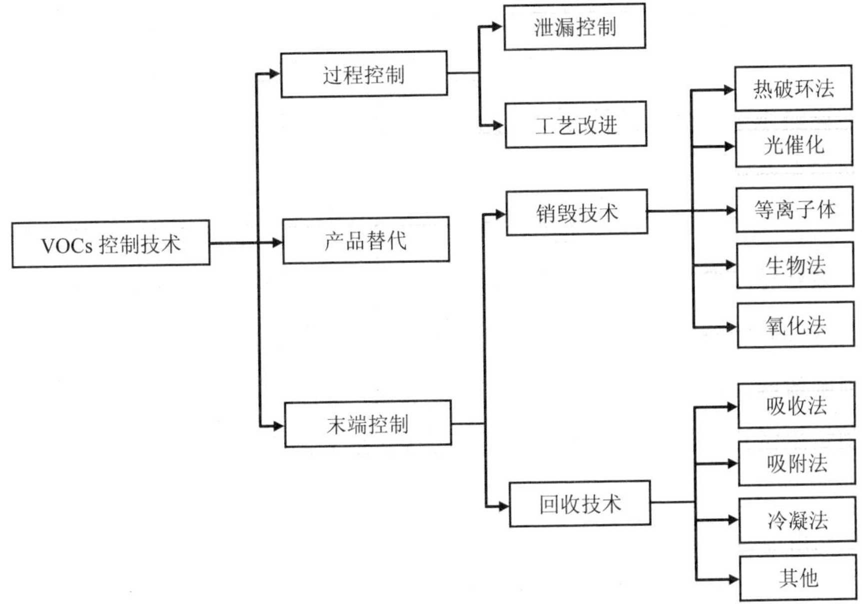

图 4-70　VOCs 控制技术路径分类

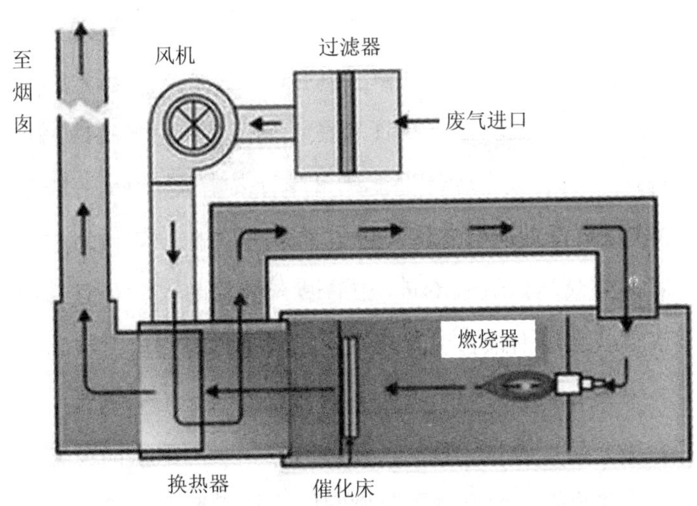

图 4-71　热破坏法的装置示意图

热破坏法对于浓度较低的有机废气处理效果比较好，因此，在处理低浓度废气中得到了广泛应用。这种方法主要分为两种，即直接火焰燃烧和催化燃烧。直接火焰燃烧对有机废气的热处理效率相对较高，一般情况下可达到99%。而催化燃烧指的是在催化床层的作用下，加快有机废气的化学反应速度。这种方法比直接燃烧用时更少，是高浓度、小流量有机废气净化的首选技术。

催化燃烧是VOCs在气流中被加热，在催化床层作用下，加快VOCs的化学反应，催化剂的存在使VOCs比直接燃烧法需要更少的保留时间和更低的温度。催热破坏能达到的热破坏效率在90%～95%，稍低于直接法，是由于VOCs在催化床层的停留时间长，降低了催化剂有效表面积，从而降低破坏效率。另外，催化剂常见对特定类型化合物反应，所以，催化燃烧的应用就受到了限制。

用于VOCs净化的催化剂主要有金属和金属盐，金属包括贵金属和非贵金属。目前使用的金属催化剂主要是Pt，Pd，技术成熟，催化活性高，但价格昂贵，而且对卤代物在含N，P，S等元素时，会发生氧化使催化剂失活。近年来，催化剂的研制主要集中在非贵金属，并取得了成果。如V_2O_5+MO_x（M：过渡族金属）+贵金属制成的催化剂用于治理甲硫醇废气；Pt+Pd+CuO催化剂用于治理含氮有机醇废气。由于VOCs废气中常出现杂质，易引起催化剂中毒。这些杂质有P，Pt，Bi，As，Sn，Hg，Fe^{2+}，Zn，卤素等。

催化剂载体起到节省催化剂，增大催化剂有效面积、减少凝结、提高催化活性和稳定性的作用，能作为载体的有活性炭、氧化铝、石棉、陶土、金属等，最常见的是陶瓷载体，一般制成网状、球状、蜂窝状或柱状。而近年来研究较多且成功的有丝光氟石等。对催化燃烧而言，今后研究的重点与热点是探索高效活性催化剂及其载体，催化氧化机理。

（2）氧化法

对于有毒、有害，而且不需要回收的VOCs，热氧化法是最适合的处理技术和方法。氧化法的基本原理为VOCs与O_2发生氧化反应，生成CO_2和H_2O，化学方程式如下：

$$aC_xH_yO_z+bO_2 \longrightarrow cCO_2+dH_2O$$

从化学反应方程式上看，该氧化反应和化学上的燃烧过程相类似，但其由于 VOCs 浓度比较低，在化学反应中不会产生肉眼可见的火焰。一般情况下，氧化法通过两种方法可确保氧化反应的顺利进行：a. 加热，使含有 VOCs 的有机废气达到反应温度；b. 使用催化剂，如果温度比较低，则氧化反应可在催化剂表面进行。所以，有机废气处理的氧化法分为以下两种方法：

①催化氧化法

现阶段，催化氧化法使用的催化剂有两种，即贵金属催化剂和非贵金属催化剂。贵金属催化剂主要包括 Pt、Pd 等，它们以细颗粒形式依附在催化剂载体上，而催化剂载体通常是金属或陶瓷蜂窝，或散装填料；非贵金属催化剂主要是由过渡元素金属氧化物，比如 MnO_2，与黏合剂经过一定比例混合，然后制成催化剂。为有效防止催化剂中毒后丧失催化活性，在处理前必须彻底清除可使催化剂中毒的物质，比如 Pb、Zn 和 Hg 等，如果有机废气中的催化剂毒物、遮盖质无法清除，则不可使用这种催化氧化法处理 VOCs。

②热氧化法

热氧化法当前分为 3 种：热力燃烧式、间壁式、蓄热式，这 3 种方法的主要区别在于热量回收方式，3 种方法均能与催化法结合，降低化学反应的反应温度。

a. 热力燃烧式热氧化器：一般情况下，指气体焚烧炉。这种气体焚烧炉由助燃剂、混合区和燃烧室 3 部分组成。其中，助燃剂，如天然气、石油等，是辅助燃料，在燃烧过程中，焚烧炉内产生的热混合区可对 VOCs 废气预热，预热后便可为有机废气的处理提供足够空间、时间，最终实现有机废气的无害化处理。在供氧充足条件下，氧化反应的反应程度（VOCs 去除率）主要取决于“3T 条件”：反应温度（Temperat）、时间（Time）、湍流混合情况（Turbulence）。这“三 T 条件”是相互联系的，在一定范围内，一个条件的改善可使另外两个条件降低。热力燃烧式热氧化器的缺点在于辅助燃料价格高，导致装置操作费用比较高。

b. 间壁式热氧化器：指的是在热氧化装置中，加入间壁式热交换器，进而把燃烧室排出气体的热量传送给氧化装置进口处温度比较低的气体，预热完成后便可促成氧化反应。现阶段，间壁式热交换器的热回收率最高可达 85%，因此大幅降低了辅助燃料的消耗。一般情况下，间壁式热交换器有 3 种形式：管式、壳式和板式。由于热氧化温度必须控制在 800～1 000℃范围内，因此，间壁式热交换必须由不锈钢或合金材料制成，所以间壁式热交换器的造价相当高，而这也是其缺点所在。此外，材料的热量也很难消除，这是间壁式热交换的另外一个缺点。

c. 蓄热式热氧化器（RTO）：在热氧化装置中计入蓄热式热交换器，在完成 VOCs 预热后便可进行氧化反应。现阶段，蓄热式热氧化器的热回收率已经达到了 95%，且其占用空间比较小，辅助燃料的消耗也比较少。由于当前的蓄热材料可使用陶瓷填料，其可处理腐蚀性或含有颗粒物的 VOCs 气体，如图 4-72 所示。

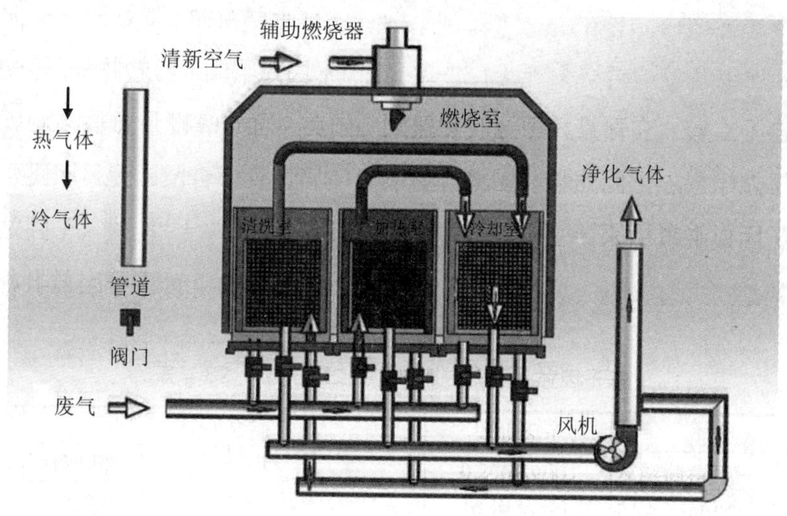

图 4-72　蓄热式热氧化器（RTO）示意图

（3）光催化技术

光催化技术是在一定波长光照下，利用催化剂的光催化活性，使吸附剂在其表面的 VOCs 发生氧化还原反应，最终将有机物氧化成二氧化碳、水及无机小分子物质。田中启一和三口伸一郎等利用紫外光分解 VOCs 做了研究，有机氯化物和氟氯烃在 185 nm 紫外光照射下，两种物质都能在极短的时间内分解，卤代物的分解速度大于氟氯烃；三氯乙烯几秒钟内即能分解成氧气、氯气、氟气等。光分解可产生中间产物，可通过氢氧化钠溶液处理或延长滞留时间等手段最终去除。光催化剂的基本原理就是在一定波长照射下，光催化剂使 H_2O 生成—OH，然后—OH 将 VOCs 氧化成二氧化碳、水。光催化氧化法对 VOCs 降解率可达到 90%～95%。光催化氧化具有选择性，反应条件温和，催化剂无毒，能耗低，操作简便，价格相对较低，无不良产物生成，使用后的催化剂可用物理和化学方法再生后循环使用，对几乎所有污染物均具净化能力等优点。有研究表明 TiO_2 光催化氧化设备能高效去除 VOCs、无机物、硫化氢、氨气、硫醇类等主要污染物及各种恶臭味，脱臭效率最高可达 99%以上。光催化技术优点是条件温和，常温常压；设备简单、维护方便；减少甚至无二次污染；缺点是占地面积大；气候影响大；工况变化影响大。图 4-73 是光催化技术装置示意图。

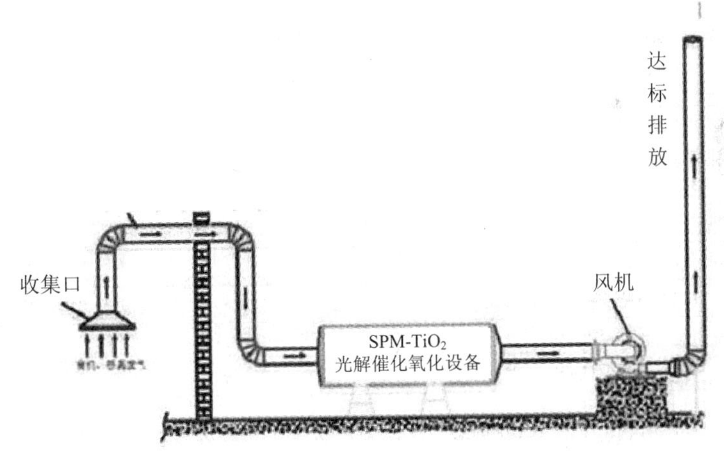

图 4-73 光催化技术装置示意图

（4）等离子体技术

等离子体技术基本原理是在电场的加速作用下，经过电子碰撞过后的气体分子，形成了具有高活性的粒子，这些活性粒子对 VOCs 分子进行氧化、降解反应，从而最终将有毒有害污染物转化为二氧化碳、水等无毒无害物质。此技术可以实现 VOCs 低温去除；适用于低浓度、大风量的 VOCs，室内空气净化，处理效率高，能耗低，净化并清洗空气。图 4-74 是等离子体技术装置示意图。

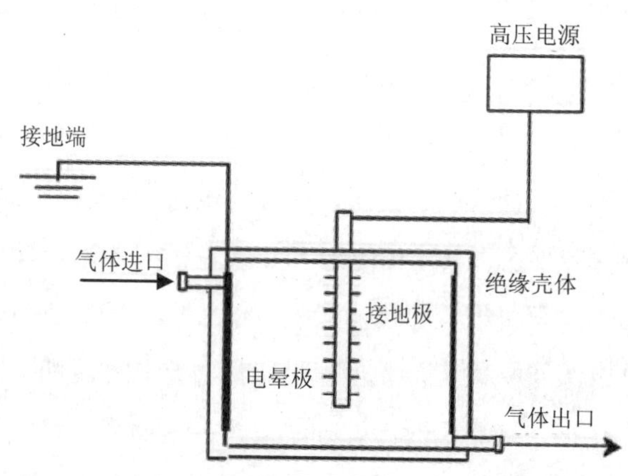

图 4-74　等离子体技术装置示意图

等离子体分解氯氟烃的技术已到实用阶段，植松信行研究了利用等离子体的化学作用分解氯氟烃之类难分解气体为无害物的应用。此技术可在短时间内进行大量的氯氟烃等气体的处理。此过程采用两个系统，第一个系统利用高频等离子体急速加热，使温度达 10 000℃利用等离子体的化学作用与水蒸气接触进行分解的超高温加水系统；第二个系统是将高温分解的排气急冷到 8℃下的排气系统。系统是由氯氟烃和水蒸气的供给装置、等离子体发生装置、反应炉、冷却罐及排水处理装置等构成。

（5）生物法技术

生物法净化 VOCs 废气是近年发展起来的空气污染控制技术，它比传统工艺投资少，运行费用低，操作简单，应用范围广，是最有希望替代燃烧法和吸附净化法的新技术。从处理的基本原理上讲，采用生物处理方法处理 VOCs 废气，是使用微生物的生理过程把有机废气中的有毒物质转化为简单的无机物，比如 CO_2、

H_2O 和其他简单无机物等。这是一种无害的有机废气处理方式。但对成分复杂的废气或难以降解的 VOCs，去除效果较差。体积大和停留时间长是生物法的主要问题。

生物法处理有机废气是一项新的技术，由于反应器涉及气、液、固相传质，以及生化降解过程，影响因素多而复杂，此法的机理至今仍然没有统一的理论，普遍接受传统的基于气体吸收双膜理论荷兰学者提出的吸收——生物膜理论。一般要经历 3 个步骤：①废气中的有机污染物同水接触并溶解于水中（即由气膜扩散进入液膜）；②溶解于液膜中的有机物成分在浓度差的推动下进一步扩散到生物膜，进而被其中的微生物捕获并吸收；③进入微生物体内的有机污染物在其自身的代谢过程中被作为能源和营养物质被分解，经生物化学反应最终转化成为无害的化合物。图 4-75 为生物膜理论示意图。

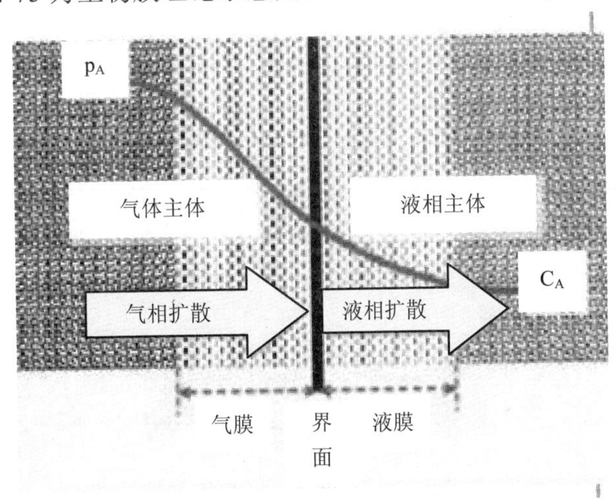

图 4-75 生物膜理论示意图

生物法实际上是利用微生物的新陈代谢过程将废气中的有毒物质转变成简单的无机物（如二氧化碳和水）及细胞物质等，主要工艺有生物吸收法、生物过滤法和生物滴滤法。而生物过滤法是一种目前应用较广泛的废气处理法。

①生物吸收法：生物洗涤器是生物吸收法的主要设备，一般由臭气吸收和悬浮液再生两个阶段组成，分别由吸收设备和再生反应器来完成。工艺如图 4-76 所示，臭气吸收段的工艺过程为臭气从吸收设备底部进入，向上流动与顶部喷淋向下流动的生物悬浮液在填料床中相互接触，经传质过程进入液相，再进入微生物细胞内或经微生物分泌的胞外酶作用分解，净化后的气体从吸收设备顶部排出，吸收设备常采用喷淋塔或鼓泡塔。

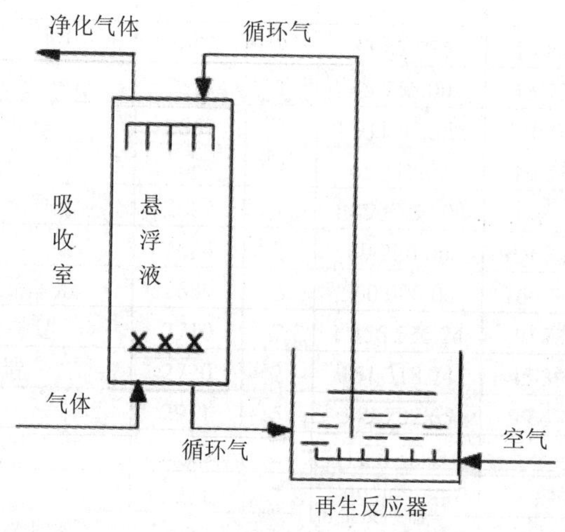

图 4-76　生物吸收法工艺示意图

②生物过滤法：生物滤池是生物过滤法中研究最早的工艺类型，工艺设备已基本成熟。生物滤池的发展大致经历的第 1 阶段是生物滤池，它由布气管上覆盖土壤构成，主要用于除臭气，但由于布气不均匀、布气系统易堵塞和滤床易干化等问题，造成系统运行不稳定。第 2 个阶段是敞开式生物滤池，目前得到广泛应用，滤池由混凝土构成，建于地面上，由混凝土板或块构成布气滤料支撑系统。滤料一般由堆肥、泥炭、木屑和惰性颗粒等混合而成。混合滤料减轻了滤层的压实且布气效果较好。但运行一段时间后，仍然有气体阻力增加和沟流现象出现。该系统也可用于臭气脱除。大部分生物滤池的处理效率在 90%以上。臭气通过生物活性填料床时，从气相转移到附着在坑料床中的微生物细

胞，进而被氧化分解。

③生物滴滤法：在生物吸收法基础上进行改进，集合了生物过滤法和生物吸收法优点。滴滤塔所用的填料易于挂膜、不易堵塞、比表面积大。进气方式分为水气逆向、同向两种，且废气预先除尘，温度，pH 条件与生物滤池相近。在生物滴滤塔中存在一个连续流动的水相。整个传质过程涉及气、液、固 3 相，通过回流水可以控制滴滤池水相的 pH，可在回流水中氮、磷物质，为微生物提供营养元素。生物滴滤塔的反应条件（pH、湿度等）易于控制，而生物生物滤池中 pH 的控制则主要通过在装填料时加入适当的固体缓冲剂来完成。图 4-77 为 VOCs 生物处理工艺示意图。

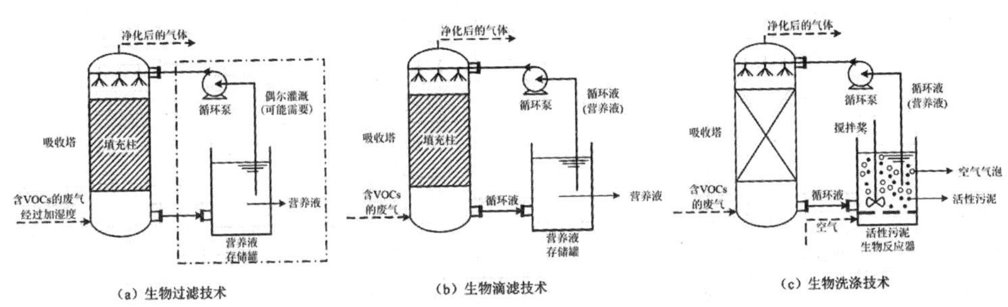

图 4-77　VOCs 生物处理工艺示意图

4.6.2　回收技术

（1）吸收法

吸收法是控制大气污染的重要手段之一，不仅能消除气态污染物，而且能将污染物转化为有用产品。由于其治理气态污染物技术成熟，设计操作经验丰富，适用性强，因而在废气治理中广泛应用。利用 VOCs 能与大部分油类物质互溶的特点，用高沸点、低蒸汽压的油类作为吸收剂来吸收 VOCs，常见的吸收器是填料洗涤吸收塔，例如，用液体石油类物质回收苯乙烯，因苯乙烯极性弱，能与液体石油类物质很好互溶。为强化吸收效果，可用液体石油类物质，表面活性剂和水组成乳液来做吸收液，如图 4-78 所示。在环境工程中，吸收法是控制大气污染的重要手段之一，其吸收过程是气相和液相之间进行气体分子扩散或者是湍流扩散进行物质转移。由于吸收法治理气态污染物技术成熟，设计及操作经验丰富，适用性强，对处理大流量、常温、低浓度有机废气比较有效且费用低，而且能将污染物转化为有用产品；其不足在于吸收剂后处理投资大，对有机成分选择性大，易出现二次污染。影响吸收效率的因素主要包括有机物在吸附剂中的溶解度；有机废气的浓度；吸收器的结构形式，如填料塔、喷淋塔；液气比、温度等操作参数。

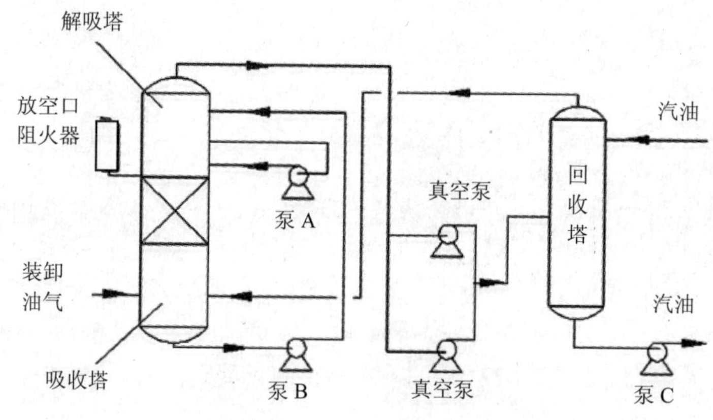

图 4-78　吸收法技术示意图

（2）吸附法

吸附法的应用广泛，具有能耗低，工艺成熟，去除率高，净化彻底，易于推广的优点，有很好的环境和经济效益。其缺点是设备庞大，流程复杂，当废气中有胶粒物质或其他杂质时，吸附剂易中毒。吸附法主要用于低浓度、高通量的 VOCs 处理。

决定吸附法处理 VOCs 的关键是吸附剂，吸附剂应具有密集的细孔结构，内表面积大，吸附剂性能好，化学性质稳定，不易破碎，对空气阻力小，常用的有活性炭、氧化铝、硅胶、人工沸石等。目前，多数采用活性炭，其去除效率高，废气中有机物浓度在 1 000×10^{-6} 以上，吸附率可达 95%以上。活性炭有颗粒状和纤维状两类。颗粒状活性炭结构气孔均匀，处理气体从外向内扩散，吸附脱附都较慢；而纤维活性炭孔径分布均匀，孔径小且绝大多数是 1.5～3 nm 的微孔，由于小孔都向外，气体扩散距离短，因而吸附脱附快。经过氧化铁或氢氧化钠或臭氧处理的活性炭往往具有更好的吸附性能，You 等研究表明氧化后的活性炭具有更强的亲 VOCs 能力，吸附有效传质系数比未处理的活性炭大。为了提高 VOCs 的净化效率，吸附法常和其他方法联用，可采用液体吸收和活性炭湿法吸附联合处理，浓度较高，而且可吸收的 VOCs 废气，如以下 3 种联用技术工艺。

①吸附-水蒸气再生-溶剂回收净化工艺（活性炭湿法吸附）

吸附-水蒸气再生-溶剂回收净化工艺是目前最为广泛使用的回收技术，如图 4-79 所示，其原理是利用颗粒状活性炭、活性炭纤维或沸石等吸附剂的多孔结构，将废气中的有机物捕获，当废气通过吸附床时，其中有机物被吸附剂吸附在床层中，废气得到净化。由于吸附剂的价格较高，需要对其进行脱附再生，循环使用。

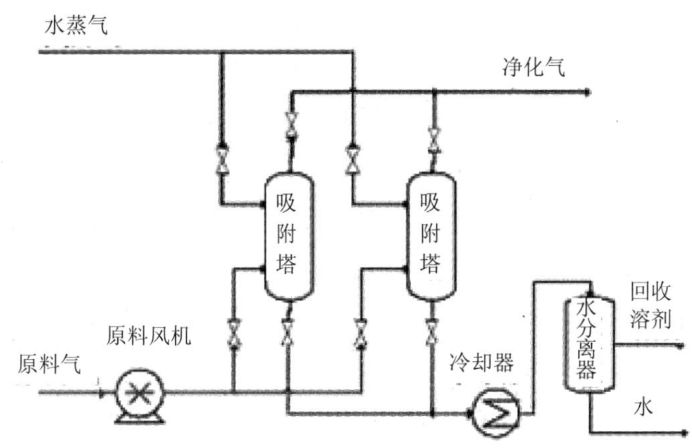

图 4-79 吸附-水蒸气再生-溶剂回收净化工艺示意图

当吸附剂吸附达到饱和后，通入水蒸气加热吸附床，对吸附剂进行脱附再生，有机物被吹脱放出，并与水蒸气形成蒸汽混合物一起离开吸附床。用冷凝器冷却蒸汽混合物，使其冷凝为液体。

若有机物为水溶性物质，则使用精馏法，将液体混合物分离提纯；若为不溶水物质，则用分离器直接分离回收VOCs。吸附-水蒸气再生-溶剂回收净化工艺首先利用吸附剂吸附有机物，然后用蒸汽脱附，最后直接分离或进一步精馏对不溶于水的溶剂，它是常规吸附方法与溶剂回收方法的组合，其特点是操作简单、效率高，适用于中、低浓度、大风量的VOCs废气，但投资较大、水蒸气消耗大、溶剂回收有时成本高。

②吸附-热再生-催化燃烧净化工艺

吸附-热再生-催化燃烧工艺是20世纪末发展起来的常规吸附方法与催化燃烧方法的组合工艺。该工艺原理是当吸附剂吸附达到饱和后，用热气流将有机物从吸附剂上脱附下来，使其再生，解吸释放的高浓度VOCs废气送往催化器催化燃烧，燃烧过程中产生的热量，一部分用于预热解吸后的高浓度VOCs废气，另一部分用于热解吸，其典型工艺流程如图4-80所示。

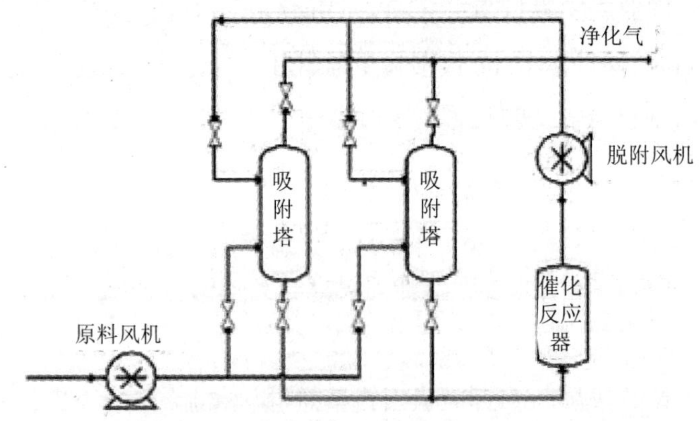

图4-80　吸附-热再生-催化燃烧净化工艺示意图

该工艺净化度高、适用范围广，适用于中、低浓度、大流量的 VOCs 废气，但投资大、催化剂容易中毒、不易维修。其中浓缩轮吸附-催化燃烧工艺是目前研究应用的一个典型案例，浓缩轮是一个由装满吸附剂（活性炭、活性炭纤维或沸石）的旋转轮组成，废气从旋转轮上游侧进入浓缩轮的吸附区，其中的有机物被吸附，净化的废气从旋转轮的下游侧排出；同时，另一股流量小得多，但温度较高的脱附气沿废气相反的方向进入浓缩轮的脱附区，脱附已经吸附的有机物。浓缩轮以一定的速度缓慢旋转，这样仅用一台设备即可完成吸附、脱附操作，并使吸附和脱附同时进行，将大气量、低浓度的废气处理，变成小气量、高浓度的废气处理，之后再进到催化反应器燃烧，使设备费用大大降低。

③吸附-水蒸气再生-溶剂回收净化工艺（液体吸收）

如前所述，使用水蒸气进行脱附的方法，是吸附回收溶剂中最常用的一种方法。在大规模有机废气（溶剂）的处理技术中，水蒸气的用量很大，因此，新的吸附-水蒸气再生-溶剂回收净化工艺提出从脱附后的水蒸气中回收冷凝热，如图 4-81 所示，它是利用脱附后的水蒸气冷凝热产生压力低一些的水蒸气升压后，再回到脱附操作中使用的技术。

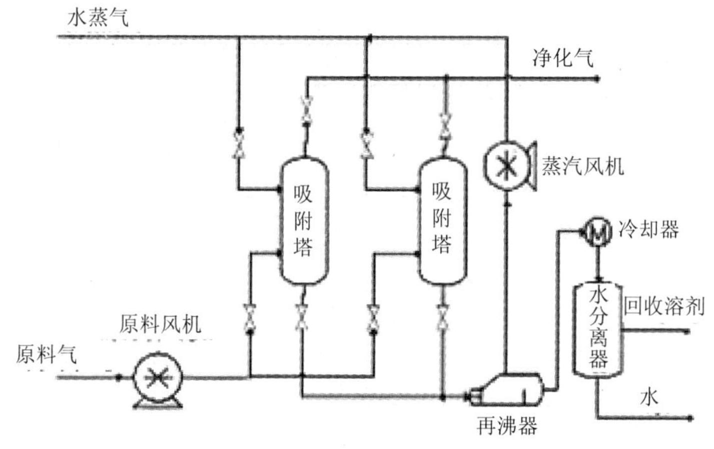

图 4-81 吸附-水蒸气再生-溶剂回收净化工艺示意图

吸附-水蒸气再生-溶剂回收净化工艺，所需水蒸气的蒸发潜热大部分能够回收，扣除水蒸气升压所需的能量，还能回收很多能量。另外，为了抑制脱附时发生的酮类 VOCs 废气的氧化、分解、聚合反应，或酯类 VOCs 废气的水解反应等对温度依赖性大的溶剂的反应，在减压下用水蒸气在低温（100℃以下）进行脱附的方式，该方式为吸附-低温水蒸气再生-溶剂回收净化新工艺（图 4-82）。该工艺提出水蒸气再生时与加压高温相反的观点，在脱附过程中采用真空泵降低压力与温度，这种方式能够提高活性炭吸附的安全性，同时提高回收溶剂的质量。

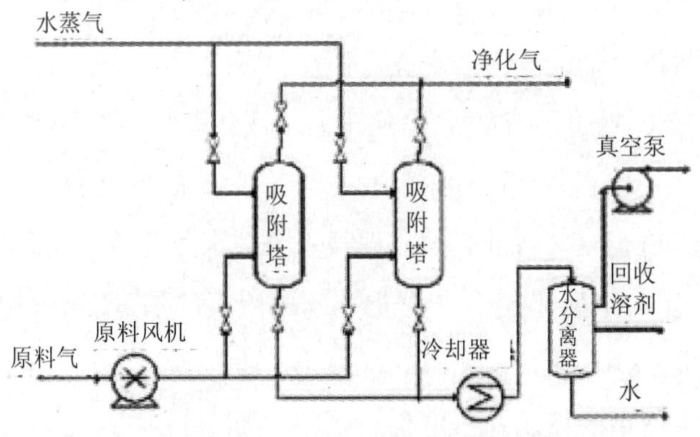

图 4-82　吸附-低温水蒸气再生-溶剂回收净化工艺示意图

（3）冷凝法

冷凝法是利用物质在不同温度下具有不同饱和蒸汽压这一性质，采用降低温度、提高系统压力或者既降低温度又提高压力的方法，使处于蒸气状态的污染物冷凝并与废气分离。该法特别适用于处理废气体积分数在 10^{-2} 以上的有机蒸气。冷凝法在理论上可达到很高的净化程度，但是当体积分数低于 10^{-6} 时，须采取进一步的冷却措施，这将使运行成本大大提高。所以冷凝法不适宜处理低浓度的有机气体，而常作为其他净化高浓度废气的前处理，以降低有机负荷，回收有机物，如图 4-83 所示。

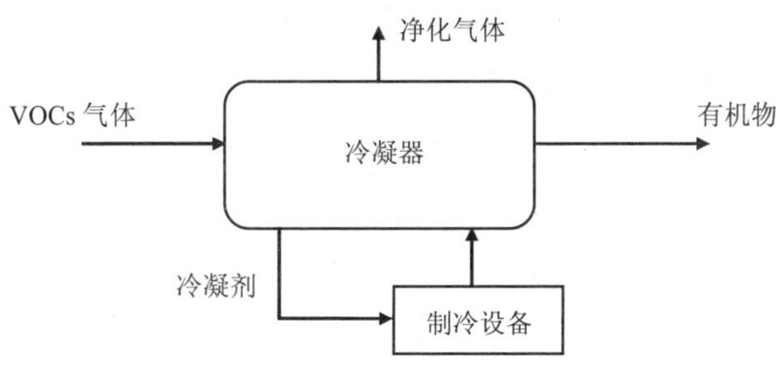

图 4-83　冷凝系统流程示意图

冷凝原理：物质在不同的温度和压力下，具有不同的饱和蒸气压。对应于废气中有害物质的饱和蒸气压下的温度，为该混合气体的露点温度。即在一定压力下，某气体物质开始冷凝出现第一个液滴时的温度为露点温度，简称露点。因此，混合气体中有害物质的温度必须低于露点，才能冷凝下来。在恒压下加热气体，液体开始出现第一个气泡时的温度，简称泡点。冷凝温度一般在露点和泡点之间，冷凝温度越接近泡点，则净化程度越高。通常也可用压缩法使气态有害污染物质在临界温度和临界压力下变成液态，从而去除或回收有害物质，但由于费用较高，目前使用较少。

（4）其他方法

①脉冲电晕法

去除 VOCs 的基本原理是通过沿陡峭、脉冲窄的高压脉冲电晕的电，在常温常压下获得非平衡等离子体，即产生大量高能电子和 O、• OH 等活性粒子，对有害物质分子进行氧化降解反应，使污染物最终无害化。1988 年以来，美国国家环保局进行了 VOCs 和有毒气体电晕破坏的研究，模拟表面反应器进行分子形式的电晕破坏，达到分解的目的，开发低成本、低费用、低浓度污染物流的控制技术，电晕技术是一种有前途的控制技术。电晕法氧化机理一般认为有以下几个过程：a. 高能电子作用下，强氧化性自由基 O、• OH 等的生产；b. VOCs 分子受到高能电子碰撞被激发及原子键断裂形成小碎片团；c. O、• OH 与激发 VOCs 的分子基团、自由基进行反应，最终降解为 CO、CO_2 和 H_2O，去除率的高低与电子能量有关。

②变压吸附分离与净化的技术

变压吸附分离与净化的技术（PSA）是利用气体组分在固体吸附材料上吸附特性的差异，通过周期性的压力变化过程实现气体的分离与净化。PSA 技术是一种物理吸附法，一般采用沸石分子筛作为吸附剂（吸附容量大、吸附选择性强）。在常温及一定压力条件下，可把有机废气吸附在沸石分子筛上，没有被吸附的气体进入下一个工段。吸附有机废气以后的吸附剂通过降压抽真空把有机物解吸，使吸附剂再生。再生后的吸附剂重新去吸附废气中的有机物，以此循环往复。PSA 技术是近几十年来在工业上新崛起的气体分离技术，具有能耗低、投资少、流程简单、自动化程度高、产品纯度高、无环境污染等优点，是各种气体分离与回收的较理想的方法，极富有市场竞争力，在不久的将来会在工业上迅速推广。

4.6.3 VOCs 治理设施评价

通过分析天津市工业企业 VOCs 排放情况，对 VOCs 治理设施进行分析，可将治理设施归为以下几类，见表 4-97，在有机废气治理技术中，吸收和吸附技术虽然较为成熟和成型，但由于其处理设备容量有限，吸附剂需要再生等问题使得应用受到限制。光催化氧化技术作为近年发展起来的新研究领域，由于存在设备成本较高和处理对象较单一等问题，尚处于实验室研究阶段，但通过不断的技术创新和开发，该技术也将会走进有机废气处理的实用化行列。催化燃烧技术不仅可以处理高、低浓度的有机废气，而且设备简单，投资少，操作方便，净化彻底，因此是目前应用最广泛的、经济有效的处理技术。目前该技术正以研制新型催化剂，如何防止催化剂因非 VOCs 物质造成的失活和重金属造成的中毒作为研究方向。

生物处理技术因其耗能低、运转费用便宜，较少形成二次污染，适用于不同规模的各类中、低浓度有机废气的处理，目前正受到各国的重视，工业应用实例和应用领域也在不断地扩大，是一种很有应用前景的技术。今后生物处理技术将不同填料的性能研究，不断改进设备结构和工艺条件，重视对不同菌种处理能力的研究作为其研究的重点；低温等离子技术适用于各类 VOCs 的治理，处理效率高，无二次污染物产生，易操作，特别适用于气体流量大、浓度低的有机废气的处理。目前该技术的研究尚处于实验室阶段，今后将会向多方向、多层次发展，如等离子体反应器的设计和研制，反应器长时间运行过程中保证 VOCs 处理效率稳定方法的研究等。

表 4-97 VOCs 处理设施分析

治理设施	适用范围	优点	缺点
吸附技术	适用于中低浓度的 VOCs 的净化	去除效率高，易于自动化控制	不适用于高浓度、高温的有机废气，且吸附材料需定期更换
吸收技术	适用于高水溶性 VOCs，不适用于低浓度气体	技术成熟、可去除气态和颗粒物、投资成本低、占地空间小、传质效率高、对酸性气体高效去除	有后续废水处理问题、颗粒物浓度高、会导致塔堵塞、维护费用高、可能冒白烟
冷凝技术	多用于高浓度、单一组分有回收价值的 VOCs 处理。处理成本较高，故通常 VOCs 浓度≥5 000×10^{-6}，适用冷凝处理，其效率在 50%～85%；经常搭配其他控制技术，如：焚化、吸附、洗涤等作为前处理步骤		
膜分离技术	适用于高浓度 VOCs，回收效率高于 97%	可回收组分，高效，可集成其他技术	成本较高，会造成膜污染，膜的稳定性差，通量小
生物降解技术	适用范围：以微生物可分解物质为主，如碳氢氧组成的各类有机物、简单有机硫化物、有机氮化物、硫化氢及氨气等无机类	能耗低、费用低、氧化完全、能耗低	能量利用率、光催化剂失活
生物洗涤塔	特点：两个反应器，微生物悬浮于液体中，液相流动；适用于处理工业产生的污染物浓度在 1～5 g/m³	设备紧凑，低压力损失，反应条件易于控制	传质表面积低，需大量提供才能维持高降解率，需处理剩余污泥，投资和运行费用高
生物过滤池	特点：单一反应器，微生物和液相固定；适用于处理化肥厂、污水处理厂及工业、农业产生的污染物浓度在 0.5～1.0 g/m³	气液表面积比例高，设备简单，运行费用低	反应条件不易控制，进气浓度变化适应能力慢，占地面积大
生物滴滤塔	特点：单个反应器，微生物固定，液相流动；适用于处理化肥厂、污水处理厂及家庭产生的污染物浓度低于 0.5 g/m³ 废气	与生物洗涤塔相比较设备简单	传质表面积低，需处理剩余污泥，运行费用高

根据本项目的现场监测调研，我们认为活性炭吸附及其组合治理技术、低温等离子体技术、溶液吸收及其组和治理技术 3 种治理技术对工业 VOCs 的应用较广。

活性炭及其组合治理技术对不同进气浓度范围的 VOCs 去除率有较大差异。ρ（VOCs）＜50 mg/m^3 时，去除率基本为负，这是由于当ρ（VOCs）过低时，活性炭表面为了达到吸附平衡而进行脱附所致；此外，当ρ（VOCs）极低时，会因 VOCs 回收难度加大而增加运行费用。ρ（VOCs）＞100 mg/m^3 时，去除率为负的次数逐渐减少；ρ（VOCs）＞500 mg/m^3 时，出现去除率下降可能是没有及时更换活性炭所致。

活性炭及其组合治理技术对 VOCs 物种的去除特征有一定相似性，表现在对芳香烃、酯类、醚类和烯烃去除效果较好，对醇类去除效率均为负值。推测原因：①芳香烃、酯类在目标工业 VOCs 中所占比例高，因此活性炭吸附量也较大；②活性炭对多组分 VOCs 进行吸附时，各组分间会发生竞争作用，目标工业中芳香烃的主要组分为苯、甲苯和二甲苯，酯类主要组分是乙酸乙酯，均为吸附能力强的组分，而醇类中主要组分为乙醇等吸附能力较弱的组分，当吸附能力强的有机废气达到一定浓度后，对吸附能力弱的有机废气进行置换，从而使吸附能力弱的废气治理效率为负，活性炭吸附、水喷淋+活性炭吸附、活性炭吸附浓缩+催化燃烧 3 种治理技术对不同 VOCs 组分的去除也表现出一定的差异性，活性炭吸附对各物种去除率一般低于组合治理技术，活性炭组合治理技术能在一定程度上改善去除效果，尤其是活性炭吸附浓缩+催化燃烧技术，极大地改善了大多数物种的去除效果。对于卤代烃，活性炭吸附和水喷淋+活性炭吸附去除率均为负，这是由于卤代烃吸附能力较弱。相比之下，活性炭吸附浓缩+催化燃烧有较好的去除效果，说明催化燃烧技术能较好去除卤代烃。

低温等离子体技术具有工艺简单、处理效果好、二次污染少、运行费用低等优点。从现场实测结果来看，该技术去除率范围为 34.1%～96.3%，与其他治理技术相比，效果较好。当ρ（VOCs）＜100 mg/m^3 时，去除率达 90%以上；ρ（VOCs）＞1 000 mg/m^3 时，去除率降至 50%以下，效果较差。说明低温等离子体技术对 VOCs 浓度有较强的选择性，适合处理低浓度 VOCs 气体，这与相关研究的结论相一致。

低温等离子体技术对烷烃、烯烃、芳香烃、醇类、酯类、酮类、醚类等物质均有一定的去除效果，但去除率存在一定的差异。其中对醇类和酮类的去除率最高，对烯烃的去除率较低。这是因为每种 VOCs 组分在低温等离子体中发生反应所需能量不同，能量匹配程度高的组分去除率高；此外，某些 VOCs 组分发生反应后，并没有完全被去除，而是生成其他的 VOCs，如甲苯反应后可以生成链状烯烃，三氯甲烷可反应生成二氯甲烷和一氯甲烷，从而使卤代烃去除率较低。

溶液吸收法治理 VOCs 是指利用相似相溶原理，使 VOCs 溶解在液相中以达到去除的目的，实测的溶液（柴油、煤油或二者混合）吸收、水喷淋+溶液吸收的去除率分别为 22.8%～43.1%、2.7%～19.6%，单纯的溶液吸收去除率高于水喷淋+溶液吸收。这可能是由于样品中 VOCs 水溶性组分较少，经过水喷淋增加了 VOCs 的湿度，从而减小了 VOCs 在煤油、柴油中的溶解度所致。

溶液吸收和水喷淋+溶液吸收组合治理技术对 VOCs 物种的选择性存在较大差异，溶液吸收技术对醚类、卤代烃、芳香烃和酯类组分有较好的去除效果，但对醇类、酮类和烯烃的去除率为负；水喷淋+溶液吸收对醇类、酮类和醚类去除效果较好，但对芳香烃和卤代烃的去除率为较低，原因是各 VOCs 物种在溶液和水中的溶解度差异所致。此外，各物种在吸收过程中可能存在竞争作用，使得溶液中已吸收的溶解度低的组分重新挥发，从而出现去除率较低的情况。

（1）石化行业 VOCs 排放控制可行技术

合成材料行业 VOCs 处理技术的各种应用状况汇总成表 4-98。汇总表包含各种 VOCs 处理技术的适用的 VOCs 浓度范围、废气流量、适用行业、处理效率、处理典型 VOCs 种类、适宜处理废气、主要二次污染、适宜温度范围、投资费用、运行费用及其优缺点等重要信息。其中，合成材料行业的吸收技术和等离子体技术的调研案例比较少，为了比较处理技术应用特征，采用其他行业的数据来说明。其他处理技术的应用情况是以合成材料行业资料为主，结合其他行业的资料共同确定。

表 4-98　不同 VOCs 处理技术的应用状况汇总

控制工艺	适用 VOCs 浓度范围/（mg/m^3）	适用流量范围/（m^3/h）	适用行业	处理效率/%	处理典型 VOCs 种类	适宜处理气体	不适宜处理废气	主要二次污染	适宜温度范围/℃	投资费用/万元	运行费用/万元	优点	缺点
吸收			医药制造业、印刷记录媒介复制业等	85～95	二甲苯、甲苯、甲醛等	易溶于吸收液的气体		废液				操作简单，易于控制	效率较低，易产生二次污染
冷凝	＞10 000×10^{-6}	＜3 000	医药制造业、合成材料制造业	80～90		适用于蒸汽浓度比较高的废气；适用于含有大量水蒸气的高温废气	浓度太低，费用较高	无				无二次污染	
吸附	2 000～120 000 处理空气中的污染物时，上限浓度低于有机物爆炸极限下限的 1/2；处理惰性气体中的污染物时，无上限浓度												

控制工艺	适用 VOCs 浓度范围/（mg/m^3）	适用流量范围/（m^3/h）	适用行业	处理效率/%	处理典型 VOCs 种类	适宜处理气体	不适宜处理废气	主要二次污染	适宜温度范围/℃	投资费用/万元	运行费用/万元	优点	缺点
膜	7 000～14 000	<3 000	化学原料及化学制品制造业	70～99	丁烯、乙烯等	高浓度废气	不适用于温度高于60℃以上废气，废气中水分含量不宜太高	无	10～25				只适用于超高浓度废气的处理，对处理的废气要求高
催化氧化	2 000～8 000（上限浓度低于有机物爆炸极限下限的1/4）	5 000～10 000	化学原料及化学制品制造业、医药制造业、交通运输设备制造业、印刷记录媒介复制业、塑料制品业、石油加工及炼焦业、电气机械及器材制造业	92～98	苯、二甲苯、甲苯、乙醛、2-甲基1,3二氧戊环等	适用于较高浓度或高温有机废气，如烤漆废气和各种化工过程废气等	浓度太低不可维持催化燃烧；含催化剂中毒物质，如硫、卤素、重金属等；气量不稳定的废气	二次废气	<500	8～10	0.4～1.0	对气体流量的适应范围较大；可在较高温度下运行；效率高	只适用于低浓度 VOCs 气体；催化剂失活；费用较高

控制工艺	适用 VOCs 浓度范围/（mg/m^3）	适用流量范围/（m^3/h）	适用行业	处理效率/%	处理典型 VOCs 种类	适宜处理气体	不适宜处理废气	主要二次污染	适宜温度范围/℃	投资费用/万元	运行费用/万元	优点	缺点
热力燃烧	2 000～8 000（上限浓度低于有机物爆炸极限下限的1/4）	5 000～10 000	交通运输设备制造业、印刷记录媒介复制业、塑料制品业	85～95		中高浓度有机废气	浓度太低不可维持燃烧，气量不稳定	二次废气	≥0	10	0.4～0.8	可处理成分复杂、高浓度的 VOCs 气体；效率高、处理彻底	易造成二次污染；费用较高
等离子体	<500	<3 000	食品制造业	45～55	二甲苯、甲苯、甲醛等	大风量低浓度的有机废气，对油漆雾废气处理更适用	高浓度 VOCs 废气	气溶胶粒子污染	<80	0.6～1	0.1～0.3	可处理多种 VOCs；效率较好	对设备要求高；操作条件复杂
生物技术	<2 000	1 000～10 000	废物处理（污水、垃圾）、合成材料制造业、医药制造业、印刷记录媒介复制业、石油加工及炼焦业、食品制造业	85～95	苯、二甲苯、甲苯、丙酮、苯并芘、乙醇、甲硫醇、苯乙烯、甲硫醚等	中低浓度、含可生物降解 VOCs 废气	含不可生物降解的 VOCs 或高浓度 VOCs 废气	无	10～45	1～4	0.6～1.2	中等浓度的废气处理效率高、处理费用低，无二次污染	占地面积较大

（2）制药行业 VOCs 排放控制可行技术

发酵类、化学合成、提取类制药工业 VOCs 污染防治可行技术组合分别如图 4-84～图 4-86 所示。

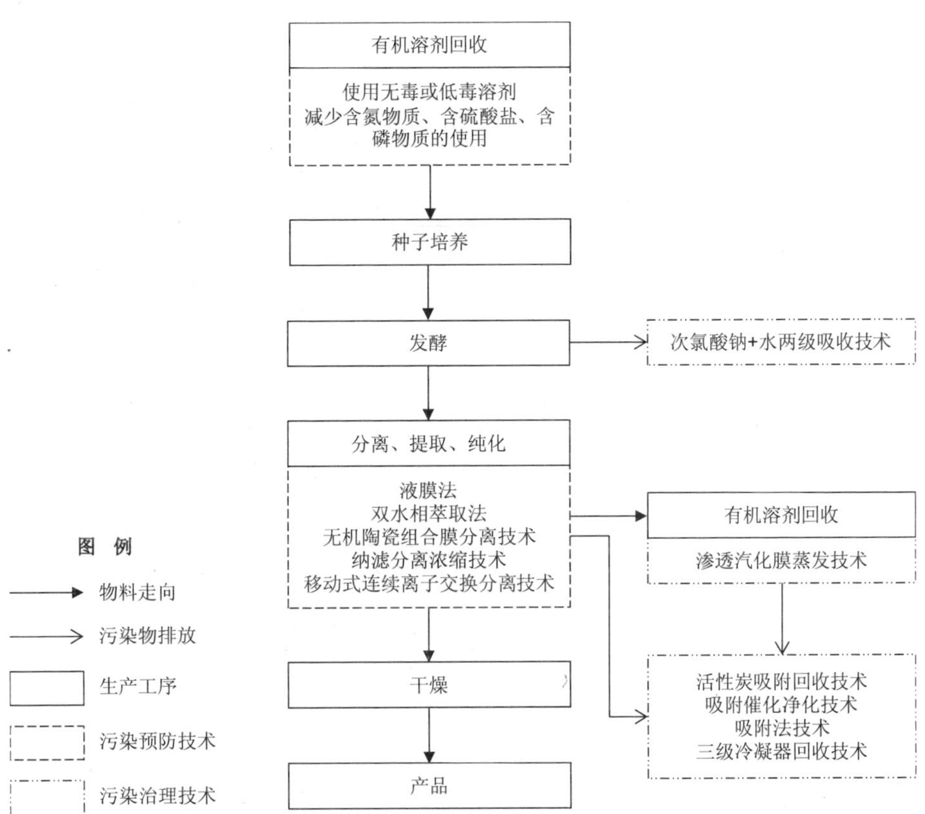

图 4-84 发酵类制药工业污染防治可行技术组合

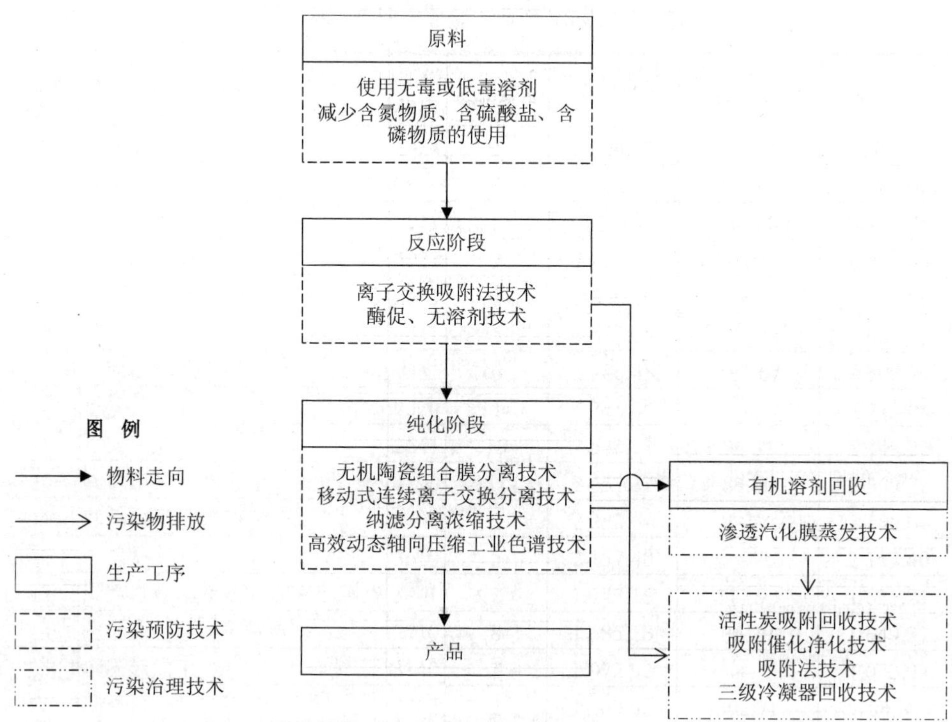

图 4-85　化学合成类制药工业 VOCs 污染防治可行技术组合

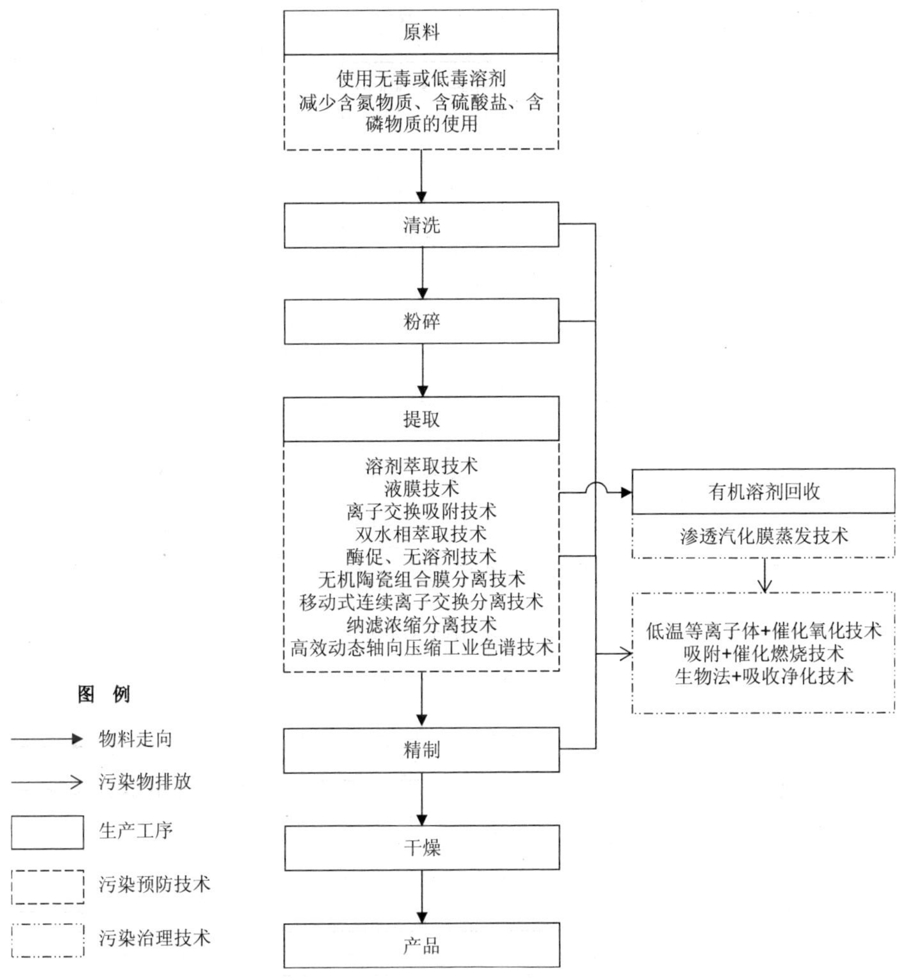

图 4-86 提取类制药工业污染防治可行技术组合

（3）化工行业 VOCs 排放控制可行技术

溶剂型涂料、水性涂料、粉末涂料工业 VOCs 污染防治可行技术组合分别如图 4-87～图 4-89 所示。

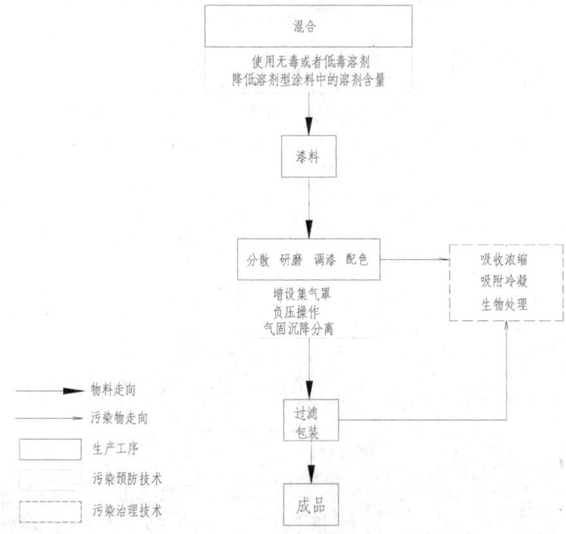

图 4-87 溶剂型涂料生产工业污染防治可行技术组合

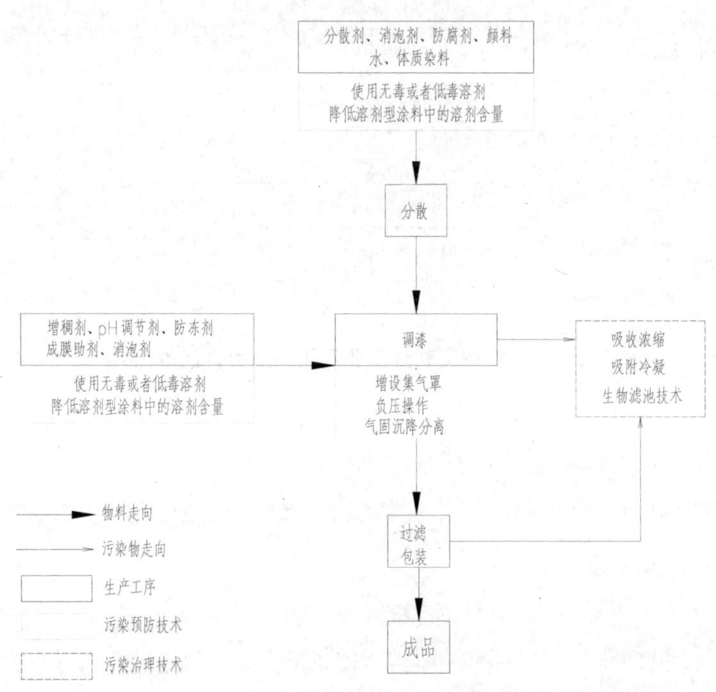

图 4-88 水性涂料工业 VOCs 污染防治可行技术组合

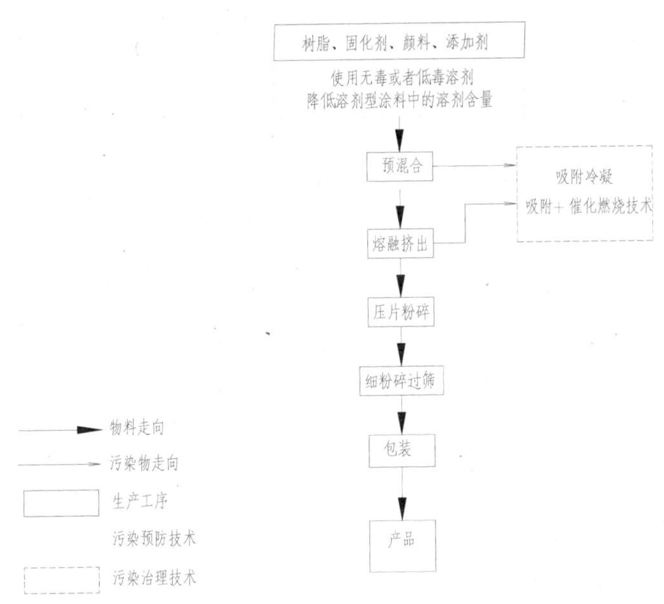

图 4-89　粉末涂料工业污染防治可行技术组合

（4）包装印刷行业 VOCs 排放控制可行技术

包装印刷行业工艺过程 VOCs 污染防治可行技术具体分析见表 4-99。

表 4-99　包装印刷行业工艺过程 VOCs 污染防治可行技术

可行技术	目的	技术适用性
使用环保型原辅材料（辐射固化油墨、水性油墨、植物基油墨、水性胶黏剂、无溶剂复合胶等）	减少 VOCs 的产生量或降低废物的毒性	见表 4-26
鼓励采用绿色印刷方式（数字印刷、柔性版印刷和无水印刷）	减少 VOCs 的产生量	所有包装印刷企业
采用密闭容器和管道调配、输送原料	减少原料贮存、配制及供应过程 VOCs 逸散	所有包装印刷企业
建立印刷、烘干和复合工序废气收集系统	增加 VOCs 废气的捕集率，减少无组织排放	所有包装印刷企业
LEL 控制技术、循环风回用技术、中间废气二次利用技术、ESO 节能减排综合控制系统等	优化 VOCs 废气的风量浓度	所有包装印刷企业

根据各类原辅材料的应用特点，天津市印刷企业可结合自身生产工况，按照表 4-100 列出的措施，从生产过程控制 VOCs 排放。

表 4-100　印刷行业 VOCs 废气源头控制措施　　单位：%

<table>
<tr><th rowspan="2">生产工艺</th><th colspan="2">含 VOCs 原辅材料</th><th rowspan="2">承印物</th><th colspan="2">可替代原辅材料</th><th rowspan="2">预期减排效果</th></tr>
<tr><th>类型</th><th>VOCs 含量</th><th>类型</th><th>VOCs 含量</th></tr>
<tr><td rowspan="4">平版印刷</td><td rowspan="3">热固型油墨</td><td rowspan="3">25～35</td><td>纸张、塑胶、电路板、铝箔等</td><td>UV 固化油墨</td><td>10～15</td><td>10～60</td></tr>
<tr><td>烟、酒、食品、药品包装盒等</td><td>EB 固化油墨（或低 VOCs 含量油墨）</td><td>0～2</td><td>23～70</td></tr>
<tr><td>纸张</td><td>大豆油墨</td><td>0～20</td><td>7～100</td></tr>
<tr><td>润版液</td><td>12～20</td><td></td><td>低（无）酒精润版液</td><td>0～5</td><td>75～100</td></tr>
<tr><td rowspan="2">柔版印刷</td><td rowspan="2">醇溶性油墨</td><td rowspan="2">约 50</td><td>瓦楞纸箱，烟、酒、食品、药品包装盒等</td><td>水性油墨</td><td>约 5</td><td>约 90</td></tr>
<tr><td>烟、酒、食品、药品包装盒等</td><td>EB 固化油墨</td><td>0～2</td><td>96～100</td></tr>
<tr><td rowspan="2">凹版印刷</td><td rowspan="2">溶剂型油墨</td><td rowspan="2">约 70</td><td>瓦楞纸箱，烟、酒、食品、药品包装盒等</td><td>水性油墨</td><td>约 5</td><td>约 93</td></tr>
<tr><td>烟、酒、食品、药品包装盒等</td><td>EB 固化油墨</td><td>0～2</td><td>97～100</td></tr>
<tr><td rowspan="2">孔版印刷</td><td rowspan="2">溶剂型油墨</td><td rowspan="2">25～35</td><td></td><td>UV 固化油墨</td><td>10～15</td><td>30～75</td></tr>
<tr><td></td><td>水性油墨</td><td>约 5</td><td>60～90</td></tr>
<tr><td>复合</td><td>溶剂型胶黏剂</td><td>约 80</td><td>纸品与 BOPP 等</td><td>水性胶黏剂</td><td>约 10</td><td>87.5</td></tr>
</table>

（5）表面涂装行业 VOCs 排放控制可行技术

末端治理工艺路线为水幕过滤后进行除湿，再经过吸附浓缩-催化燃烧处理。

①水幕过滤：喷漆房的水幕过滤技术成熟，已有相关设计规范。水幕过滤

所产生的漆渣由于含有大量的有机物，需要定期清理后作为固体废弃物进行专门处理。

②过滤除湿：一般采用粗滤器和中效滤器两步进行过滤，可以采用两个滤器，也可以两步合为一个滤器。粗滤器采用纤维毡过滤材料，中效滤器采用袋式过滤。如果前段的水幕过滤效果较差，有时在粗滤器之前加装一个金属丝网过滤器，进一步去除漆雾。经过后端的中效滤器过滤后废气中的颗粒物含量降低到 0.1 mg/m^3 以下。对于喷涂废气，无论采用何种技术进行治理，关键在于漆雾的过滤效果。

③吸附浓缩-催化燃烧技术：对于汽车喷涂废气，由于低浓度、大风量的特点，同时不含引起催化剂中毒的物质，最为常用和有效的方法是采用吸附浓缩+催化燃烧治理技术。根据吸附材料和吸附方式的不同，可以分为沸石转轮（或转筒）吸附浓缩+蓄热催化燃烧（RCO）技术和蜂窝状活性炭固定床吸附浓缩+催化燃烧技术两种方式。国外多采用沸石转轮（或转筒）吸附浓缩+蓄热催化燃烧（RCO）技术，净化效率高（90%以上），运行稳定，安全性好，但设备费用较高。国内多采用蜂窝状活性炭固定床吸附浓缩+催化燃烧技术，净化效率高（90%以上），投资费用较低，但安全性较差，在活性炭再生过程中存在着火等隐患，需要对再生过程严格控制。

4.6.4 小结

对天津市工业源 VOCs 治理设施进行了调研，并对各企业的治理设施的去除效率进行监测分析，建立各个企业的 VOCs 排放清单，通过空气质量模型分析，首次对天津市氮氧化物和 VOCs 协同减排的比例进行研究，对控制臭氧前体物排放情况继而改善臭氧浓度形成了关键的指导。

参考文献

[1] 陈颖，叶代启，刘秀珍，等. 我国工业源 VOCs 排放的源头追踪和行业特征研究[J]. 中国环境科学，2012，32（1）：48-55.

[2] 刘佳泓，蒙海涛，宋长青. 天津市人为源 VOCs 排放现状及控制对策研究[J]. 环境保护科学，2014，40（3）：36-38.

[3] 韩博，吴建会，王凤炜，等. 天津滨海新区工业源 VOCs 及恶臭物质排放特征[J]. 中国环境科学，2011，31（11）：1776-1781.

[4] 陈璐，王伟，孟丽红，等. 天津滨海新区典型工业源 VOCs 排放调查[J]. 城市环境与城市生态，2014，27（4）：31-34.

[5] 陈长虹，苏雷燕，王红丽，等. 上海市城区 VOCs 的年变化特征及其关键活性组分[J]. 环境科学学报，2012，32（2）：367-376.

[6] 王琴，刘保献，张大伟，等. 北京市大气 VOCs 的时空分布特征及化学反应活性[J]. 中国环境科学，2017，37（10）：3636-3646.

[7] 天津市统计局，国家统计局天津调查总队. 天津市统计年鉴 2014[M]. 北京：中国统计出版社，2014.

[8] 魏巍，王书肖，郝吉明. 中国人为源 VOC 排放清单不确定性研究[J]. 环境科学，2011，32（2）：305-312.

[9] 聂磊，李靖，王敏燕，等. 城市尺度 VOCs 污染源排放清单编制方法的构建[J]. 中国环境科学，2011，31（s1）：6-11.

[10] 刘佳泓，易晓娟，武丹. 天津市人为源挥发性有机物排放特征研究[J]. 环境与可持续发展，2013，38（2）：80-82.

[11] 郝苗青，史恺，张时佳，等. 天津市工业源挥发性有机物排放清单及区域分布研究[J]. 环境污染与防治，2017，39（1）：35-39.

[12] 刘冀鹏. 橡胶行业挥发性有机化合物的治理措施[J]. 橡塑技术与装备，2016，42（4）：72-73.

[13] 席劲瑛，胡洪营，武俊良，等. 不同行业点源产生 VOCs 气体的特征分析[J]. 环境科学研究，2014，27（2）：134-138.

[14] 冯淑华，林强. 药物分离与纯化技术[M]. 北京：化学工业出版社，2009.

[15] 李淑华. 制药分离工程[M]. 北京：化学工业出版社，2009.

[16] 山东省环保厅，山东省质监局. DB 37/2801.6—2018. 挥发性有机物排放标准　第 6 部分：有机化工行业[S].

[17] 山东省环保厅，山东省质监局. DB 373161—2018. 有机化工企业污水处理厂（站）挥发性有机物及恶臭污染物排放标准[S].

[18] 环境保护部. HJ 880—2017. 排污单位自行监测技术指南　石油炼制工业[S].

[19] 山东省环保厅，山东省质监局. DB 372801.1—2016. 挥发性有机物排放标准　第 1 部分：汽车制造业[S].

[20] 广东省环境保护厅. 粤环〔2015〕4 号. 广东省表面涂装（汽车制造业）挥发性有机废气治理技术指南[Z].

[21] 江苏省环境保护厅，江苏省质量技术监督局. DB 32/2862—2016. 表面涂装（汽车制造业）挥发性有机物排放标准[S].

[22] 环境保护部. 环办大气函〔2017〕796 号. 制药工业大气污染物排放标准（征求意见稿）[Z].

[23] 环境保护部. 环办函〔2015〕70 号. 制药工业污染防治可行技术指南（征求意见稿）[Z].

[24] 环境保护部. HJ 881—2017. 排污单位自行监测技术指南　提取类制药工业[S].

[25] 环境保护部. HJ 882—2017. 排污单位自行监测技术指南　发酵类制药工业[S].

[26] 环境保护部. HJ 883—2017. 排污单位自行监测技术指南　化学合成类制药工业[S].

[27] 河北省环境保护厅. 2018 年 4 月 13 日. 生物和化学制药行业挥发性有机物和恶臭气体污染控制技术指南[Z].

[28] 江苏省环境保护厅. 2018 年 7 月 18 日. 生物制药行业水和大气污染物排放限值（征求意见稿）[Z].

[29] 环境保护部. 环办标征函〔2018〕20 号. 排污许可证申请与核发技术规范 家具制造工业（征求意见稿）[Z].

[30] 河北省环境保护厅. 2017 年 8 月 8 日. 木质家具行业挥发性有机物排放标准（征求意见稿）[Z].

[31] 广东省环境保护厅. 粤环[2014]116 号. 广东省家具制造行业挥发性有机化合物废气治理技术指南[Z].

[32] 河北省环境保护厅. 2017 年 8 月 8 日. 餐饮油烟排放标准（征求意见稿）[Z].

[33] 山东省环保厅，山东省质监局. DB 37/2801.5—2018. 挥发性有机物排放标准　第 5 部分：表面涂装行业[S].

[34] 环境保护部. 环办标征函〔2018〕9 号. 排污许可证申请与核发技术规范　印刷工业（征求意见稿）[Z].

[35] 山东省环保厅，山东省质监局. DB37/2801.4—2017. 挥发性有机物排放标准　第 4 部分：印刷业[S].

[36] 河北省环境保护厅. 2017 年 8 月 8 日. 印刷业挥发性有机物排放标准（征求意见稿）[Z].

[37] 上海市环境保护局. 2016 年 10 月 17 日. 上海市印刷业挥发性有机物控制技术指南[Z].

[38] 广东省环境保护厅. 粤环〔2013〕79 号. 广东省印刷行业挥发性有机化合物废气治理技术指南[Z].

[39] 上海市环境保护局. 2016 年 10 月 17 日. 上海市涂料、油墨及其类似产品制造工业挥发性有机物控制技术指南[Z].

[40] 上海市环境保护局. 2016 年 10 月 17 日. 上海市船舶工业涂装过程挥发性有机物控制技术指南[Z].

5 天津市臭氧及前体物污染特征研究

5.1 臭氧污染模拟研究方法

5.1.1 空气质量模式简介与选取

空气质量模式是大气复合污染数值模拟平台构建的核心，模式的选择应该考虑是否能够满足大气复合污染研究和机理研究的需要，是否能够反映当前大气复合污染特征，是否具备可更新和可扩展性。

空气质量模型经过几十年的发展，已经从最初简单的高斯扩散模型发展到能模拟各类大气化学转化的第三代区域化学空气质量模型，它基于“一个大气”的概念，将整个大气作为一个目标整体研究，形成一个多尺度网格嵌套的三维欧拉模型，实现了多个尺度（如全球、全国、区域）、多污染问题（光化学污染、酸沉降、能见度）和多物种（如氮氧化物、硫化物、气溶胶）间复杂化学反应的模拟。目前，广泛用于大气复合污染模拟及大气污染政策制定的模式有国外的 CMAQ、CAMx、WRF-Chem 和我国自主研发的 NAQPMS 等。

CMAQ 是由美国国家环保局于 1998 年 6 月首次发布，在模拟过程中能将天气系统中、小尺度气象过程对污染物的输送、扩散、转化和迁移过程的影响融为一体考虑，同时兼顾了区域与城市尺度之间大气污染物的相互影响及污染物在大气中的气相化学过程，包括液相化学过程、非均相化学过程、气溶胶过程和干湿沉降过程对浓度分布的影响。

CMAQ 模式采用模块化设计，主要由 5 个模块组成，如图 5-1 所示，其核心是化学传输模块 CCTM（CMAQ Chemical-Transport Model Processor），可以模拟污染物的传输过程、化学过程和沉降过程；初始值模块 ICON（Initial Conditions Processor）和初边界值模块 BCON（Boundary Conditions Processor）计算光化学分解率；气象-化学接口模块 MCIP（Meteorology-Chemistry Interface Processor）是气象模型和 CCTM 的接口，把气象数据转化为 CCTM 可识别的数据格式。

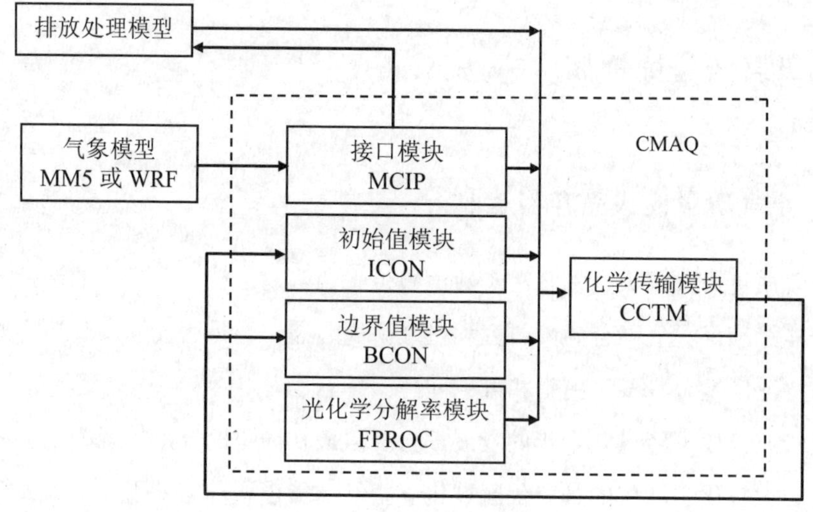

图 5-1　CMAQ 模式流程图

其中 CCTM 模块具有可扩充性，例如，加入云过程模块、扩散与传输模块和气溶胶模块等，操作者可以选择在 CMAQ 中加入这些模块以便于模型在不同域的模拟。CMAQ 的数值计算所需的气象场由气象模型提供，如中尺度气象模型 MM5（Fifth-Generation NCAR/Penn State Mesoscale Model）和 WRF（Weather Research and Forecasting Model）；所需的源清单由排放处理模型提供，如 SMOKE（Sparse Matrix Operator Kernel Emissions）或者其他排放清单处理模型等。

CAMx（Comprehensive Air quality Model）是美国环境技术公司（ENVIRON International）开发的新一代三维网格欧拉光化学反应空气质量模型，同样是基于“一个大气”理念设计，同样以 MM5/WRF 等中尺度气象模式提供的气象场为驱动，采用多重网格嵌套技术，可在几十千米城市尺度到几百千米区域尺度范围内同时模拟包括 O_3 及 PM_{10}、$PM_{2.5}$ 等多种气态和颗粒态污染物。该模式采用质量守恒大气扩散方程，以有限差分三维网格为架构，建立有多种基于示踪方法的源识别解析技术，包括臭氧来源识别模块（Ozone Source Apportionment Technology，OSAT）和颗粒物来源识别模块（Particulate Source Apportionment Technology，PSAT），该模块以示踪方式获得有关臭氧或颗粒物及其前体物生成（或排放）和消耗的信息，并统计不同地区、不同种类的污染源排放及初始条件和边界条件对臭氧或颗粒物生成的贡献。CAMx 模式支持 SAPRCC 及 CBM 等机制。此外，鉴于 CMAQ 的广泛应用性，CAMx 从源清单、边界条件及后处理等方面提供了众多接口程序方面将 CMAQ 文件转换为 CAMx 文件或将 CAMx 结果文件转换为 CMAQ 处理软件支持格式。

此外，美国国家大气研究中心（The National Center for Atmospheric Research，NCAR）在 WRF 模式基础上增加化学反应模块开发了新一代区域大气动力-化学在线耦合模式 WRF-CHEM。该模式实现了气象模式和化学传输模式在时间和空间分辨率上完全耦合，实现真正的在线传输，该方法后来为 CAMQ、CAMx 等模型所借鉴。模式同样考虑输送（包括平流、对流和扩散）、干湿沉降、气相化学、气溶胶形成、辐射与光分解率、植物源排放等过程，模式支持 RADM2、CB-4 及 CBM-Z 等大气化学反应机制。考虑气象和大气污染物的双向反馈过程是该模式区别于其他空气质量模式的一大特点，如考虑了气溶胶对大气辐射和光解速率的影响，在一定程度上代表了区域空气质量模型未来的发展方向。也正是由于这个特点，WRF-CHEM 模式中的气象场模拟与污染物扩散模拟是同步进行的，采用该模式进行多种污染治理方案效果模拟评估时尤为耗时，欠灵活。由于与 WRF 模式的密切相关性，WRF-CHEM 模式在气象领域应用的较为广泛。

在我国，中科院大气物理研究所研制的“嵌套网格空气质量预报模式系统”（NAQPMS），充分借鉴吸收了国际上先进的天气预报模式、空气污染数值预报模式等的优点，并体现了中国各区域、城市的地理、地形环境、污染源的排放等特点。此系统在计算机技术上采用高性能并行集群的结构，低成本地实现了大容量高速度的计算，从而解决了预报时效问题。在研制过程中考虑了自然源对城市空气质量的影响，设计了东亚地区起沙机制的模型；并采用城市空气质量自动监测系统的实际监测资料进行计算结果的同化。该模式系统被广泛地运用于多尺度污染问题的研究，它不但可以研究区域尺度的空气污染问题（如沙尘输送、酸雨、污染物的跨国输送等），还可以研究城市尺度的空气质量等问题的发生机理及其变化规律，以及不同尺度之间的相互影响过程。NAQPMS 模式成功实现了在线的、全耦合的包括多尺度多过程的数值模拟模式，可同时计算出多个区域的结果，在各个时步对各计算区域边界进行数据交换，从而实现模式多区域的双向嵌套。该系统广泛应用于国内各类空气质量预警预报系统，不过该模式为闭源模式，源程序没有向公众开放。

综合上述模式分析可看出，CAMQ 模式存在以下几个方面优点：

①CMAQ 全部源代码均可公开获取，用户可以根据自己研究结果修订其中的化学反应机制或者引入新的化学反应机制。

②CMAQ 模式结构严谨，体系完整，系统也十分灵活，还具有良好的可扩充性和可修改性，能与其他的应用软件结合使用。

③CMAQ 能合理准确预测空气中的各种常规污染物浓度，并对其在不同尺度下的不同类型污染过程进行模拟，可以有效支持环境管理与决策，是当前国内外众多研究机构广为采用的空气质量模型。

综合上述考虑，本研究采用中尺度气象模式 WRF+自开发排放清单模块+第三代空气质量模型 CMAQ 作为天津市大气复合污染数值诊断平台核心，在此基础上进行本地化更新和处理，结合高时空分辨率天津市排放源清单数据和区域排放源清单数据搭建天津市大气复合污染数值诊断平台，并开展平台研究应用。

5.1.2 模式参数设置

当前平台中采用空气质量模式版本为 CMAQ5.0.2，气象模式版本为 WRF3.5.1，气象场采用 0.5°分辨率的全球再分析资料 FNL 数据。

模式采用三层嵌套，中心经纬度为（39.32°N，117.38°E）。采用 lambert 投影。D01、D02、D03 的水平分辨率分别为 27 km，9 km，3 km，垂直分为 31 层，格点数分别为 65×60，97×79，52×79，积分步长为 144 s。

相关模式参数设置如下：

微物理过程方案（mp_physics）：WSM6 方案

长波辐射方案（ra_lw_physics）：RRTMG 方案

近地面层方案（sf_sfclay_physics）：Monin-Obukhov 方案

陆面参数化方案（sf_surface_physics）：Noah 陆面模式

边界层方案（bl_pbl_physics）：ACM2 PBL 方案

积云方案（cu_physics）：浅对流 Kain-Fritsch 方案

大气化学机制采用 CB05，气溶胶机制采用 AE5。

模型平台模拟区域设置如图 5-2 所示。

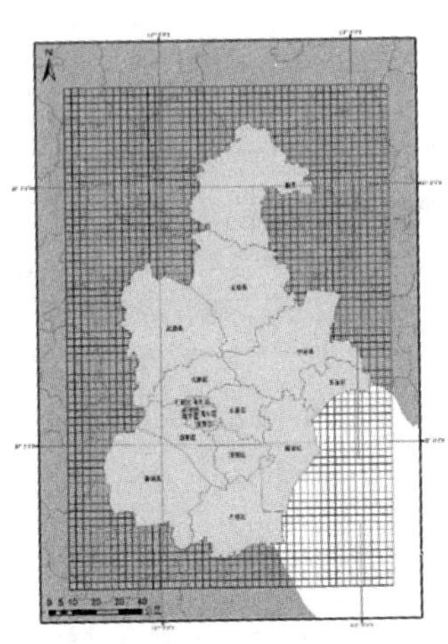

图 5-2 模型模拟区域

5.2 天津市臭氧污染前体物排放特征

天津市工业固定源 VOCs 重点行业排污环节及重点监管污染物情况见表 5-1。

表 5-1 重点行业 VOCs 排放环节及主要污染物汇总

行业名称	排污环节	主要污染物
石油炼制与石油化学	有组织排放主要为蒸馏、裂化、焦化、加氢等工艺排气；无组织排放为储罐、阀门、法兰及其他管件连接件、污水处理系统。合成材料主要来自聚合反应和闪蒸阶段	苯、甲苯、二甲苯、氯乙烯、氯甲烷、丙烯腈、环氧乙烷、1,3-丁二烯、1,2-二氯乙烷、乙烯、丙烯等。合成材料主要为烯烃类、芳香烯、卤代烯烃、乙醛、苯、甲苯、二甲苯、酮类、醇类等
医药制造	分离和提取等有机溶剂使用环节	乙醛、苯、氯乙烯、二氯乙烷、甲苯、丙酮、丙烯等
橡胶制品制造	炼胶、纤维织物浸胶、烘干、压延、硫化等环节	苯、甲苯、二甲苯、硫醇类等
油墨与涂料制造	原料混配、分散研磨及生产环节	苯、甲苯、二甲苯、乙苯、溶剂汽油、丙酮、丁醇、苯乙烯、乙酸乙酯、乙酸丁酯、二氯甲烷等
塑料制品制造	加热融化和注塑	苯、甲苯、乙苯、苯乙烯、邻-二甲苯、间对-二甲苯、正十一烷、丙酮、丁酮、异丙酮、乙酸乙酯、乙酸丁酯等
电子工业	清洗、蚀刻、涂胶和干燥等环节	甲苯、异丙醇、甲醇、丙酮、三氯乙烷、丁酮等
汽车制造与维修	调漆、喷漆和烘干等环节	漆雾、苯、甲苯、二甲苯、乙酸乙酯、丁酮、异丙醇和醚类等
印刷与包装印刷	油墨印刷、烘干、印后加工及清洗等环节	乙酸、苯、甲苯、二甲苯、甲乙酮、异丙醇、甲醇、丁酮、乙酸乙酯、乙酸丁酯、乙醇等
家具制造	调漆、喷漆和干燥等工艺环节	苯、甲苯、二甲苯、丙酮、丁酮、环己酮、异丙醇、异丁醇、乙酸丁酯、甲醛、甲基异丁基酮、三氯乙烯等

行业名称	排污环节	主要污染物
黑色金属冶炼	烧结	异戊烷、1-丁烯、乙烯、乙烷、丙烷、苯、甲苯、二甲苯、1.2.4-三甲苯、乙苯
表面涂装	调漆、喷漆和烘干等环节	甲苯、二甲苯、丙醇、丙酮、丁酮、丁醇、甲乙酮、环己酮、乙酸乙酯、乙酸丁酯等

5.2.1 天津市 VOCs 排放特征

（1）重点行业 VOCs 排放特征

（2）VOCs 污染物来源解析

如图 5-3 所示，利用美国国家环保局正交矩阵因子（PMF5.0）模型对天津市南开区挥发性有机物（VOCs）进行来源解析研究，得出南开区中心城区 VOCs 主要受移动源、生活源等源类的影响，汽油挥发源、汽车尾气源、生活源、溶剂使用源、植物源对 VOCs 排放的贡献比例约为 28%、21%、19%、18%、14%，南开区中心城区的 VOCs 浓度与居民机动车使用、餐饮油烟排放有较大的关系，此外，溶剂使用源与夏季植物源的贡献也较为明显。

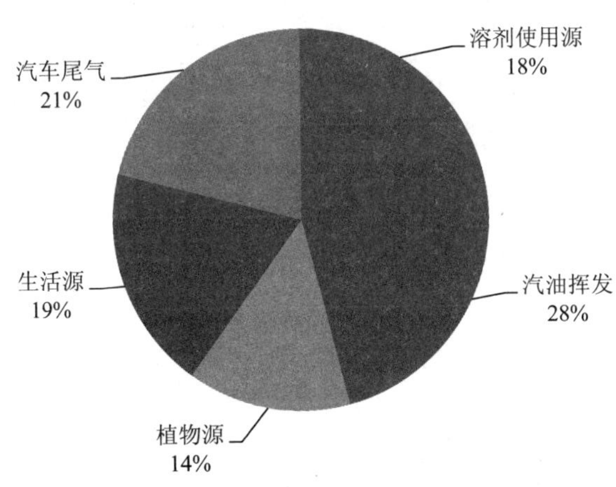

图 5-3 南开区中心城区 VOCs 源解析识别结果

综合以上分析结果，可知南开区 VOCs 主要受到本地源排放的影响，移动源、生活源、溶剂使用源等对南开区 VOCs 排放贡献最大，南开区环境空气中的各类 VOCs 组分中，烷烃和芳烃是构成 VOCs 的主要成分，但芳烃和烯烃对臭氧的生成具有最主要的贡献，从控制 VOCs 排放与保障臭氧浓度降低的两种角度而言，均应以芳香烃作为优先控制对象。

5.2.2 天津市 NO_x 排放特征

NO_2 作为大气中一种重要的痕量气体，是我国及欧美国家环保部门监测的主要大气污染物之一。大气中高浓度的 NO_2 严重影响空气质量，危害环境效益。其与氨、水分等成分作用可产生二次颗粒物污染，与挥发性有机物在高温、日照等条件下可生成臭氧等光化学二次污染物。随着大气污染物病理研究的深入，发现人们长时间暴露在富含高浓度二氧化氮、细颗粒物或臭氧大气环境中，极易导致健康人群（尤其是儿童和老人）产生肺部及呼吸系统疾病，加重呼吸系统疾病患者病情。

大气中 NO_2 主要来自自然源和人为源排放。自然源排放主要包括微生物排放、闪电过程、平流层光化学过程和生物质自然燃烧等。人为产生的 NO_2 主要来自高温燃烧过程的释放，例如机动车尾气排放、工农业活动释放等。随着经济的快速发展，我国 NO_2 排放量逐年升高，成为全球氮氧化物污染最为严重的地区之一。

天津作为全国主要的重化工业基地，以汽车工业、电子工业、机械工业为主，形成了较大大气重污染区。

5.2.2.1 电力行业 NO_x 排放特征

根据汇总统计结果，本次清单核算得到 2013 年天津市 NO_x 为 34.16 万 t，通过实施天津市清新空气行动方案“五控”措施，主要大气污染物排放得到较大程度削减，2015 年天津市 NO_x 为 23.13 万 t。2013—2015 年，天津市 NO_x 减排量为 11.03 万 t，NO_x 排放量较 2013 年下降 32.29%。

图 5-4 所示是 2015 年天津市 NO_x 网格化排放清单，天津市 NO_x 排放主要分

布在中心城区、蓟州区和东丽区等区县。

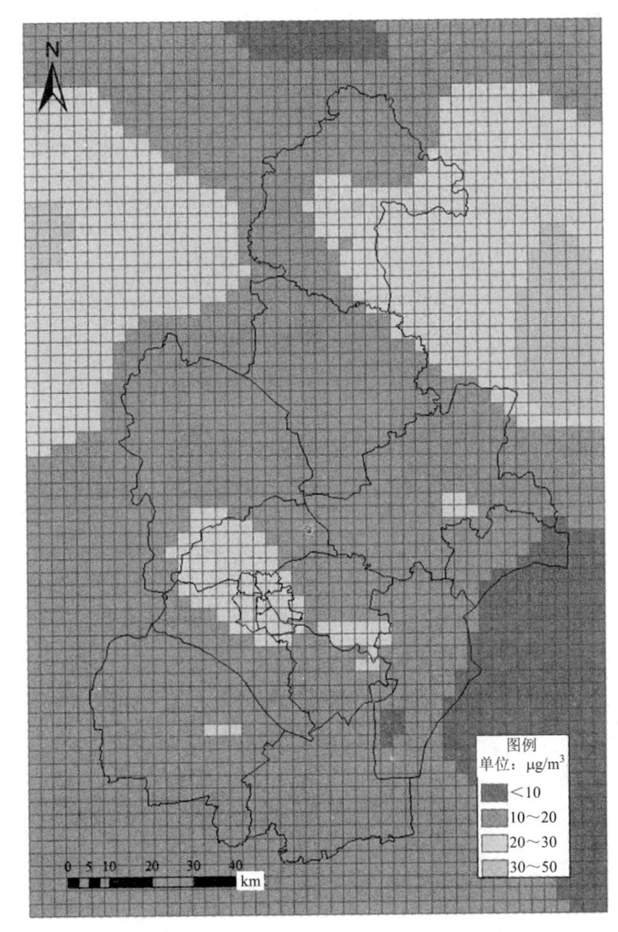

图 5-4 2015 年天津市 NO_x 网格化排放清单（彩图见附件）

2015 年天津市常规火力发电企业污染物排放 NO_x 为 60 373.6 t，其余 11 家自备电站及其他电力企业 NO_x 排放量 21 175.4 t。天津市 2015 年 NO_x 排放分布变化如图 5-5 所示，电力源 NO_x 排放主要出现在蓟县和滨海新区。

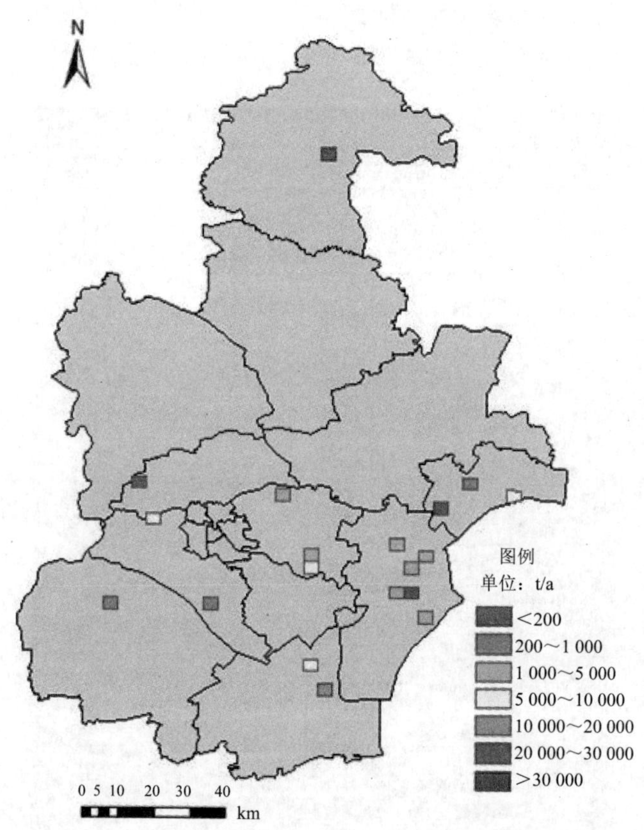

图 5-5 天津市 2015 年电力 NO_x 排放分布变化（彩图见附件）

5.2.2.2 锅炉 NO_x 排放特征

采用排放因子法，对 2015 年天津市实施供热及工业锅炉改燃以来工业及供热锅炉的主要大气污染物的排放量进行核算。2015 年供热锅炉改燃大气污染物 NO_x 排放量为 26 455 t，工业锅炉 NO_x 排放量为 35 634 t。

如表 5-2 所示，从区县分布看，2013—2015 年燃煤供热锅炉改燃并网削减 NO_x 最多的是南开、河西、河北等中心城区附近区域；由于大量改燃项目在 2015 年实施完成，因此中心城区等很多区域的年度改燃效益在 2016 年才完全体现，2016 年供热锅炉改燃工作全部完成后，河东、河北和红桥等中心城区区域大气污染物仍会有较大削减。

表 5-2 2013—2015 年天津市燃煤供热锅炉改燃并网 NO_x 削减汇总

区县	NO_x 减排量/t	燃煤量/万 t
和平区	0	0
河东区	224	9
河西区	653	20
南开区	1 472	46
河北区	535	20
红桥区	21	1
东丽区	54	2
北辰区	229	8
西青区	57	3
津南区	0	0
武清区	14	0
宝坻区	62	1
滨海新区	0	0
宁河区	1	0
静海区	0	0
蓟县	13	0
总计	3 336	110

天津市散煤燃烧源主要包括全市 16 个区县的农村和城镇居民生活、农业生产及商业散煤燃烧，汇总 2015 年天津市各区县城市和农村居民生活、商业、农业生产的散煤消耗量数据，2015 年全市散煤燃烧源 NO_x 排放量分别为 1 523.44 t，各个污染物排放量以宁河、滨海新区、蓟县居多，分别占比 15.97%、13.62%、12.65%，以农村居民生活散煤燃烧带来的污染物排放为主。

5.2.2.3 道路移动源 NO_x 排放特征

2015 年天津市道路移动源 NO_x 排放量 4.491 3 万 t，具体数据详见表 5-3，污染物排放比例如图 5-6 和图 5-7 所示为天津市 2015 年道路移动源 NO_x 网格化排放清单。

表 5-3　2015 年天津市移动源污染物排放量

车辆类型	机动车保有量/辆	NO_x 排放量/万 t
载客汽车	2 452 620	2.096 8
微型客车	39 972	0.032 0
小型客车	2 368 436	0.755 9
中型客车	20 047	0.316 7
大型客车	24 165	0.992 2
载货汽车	230 096	2.387 6
微型货车	615	0.000 8
轻型货车	179 666	0.281 3
中型货车	10 626	0.239 8
重型货车	39 189	1.865 6
低速载货汽车	519	0.002 8
三轮汽车	461	0.002 3
低速货车	58	0.000 5
摩托车	55 091	0.004 1
普通摩托车	52 458	0.003 9
轻便摩托车	2 633	0.000 1
合计	2 738 326	4.491 3

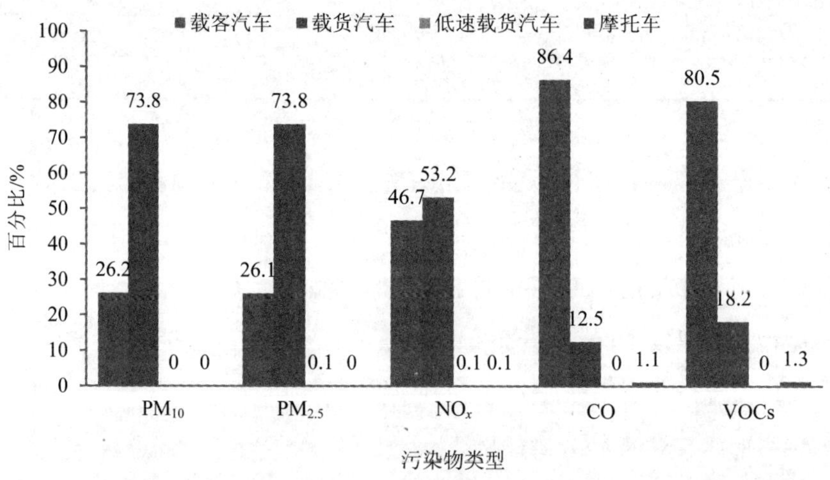

图 5-6　2015 年天津市机动车污染物排放比例

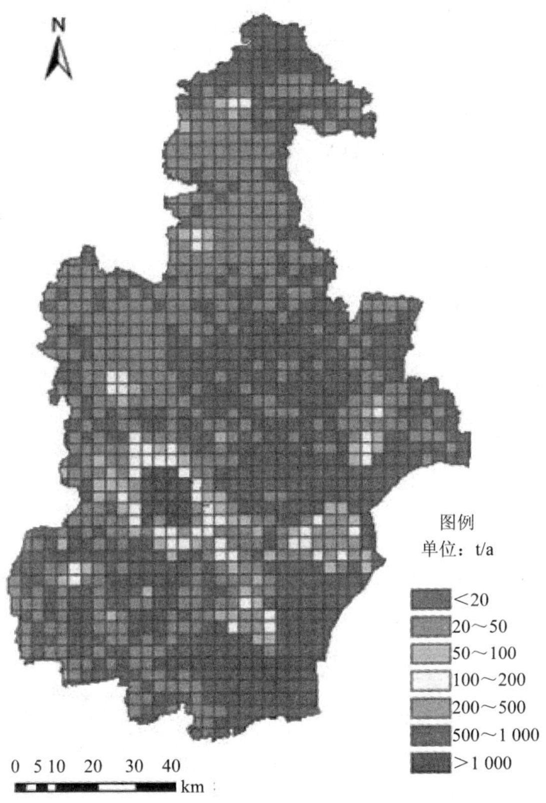

图 5-7 2015 年天津市机动车 NO_x 排放变化网格分布（彩图见附件）

5.2.2.4 非道路移动源 NO_x 排放特征

2015 年，天津市工程机械、农用机械及船舶 3 大类非道路移动源污的大气污染物排放量见表 5-4，船舶污染在天津市非道路移动机械中占有较大比重。

表 5-4 天津市 2015 年非道路移动源大气污染物排放量 单位：t/a

类型	NO_x 排放量
工程机械	3 586
农业机械	4 408
船舶	16 863

根据天津市2015年大气污染源排放清单统计结果，天津市2015年工艺过程源NO_x排放量为16.65万t。

5.2.2.5 NO_x治理设施评价

（1）火电行业脱硝技术

天津市火电行业一般利用选择性催化还原法（SCR）、选择性非催化还原法（SNCR）和SNCR-SCR混合法3种烟气脱硝工艺，表5-5是对三种脱硝工艺的比较分析，从表5-5中可以看出，SCR工艺与SNCR、SNCR-SCR混合工艺相比，反应温度低、脱硝效率高、NH_3/NO_x摩尔比小，技术成熟度高，运行可靠性和稳定性好；SNCR工艺催化剂用量基本为零，投资及运行成本低；SNCR-SCR混合工艺使用安全性更好的尿素作为还原剂，其他各指标基本处于SCR与SNCR工艺的中间状态。

表5-5 电力源SCR工艺、SNCR工艺与混合SNCR-SCR工艺综合比较

项目	SCR	SNCR	SNCR-SCR
还原剂	NH_3或尿素	NH_3或尿素	尿素为主
反应温度	320～400℃	850～1 100℃	前段850～1 100℃，后段320～400℃
催化剂用量	很多	不适用	较少
脱硝率	＞80%	＜50%	＜80%
SO_2转化为SO_3	大	无	小
NH_3/NO_x摩尔比	＜0.7	＞1	＜1
NH_3逃逸率	小	大	较小
投资及运行费用	较大	小	大
占地面积	大	小	较小
技术成熟度	很成熟	成熟	不成熟
运行可靠性和稳定性	好	不好	一般

（2）燃煤锅炉脱硝技术

燃煤锅炉烟气脱硝主要采用SCR和先进再燃脱硝技术，两种技术都属于比较先进的脱硝技术，能够长期稳定地满足严格的NO_x排放要求。SCR脱硝位置在锅炉烟道位置，其优点是对锅炉效率无影响；先进再燃脱硝比较适合中小型工业锅

炉，且应用于小锅炉时其还原剂可以直接用氨或尿素储存，不需要额外的占地面积。尽管两种技术有上述优点，但一些关键难点也仍待解决，如没有适合在小容量链条炉上使用的煤粉再燃烧技术，且 SNCR 的反应温度窗口狭窄，难以适应供热锅炉的负荷变化；对于 SCR 脱硝工艺，其催化剂的生产等关键技术的国有化和商业化还未实现，脱硝花费对于燃煤锅炉是很大的负担，表 5-6 是两种脱硝技术的对比分析。

表 5-6 SCR 与先进再燃脱硝技术对比分析

项目	SCR（高灰尘布置）	先进再燃脱硝技术
反应剂	尿素	尿素
反应温度	300～400℃	900～1 100℃
催化剂	TiO_2、V_2O_5、WO_3 为主	不使用催化剂
脱硝效率	65%～90%	50%～85%
再燃比	无	15%～25%
还原剂喷射位置	省煤器和 SCR 反应器之间	锅炉炉膛内
SO_2/SO_3 转化	在催化剂作用下促进	无
NH_3 逃逸	$<3\times10^{-6}$	一般高于 SCR
对锅炉效率的影响	无	0.92%～1.08%
对空气预热器的影响	易形成 NH_4HSO_4，造成堵塞和腐蚀	影响一般小于 SCR
系统压损	1 000～1 500 Pa	只有炉内改造，压损很小
脱硝装置成熟度	国内已有工业锅炉应用	处于实验中
对机组运行的适应性	易于根据负荷调节	温度窗口狭窄，难以调节
占地面积	有 SCR 反应器，占地面积大	使用氨或者尿素储槽，不需要额外占地面积

5.2.3 VOCs、NO_x 对臭氧浓度的响应

5.2.3.1 5 类不同的 VOCs 污染特征

AMA GC5000 型在线气相色谱能够在 1 h 内测定共 56 种 VOCs 组分，对比采样时间段内各类 VOCs 组分的日变化曲线，可以得出以下 4 类主要的 VOCs 日变化模式。

（1）甲苯和1-丁烯

甲苯等物质的日变化曲线如图5-8所示，在夜间显示出明显的积累过程，在白天VOCs浓度下降，在17点左右形成一个尖峰。该图中夜间及17点左右的浓度高值可能受站点周围的机动车VOCs排放相关，尖峰可能受到本区域的集中排放影响明显。与之相似的VOCs组分还有多种苯系物、烷烃、烯烃类物质。

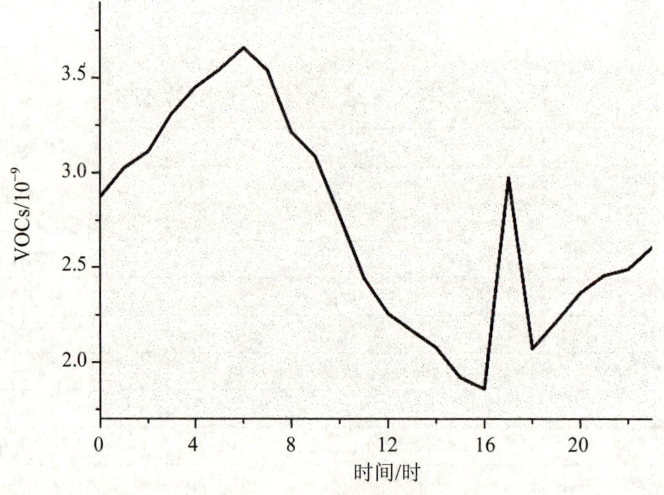

图5-8　甲苯浓度的日变化曲线

考察不同风向下此类VOCs组分浓度的变化，可以发现几乎全部组分在各种风向下，VOCs浓度无明显变化（图5-9），说明这些物质主要受本地污染源影响。但对于1-丁烯、异丁烷、正戊烯3种物质，在东风和南风风向条件下，VOCs组分浓度明显高于北风和西风（图5-10），说明这3种物质除了受本地源的影响外，还受到东部和南部污染源的作用。对于上述各类物质在不同风向的分布，由于本时间段内北风和西北风出现频次极少，因此该条件下的VOCs浓度分布仍需要进一步的考察。

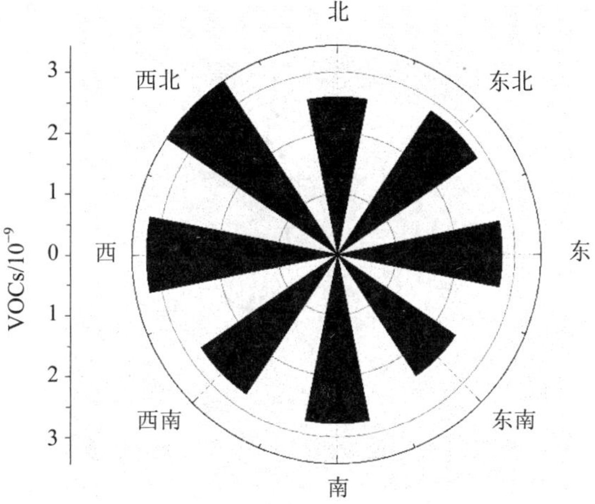

图 5-9 不同风向下甲苯的平均浓度

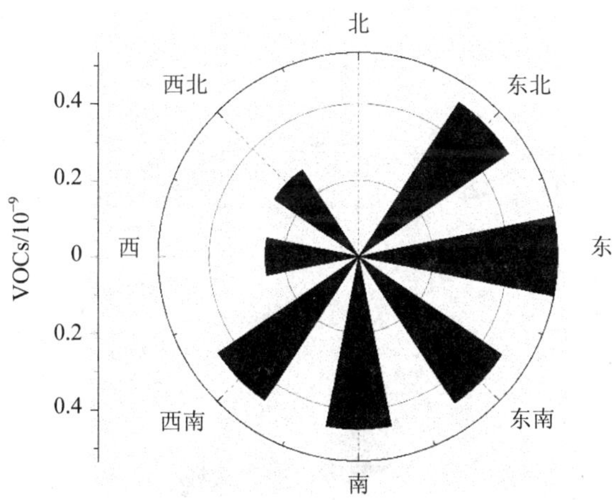

图 5-10 不同风向下 1-丁烯的平均浓度

（2）壬烷

壬烷的日变化曲线如图 5-11 所示，全天仅在中午 11 时左右显示出一个明显的尖峰，其余 VOCs 组分未发现相似的日变化规律。

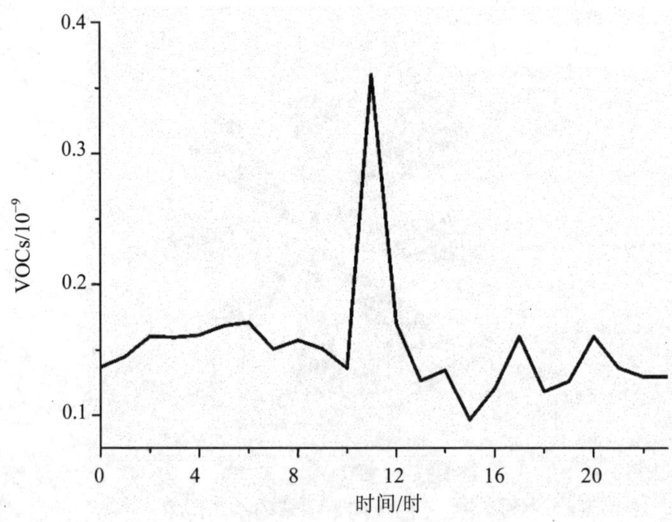

图 5-11 壬烷浓度的日变化曲线

图 5-12 所示是不同风向下壬烷的平均浓度，可以发现该物质在南风条件下，浓度远高于其他风向，说明该物质受南部区域污染源影响明显。对于壬烷在不同风向的分布，由于本时间段内北风和西北风出现次数极少，因此该条件下的分布仍需要进一步的考察。

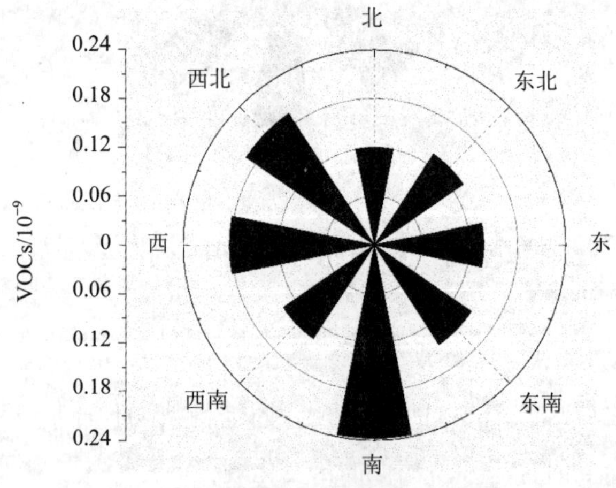

图 5-12 不同风向下壬烷的平均浓度

（3）2-甲基庚烷

2-甲基庚烷等物质的日变化曲线如图 5-13 所示，在 17 时左右具有一个明显的尖峰，但在夜间未发现明显的积累过程。该类物质共有 2-甲基庚烷、反式-2-丁烯、反式-2-戊烯、邻/对甲基乙基苯 5 种。

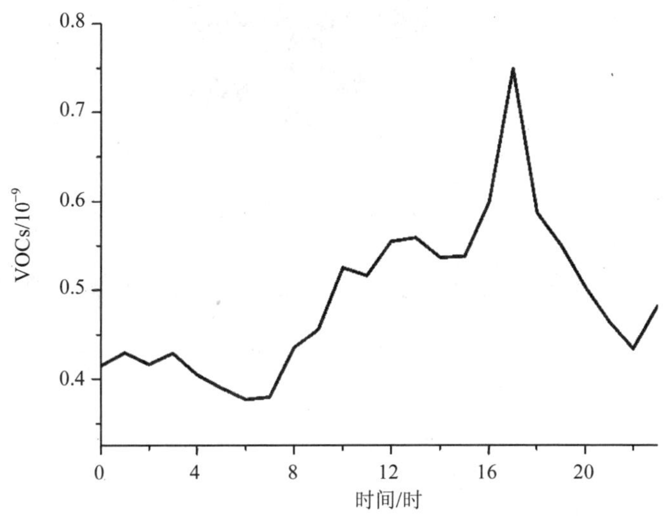

图 5-13　2-甲基庚烷浓度的日变化曲线

考察不同风向下此类 VOCs 组分浓度的变化，可以发现全部 5 种物质均在北风条件下具有最高的浓度（图 5-14），说明此类物质受北部区域的污染源影响最严重，但由于分析时段内北风和西北风出现频次极少，此结果尚需进一步的长期观测。

（4）正丁烷

正丁烷等物质的日变化曲线如图 5-15 所示，在夜间具有明显的积累，在上午 6 点后浓度逐渐下降，至 17 时左右达到最低值后缓慢上升。该类物质包含正丁烷、乙烷、异戊烷、正戊烷、乙炔 5 种。

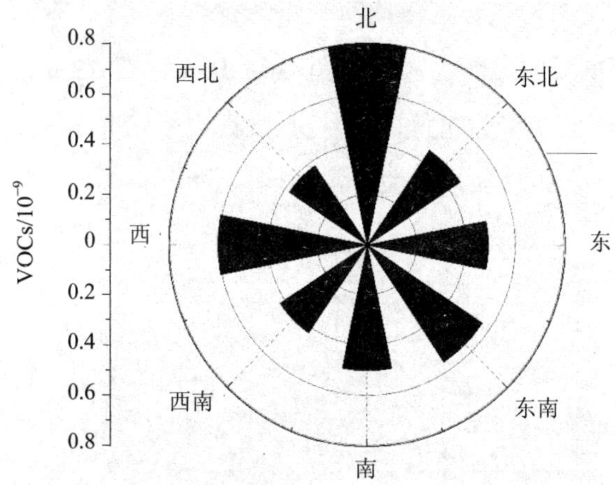

图 5-14　不同风向条件下 2-甲基庚烷的平均浓度

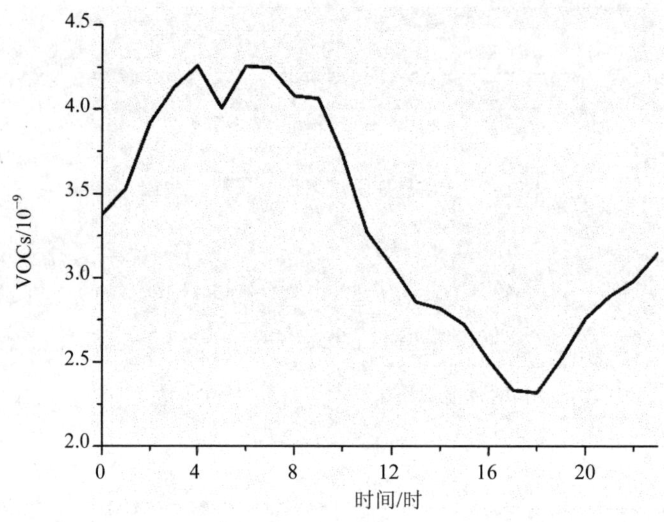

图 5-15　正丁烷浓度的日变化曲线

考察不同风向下此类 VOCs 组分浓度的变化，可以发现全部 5 种物质在东风和南风风向条件下，VOCs 组分浓度明显高于北风和西风（图 5-16），与图 5-10 所示的浓度分布相似，说明这 5 种物质与 1-丁烯、异丁烷、正戊烯受到了相同方向污染源的影响。对于上述各类物质在不同风向的分布，由于本时间段内北风和西北风出现频次极少，因此在该条件下的 VOCs 浓度分布仍需要进一步的考察。

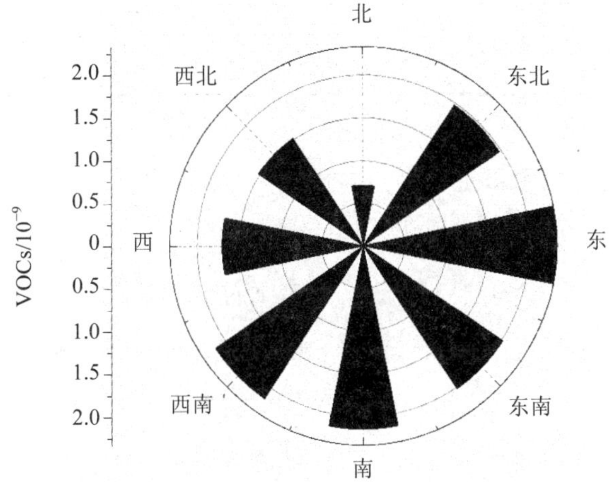

图 5-16 不同风向条件下正丁烷的平均浓度

因此，综合上述分析结果，可以得出本监测站点的 VOCs 污染特征，见表 5-7，本单位监测站受到本地污染源及周边多个方向污染源的多重影响，对不同 VOCs 组分应当针对其污染源进行整治。由于本次观测时间较短，很多 VOCs 组分变化规律尚不明显，还需进一步开展长期观测研究，以提高分析结果的准确性。

表 5-7 天津市环科院楼顶监测站 VOCs 污染特征

主要污染物	污染物变化特征	污染源影响区域
苯系物：苯、甲苯、乙苯、二甲苯、苯乙烯等 烷烃：戊烷、己烷、庚烷、辛烷、2-甲基己烷、3-甲基己烷等 环烷烃：环己烷、甲基环己烷 烯烃：乙烯、己烯	在 5 点和 17 点左右出现浓度高值	本地污染源影响为主
1-丁烯、异丁烷、正戊烯	在 5 点和 17 点左右出现浓度高值	本地源、东部和南部污染源影响
壬烷	11 点出现高值	南部污染源的影响为主

主要污染物	污染物变化特征	污染源影响区域
2-甲基庚烷、反式-2-丁烯、反式-2-戊烯、邻/对甲基乙基苯	17 点左右出现高值	北部污染源的影响为主
正丁烷、乙烷、异戊烷、正戊烷、乙炔	6 点左右出现高值	本地源、东部和南部污染源影响

5.2.3.2 VOCs 组分对臭氧生成潜势的贡献

（1）各行业各类别 VOCs 优先控制物种

由于天津市处于 VOCs 控制区，为了有效控制臭氧与 NO_x 的浓度，对 VOCs 排放量的削减提出了极高的要求，VOCs 与 NO_x 的减排比例需要保持在 3∶1 以上，这为 VOCs 减排工作的实施造成了极大的困难。因此，在当前情况下，应当细化不同 VOCs 组分对臭氧生成的贡献，尽可能高效地利用 VOCs 减排量控制臭氧浓度的降低。

根据本项目的在线监测结果，各类 VOCs 组分的组成比例从大到小依次为烷烃、芳烃、烯烃、炔烃，分别占 VOCs 总浓度的约 52.7%、35.8%、7.2%、4.3%，但各类物质对臭氧生成潜势的贡献率则约为 19.3%、54.8%、24.9%、1.0%。烷烃虽然总浓度最高，但各类烷烃组分的臭氧生成潜势较低，导致了烷烃对臭氧浓度的贡献低于芳香烃和烯烃；烯烃类物质的臭氧生成潜势极高，约为烷烃类物质臭氧生成潜势的 6.9 倍，因此尽管烯烃的总浓度较低，但它对臭氧污染的贡献仍然高于烷烃；而芳香烃占 VOCs 总浓度的比例和臭氧生成潜势均非常高，导致其对天津市臭氧生成的贡献超过了 50%，成为造成天津市臭氧污染加剧的首要 VOCs 污染物。综上所述，从控制本地区臭氧生成与控制 VOCs 浓度的双重因素考虑，均应当以芳香烃作为优先治理对象。

考察天津市各行业 VOCs 排放对臭氧污染的相对贡献（表 5-8），由于目前计算臭氧生成潜势计算方法仅能覆盖部分烷烃、烯烃、芳烃和乙炔等物种，因此抽取天津市各重点行业 VOCs 排放物种成分谱中的烷烃、烯烃、芳烃、乙炔等组分，计算各行业 4 种 VOCs 类别臭氧生成潜势的相对比例（假设各行业烷烃对臭氧生成潜势的相对贡献为 1)，可以发现除医药制造与轮胎制造行业的芳烃/烷烃贡献相当外，其余各个行业的芳烃贡献均远高于烷烃，这表明各类工艺过程源对臭氧污染的贡献几乎全部由芳烃构成。以控制臭氧污染的角度出发，医药制造与轮胎制造行业应当优先控制甲基环戊烷、甲基环己烷、正己烷 3 种 VOCs 组分，其余各类工艺过程源应当优先控制邻-二甲苯、间-二甲苯、对-二甲苯、甲苯、1,2,4-三甲苯、异戊烷 6 种 VOCs 组分。此外，表 5-8 中的各个行业芳烃/烷烃对臭氧生成潜势相对贡献比值远高于环境空气中测得数值，这说明移动源、生活源排放的烷烃对臭氧的形成有重要的贡献，而表中烯烃/烷烃对臭氧生成潜势相对贡献比值低于环境空气中测得的数值，说明自然源、移动源等排放的烯烃对臭氧污染形成的贡献更为明显。

表 5-8 各行业各类别 VOCs 的臭氧生成潜势相对贡献（假设各行业烷烃贡献值为 1）

行业	芳烃/烷烃	烯烃/烷烃	炔烃/烷烃	代表性污染物
汽车制造行业	101.3	0.1	0	间-二甲苯、对-二甲苯、1,2,4-三甲苯
家具制造行业	1 636.1	0	0	间-二甲苯、对-二甲苯、甲苯
涂料生产行业	147 717.1	0	0	间-二甲苯、对-二甲苯、甲苯
包装印刷行业	19.7	0	0	甲苯、1,2,4-三甲苯
医药制造行业	0.2	0.1	0	正己烷、甲基环戊烷
印染行业	12.5	0.1	0	甲苯、异戊烷
塑料制品行业	1.77	0.02	0	间-二甲苯、对-二甲苯、甲苯
汽车零部件行业	8.61	0.02	0	间-二甲苯、对-二甲苯、邻-二甲苯
电子元件行业	75.76	0.02	0	间-二甲苯、对-二甲苯、邻-二甲苯
合成材料制造行业	全部由芳烃贡献			间-二甲苯、对-二甲苯、甲苯

行业	芳烃/烷烃	烯烃/烷烃	炔烃/烷烃	代表性污染物
轮胎制造行业	0.07	0.01	0	甲基环戊烷、甲基环己烷
其他装备制造行业	19.0	0.03	0	间-二甲苯、对-二甲苯、邻-二甲苯

综上所述，从控制本地区臭氧生成与控制 VOCs 浓度的双重因素考虑，天津市均应当以芳香烃作为优先治理对象；对于工艺过程源 VOCs 排放，医药制造与轮胎制造行业应当优先控制甲基环戊烷、甲基环己烷、正己烷 3 种 VOCs 组分，其余各类工艺过程源应当优先控制邻-二甲苯、间-二甲苯、对-二甲苯、甲苯、1,2,4-三甲苯、异戊烷 6 种 VOCs 组分；对于移动源应当主要控制烷烃与烯烃的排放；对于生活源应当主要控制烷烃的排放。

（2）不同风向 VOCs 组分对臭氧生成潜势的贡献

表 5-9 是对各个风向条件下 VOCs 组分进行统计，得到的 VOCs 浓度最大的 10 个组分，可以观察到在各个不同风向下，VOCs 化学成分大体相同，各类物质对 VOCs 贡献率从大到小依次为烷烃、芳烃、烯烃、炔烃，除正丁烷、乙炔、异戊烷受东部和南部污染源影响外，其余各组分主要受本地源排放的影响，说明了 6—7 月本地排放对 VOCs 的重要影响。

表 5-9　不同风向 VOCs 组分浓度前 10 位　　单位：%

风向	VOCs 组分（VOCs 浓度由高到低）	VOCs 贡献率			
		烷烃	烯烃	炔烃	芳烃
北风	乙烷、正戊烷、乙苯、甲苯、正丁烷、正十一烷、正癸烷、邻-二甲苯、乙炔、对二乙苯	51.8	6.9	3.9	37.3
东风	乙烷、正戊烷、正十一烷、正丁烷、乙苯、甲苯、正癸烷、乙炔、异丁烷、邻二甲苯	53.3	7.6	4.5	34.6
南风	乙烷、正戊烷、正丁烷、正十一烷、乙苯、甲苯、正癸烷、乙炔、异丁烷、异戊烷	54.1	7.4	4.4	34.1
西风	乙烷、正戊烷、乙苯、正丁烷、甲苯、正十一烷、正癸烷、邻-二甲苯、乙炔、乙烯	51.5	6.8	4.4	37.3

对各个风向条件下，每种 VOCs 组分的臭氧生成潜势（OFP）进行计算，见表 5-10，可以发现对本站点臭氧浓度影响较大的 VOCs 为烯烃和苯系物，在不同风向条件下，影响臭氧生成的主要物质大致相同，除 1-丁烯、正戊烯、正戊烷受周边区域部分影响外，所有物质均受到本地污染源排放 VOCs 的影响。因此可以判断 2016 年 6—7 月本地排放 VOCs 对臭氧的生成起到了主要的贡献，周边区域通过风的传输作用对臭氧浓度变化的影响较小，从控制本地区臭氧生成与控制 VOCs 浓度的双重因素考虑，均应当以苯系物作为优先治理对象。

表 5-10 不同风向 VOCs 组分的 OFP 及贡献率 单位：%

风向	VOCs 组分（OFP 由高到低）	OFP 贡献率			
		烷烃	烯烃	炔烃	芳烃
北风	邻二甲苯、乙烯、间-二甲苯、对-二甲苯、乙苯、甲苯、1,2,3-三甲苯、顺-2-丁烯、1,2,4-三甲苯、正戊烯、正戊烷	18.3	23.7	0.9	57.1
东风	乙烯、邻二甲苯、间-二甲苯、对-二甲苯、乙苯、甲苯、顺-2-丁烯、正戊烯、1-丁烯、1,2,3-三甲苯、正戊烷	19.7	26.6	1.0	52.7
南风	乙烯、间-二甲苯、对-二甲苯、邻-二甲苯、乙苯、甲苯、正戊烯、1,2,3-三甲苯、苯乙烯、正戊烷、1-丁烯	20.5	26.1	1.0	52.4
西风	乙烯、间-二甲苯、对-二甲苯、邻-二甲苯、乙苯、甲苯、1,2,3-三甲苯、苯乙烯、1,2,4-三甲苯、正戊烷、正戊烯	18.7	23.3	1.0	57.0

（3）NO_x 对臭氧的响应

由于 6—7 月 12—20 时时间段内，北风出现次数极少，因此对北风情况不做统计，如图 5-17 所示是不同风向下的臭氧最大 8 h 浓度均值，从图中可知在南风风向下的浓度略高于东风和西风。

考察臭氧前体物 VOCs 与 NO_x 在不同风向下的分布，如图 5-18 所示，由于北风和西北风出现频次极低，对此情况不进行统计，可以发现 VOCs 在各个风向下浓度相近，这也从侧面说明了 VOCs 在主要受本地污染源排放的影响；而 NO_x 在东北风向出现最大值，在南风和西南风浓度相对较小。

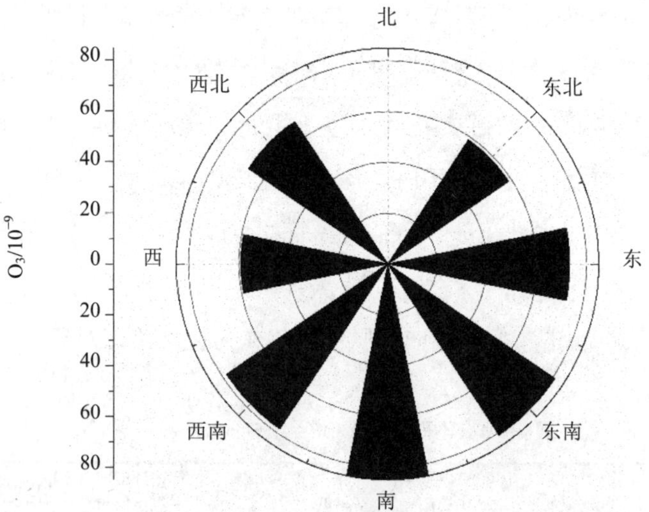

图 5-17　12—20 时不同风向条件下的臭氧浓度分布

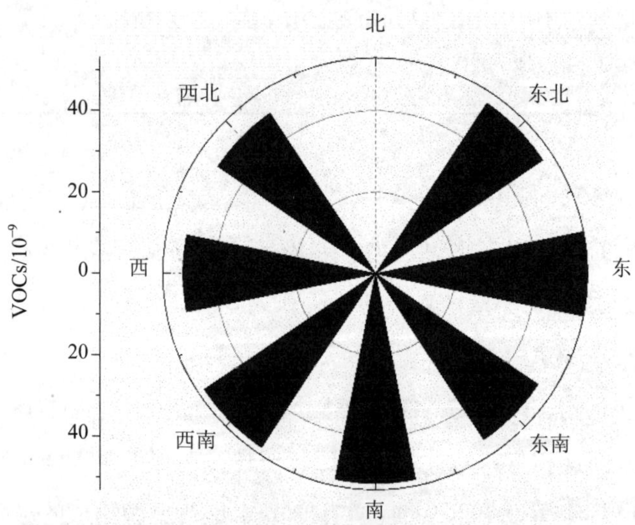

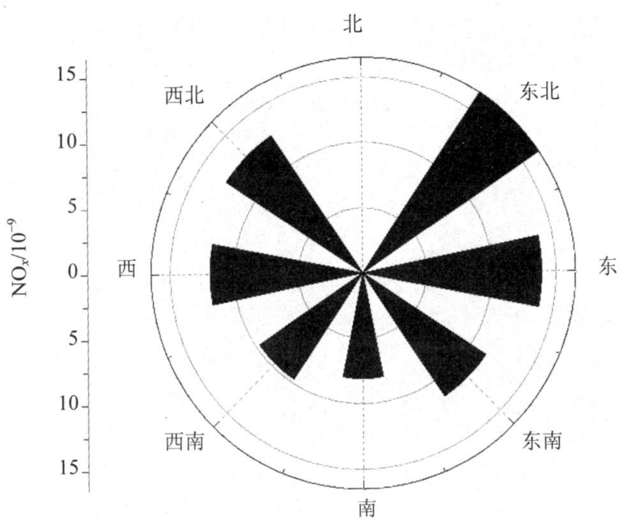

图 5-18　不同风向下 VOCs 和 NO_x 的浓度分布

考察不同风向条件下的 NO_x 与 O_3 浓度分布，如图 5-19 所示，NO_x 与 O_3 呈现出明显的负相关性，NO_x 浓度的降低会导致臭氧污染加重，这表明天津市处于 VOCs 控制区，控制臭氧污染程度需要协同考虑 VOCs、NO_x 的影响；此外，NO_x 与 O_3 在东北、东、东南和南、西南、西风条件下分别具有不同的线性关系，两条标准曲线的 O_3 浓度均随着 NO_x 浓度的降低而升高，具有一致的变化趋势，但标准曲线的斜率相差较大，这暗示着除 NO_x 与 VOCs 外，气象条件在不同风向条件下的差异，也是影响 O_3 浓度变化的因素之一。（图 5-19 中北风和西北风由于出现频次极低，在此未进行统计。）

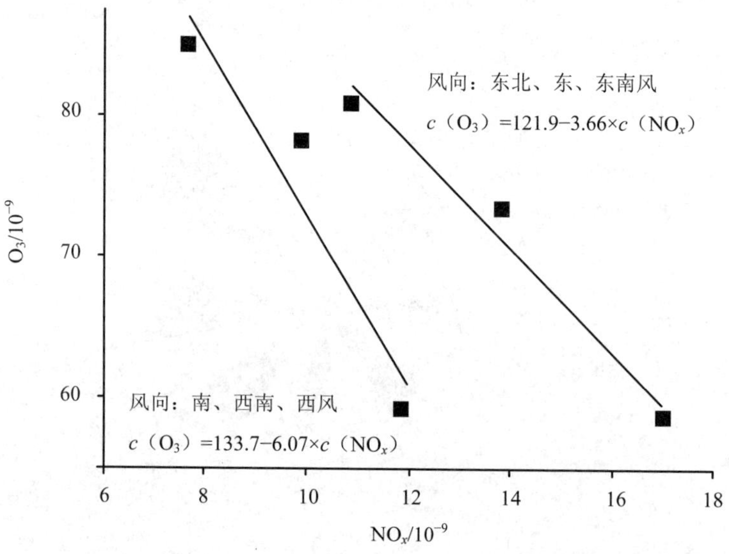

图 5-19　不同风向条件下 NO_x 与 O_3 的响应关系

5.2.4　氮氧化物与 VOCs 的协调减排

地面臭氧，除少量由平流层传输外，大部分是由人为排放的氮氧化物（NO_x）和挥发性有机物（VOCs），在高温光照条件下二次转化形成的。NO_x 主要来自机动车、发电厂、燃煤锅炉和水泥炉窑等排放，VOCs 主要来自机动车、石化工业排放和有机溶剂的挥发等。因此，当二氧化硫超标，削减其排放就能达到减少污染的目的。但是，这种方法不能直接用于对臭氧的控制。学界认为，臭氧治理需利用 EKMA 曲线，通过控制臭氧前体物 NO_x 和 VOCs 来控制臭氧。图 5-20 显示了 NO_x 和 VOCs 对于臭氧生成的复杂关系。当 VOCs 与 NO_x 浓度比值偏大的时候，臭氧生成处于 NO_x 控制区，臭氧浓度随 NO_x 增加而增加，VOCs 的变化对臭氧的影响不大；反之，当 VOCs 与 NO_x 比值较小时，臭氧生成处于 VOCs 控制区，臭氧浓度随 VOCs 增加而增大，NO_x 浓度增加反而会使臭氧浓度降低。

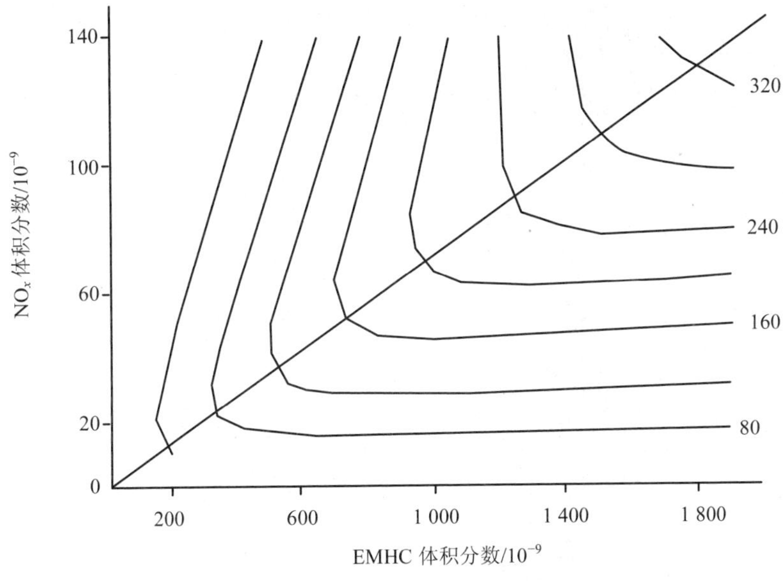

图 5-20 E-KMA 曲线示意图

通过对天津市的臭氧浓度变化及 NO_x 和 VOCs 的减排情况来看，天津市的臭氧生成处于 VOCs 控制区，所以，VOCs 浓度值不变，NO_x 的降低会导致臭氧浓度的增加，而当 VOCs 也减排的时候，就会二者协同对臭氧的生成产生作用。从上述 2013 年与 2015 年各月臭氧的浓度分布情况及天津市臭氧浓度的总体变化情况来看，由于 2015 年相比 2013 年天津市 NO_x 的大量减排，导致了臭氧浓度的升高，虽然 VOCs 的减排可降低臭氧浓度，但是由于 VOCs 减排量较少，所以，导致了臭氧浓度的升高。

为了评估 VOCs 和 NO_x 的协同减排效应，探究天津市 VOCs 减排对臭氧浓度的具体影响，本研究以天津市 2015 年的排放清单数据为基准，通过设定不同的 NO_x 和 VOCs 减排控制情景，结合空气质量评估模型 CMAQ 来评估不同幅度的 NO_x 和 VOCs 减排量对天津市臭氧浓度的影响。本次评估情景设定见表 5-11。

表 5-11　VOC 与 NO_x 协调减排空气质量变化模拟方案设计

方案名称	清单内容
基础情景	各清单维持 2015 年现状不变
情景 1	2015 年清单基础上，工业锅炉 NO_x 排放减排 20%，机动车 NO_x 排放减排 10%，其他不变
情景 2	2015 年清单基础上，工业锅炉 NO_x 排放减排 20%，机动车 NO_x 排放减排 10%，工艺过程源 VOCs 排放减排 10%
情景 3	2015 年清单基础上，工业锅炉 NO_x 排放减排 20%，机动车 NO_x 排放减排 10%，工艺过程源 VOCs 排放减排 20%
情景 4	2015 年清单基础上，工业锅炉 NO_x 排放减排 20%，机动车 NO_x 排放减排 10%，工艺过程源 VOCs 排放减排 30%
情景 5	2015 年清单基础上，工业锅炉 NO_x 排放减排 20%，机动车 NO_x 排放减排 10%，工艺过程源 VOCs 排放减排 40%
情景 6	2015 年清单基础上，工业锅炉 NO_x 排放减排 20%，机动车 NO_x 排放减排 10%，工艺过程源 VOCs 排放减排 60%
情景 7	2015 年清单基础上，工业锅炉 NO_x 排放减排 20%，机动车 NO_x 排放减排 10%，工艺过程源 VOCs 排放减排 80%

本次研究选取 7 月为典型月份，以天津市 2015 年各污染源排放清单数据为基础，结合 2015 年天津市气象数据，通过 CMAQ 空气质量模型模拟运算，得到各情景下天津市臭氧浓度值的变化如图 5-21 所示。

图 5-21 为天津市 2015 年 7 月各情景下臭氧浓度值的变化情况，从图中可以看到，各情景中，基本上是情景 1 下的臭氧浓度值最高，其次为情景 2，然后是基础情景和情景 3，最后是情景 4、5、6、7 的臭氧浓度值依次降低，即当仅仅 NO_x 的排放量降低时，臭氧浓度升高，当 NO_x 的排放量降低，VOCs 的排放量降低 10%，臭氧浓度开始下降，但仍高于基础情景下的臭氧浓度值，保持 NO_x 的减排量不变，VOCs 的排放量减排 20%的时候，臭氧浓度值与基础情景下的臭氧浓度值基本持平，当保持 NO_x 的减排量不变，VOCs 排放减排 20%以上时，臭氧浓度值继续下降，且低于基础情景下（NO_x 和 VOCs 均不减排）的臭氧浓度值，且随着 VOCs 排放减排幅度的增大，臭氧浓度值持续下降。

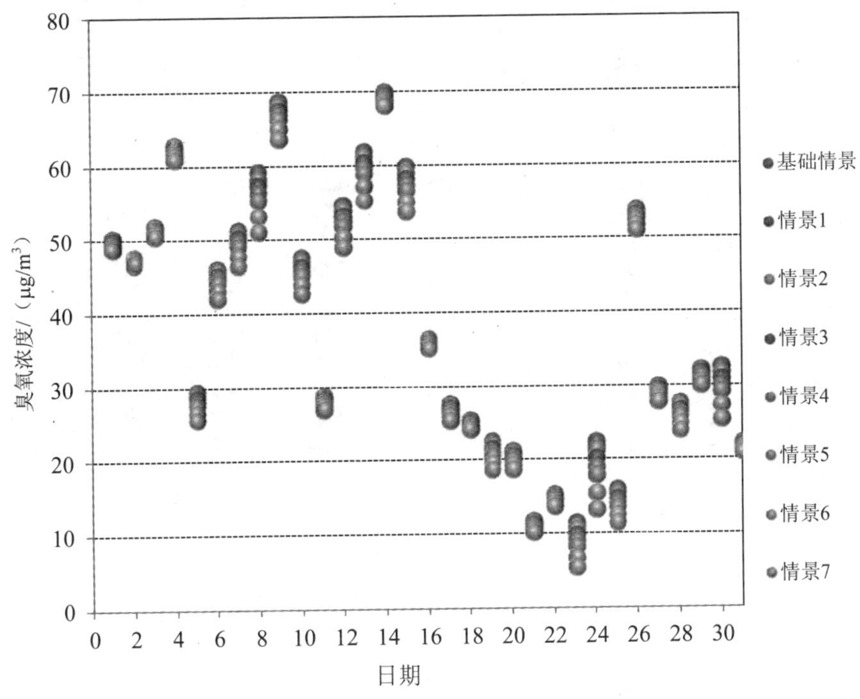

图 5-21 2015 年 7 月各情景下臭氧浓度值

图 5-22 为各减排情景下 2015 年 7 月天津市臭氧浓度值月均值的变化情况。

从图 5-22 中可以更加直观地看到各情景下天津市 2015 年 7 月臭氧月均浓度值的大小，分别为情景 1＞情景 2＞基础情景＞情景 3＞情景 4＞情景 5＞情景 6＞情景 7，所以，当 NO_x 的排放降低，VOCs 的排放不变的时候，臭氧浓度升高；当 NO_x 的排放减排量一定时，VOCs 的排放量逐渐降低，臭氧浓度开始下降，且随着 VOCs 排放减排幅度的增大，臭氧浓度值逐渐降低。值得注意的是，当 NO_x 的排放量减排一定，VOCs 的排放量降低 20%以内时，臭氧浓度值相比基础情景（即 NO_x 和 VOCs 的排放均不变化）仍然偏高，但是当 VOCs 的排放降低超过 20%的时候，臭氧浓度值开始低于基础情景下的臭氧浓度值，且随着 VOCs 排放的进一步降低，臭氧浓度值逐渐减小。

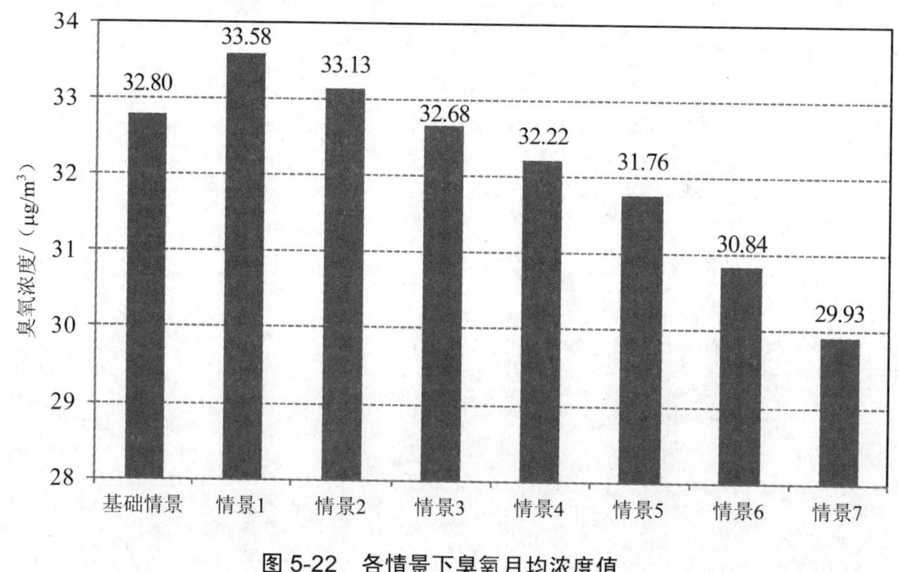

图 5-22　各情景下臭氧月均浓度值

图 5-23 为各情景下 2015 年 7 月天津市臭氧月均浓度值的网格分布情况。

由以上各情景下天津市臭氧月均浓度值分布情况可以看到，控制情景 1 下 7 月臭氧月均浓度值超过 40 μg/m^3 的区域主要分布在蓟州区北部，滨海新区、静海区、宁河区、东丽区和宝坻区，而控制情景 7 下，臭氧月均浓度值超过 40 μg/m^3 的区域已经大幅减少，主要分布在滨海新区，这与滨海新区是天津市的重点工业园区有关；当 NO_x 的排放减排量一定时，随着 VOCs 排放减排幅度的不断增大，臭氧月均浓度值超过 40 μg/m^3 的区域越来越小，从情景 1 至情景 7（即 VOCs 的排放减排从 0 到 80%），臭氧浓度月均值基本上降低了一个等级，即 5 μg/m^3，天津市的臭氧生成水平处于 VOCs 控制区，所以当 NO_x 和 VOCs 排放协同减排时，VOCs 的排放减排幅度越大，臭氧浓度下降越明显。

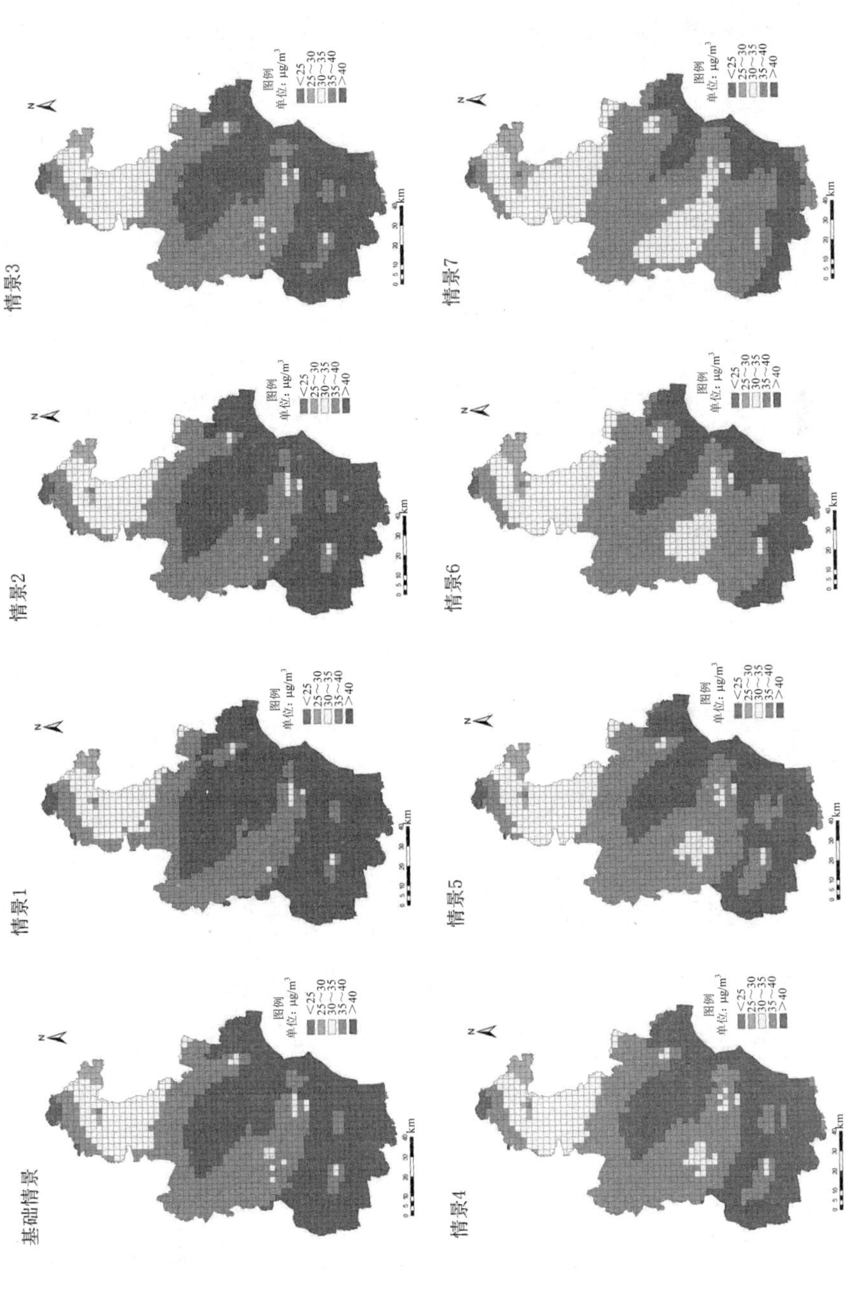

图 5-23 不同情景下天津市臭氧月均浓度值分布情况（彩图见附件）

5.3 亚微米颗粒物（PM_1）对臭氧的协同响应

5.3.1 颗粒物的短波长大气消光效应

臭氧需要以 VOCs 和 NO_x 为前体物，通过一系列复杂的光化学反应形成，光是臭氧前体物进行化学反应的驱动力。如图 5-24 所示，是 12—20 时时间段内能见度与臭氧浓度的关系，可以发现能见度与臭氧浓度具有较好的正相关性，这表明随着光强的增大、大气能见度的升高，大气光化学反应活性增强，臭氧浓度升高。

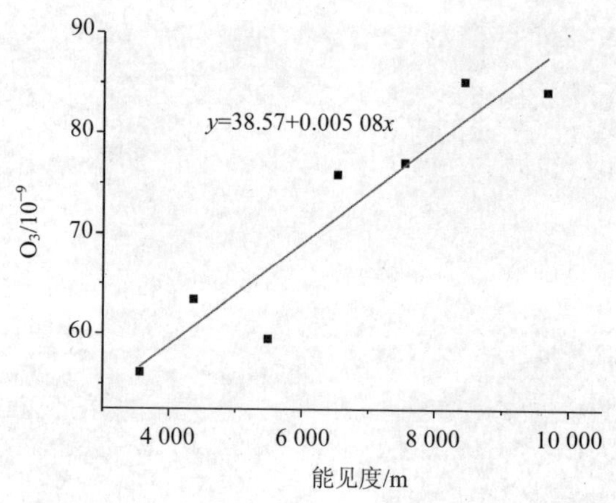

图 5-24　12—20 时能见度与臭氧的相互关系

颗粒物的消光效应对天津市大气能见度具有较大的影响，图 5-25 所示是不同波长大气气溶胶光学厚度与臭氧浓度的关系，可以发现在波长大于 670 nm 的光谱范围内，随着臭氧浓度的增加，气溶胶光学厚度同时增大。但对于 500 nm 及以下的短波长范围，气溶胶光学厚度与臭氧的响应不具有简单的相关性。这说明臭氧与大气颗粒物的响应非常复杂，一方面，尺寸较大的颗粒物对臭氧浓度的影响较小，尽管近红外光区的气溶胶光学厚度有所增加，但对臭氧浓度的升高影响甚微；另一方面，臭氧污染是大气氧化性异常升高的一个表征指标，随着臭氧浓度的上升，往往会出现严重的光化学烟雾，促进超细的二次颗粒物等的生成，导致短波长范围内气溶胶光学厚度的增加，但此类颗粒物由于尺寸与紫外-可见光区重合，能够影响大气的紫外辐射强度，进而抑制臭氧和二次颗粒物的光化学生成，导致短波长范围气溶胶光学厚度的降低，使臭氧与气溶胶光学厚度间表现出复杂的响应。

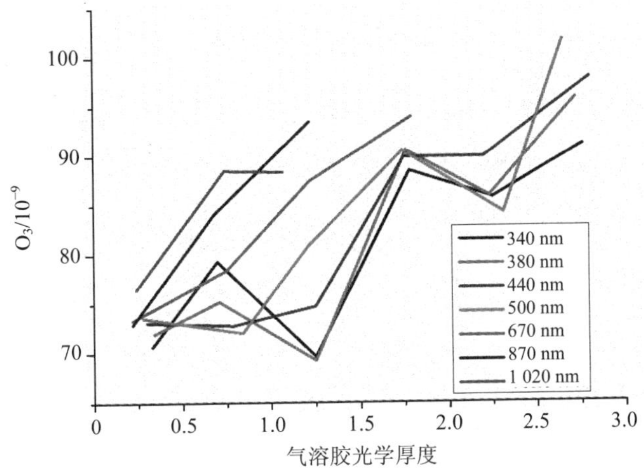

图 5-25 12—20 时时间段内气溶胶光学厚度与臭氧浓度变化（彩图见附件）

5.3.2 PM_1 与臭氧污染的同步增长

图 5-26 考察了光化学烟雾与臭氧浓度的相对变化趋势，从图中可以发现在臭氧浓度约为 75×10^{-9} 时，PM_1、$PM_{1\sim2.5}$ 的数量浓度均出现峰值。伴随着光化学反应的发生，在臭氧浓度从 46×10^{-9} 增加到 75×10^{-9} 时，PM_1、$PM_{1\sim2.5}$ 的浓度明显升高，分别增长了 7.6 倍和 3.7 倍，小尺寸颗粒物的快速增长表明光化学污染程度的加剧；在臭氧浓度高于 75×10^{-9} 时，较高的 PM_1、$PM_{1\sim2.5}$ 浓度可能会造成小尺寸颗粒物的碰撞与聚集，形成粒径更大的颗粒物，造成颗粒物总数的降低。此外，在臭氧浓度高于 80×10^{-9} 时，尽管颗粒物数量浓度有所降低，但依然远高于臭氧浓度低于 60×10^{-9} 的情况，说明在臭氧污染加剧时，会伴随出现 PM_1 颗粒物浓度的暴增。

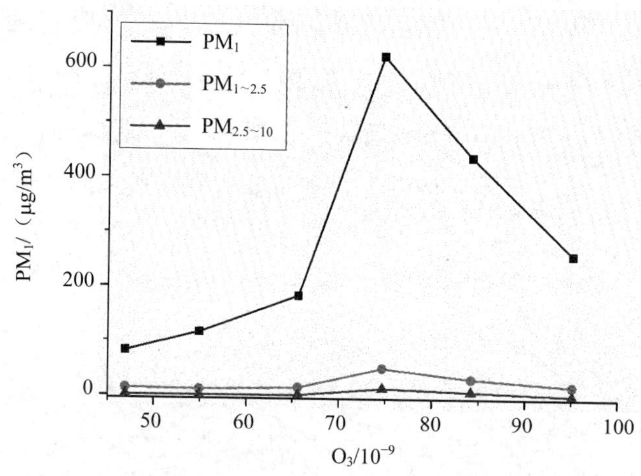

图 5-26　不同粒径的颗粒物随臭氧的变化趋势

5.4　气象条件对臭氧污染的影响

气象条件在影响 O_3 生成方面起着重要作用，温度越高，相对湿度越低，太阳辐射越强，光化学反应越剧烈，大量水汽被消耗，为 O_3 生成创造了良好条件，午后至傍晚时段，气温超过 30℃，相对湿度低于 60%，极易出现臭氧超标，如图 5-27 所示。而风速的增加一方面有利于加快化学反应，另一方面，当所在区域位于 VOCs、NO_x 等 O_3 生成前体物这些源类下风向时，风速增大，臭氧浓度可能更高。

O_3 作为光化学反应二次生成产物，是大气中的氮氧化物（NO_x）、挥发性有机物（VOCs）等前体物在强光照射下发生光化学反应的结果，与其前体物 VOCs 和 NO_x 排放存在着复杂的非线性关系，其浓度不仅与前体物的排放浓度及相对比例相关，而且受大气温度、相对湿度、能见度等气象条件影响密切。

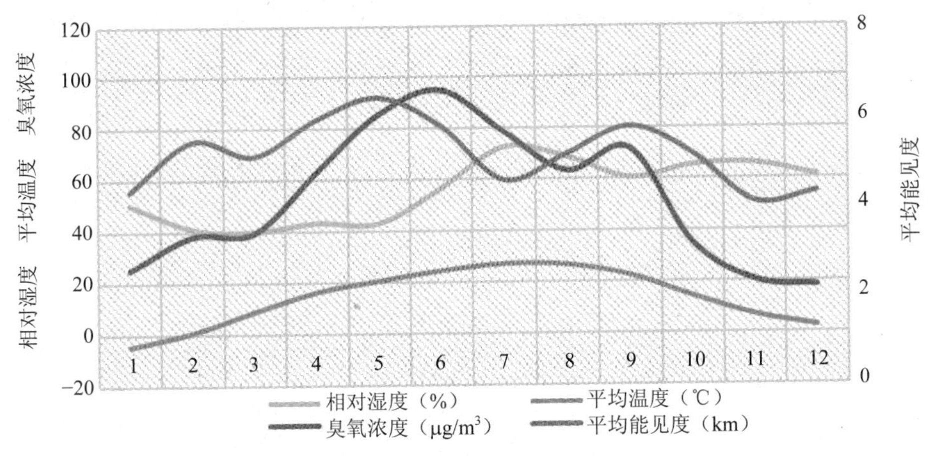

图 5-27 2016 年臭氧浓度与气象因素月分布

根据 2016 年各月相对湿度、平均温度、平均能见度与臭氧浓度的关系见表 5-12，可以得知，温度越高，相对湿度越低，太阳辐射越强，光化学反应越剧烈，臭氧浓度越高。根据这一规律进一步分析 2016 年臭氧浓度与 2015 年同期差异的原因：2016 年多数月平均能见度高于 2015 年同期，并且在 3 月、4 月、9 月、11 月、12 月平均温度比 2015 年同期高。2016 年臭氧浓度较 2015 年同期增长最为明显的是 1—4 月、9 月和 12 月，分别增长 15.49%、17.33%、13.06%、26.39%、60.96% 及 38.42%。在 1 月和 2 月，平均能见度较 2015 年同期增长 2.08%和 21.43%，3 月平均温度较 2015 年同期增长 0.55℃，4 月平均能见度较 2015 年同期增长 13.06%，平均温度增高 1.33℃，5 月臭氧浓度仅增加 3.92%，平均湿度和平均温度均低于 2015 年同期，能见度相比 2015 年同期，增长 4.95%。6 月平均能见度高于 2015 年同期 4.26%，平均湿度增加 5.05%，平均气温仅比 2015 年同期降低 0.27℃，综合各种气象条件，最终导致 2016 年 1—6 月臭氧浓度高于 2015 年同期。2016 年 8 月臭氧浓度相比 2015 年同期减少 10.55%，可能主要是因为 2016 年 7—8 月能见度下降，光照减弱，不利于臭氧的生成。2016 年 9 月臭氧浓度出现小高峰，比 2015 年同期增长 60.96%，2016 年 9 月平均能见度较 2015 年 9 月增长 8.49%，相对湿度下降 8.50%，平均温度升高 1.17℃，2016 年 12 月（12 月 1—11 日）平均能见度较 2015 年 12 月增长 36.16%，相对湿度下降 9.51%，温度较 2015 年 12 月平均温度高 2.13℃，温度越高，相对湿度越低，太阳辐射越强，光化学反应越剧烈，这很可能是 2016 年多数月尤其是 9 月和 12 月臭氧浓度较 2015 年同期有所增高的原因。

表 5-12　2015—2016 年天津市气象要素月分布

月	2015 年			2016 年		
	平均温度/℃	相对湿度/%	平均能见度/km	平均温度/℃	相对湿度/%	平均能见度/km
1	−0.48	52.52	4.23	−4.55	50.74	4.32
2	1.50	49.04	4.48	0.93	41.38	5.44
3	8.39	41.06	5.27	8.94	40.23	5.10
4	15.10	52.30	5.24	16.43	43.53	5.93
5	21.45	46.06	6.11	20.65	43.29	6.41
6	24.77	54.10	5.53	24.50	56.83	5.77
7	27.16	63.13	5.58	27.10	72.77	4.55
8	26.77	64.35	5.39	26.68	68.84	5.13
9	21.20	66.27	5.30	22.37	60.63	5.75
10	15.06	53.55	5.31	14.16	65.42	5.14
11	3.60	74.23	3.67	6.75	66.05	4.05
12	0.42	67.71	3.14	2.55	61.27	4.27
平均	13.75	57.03	4.94	13.87	55.92	5.16

5.4.1　臭氧对温度的“倒 V”形响应

对 12—20 时时间段内每天的臭氧浓度和温度平均值进行统计，如图 5-28 所示，可以发现随着平均温度的升高，臭氧浓度均值同步上升，在 21～35℃范围内具有较好的线性关系，但当温度升高到 35℃以上时，臭氧浓度显著降低。这可能是由于大气光化学反应中同时存在臭氧的生成与消耗，随着温度的上升，臭氧生成与消耗的化学反应速率比例发生变化，造成臭氧浓度的升高或降低。

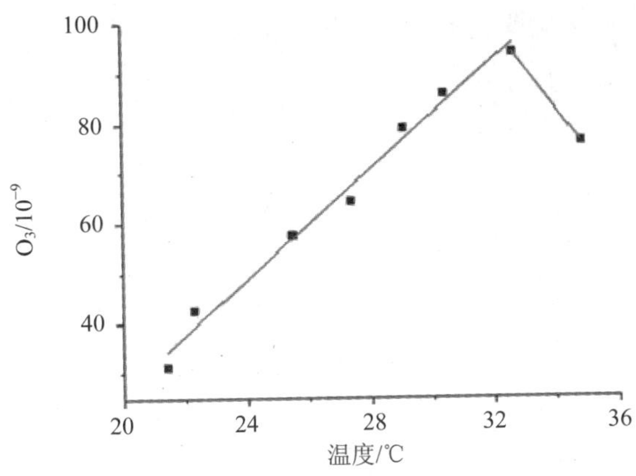

图 5-28 12—20 时日平均温度均值与臭氧 8 h 浓度均值间相互关系

5.4.2 臭氧对相对湿度的"倒 V"形响应

对 12—20 时时间段内每天的臭氧浓度和温度平均值进行统计，如图 5-29 所示，可以发现臭氧最大 8 h 平均浓度随着相对湿度的增大，显示出先升高后降低的趋势，在相对湿度约为 45%的时候，臭氧浓度达到高值，随着相对湿度从 45%升高到 75%，臭氧浓度迅速降低至约 38×10^{-9}，高湿度范围内臭氧浓度随湿度的变化速率明显高于低湿度条件。这可能是由于环境空气中的羟自由基浓度会随着相对湿度的增加而变大，但高湿度的天气往往出现多云和降水，导致太阳辐射减弱、臭氧浓度降低。

5.4.3 温度差异对臭氧具有更明显的影响

NO_x 与 O_3 在不同风向条件下出现的两条线性曲线，表明气象条件在不同风向条件下的差异，是影响 O_3 浓度变化的因素之一。表 5-13 是在两类不同风向条件下的平均温度和湿度对比，在两类不同的风向下，平均温度相差 2.7℃，相对湿度相差 9%，在平均温度为 30℃和 32.7℃时，12—20 时的平均臭氧浓度约为 82×10^{-9} 和 94×10^{-9}，在平均相对湿度为 49.3%和 40.3%时，12—20 时的平均臭氧浓度约为

85×10^{-9}和88×10^{-9}，这说明在6—7月的气象条件下，不同风向下的温度差异，可能对臭氧浓度具有更为明显的影响。

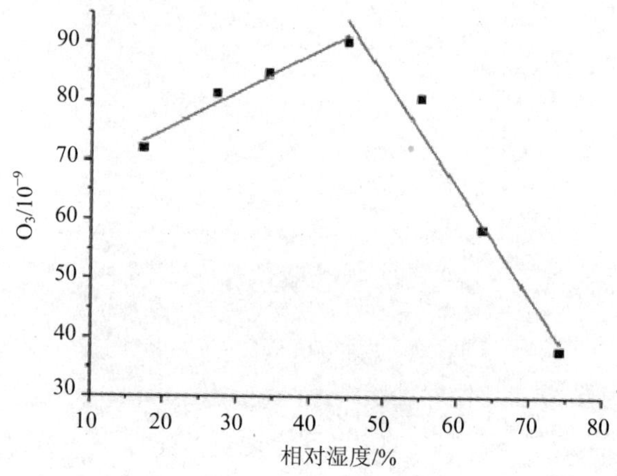

图 5-29　12—20 时日平均湿度均值与臭氧 8 h 浓度均值间相互关系

表 5-13　不同风向条件下的平均温度和湿度

风向	平均温度/℃	相对湿度/%
东北、东、东南风	30.0	49.3
南、西南、西风	32.7	40.3

5.5　天津市臭氧生成控制区分布

5.5.1　天津市重点城区臭氧污染特征分析

臭氧污染是对天津市夏季环境空气质量造成主要威胁的污染物，自2016年4月以来，天津市多个区县、多个站点出现了臭氧污染程度明显加剧的现象，对天津市环境空气质量的持续改善造成了严重的威胁，对此情况，开展西青区津同路站、红桥区勤俭道站、河东区大直沽八号路3个空气质量连续监测站的连续监测，在臭氧高值日对 VOCs 组分进行外场观测实验，初步识别道路移动源、溶剂源、餐饮源等多种 VOCs 污染源对站点的影响。

根据 2016 年 4 月 1 日至 6 月 16 日 3 个站点的自动监测数据，各站点的臭氧浓度最高的 8 h 均出现在 12—20 时，臭氧浓度的日变化规律具有较好的一致性（图 5-30）。如表 5-14 所示，河东区与西青区臭氧污染程度略重于红桥区，河东站点较其他两站点臭氧浓度升高更早，西青站点进入 6 月以来，臭氧浓度的升高速度显著高于河东区与红桥区。

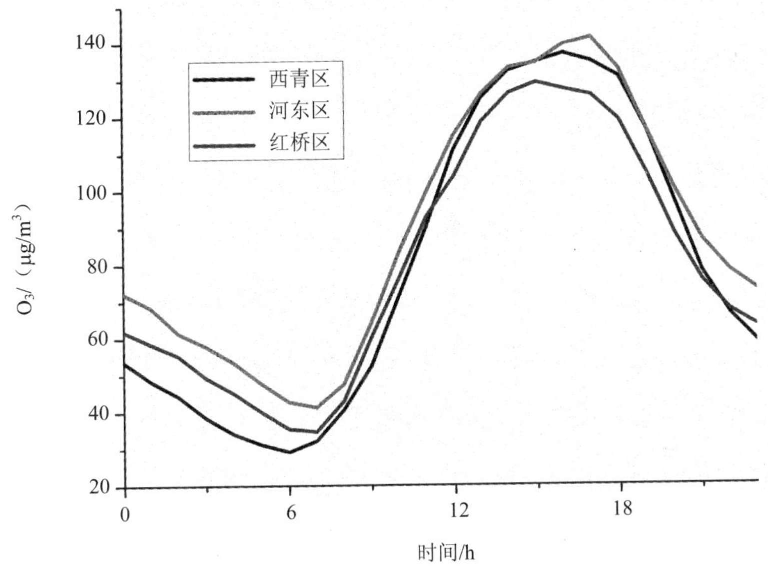

图 5-30 西青区、河东区、红桥区 3 站点臭氧日变化曲线（彩图见附件）

对比各个区域 4—5 月和 5—6 月臭氧浓度的变化量，可以发现西青区臭氧浓度变化明显高于红桥区与河东区，结合入春以来东南风向气流对天津市的影响逐渐增强，可以确认区域传输是影响位于西青区臭氧浓度快速升高的影响因素之一，臭氧前体物在从上风向到下风向转移的过程中，臭氧浓度逐渐得以积累。

表 5-14　西青区、河东区、红桥区 3 站点 12—20 时臭氧浓度均值　单位：μg/m³

时间	西青区	红桥区	河东区
4—6 月	127.7	119.2	129.7
2016 年 4 月	95.2	95.8	109.1
2016 年 5 月	135.1	125.4	133.2
2016 年 6 月	172.5	150.4	160.8
4—5 月变化量	39.9	29.6	24.1
5—6 月变化量	37.4	25.0	27.6

如图 5-31 所示，3 个站点进入 5 月中旬后臭氧浓度明显升高，其中河东区与西青区臭氧浓度高于红桥区，4 月 1 日至 6 月 16 日西青区、河东区与红桥区臭氧最大 8 h 平均浓度超过 160 μg/m³ 的日数分别为 6 月 22 日、20 日、12 日，说明西青区污染程度最高、河东次之，红桥相对较好。

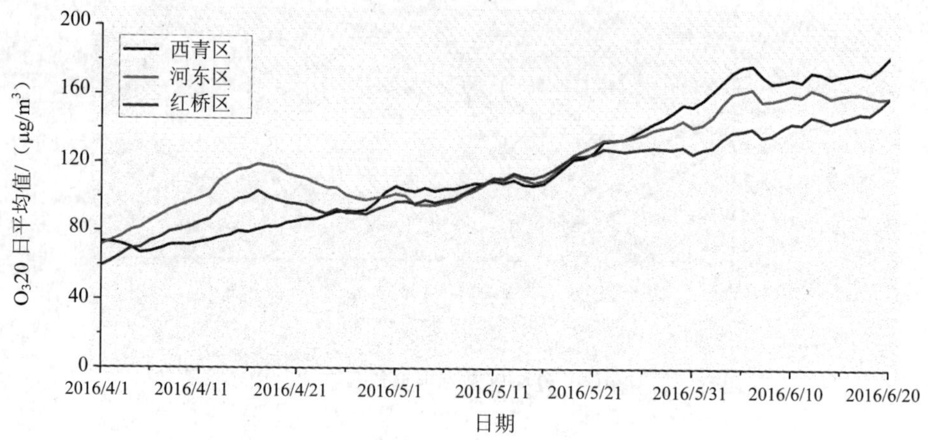

图 5-31　3 个站点臭氧日最大 8 h 平均浓度 20 d 平均值变化趋势

5.5.1.1　西青区津同路站

（1）NO_x 对臭氧的负相关性

由图 5-32 和图 5-33 可知，西青区 2016 年臭氧浓度较 2014 年与 2015 年明显升高，尤其在 5 月升高非常明显，与河东区、红桥区相比也明显偏高。西青区 2016

年 NO_2 浓度较 2014 年相比降低比较明显，但比 2015 年同期略有升高。对各个月份 NO_2 与 O_3 浓度的关系进行耦合，如图 5-34 所示，NO_2 与 O_3 之间具有一定的负相关性，NO_2 浓度的降低不利于 O_3 浓度的控制，而在 NO_2 浓度升高的情况下，O_3 浓度同时升高则主要受到了 VOCs 排放的影响。

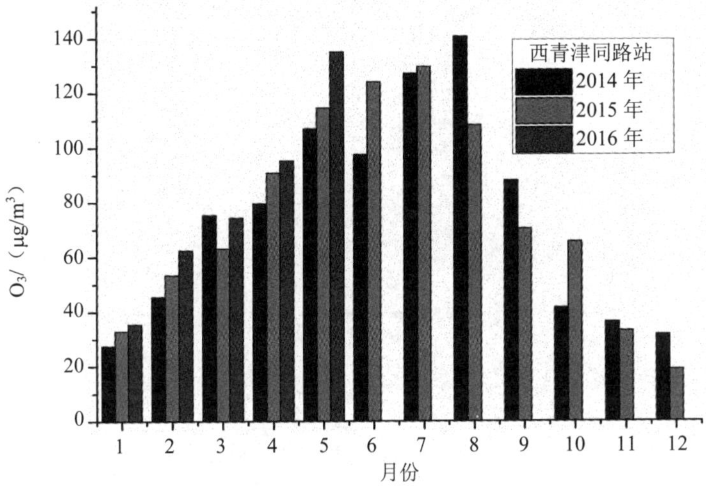

图 5-32 2014—2016 年西青区臭氧日最大 8 h 臭氧月均值变化趋势

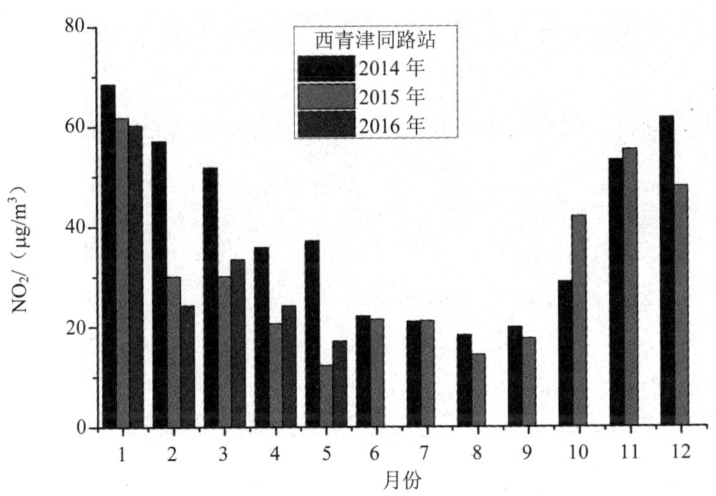

图 5-33 2014—2016 年西青区臭氧日最大 8 h NO_2 月均值变化趋势

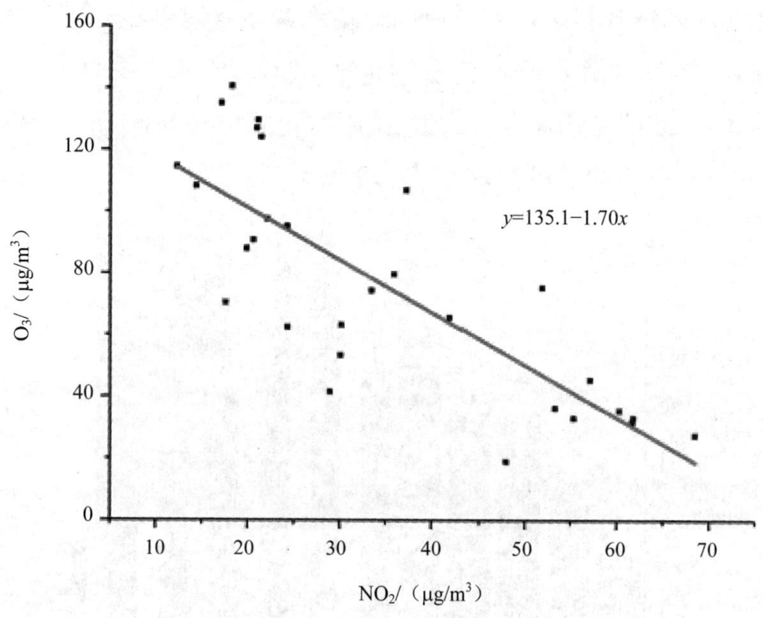

图 5-34　NO_2 与臭氧月均值的相互关系

（2）VOCs 对臭氧的影响

VOCs 浓度在午后 12—20 时升高，与臭氧最大 8 h 出现时间段基本相同，图 5-35 是根据测定的西青区 VOCs、NO_x 与 O_3 浓度绘制的臭氧等值线图，如将臭氧峰值浓度从 340 μg/m^3 降低到 290 μg/m^3，如果仅控制 VOCs 浓度，可从图中 A 点变化至 B 点，如果同时控制 NO_2 与 VOCs（A 点到 C 点），能够在一定程度上减小 VOCs 的减排压力，因此，控制 NO_x 与 VOCs 的同时下降能够有效降低臭氧浓度。

如表 5-15 所示，通过 GC-MS 测定的西青区主要 VOCs 组分为丙酮、异戊二烯、乙酸乙酯、2-丁酮、甲苯、间/对-二甲苯、二氯甲烷、1,2,2-三氟-1,1,2-三氯乙烷等，其中二氯甲烷、1,2-二氯丙烷、一氯甲烷、1,2-二氯乙烷等多种氯代物可能来源于溶剂源，甲苯、苯、邻-二甲苯、间-二甲苯、对-二甲苯等可能来源于机动车或溶剂源等，氯氟烃主要由制冷剂产生，乙酸乙酯等可由植物源或溶剂源产生，由于西青区津同路监测点周围的污染源较少，该点位主要受到溶剂源、机动车、植物源的影响。

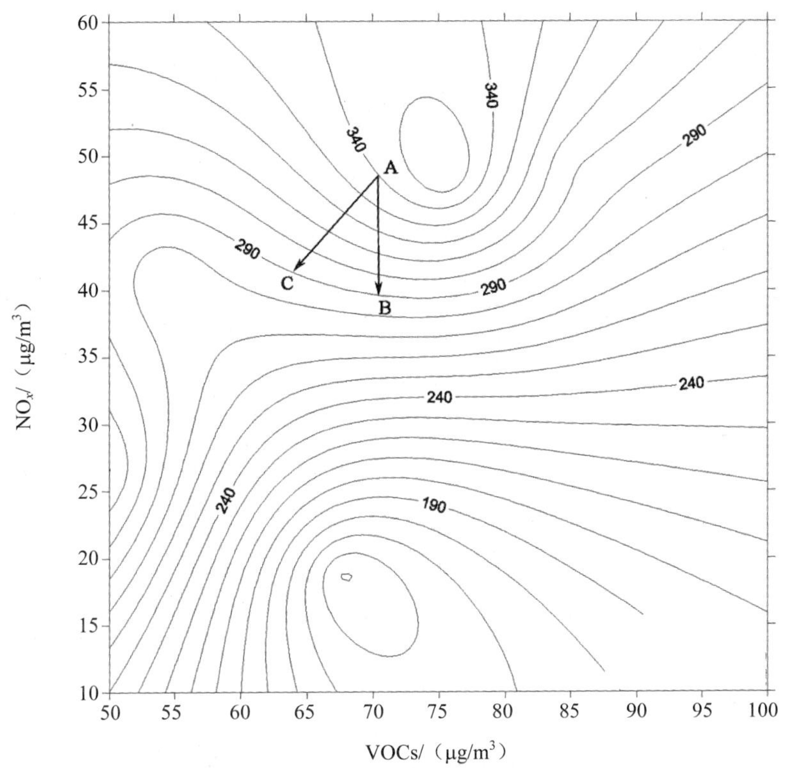

图 5-35 西青区典型臭氧日臭氧污染控制曲线

表 5-15 西青区津同路站代表性 VOCs 组成及污染源分类

VOCs 组分	VOCs 浓度/（μg/m³）	VOCs 占比/%	溶剂源	机动车	植物源	制冷剂
丙酮	16.1	17.4	√			
异戊二烯	8.8	9.5			√	
乙酸乙酯	8.0	8.7	√		√	
2-丁酮	6.6	7.1	√			
甲苯	5.4	5.9	√	√		
间/对-二甲苯	5.0	5.4	√	√		

VOCs 组分	VOCs 浓度/（μg/m³）	VOCs 占比/%	溶剂源	机动车	植物源	制冷剂
二氯甲烷	4.9	5.3	√	√		
1,2,2-三氟-1,1,2-三氯乙烷	4.2	4.5				√
一氟三氯甲烷	4.0	4.3				√
苯乙烯	3.7	4.0	√			
氯仿	3.4	3.7	√			
乙苯	3.2	3.5	√	√		
四氯化碳	2.9	3.2	√			
邻二甲苯	2.6	2.9	√	√		
苯	2.3	2.5	√	√		
2-甲氧基-甲基丙烷	2.2	2.3		√		
氯苯	2.0	2.2	√			
1,1,2,2-四氟-1,2-二氯乙烷	1.2	1.3				√
1,2-二氯乙烷	1.2	1.3	√			
环己烷	1.1	1.2	√	√		
正己烷	1.0	1.0	√	√		
1,2-二氯丙烷	0.9	1.0	√			
二硫化碳	0.9	1.0	√			
正庚烷	0.5	0.6		√		
二氟二氯甲烷	0.3	0.3				√

5.5.1.2 河东区大直沽八号路站

（1）NO_x 与臭氧关系较弱

河东区进入 2016 年以来臭氧污染程度明显加重，如图 5-36 所示，除 3 月以外，各个月份均比 2014 年和 2015 年同期有所升高。如图 5-37 所示，近 3 年来，NO_2 浓度总体处于下降趋势，但 2015 年 4 月以来，NO_2 再次开始小幅回升。如图 5-38 所示，河东区 NO_2 与臭氧仅具有非常弱的负相关性，臭氧浓度的升高主要是由 VOCs 引起的。

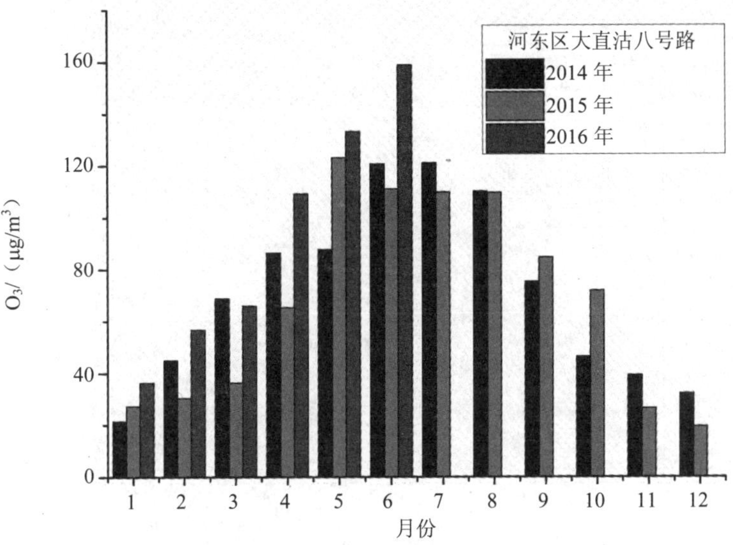

图 5-36　2014—2016 年河东区臭氧日最大 8 h 臭氧月均值变化趋势

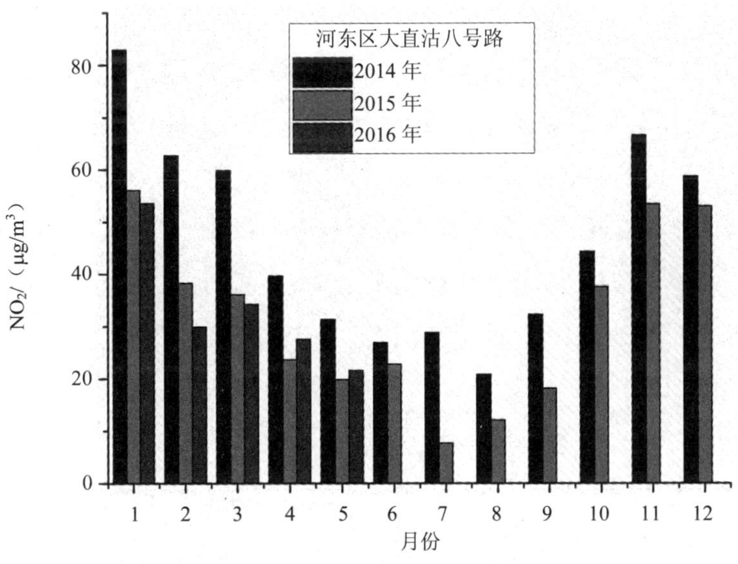

图 5-37　2014—2016 年河东区臭氧日最大 8 h NO_2 月均值变化趋势

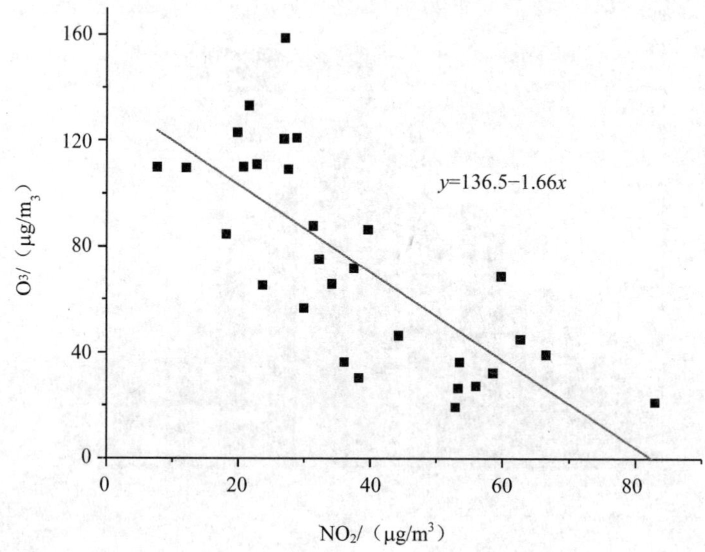

图 5-38 河东区 NO_2 与臭氧月均值的相互关系

（2）臭氧和 VOCs 的关系

图 5-39 所示是根据测定的河东区 VOCs、NO_x 与 O_3 浓度绘制的臭氧污染控制曲线，河东区的污染控制条件与西青区有所不同，如将臭氧浓度从图中 A 点（140 μg/m^3）降低至 130 μg/m^3，如果仅控制 VOCs，需要将 VOCs 浓度从 77 μg/m^3（A 点）降低至 68 μg/m^3（B 点），如果将 NO_x 浓度从 58 μg/m^3（A 点）降低至 53 μg/m^3（C 点），则 VOCs 需要降低更大的浓度才能实现臭氧的控制目标。因此，控制 NO_x 对于 O_3 的降低效果有限，欲对臭氧浓度进行有效的控制，需要着力于控制 VOCs 的排放。

如表 5-16 所示，河东区测定的主要 VOCs 组分为乙醇、丙酮、间/对-二甲苯、甲苯、乙酸乙酯、异戊烷、1,4-二氯苯、乙苯、1,2,4-三甲苯等，各类苯系物的氯化物、二氯甲烷可来源于餐饮源和溶剂源，甲苯、苯可来源于溶剂源、机动车、餐饮源等，甲基丙烯酸甲酯可见于塑料、涂料、润滑油添加剂等，由此可推知，河东区站点 VOCs 组分受到机动车、喷涂、餐饮源等多种源的综合影响。表 5-16

中添加灰色底纹的各类物质是西青区未检出的物质，河东区 VOCs 组分比西青区更加复杂，总浓度略高于西青区，说明城区 VOCs 排放强度和种类均高于郊区。

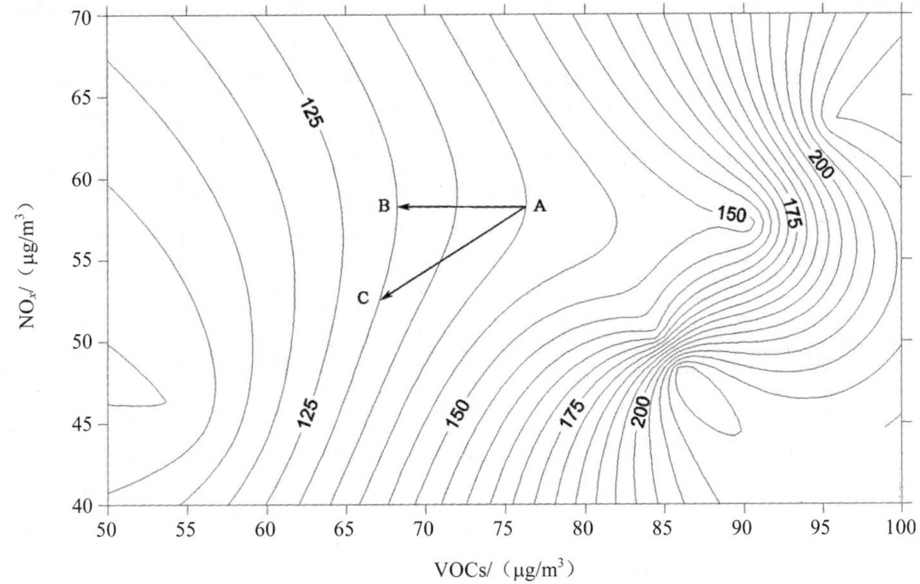

图 5-39　河东区典型臭氧日臭氧污染控制曲线

表 5-16　河东区大直沽八号路站代表性 VOCs 组成及污染源分类

VOCs 组分	VOCs 浓度/（μg/m³）	VOCs 占比/%	溶剂源	机动车	餐饮源	制冷剂
乙醇	11.2	11.2	√		√	
丙酮	9.6	9.6	√		√	
间/对-二甲苯	8.9	8.9	√	√	√	
甲苯	8.1	8.1	√	√	√	
乙酸乙酯	4.0	4.0	√		√	
异戊烷	3.9	3.9	√	√	√	
1,4-二氯苯	3.6	3.6	√		√	
乙苯	3.6	3.6	√	√	√	
1,2,4-三甲苯	3.6	3.6	√	√	√	
二氯甲烷	3.4	3.4	√		√	
邻-二甲苯	3.3	3.3	√	√	√	
2-丁酮	3.3	3.3	√		√	

VOCs 组分	VOCs 浓度/（μg/m³）	VOCs 占比/%	溶剂源	机动车	餐饮源	制冷剂
氯仿	2.9	2.9	√			
4-乙基甲苯	2.6	2.6	√	√	√	
苯乙烯	2.6	2.6	√		√	
1,3,5-三甲苯	2.4	2.4	√	√	√	
苯	2.1	2.1	√	√	√	
一氟三氯甲烷	1.9	1.9				√
四氯乙烯	1.8	1.8	√			
氯苯	1.7	1.7	√			
1,2,2-三氟-1,1,2-三氯乙烷	1.6	1.6				√
1,2-二氯乙烷	1.5	1.5	√			
四氯化碳	1.5	1.5	√		√	
三氯乙烯	1.3	1.3	√			
甲基丙烯酸甲酯	1.2	1.2	√		√	
正己烷	1.1	1.1	√	√	√	
1,1,2-三氯乙烷	1.1	1.1	√			
2-甲氧基-甲基丙烷	1.0	1.0	√			
1,2-二氯丙烷	0.9	0.9	√			
环己烷	0.8	0.8	√	√	√	
顺-1,2-二氯乙烯	0.6	0.6	√			
二硫化碳	0.6	0.6	√			
正庚烷	0.5	0.5	√		√	
1,1,2,2-四氟-1,2-二氯乙烷	0.4	0.4				√
四氢呋喃	0.3	0.3	√		√	
一溴甲烷	0.2	0.2	√			
氯乙烷	0.2	0.2	√			
反-1,2-二氯乙烯	0.2	0.2	√			
反式-1,3-二氯-1-丙烯	0.1	0.1	√			
二氟二氯甲烷	0.1	0.1				√

5.5.1.3 红桥区勤俭道站

（1）NO_x 显著影响臭氧污染程度

如图 5-40 所示，与西青区、河东区相比，红桥区臭氧污染水平较 2014 年和 2015 年略有降低，仅在 4 月出现臭氧浓度偏高的现象。对比红桥区 NO_2 历史数据，如图 5-41 所示，可以发现 3 月以来，NO_2较 2015 年同期有所升高，NO_2的升高对臭氧浓度的降低有一定的影响。

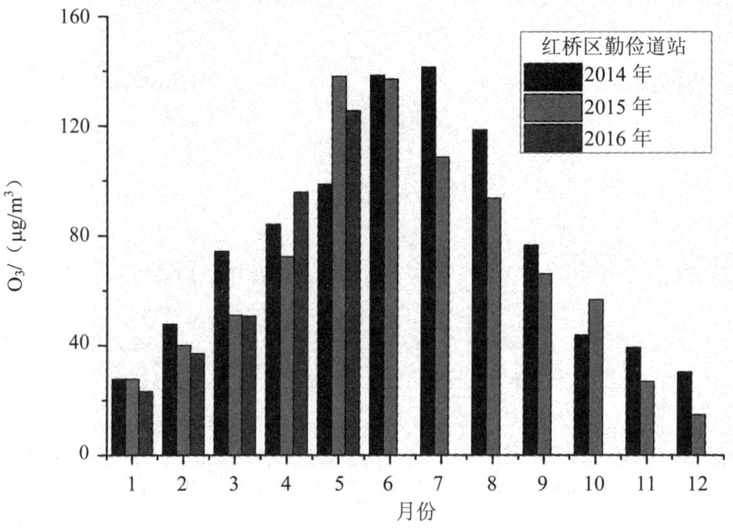

图 5-40　2014—2016 年红桥区臭氧日最大 8 h 臭氧月均值变化趋势

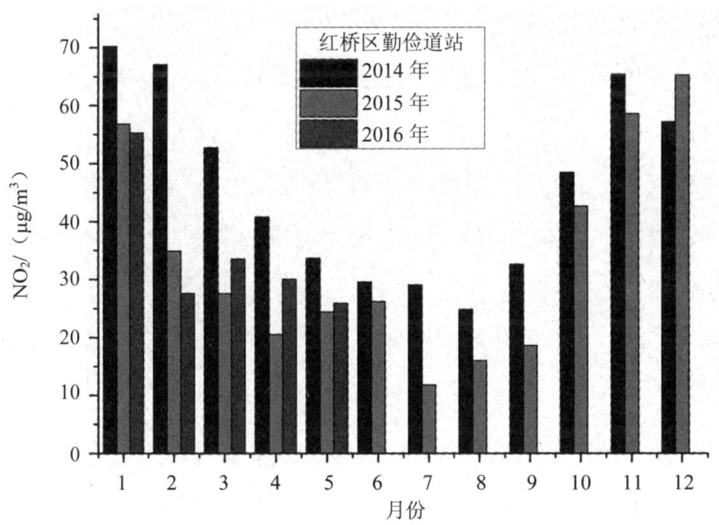

图 5-41　2014—2016 年红桥区臭氧日最大 8 h NO_2 月均值变化趋势

表 5-17 是 3 个站点在 12—20 时不同臭氧浓度下的臭氧与 NO_2 平均值，可以发现 3 个站点在臭氧浓度小于 100 μg/m^3 及大于 160 μg/m^3 时，其浓度均值相差并不明显，3 个不同站点间 NO_2 浓度差异较大。其中红桥区 NO_2 在不同臭氧污染水平条件下，其浓度变化非常明显，西青次之，河东区 NO_2 未发现明显变化，说明 NO_2 对红桥、西青、河东 3 个站点的影响依次减弱，红桥区与西青区开展针对性的臭氧防控应当考虑 NO_2 的影响。

表 5-17　3 个站点 12—20 时不同臭氧浓度条件下，臭氧与 NO_2 平均值

		O_3/（μg/m^3）	NO_2/（μg/m^3）
红桥	＞160 μg/m^3	186.5	19.5
	＜100 μg/m^3	79.1	32.2
西青	＞160 μg/m^3	196.9	16.5
	＜100 μg/m^3	79.0	23.2
河东	＞160 μg/m^3	194.7	25.8
	＜100 μg/m^3	82.9	27.2

（2）臭氧和 VOCs 的关系

图 5-42 是红桥区的臭氧污染控制曲线，如果将臭氧浓度从图中 165 μg/m^3（A 点）降低到 145 μg/m^3，在不改变 NO_x 浓度条件下，VOCs 需要从 100 μg/m^3 降低到 55 μg/m^3（B 点），如果略微下降 NO_2 浓度，则 VOCs 浓度所需的降幅则会显著升高（C 点），因此，红桥区控制 VOCs 浓度的排放能够降低臭氧浓度，但臭氧对 NO_x 较为敏感，NO_x 浓度的降低会造成臭氧浓度的明显升高。

由于红桥区监测站楼顶及周围近期大量铺设沥青油毡，本研究在测定环境空气 VOCs 组分前，首先对沥青油毡挥发的 VOCs 组分进行了初步分析，分析结果见表 5-18，沥青油毡主要包括 1-戊烯、2-甲基戊烷、甲基异丁酮、甲苯、乙酸乙酯、萘等多种有机物。

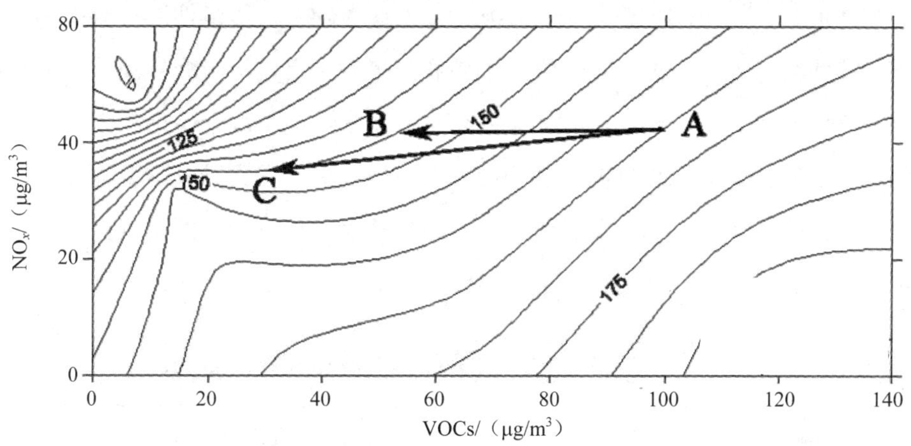

图 5-42 红桥区典型臭氧日臭氧污染控制曲线

表 5-18 沥青油毡的典型 VOCs 组分及浓度

VOCs 组分	VOCs 浓度/（$\mu g/m^3$）
1-戊烯	7.2
2-甲基戊烷	1.418
甲基异丁酮	1.354
甲苯	1.093
乙酸乙酯	1.077
萘	0.793
2,3-二甲基丁烷	0.433
1,2-二氯乙烷	0.421
乙苯	0.317
邻-二甲苯	0.133
间/对-二甲苯	0.06
十二烷	0.019

红桥区的特征 VOCs 组分见表 5-19，红桥区 VOCs 主要包括 1-丁烯、乙酸乙烯酯、正戊烯、乙酸乙酯、2-丁酮等，烯烃可来源于机动车与沥青油毡、酯类物质可能来源于溶剂源、餐饮源和沥青油毡，苯系物可能来源于机动车、溶剂源、餐饮源、沥青油毡等多种来源，表明红桥区 VOCs 组分受到了多种源的影响，包括溶剂源、机动车、餐饮源和沥青油毡铺设的影响，但进一步的研究需要更长时间的采样分析。

表 5-19　红桥区勤俭道站代表性 VOCs 组成及污染源分类

VOCs 组分	VOCs 浓度/（μg/m³）	VOCs 占比/%	溶剂源	机动车	餐饮源	沥青油毡
1-丁烯	4.1	30.9		√		
乙酸乙烯酯	2.5	18.6	√		√	
正戊烯	1.6	12.0		√		√
乙酸乙酯	1.3	9.7	√		√	√
2-丁酮	1.2	9.0	√		√	
甲苯	1.0	7.4	√	√	√	√
2,3-二甲基丁烷	0.7	5.3		√		√
苯	0.3	2.1	√	√	√	
2-甲基戊烷	0.2	1.3		√		√
乙苯	0.1	0.8	√	√	√	√
间/对-二甲苯	0.1	0.5	√	√	√	√
1,2,3-三甲基苯	0.1	0.5		√		
邻-二甲苯	0.1	0.4	√	√	√	√

5.5.2　天津市臭氧前体物控制区划分

对 2014 年 7 月天津污染日 10：00—17：00 的臭氧平均浓度进行前体物敏感性分析。图 5-43 为分别削减第二重模拟区域内 50%的 NO_x 和 VOCs 排放情景下，臭氧浓度下降情况。当 NO_x 削减 50%后，市中心城区和滨海新区臭氧平均浓度出现不同程度的上升。这是因为两地工业企业很多，导致 NO_x 排放较大，大量的 NO 还原臭氧，同时高浓度 NO_2 中止 OH 自由基在大气中的氧化循环（$OH + NO_2 \rightarrow HNO_3$），因此，降低 NO_x 排放会带来 O_3 浓度的上升（即 NO_x 对 O_3 的滴定作用）。在其他区域，NO_x 排放下降 50%，臭氧浓度变化在 20 $\mu g/m^3$ 以内。对应 VOCs 下降 50%，滨海新区的臭氧会对应下降 50～80 $\mu g/m^3$，在天津市区及周边郊区也会下降 20～30 $\mu g/m^3$。根据臭氧前体物控制区分区定义，计算天津市各区县 2014 年 7 月每日的前体物控制区类别，表 5-20 统计了模拟期间各类臭氧前体物控制区出现的概率，天津市中心城区、北部近郊区和滨海新区均以 VOCs 控制区为主，南部近郊区和远郊以 VOCs 控制区和共同控制区为主，蓟县臭氧则存在一定比例的（10%）NO_x 控制情况，其余日期为 VOCs 控制或两类前体物共同控制。

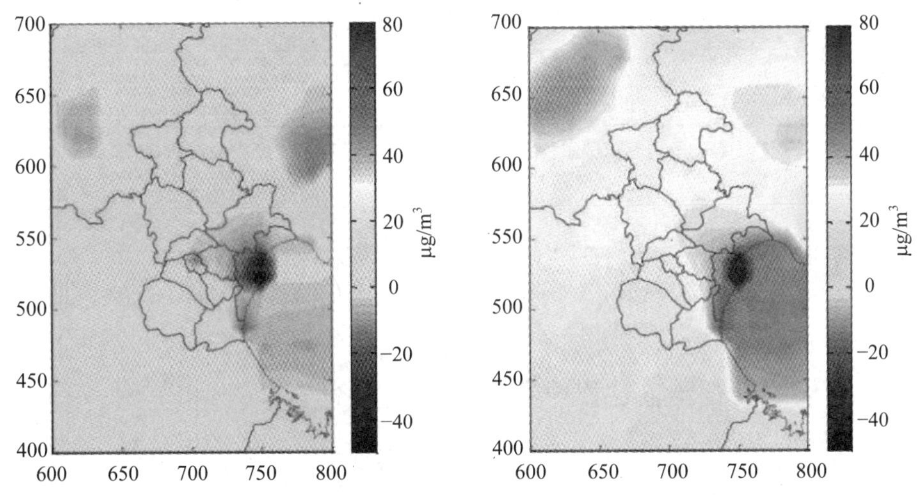

图 5-43　污染日臭氧高值时段分别削减 50% NO_x 排放（左）和 VOCs 排放（右）的臭氧浓度变化（正值表示浓度下降，负值表示浓度升高）（彩图见附件）

通过对天津市各区县 2016 年 7 月的臭氧污染特征进行模拟，统计各类臭氧前体物控制区出现的概率，见表 5-20，天津市中心城区、北部近郊区和滨海新区均以 VOCs 控制区为主，南部近郊区和远郊区以 VOCs 控制区和共同控制区为主，蓟州区则存在一定比例（约 10%）的 NO_x 控制区情况，其余时段为 VOCs 控制或两类前体物共同控制。

表 5-20　天津市各区县臭氧控制区的概率分布　　单位：%

区县	NO_x 控制区	VOCs 控制区	共同控制区
中心城区	0	100	0
北辰	0	96.8	3.2
东丽	0	100	0
西青	0	51.6	48.4
津南	0	74.2	25.8
武清	0	67.7	32.3
宁河	0	87.1	12.9
静海	0	41.9	58.1
大港	0	58.1	41.9
宝坻	0	80.6	19.4
蓟州	9.7	67.7	22.6
滨海新区	0	100	0

5.6　区域传输对臭氧污染的影响

5.6.1　臭氧浓度在传输过程中升高

西青区津同路站、红桥区勤俭道站、河东区大直沽八号路站 3 个站点的分布位置如图 5-44 所示，3 个站点在地理位置分布上自西向东依次排布，在 6 月 19—20 日对 3 个站点进行采样分析的时段，天津市主导风向均为东南风，3 个站点的臭氧日最大 8 h 平均浓度见表 5-21，6 月 19—20 日，3 个站点臭氧浓度沿主导风向依次升高，说明臭氧前体物随着传输的进行，通过光化学反应使得臭氧浓度得到积聚，说明区域传输对臭氧浓度具有一定的影响。

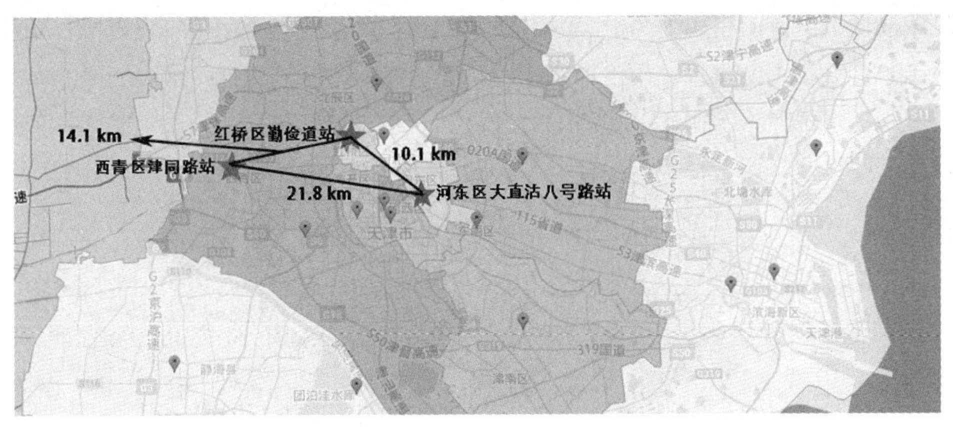

图 5-44 西青区、红桥区、河东区 3 个监测站点相对位置分布

表 5-21 西青区、红桥区、河东区臭氧日最大 8 h 浓度均值　　单位：μg/m³

日期	主导风向	西青区	红桥区	河东区
6—19	东南风	323.8	283.5	206.5
6—20	东南风	224.5	189.6	97.4

5.6.2 周边省市对天津市臭氧污染的贡献

图 5-45 所示是京津冀主要城市 2016 年 5—6 月臭氧超标日 AQI 分布散点图，可知北京、天津、廊坊、保定、石家庄、沧州、唐山等邻近城市臭氧污染问题都十分突出，并且臭氧污染总是集中出现，表现出明显的区域同步性，为了进一步分析主导风向上下游城市臭氧相互传输的问题，选取 2016 年 5 月 30 日、6 月 4 日京津冀几大邻近城市的臭氧污染较为严重的两天，比较主导风向上下游城市臭氧小时浓度变化情况，如图 5-46 和图 5-47 所示，可知各城市臭氧污染呈“单峰单谷”特征，浓度变化有较高的一致性，谷值多出现在每日的 3：00—7：00，峰值多出现在 13：00—17：00，5 月 30 日臭氧浓度峰值时段，京津冀主导风向为西南风，处于主导风向下游的唐山臭氧污染十分严重，出现小时浓度超过 300 μg/m³ 的情况，而处于主导风向上游的保定臭氧污染相对较轻，主导风向中游的天津臭

氧浓度低于下游的唐山而高于上游的保定；而 6 月 4 日臭氧浓度峰值时段，京津冀主导风向为东南风，处于主导风向上游的天津、中游的廊坊及下游的北京臭氧污染情况逐渐加重，由此可见区域内排放的氮氧化物、挥发性有机物等这些的污染物，有可能会随风向在跨省长距离传输的路途中，经高温、日照而在风向下游城市集中，进而转化成臭氧，但外部臭氧生成前体物的区域传输方式与影响程度有待进一步研究。

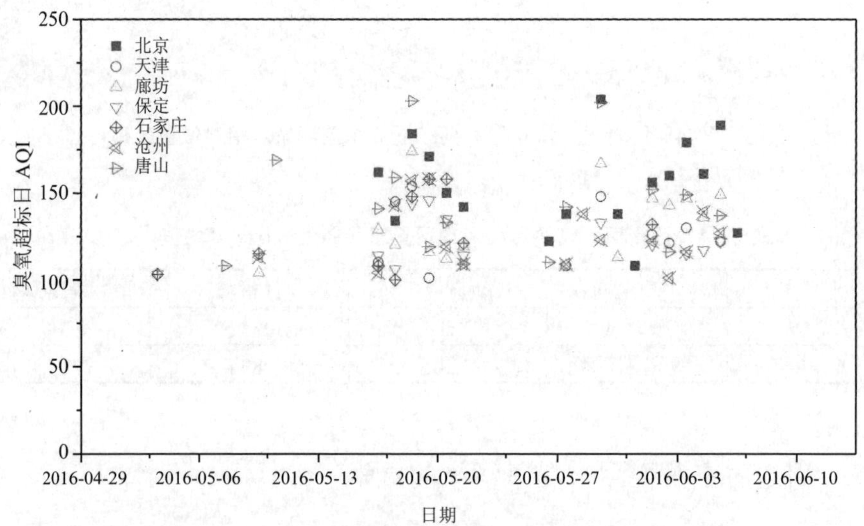

图 5-45　京津冀地区主要城市 2016 年 5—6 月臭氧超标情况

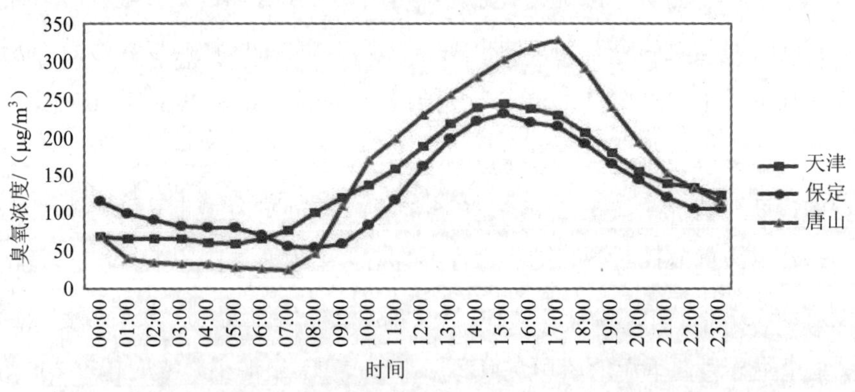

图 5-46　2016 年 5 月 30 日西南风向上下游城市臭氧小时浓度变化状况

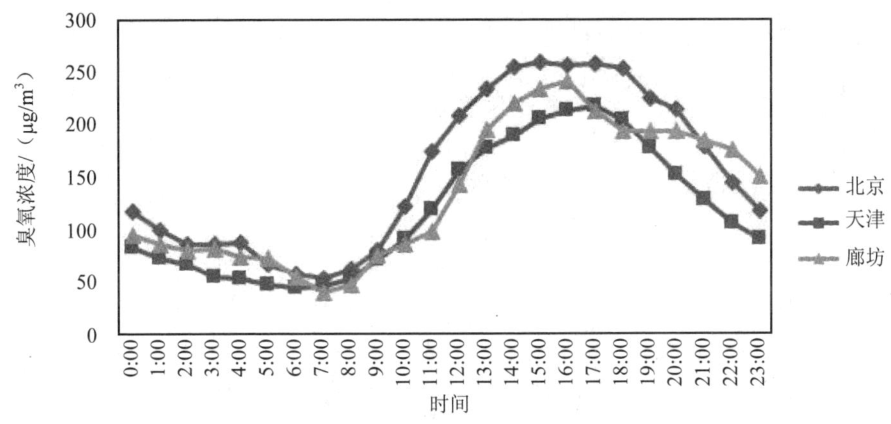

图 5-47　2016 年 6 月 4 日东南风向上下游城市臭氧小时浓度变化状况

利用臭氧污染模型模拟研究区域传输对天津市 6—7 月臭氧污染的影响，为了便于研究京津冀地区的臭氧污染来源，同时减少边界条件对模拟结果带来的误差，采用双重网格嵌套的方法，两层网格的水平分辨率分别为 36 km 和 12 km，垂直方向划分为 13 层，其中第二层网格覆盖了京津冀及周边地区。

模拟结果表明，在京津冀整体大范围出现南风情况下，天津市北部地区臭氧浓度较高，南部郊区和滨海新区浓度相对较低；天津市以西南风为主时，天津市区及南部的静海、津南等地臭氧浓度较低，中部和北部地区臭氧浓度较高；而在天津市整体出现南风，渤海海面东南风，臭氧高值出现在宝坻、宁河和滨海新区，这与观测的结果是一致的。总体而言，当天津市出现南、西南、东南风向时易发生臭氧污染，在随着臭氧污染前体物的传播，下风向地区会出现臭氧高值。

为研究各城市总体的臭氧来源情况，对京津冀周边区域城市行政区域内所有网格的臭氧平均来源分析结果进行统计，图 5-48 所示为不同地区排放在污染日对各城市臭氧污染的贡献情况。从表 5-22 中可以看出，天津市臭氧污染受到周边区域的影响十分明显，山东（28%）、河北（11%）、河南（7%）等周边省市对天津市臭氧污染程度贡献较大，但与此同时，也应看到，在 12 km 的第二层网格以外的跨区域传输对天津市的贡献也十分显著，约占天津市臭氧浓度的 38%，与之类似的是，京津冀地区其他各城市也受到 12 km 的第二层网格以外的臭氧前体物传输的影响，这类跨区域传输的贡献占各城市臭氧浓度的 34%～55%，由此可见，减少区域传输对天津市臭氧污染的影响，不仅要从周边的山东、河北等地着力，全国其他各地区的影响也是不可忽略的。

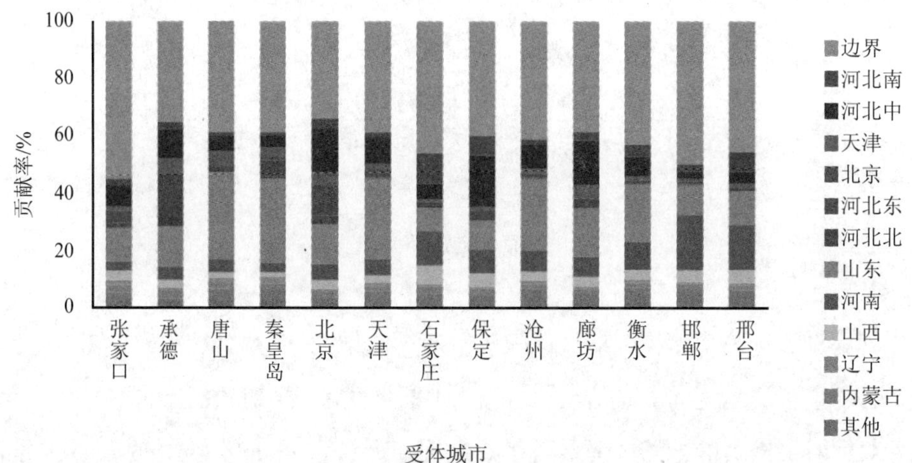

图 5-48　不同地区排放在污染日对京津冀区域各城市臭氧污染的贡献率（彩图见附件）

表 5-22　京津冀地区各城市臭氧浓度受区域内传输影响相对比例　　单位：%

城市	传输贡献
唐山	100
张家口	97.2
天津	96.2
承德	94.6
邯郸	94.5
秦皇岛	89.9
石家庄	88.2
邢台	86.3
衡水	86.2
沧州	83.4
北京	81.0
廊坊	66.6
保定	56.8

表 5-22 给出了在仅考虑第二层模拟范围包括的京津冀及周边地区的各主要城市受到区域内其他地区排放的贡献率，用以表示城市易受外界传输影响的程度。天津市地处渤海湾，受渤海海面东风或东南风的传输影响较大，在京津冀地区属于受区域内传输影响相对较明显的城市。

5.6.3 天津市臭氧污染来源解析

图 5-49 为京津冀地区污染日各城市臭氧污染的来源解析结果，从图中可以看出，京津冀各地区间的臭氧污染来源差异较小，工业源平均贡献 34%，移动源约为 8%，天然源约为 7%，生活源约为 6%，工业源是京津冀地区下及臭氧的主要来源，移动源对臭氧污染的贡献也比较明显，这与其他地区的研究臭氧污染来源贡献情况较为一致。

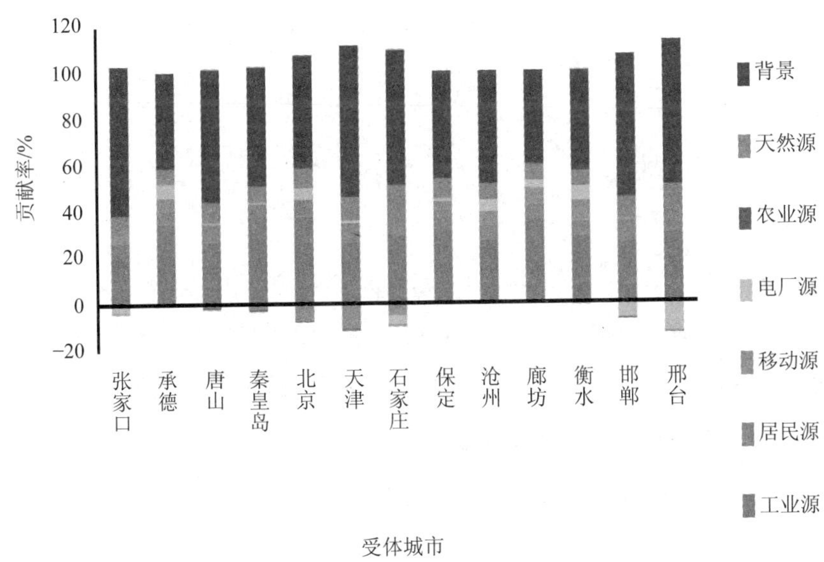

图 5-49 不同类型污染源对京津冀地区各城市臭氧污染的贡献率（彩图见附件）

参考文献

[1] 王燕丽，薛文博，雷宇，等. 京津冀区域 $PM_{2.5}$ 污染相互输送特征[J]. 环境科学，2017，38（12）：4897-4904.

[2] 唐孝炎，张远航，邵敏. 大气环境化学[M]. 北京：高等教育出版社，2006.

[3] 王占山，李云婷，陈添，等. 北京市臭氧的时空分布特征[J]. 环境科学，2014（12）：4446-4453.

[4] 陈魁，郭胜华，董海燕，等. 天津市臭氧浓度时空分布与变化特征研究[J]. 环境与可持续发展，2010，35（1）：17-20.

[5] 殷永泉，李昌梅，马桂霞，等. 城市臭氧浓度分布特征[J]. 环境科学，2004，25（6）：16-20.

[6] 王占山，李云婷，陈添，等. 北京城区臭氧日变化特征及与前体物的相关性分析[J]. 中国环境科学，2014，34（12）：3001-3008.

[7] 安俊琳，杭一纤，朱彬，等. 南京北郊大气臭氧浓度变化特征[J]. 生态环境学报，2010，26（6）：1383-1386.

[8] 李婷婷，尉鹏，程水源，等. 北京一次近地面 O_3 与 $PM_{2.5}$ 复合污染过程分析[J]. 安全与环境学报，2017，17（5）：1979-1985.

[9] 彭丽. 大气污染物跨境输送和转化过程对中国地区对流层臭氧的影响[D]. 北京大学，2007.

[10] 李国昊，魏巍，程水源，等. 气象条件对夏秋季炼油厂附近臭氧及其前体物的影响[J]. 安全与环境学报，2014，14（2）：249-253.

[11] 朱彬，王韬，倪东鸿. 临安秋季近地层臭氧的形成及其前体物特征[J]. 大气科学学报，2004，27（2）：185-192.

[12] 张艳利. 区域大气二次污染物有机前体物和消耗臭氧层物质研究[D]. 中国科学院大学，2013.

[13] 刘姝岩，包云轩，金建平，等. 重霾天气气溶胶辐射效应对近地面臭氧峰值的影响[J]. 高

原气象，2018，37（1）：296-304.

[14] 孙丹. 北京大气臭氧及其前体物观测和模拟研究[D]. 南京信息工程大学，2008.

[15] 姚青，孙玫玲，刘爱霞. 天津臭氧浓度与气象因素的相关性及其预测方法[J]. 生态环境学报，2009，18（6）：2206-2210.

[16] 王雪松，李金龙，张远航，等. 北京地区臭氧污染的来源分析[J]. 中国科学（B 辑，化学），2009（6）：548-559.

6 大气复合污染协同控制策略方案及建议

6.1 挥发性有机物污染防控措施

为深入贯彻落实《中华人民共和国国民经济和社会发展第十三个五年规划纲要》《"十三五"生态环境保护规划》《"十三五"节能减排综合性工作方案》和《"十三五"挥发性有机物污染防治工作方案》等相关要求，切实做好挥发性有机物（VOCs）污染防治工作，提高管理的科学性、针对性和有效性，促进环境空气质量持续改善，天津市制定了《"十三五"挥发性有机物污染防治工作实施方案》。

6.1.1 明确重点治理的行业和污染物

（1）重点推进石化、化工、包装印刷、工业涂装等重点行业，以及机动车、油品储运销等交通源 VOCs 污染防治，实施一批重点工程。各区应结合自身产业结构特征、VOCs 排放来源等，确定本区 VOCs 控制重点行业；充分考虑行业产能利用率、生产工艺特征及污染物排放情况等，结合环境空气质量季节性变化特征，研究制定行业生产调控措施。

（2）重点污染物。加强活性强的 VOCs 排放控制，主要为芳香烃、烯烃、炔烃、醛类等。各区应紧密围绕本区环境空气质量改善需求，基于 O_3 和 $PM_{2.5}$ 来源解析，确定 VOCs 控制重点。同时，要强化苯乙烯、甲硫醇、甲硫醚等恶臭类 VOCs

的排放控制。

6.1.2 加快实施工业源VOCs污染防治

在天津市2017年基本完成综合治理的基础上，对不能稳定达标排放的重点企业VOCs治理设施进一步实施提升改造。

（1）全面实施石化行业达标排放

石油炼制、石油化工、合成树脂等行业应严格按照排放标准要求，全面加强精细化管理，确保稳定达标排放。全面开展泄漏检测与修复（LDAR），建立健全管理制度，重点加强搅拌器、泵、压缩机等动密封点，以及低点导淋、取样口、高点放空、液位计、仪表连接件等静密封点的泄漏管理。严格控制储存、装卸损失，优先采用压力罐、低温罐、高效封的浮顶罐，采用固定顶罐的应安装顶空连通置换油气回收装置；有机液体装卸必须采取全密闭底部装载、顶部浸没式装载等方式，汽油、航空汽油、石脑油、煤油等高挥发性有机液体装卸过程采取高效油气回收措施，使用具有油气回收接口的车船。强化废水处理系统等逸散废气收集治理，废水集输、储存、处理处置过程中的集水井（池）、调节池、隔油池、曝气池、气浮池、浓缩池等高浓度VOCs逸散环节应采用密闭收集措施，并回收利用，难以利用的应安装高效治理设施。加强有组织工艺废气治理，工艺弛放气、酸性水罐工艺尾气、氧化尾气、重整催化剂再生尾气等工艺废气优先回收利用，难以利用的，应送火炬系统处理，或采用催化焚烧、热力焚烧等销毁措施。

加强非正常工况排放控制。在确保安全前提下，非正常工况排放的有机废气严禁直接排放，有火炬系统的，送入火炬系统处理，禁止熄灭火炬长明灯；无火炬系统的，应采用冷凝、吸收、吸附等处理措施，降低排放。加强操作管理，减少非计事故工况发生频次；对事故工况，企业应开展事后评估并及时向当地环境保护主管部门报告。

全面加强油品储运销油气回收治理。严格按照排放标准要求，加快完成加油站、储油库、油罐车油气回收治理工作，全面推进行政区域内所有加油站油气回收治理。

①建设油气回收在线监控系统平台，储油库和年销售汽油量大于 5 000 t 加油站全部安装油气回收在线监测设备。加强对油气回收装置使用状况的监督和检查。

②加强汽油储运销油气排放控制，减少油品周转次数。

③推进港口储存装卸油气回收治理。按照国家修订的储油库大气污染物排放标准，增加港口储存装卸过程油气回收要求；按照国家出台的码头油气回收规划，在天津全市开展码头油气回收工作。新建的原油、汽油、石脑油等装船作业码头应全部安装油气回收设施；逐步对已建原油成品油装船码头分区域分阶段实施油气回收系统改造。

（2）加快推进化工行业 VOCs 综合治理

加大制药、农药、煤化工（含现代煤化工、炼焦、合成氨等）、橡胶制品、涂料、油墨、胶黏剂、染料、化学助剂（塑料助剂和橡胶助剂）、日用化工等化工行业 VOCs 治理力度。

推广使用低（无）VOCs 含量、低反应活性的原辅材料和产品。农药行业要加快替代轻芳烃等溶剂，大力推广水基化类制剂；要加快制药行业鼓励使用低（无）VOCs 含量或低反应活性的溶剂；橡胶制品行业推广使用新型偶联剂、黏合剂等产品，推广使用石蜡油等全面替代普通芳烃油、煤焦油等助剂。优化生产工艺方案。农药行业加快水相法合成、生物酶法拆分等技术开发推广；制药行业加快生物酶合成法等技术开发推广；橡胶制品行业推广采用串联法混炼、常压连续脱硫工艺。

参照石化行业 VOCs 治理任务要求，全面推进化工企业设备动静密封点、储存、装卸、废水系统、有组织工艺废气和非正常工况等源项整治。现代煤化工行业全面实施 LDAR，制药、农药、炼焦、涂料、油墨、胶黏剂、染料等行业逐步推广 LDAR 工作。加强无组织废气排放控制，含 VOCs 物料的储存、输送、投料、卸料，涉及 VOCs 物料的生产及含 VOCs 产品分装等过程应密闭操作。反应尾气、蒸馏装置不凝尾气等工艺排气，工艺容器的置换气、吹扫气、抽真空排气等应进行收集治理。

（3）加大工业涂装 VOCs 治理力度

全面推进集装箱、汽车、木质家具、船舶、工程机械、钢结构、卷材等制造行业工业涂装 VOCs 排放控制，加强其他交通设备、电子、家用电器制造等行业工业涂装 VOCs 排放控制。

①集装箱制造行业。钢制集装箱在整箱打砂、箱内涂装、箱外涂装、底架涂装和木地板涂装等工序全面使用水性涂料。对一次打砂工序，推广采用辊涂涂装工艺。加强有机废气收集和处理，并配套建设吸附回收、吸附燃烧等高效治理设施。

②汽车制造行业。推进整车制造、改装汽车制造、汽车零部件制造等领域 VOCs 排放控制。推广使用高固体分、水性涂料，配套使用“三涂一烘”“两涂一烘”或免中涂等紧凑型涂装工艺；推广静电喷涂等高效涂装工艺，鼓励企业采用自动化、智能化喷涂设备替代人工喷涂。配置密闭收集系统，整车制造企业有机废气收集率不低于 90%，其他汽车制造企业不低于 80%；对喷漆废气建设吸附燃烧等高效治理设施，对烘干废气建设燃烧治理设施，实现达标排放。

③木质家具制造行业。大力推广使用水性、紫外光固化涂料，到 2020 年年底前，替代比例达到 60%以上；全面使用水性胶黏剂，到 2020 年前，替代比例达到 100%。在平面板式木质家具制造领域，推广使用自动喷涂或辊涂等先进工艺技术。加强废气收集与处理，有机废气收集效率不低于 80%；建设吸附燃烧等高效治理设施，实现达标排放。

④船舶制造行业。推广使用高固体分涂料，机舱内部、上建内部推广使用水性涂料。优化涂装工艺，将涂装工序提前至分段涂装阶段，2020 年年底前，60%以上的涂装作业实现密闭喷涂施工；推广使用高压无气喷涂、静电喷涂等高效涂装技术。强化车间废气收集与处理，有机废气收集率不低于 80%，建设吸附燃烧等高效治理设施，实现达标排放。

⑤工程机械制造行业。推广使用高固体组分、粉末涂料，到 2020 年年底前，

使用比例达到 30%以上；试点推行水性涂料。积极采用自动喷涂、静电喷涂等先进涂装技术。加强有机废气收集与治理，有机废气收集率不低于 80%，建设吸附燃烧等高效治理设施，实现达标排放。

⑥钢结构制造行业。大力推广使用高固体组分涂料，到 2020 年年底前，使用比例达到 50%以上；试点推行水性涂料。大力推广高压无气喷涂、空气辅助无气喷涂、热喷涂等涂装技术，限制空气喷涂使用。淘汰钢结构露天喷涂，推进钢结构制造企业在车间内作业，建设废气收集与治理设施。

⑦卷材制造行业。全面推广使用自动辊涂技术。加强烘烤废气收集，有机废气收集率达到 90%以上，配套建设燃烧等治理设施，实现达标排放。

（4）深入推进包装印刷行业 VOCs 综合治理

推广使用低（无）VOCs 含量的绿色原辅材料和先进生产工艺、设备，加强无组织废气收集，优化烘干技术，配套建设末端治理措施，实现包装印刷行业 VOCs 全过程控制，加强源头控制。大力推广使用水性、大豆基、能量固化等低（无）VOCs 含量的油墨和低（无）VOCs 含量的胶黏剂、清洗剂、润版液、洗车水、涂布液，到 2019 年年底前，低（无）VOCs 含量绿色原辅材料替代比例不低于 60%。对塑料软包装、纸制品包装等，推广使用柔印等低（无）VOCs 排放的印刷工艺。在塑料软包装领域，推广应用无溶剂、水性胶等环境友好型复合技术，到 2019 年年底前，替代比例不低于 60%。加强废气收集与处理。对油墨、胶黏剂等有机原辅材料调配和使用等，要采取车间环境负压改造、安装高效集气装置等措施，有机废气收集率达到 70%以上。对转运、储存等，要采取密闭措施，减少无组织排放。对烘干过程，要采取循环风烘干技术，减少废气排放。对收集的废气，要建设吸附回收、吸附燃烧等高效治理设施，确保达标排放。

（5）因地制宜推进其他工业行业 VOCs 综合治理

各区应结合本区产业结构特征和 VOCs 治理重点，因地制宜选择其他工业行业开展 VOCs 治理。电子行业应重点加强溶剂清洗、光刻、涂胶、涂装等工序 VOCs 排放控制；制鞋行业应重点加强鞋面拼接、成型、组底、喷漆、发泡、注塑、印刷、清洗等工序 VOCs 排放治理；纺织印染行业应重点加强化纤纺丝、热定型、涂层等工序 VOCs 排放治理；木材加工行业应重点加强干燥、涂胶、热压过程 VOCs 排放治理。

（6）推进清洁生产

针对使用有毒有害原料进行生产或者在生产中排放有毒有害物质的重点企业，依法、依规适时开展清洁生产强制性审核，进一步提高天津市清洁生产水平。

6.1.3　深入推进交通源 VOCs 污染防治

以汽油车尾气排放控制为重点，推进机动车 VOCs 减排。在尾气排放控制方面，提高新车准入标准；继续淘汰老旧汽车，加强监督管理。

①推广新能源和清洁能源汽车，倡导绿色出行和环保驾驶。

②实施更严格的新车排放标准。2020 年 7 月 1 日前，天津市实施轻型汽车第六阶段排放标准。

③强化在用车排放控制。严格实施机动车强制报废标准；淘汰老旧车 30 万辆。

④强化油品质量监管。对天津市生产、销售的车用汽柴油进行质量监督性抽查，对不合格产品依法进行后处理。

⑤加强监督管理。加大新车生产环保一致性、在用车环保检验等监管力度，推进实施机动车排放检验信息全国联网，加快推进机动车遥感监测建设和联网。

6.1.4　生活源治理管控措施

（1）推进建筑行业 VOCs 综合治理

在天津市建筑外墙涂装、市政道路、钢结构施工喷涂等政府投资的建设工程严格采用符合《建筑类涂料与胶黏剂挥发性有机化合物含量限值标准》（DB 12/3005 —2017）要求的涂料和稀释剂。严格按照国家标准与《建筑类涂料与胶黏剂挥发性有机化合物含量限值标准》（DB 12/3005—2017）地方标准组织对天津市生产和销售的建筑类涂料和胶黏剂产品进行监督抽查，对不合格产品依法进行后处理，对抽查结果进行通报。

（2）推动汽修行业 VOCs 治理

大力推广使用水性、高固体分涂料，率先推进底色漆使用水性、高固体分涂料；推广采用静电喷涂等高涂着效率的涂装工艺。喷漆、流平和烘干等工艺操作应置于喷烤漆房内，使用溶剂型涂料的喷枪应密闭清洗。启动区域钣喷中心试点，推广建立区域机动车钣喷维修中心。汽修行业产生的 VOCs 废气应集中收集并导入治理设施，实现达标排放。

（3）开展其他生活源 VOCs 治理

推广使用配备溶剂回收制冷系统、不直接外排废气的全封闭式干洗机，到 2020 年年底前，全市基本淘汰开启式干洗机。定期进行干洗机及干洗剂输送管道、阀门的检查，防止干洗剂泄漏。推广使用高效净化型家用吸油烟机。餐饮企业应安装高效油烟净化设施，并确保正常使用。

6.1.5 积极推进农业农村源 VOCs 污染防治

加强农作物秸秆焚烧火点巡查和执法力度。制订农作物秸秆综合利用工作方案，大力推进秸秆综合利用。根据国家部署，按照“宜气则气，宜电则电”原则推进清洁取暖工作。积极推进“无煤区”建设。

6.1.6 建立健全 VOCs 管理体系

（1）完善地方标准体系建设

及时跟踪国家挥发性有机物排放标准及检测方法标准动态，结合天津市产业特点和地方标准使用情况，根据环境管理需求适时开展地方标准研究。

（2）建立健全监测监控体系

加强环境质量和污染源排放 VOCs 自动监测工作，强化 VOCs 执法能力建设，全面提升 VOCs 环保监管能力。将石化、化工、包装印刷、工业涂装等 VOCs 排放重点源纳入重点排污单位名录，依照国家相关技术文件，在主要排污口要安装污染物排放自动监测设备，并与环保部门联网。其他企业逐步配备自动监测设备或便携式 VOCs 检测仪。推进 VOCs 重点排放源厂界 VOCs 监测。工业园区应结合园区排放特征，配置 VOCs 连续自动采样体系或符合园区排放特征的 VOCs 监测监控体系。

（3）实施排污许可制度

加快排污许可核发工作，到 2018 年年底前，完成制药、农药等行业排污许可证核发。到 2020 年年底前，在电子、包装印刷、汽车制造等 VOCs 排放重点行业全面推行排污许可制度。推进企业持证、按证排污，严厉处罚无证和不按证排污行为。

（4）加强统计与调查

将 VOCs 排放纳入第二次全国污染源普查工作，结合排污许可证实施情况和天津全市污染源排放清单编制工作，掌握 VOCs 排放与治理情况，加强 VOCs 减排核查核算。探索引入第三方核算机制。

（5）加强监督执法

各区要加强日常督查和执法检查，按照排放标准、排污许可等要求对 VOCs 污染治理设施、台账记录情况进行监督检查，推动企业加强治污设施建设和运行管理。对于产生挥发性有机物废气的生产工艺，存在未在密闭空间、设施中运行，或未安装、使用污染防治设施，以及已安装设施但仍不能稳定达标运行等情况的相关企业单位，依法下达综合治理任务并完成。天津市环境保护局会同有关部门针对天津全市 VOCs 治理情况组织开展专项检查。企业应规范内部环保管理制度，制订 VOCs 防治设施运行管理方案，相关台账记录至少保存 3 年以上。对未落实环保要求、存在违法排污行为的企业，依法停产整治并严格上限处罚。

（6）完善经济政策

加大 VOCs 治理的资金支持力度。通过扩大绿色信贷、支持符合条件的企业发行企业债券直接融资、统筹现有财政专项等方式筹措资金用于 VOCs 污染治理。落实支持节能减排企业所得税、增值税等优惠政策。推进政府绿色采购，积极落实政府采购支持节能环保产品相关政策。在石化、化工、工业涂装、包装印刷等VOCs治理重点行业，实施环保“领跑者”制度。推进全市建立基于环境绩效的VOCs减排激励机制。

6.2 臭氧污染防控的建议与措施

基于本项目的研究，我们对天津市臭氧污染的防治提出以下建议：

①要保证天津市臭氧浓度的明显下降，应当大力提高VOCs的减排量，在制定臭氧前体物削减策略时，应当保持VOCs与NO_x的减排比例达到3∶1。

②天津市中心城区、北部近郊区和滨海新区均以VOCs控制区为主，应当重点控制VOCs，南部近郊区和远郊区以VOCs控制区和VOCs、NO_x共同控制区为主，蓟州区则存在一定比例（约10%）的NO_x控制区情况，在控制VOCs的同时，NO_x的削减也能对臭氧浓度的控制起到一定的辅助作用。

③天津市中心城区VOCs主要受移动源、生活源等源类的影响，汽油挥发源、汽车尾气源、生活源、溶剂使用源、植物源对VOCs排放的贡献比例约为28%、21%、19%、18%、14%。

④从控制本地区臭氧生成与控制VOCs浓度的双重因素考虑，天津市均应当以芳香烃作为优先治理对象。对于工艺过程源的VOCs排放显示，除医药制造与轮胎制造行业中烷烃对臭氧污染的贡献高于芳香烃以外，其他各行业中芳香烃对臭氧污染的贡献均远高于烷烃；医药制造与轮胎制造行业中甲基环戊烷、甲基环己烷、正己烷等组分，其余各类工艺过程源中的邻/间/对二甲苯、甲苯、1,2,4-三甲苯、异戊烷等组分对臭氧污染生成的贡献显著，应当针对污染物的排放特征，促进产业结构的优化与升级，根据排污企业实际情况选取适当的治理措施。

⑤天津市臭氧污染受到周边区域的影响十分明显，山东、河北、河南等地对天津市的贡献十分显著，对天津市臭氧污染的防控应当站在区域层面上，落实京津冀区域的联防联控机制。

⑥天津市各类源对臭氧污染的平均贡献：工业源约为 34%，移动源约为 8%，天然源约为 7%，生活源约为 6%。

⑦根据气象条件与臭氧的变化规律，建立臭氧污染预警预报机制，在出现臭氧高值的气象条件下，针对不同地区的臭氧污染控制特征采取合理的 VOCs、NO_x 减排措施，控制臭氧污染。

6.2.1 加强臭氧污染基础性研究

本项目已对天津市 VOCs、NO_x 排放特征、天津环科院站点臭氧污染特征研究，对臭氧与前体物 VOCs、NO_x 的分布及气象因素进行相关性分析。基于臭氧污染防治研究是长期系统的研究工作，本项目属于天津市臭氧污染来源解析及污染防治研究的一部分，对天津市臭氧及其前体物的变化特征进行了一些研究，但更深入的分析研究还有待开展。有关部门应加大科研投入和科研力量，对地面臭氧的形成机制、传输机制、危害机制及预测预报机制等进行分析研究，为后续政策的制定和臭氧的防控工作提供强有力的理论支持。

对于天津市未来的臭氧污染防控研究，应当从基于观测与基于排放清单两个方向开展研究，主要包括：

①以天津市各个重点地区的臭氧及其前体物的长期在线监测为基础，分析各个地区臭氧与前体物 VOCs、NO_x 的分布以及气象因素进行相关性，总结臭氧污染的时空变化特征。同时开展基于观测的臭氧污染模型研究，避免排放清单的不确定性对臭氧污染特征的分析造成影响，计算本地臭氧的光化学反应生成量，分析不同 VOCs 组分、NO_x 等前体物对臭氧生成的敏感性，对历次臭氧污染过程形成污染后的诊断机制。

②基于天津市 VOCs、NO_x 排放清单，搭建臭氧污染研究模型，以监测得到的气象数据和建立的排放源清单作为输入数据，选取天津市臭氧污染严重的区域作为受体点，定量识别 O_3 污染来源，明确天津市 O_3 污染本地排放源和区域输送的贡献比例，同时建立臭氧污染预报机制；模拟天津市不同地区的臭氧污染控制

曲线，并通过不同的情景模拟制定更为合理的臭氧前体物减排目标。

6.2.2 判明各区县臭氧生成的控制区类型

由于臭氧对前体物 VOCs、NO_x 的响应十分复杂，各个区县不同的排放特征会对臭氧的生成产生不同的影响。本项目中对红桥、西青、河东 3 区县进行了臭氧污染调研，分析了臭氧对 VOCs、NO_x 的响应，结果表明，不同的区县具有不同的敏感性响应，3 个区域在未来的减排应采取不同的策略。河东区 NO_x 对臭氧的影响不明显，可以主要考虑 VOCs 的减排来开展臭氧防控工作；西青区与红桥区出 VOCs 控制区，NO_2 的降低会导致臭氧浓度升高，臭氧污染需要同时控制 VOCs 和 NO_x 排放，但红桥区臭氧浓度对 NO_x 的敏感性明显高于西青区，NO_x 浓度微小的降低即可造成臭氧浓度的明显升高，因此红桥区应当减小对 NO_x 的控制力度，大力开展 VOCs 减排工作才能降低臭氧污染水平。对各区县的臭氧污染模拟研究表明，天津市中心城区、北部近郊区和滨海新区均以 VOCs 控制区为主，南部近郊区和远郊区以 VOCs 控制区和共同控制区为主，蓟州区则存在一定比例（约 10%）的 NO_x 控制区情况。

目前，已建成的环境空气质量国控和市控监测站主要对常规的污染物 6 参数进行在线监测，但对于挥发性有机物尚未开展监测，因此难以掌握环境空气中挥发性有机物的浓度和成分特征。由于臭氧浓度除了受 VOCs、NO_x 比例影响外，还受到气象条件、远距离传输等的影响，因此无法仅通过臭氧、NO_x 监测数据定量判断 NO_x 对臭氧的光化学敏感性贡献。

针对上述情况，应当将挥发性有机物纳入污染物在线监测系统，积累臭氧污染的历史观测数据，利用 O_3-VOCs-NO_x 监测数据分析臭氧与挥发性有机物、氮氧化物三者的变化关系，同时利用臭氧污染模型计算本地光化学反应生成，研究臭氧的光化学敏感性特征，明确不同区县处于何种臭氧污染的控制区，定量判断 VOCs、NO_x 对臭氧污染的贡献。对于处于 VOCs 控制区的地区，应当进行 NO_x、VOCs 的协同减排，保障臭氧浓度的下降；对于处于 NO_x 控制区的地区，NO_x 与

VOCs 的减排均可使臭氧浓度降低。

6.2.3 加强臭氧污染区域联防联控，加强臭氧、$PM_{2.5}$协同控制

目前，臭氧污染已成为区域性环境问题，夏季臭氧污染的发生已不是单一城市的臭氧超标现象，此外，由于臭氧及其前体物具有迁移性，远距离输送过程中的臭氧生成对于区域臭氧污染过程的影响是明显的。本项目的观测到从上风向到下风向臭氧浓度逐渐升高的现象，说明了天津市存在远距离输送过程中的臭氧生成；模型研究表明，天津市臭氧污染受山东省排放最大，约占 35%，其次受河北、河南省贡献约为 15%和 10%，天津市臭氧污染水平受周边区域影响十分明显。因此，天津市臭氧污染浓度均值的降低，不仅需要天津市本地前体物的削减，更需要周边省市的协同减排，同理，天津市的 VOCs、NO_x 减排也会对周边区域的臭氧控制产生积极的影响。

此外，臭氧和二次颗粒物均为大气环境中的二次污染物，VOCs、NO_x 是两类二次污染物共同的前体物，夏季污染超标日数常出现臭氧和 $PM_{2.5}$ 污染交替出现的现象，本项目的观测研究表明，臭氧与颗粒物间存在着复杂的响应，一方面，在臭氧污染加重时，往往会出现严重的光化学烟雾，伴随出现 PM_1 颗粒物浓度的暴增，导致短波长范围内气溶胶光学厚度的增加；另一方面，这类超细的二次颗粒物由于尺寸与紫外-可见光区重合，能够影响大气的紫外辐射强度，进而抑制臭氧和二次颗粒物的光化学生成，导致短波长范围气溶胶光学厚度的降低，使臭氧与气溶胶光学厚度间表现出复杂的响应，因此颗粒物浓度对臭氧的变化会表现出“先升高后降低”的平均变化趋势。

面对上述问题，应当加强京津冀地区大气污染的联防联控系统，将区域性的臭氧污染防控纳入联防联控计划，加强臭氧、$PM_{2.5}$ 污染物的协同控制；同时加强区域 $PM_{2.5}$ 组分及其气态前体物、O_3 及其前体物与气象条件的综合观测，利用污染物立体监测网和天气监测网，整合多种监测手段，综合观测京津冀地区夏季臭氧和 $PM_{2.5}$ 污染的形成和发展过程，总结不同的气象与污染条件下，O_3 与 $PM_{2.5}$

及其前体物的演化规律，研究 O_3 与 $PM_{2.5}$ 的污染时空变化特征与立体变化特征，评估已有的控制措施对 O_3 与 $PM_{2.5}$ 污染程度的影响。

参考文献

[1] 美丽天津一号工程清新空气行动分指挥部. 津气分指函〔2018〕18 号，天津市"十三五"挥发性有机物污染防治工作实施方案[Z].

[2] 朱文英，蔡博峰，刘晓曼. 区域大气复合污染动态调控与多目标优化决策技术研究[J]. 中国环境管理，2016，8（6）：111-112.

[3] 李云燕，王立华，王静，等. 京津冀地区雾霾成因与综合治理对策研究[J]. 工业技术经济，2016，35（7）：59-68.

[4] 王淑兰，云雅如，胡君，等. 情景分析技术在制定区域大气复合污染控制方案中的应用研究[J]. 环境与可持续发展，2012，37（4）：14-20.

[5] 胡炳清，柴发合，赵德刚，等. 大气复合污染区域调控与决策支持系统研究[J]. 环境保护，2015，43（5）：43-47.

[6] 雷宇，宁淼. 对"十三五"时期挥发性有机物污染防治路径的系统思考[J]. 环境保护，2017，45（13）：14-17.

附 件

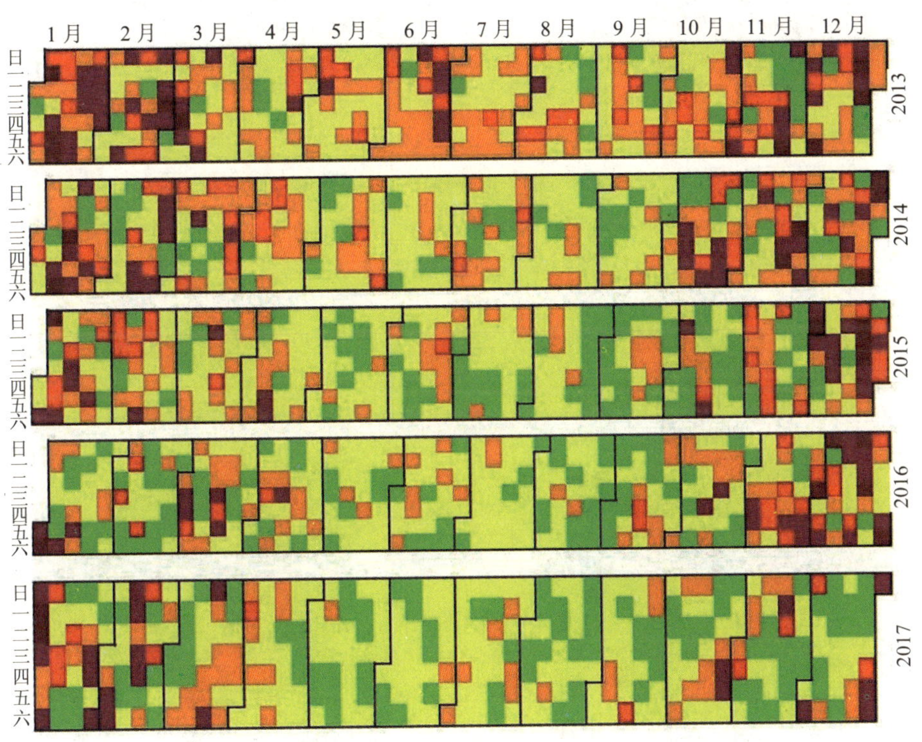

图 3-6 2013—2017 年天津市 $PM_{2.5}$ 空气质量级别日历图分布

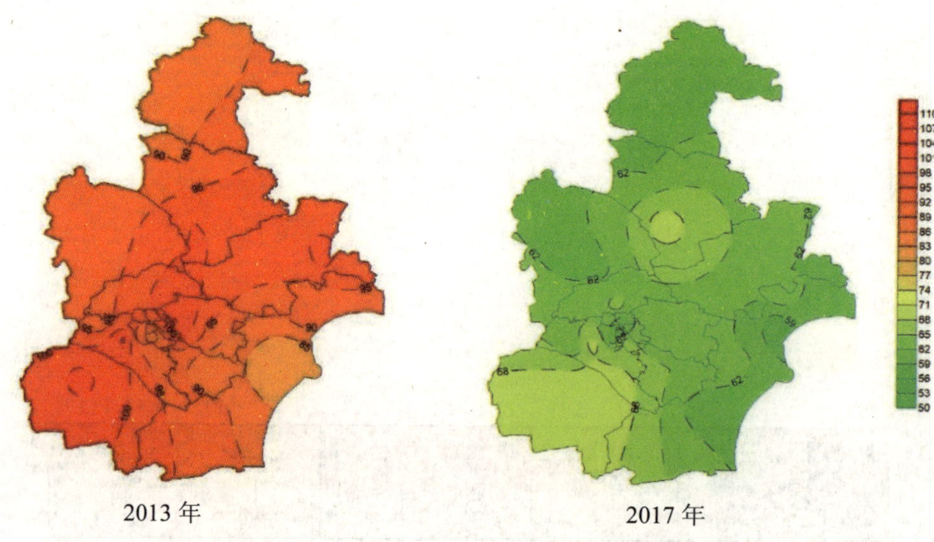

图 3-7　2013 年和 2017 年天津市 $PM_{2.5}$ 浓度空间分布对比

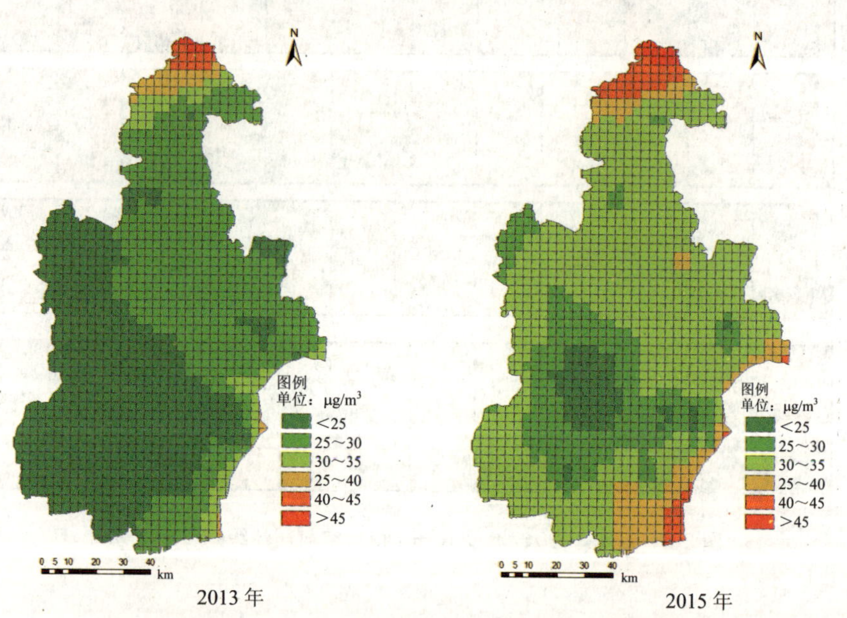

图 3-20　2013 年、2015 年天津市 1 月臭氧浓度网格分布

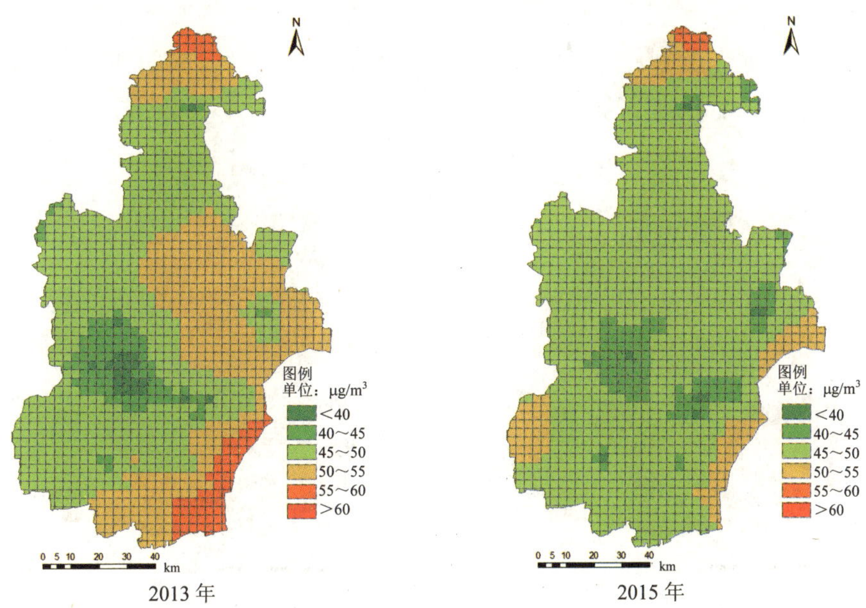

图 3-22 2013 年、2015 年 4 月臭氧浓度网格分布

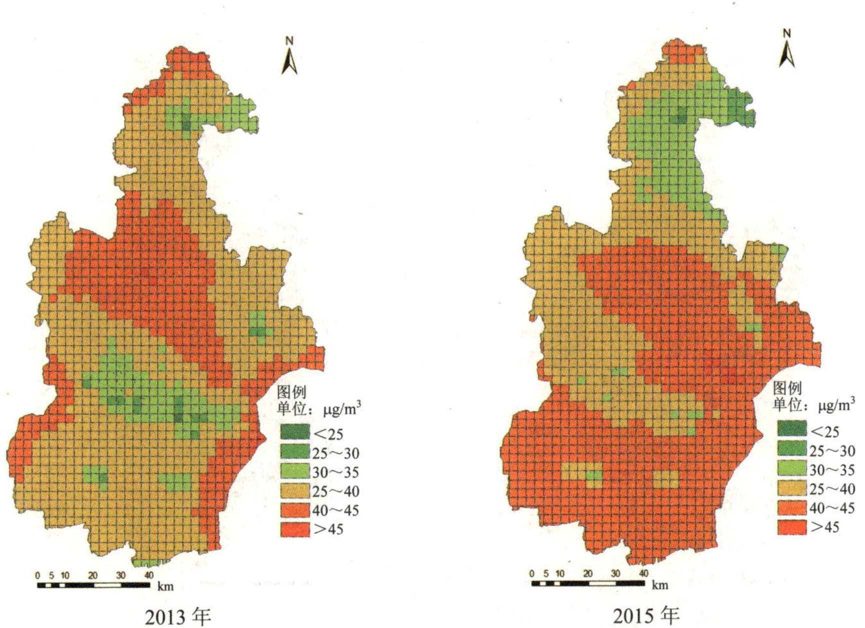

图 3-24 2013 年、2015 年天津市 7 月臭氧浓度网格分布

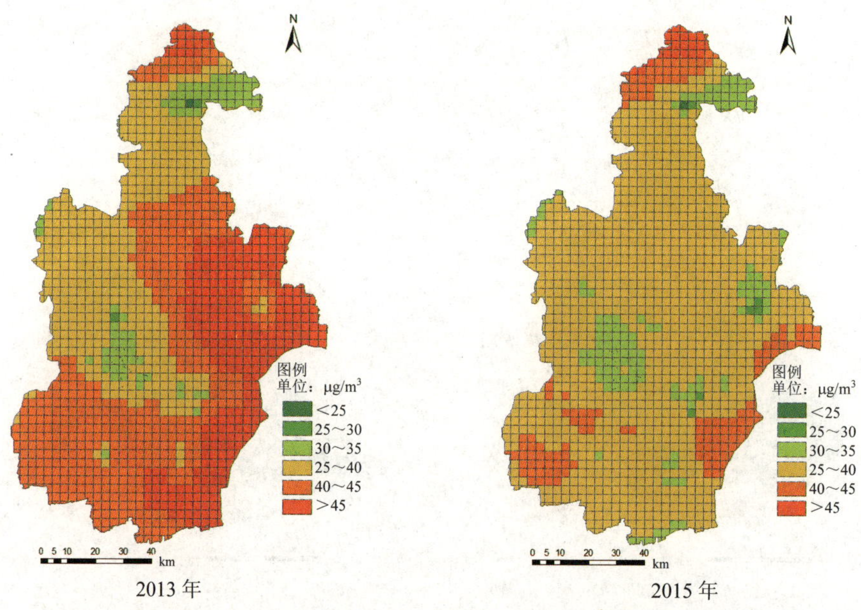

图 3-26　2013 年、2015 年天津市 8 月臭氧浓度网格分布

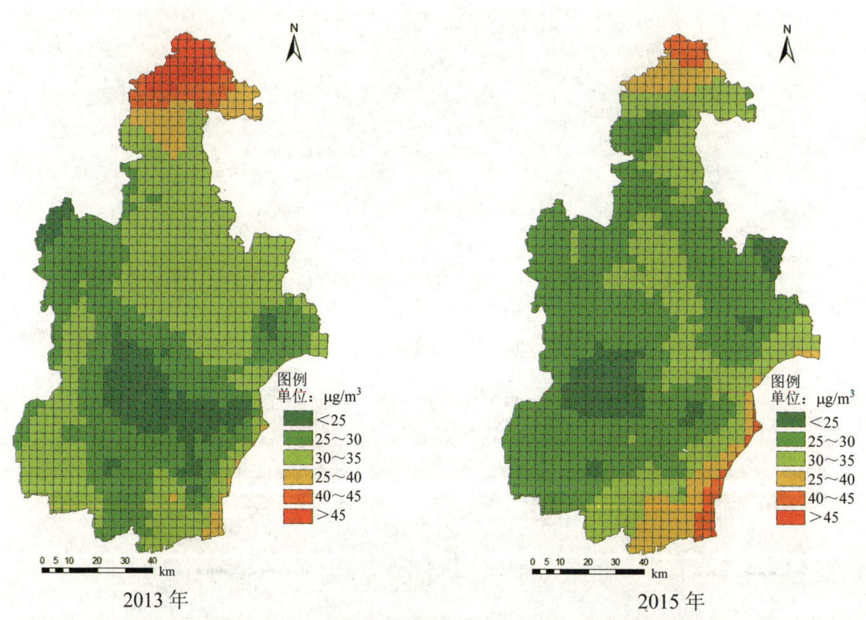

图 3-28　2013 年、2015 年天津市 11 月臭氧浓度网格分布

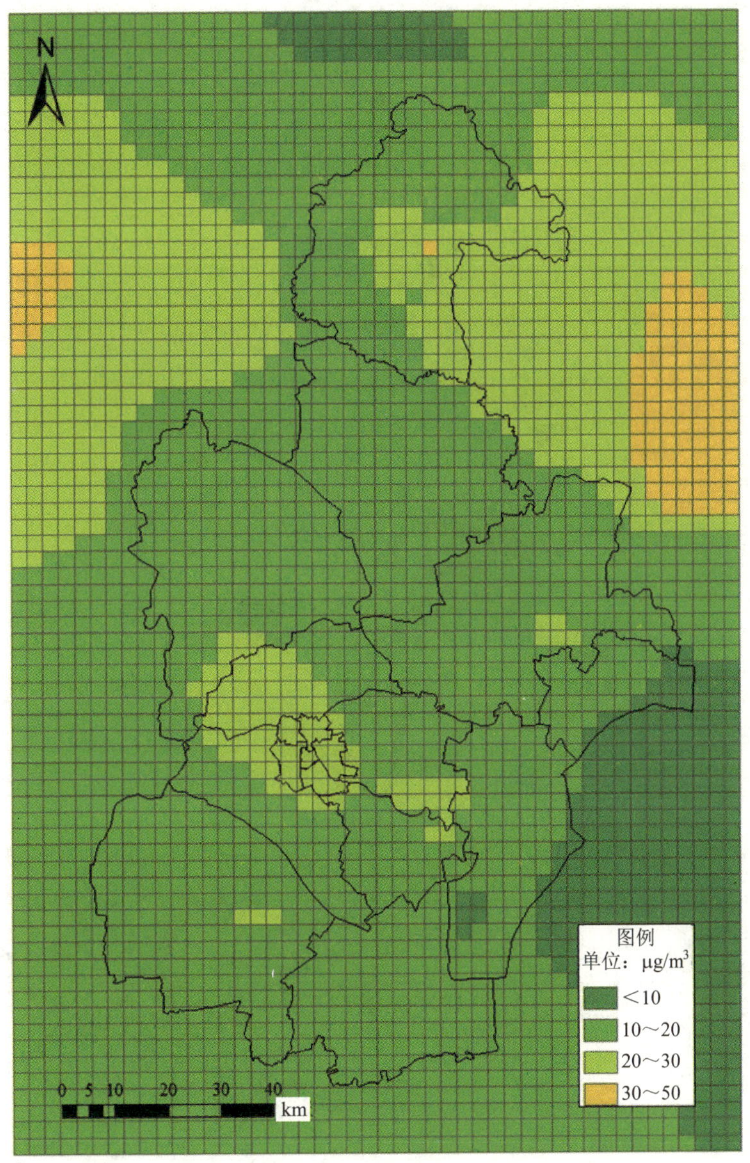

图 5-4　2015 年天津市 NO_x 网格化排放清单

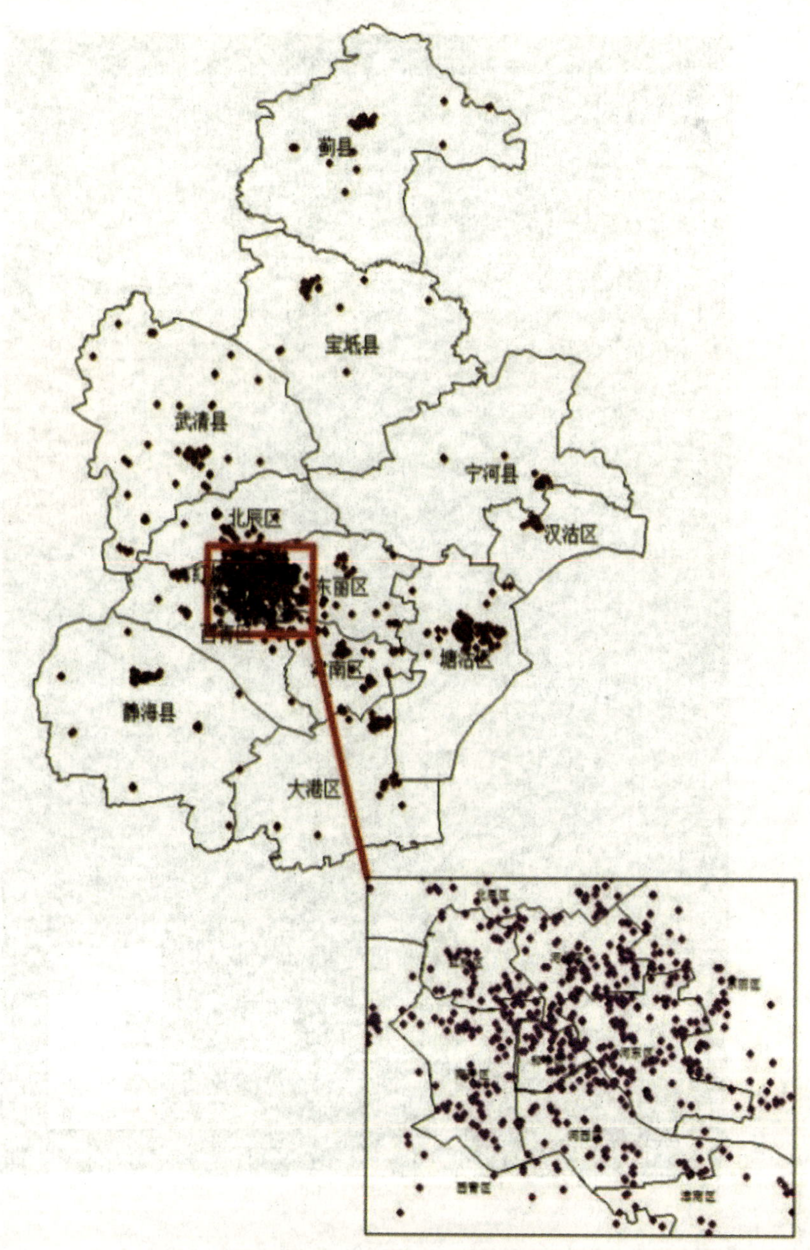

图 4-45　天津市干洗行业企业地理分布

图 4-51　天津市各类型汽修企业地理分布

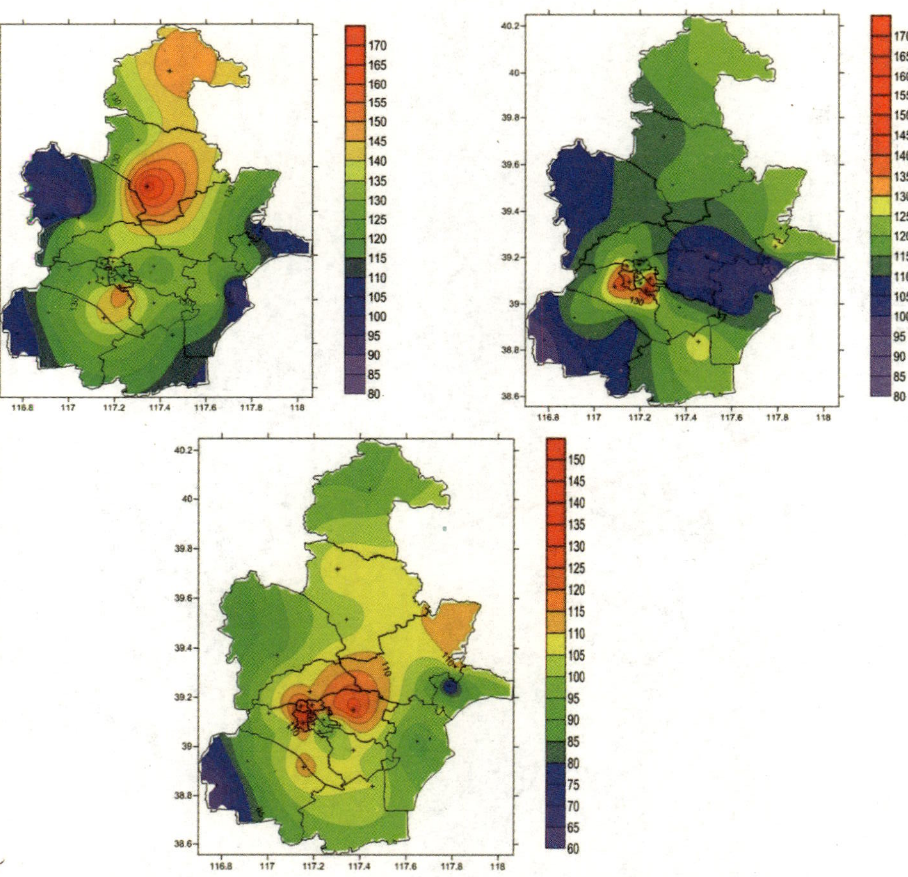

图 3-29　2013—2015 年天津市典型月典型时段臭氧均值分布变化变化

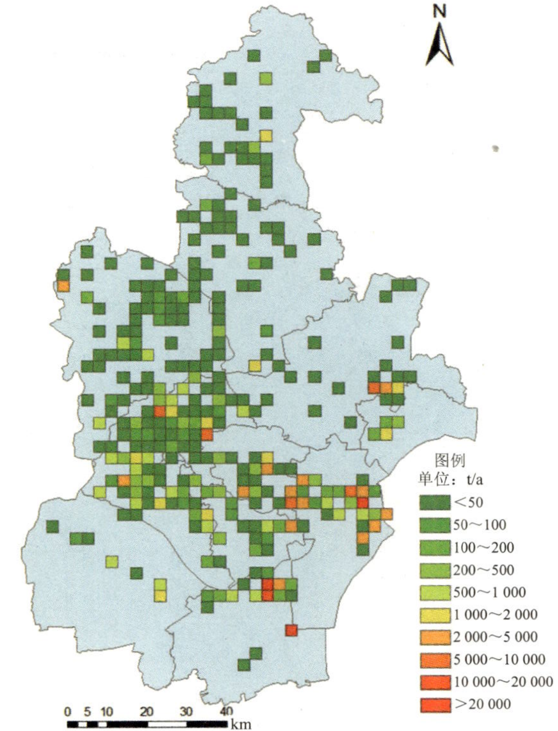

图 4-29　2013 年天津市 VOCs 网格化排放清单

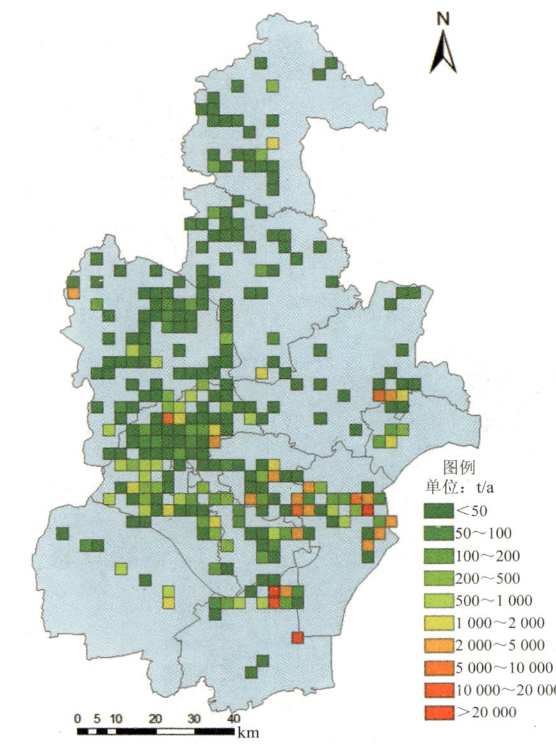

图 4-30　2015 年天津市 VOCs 网格化排放清单

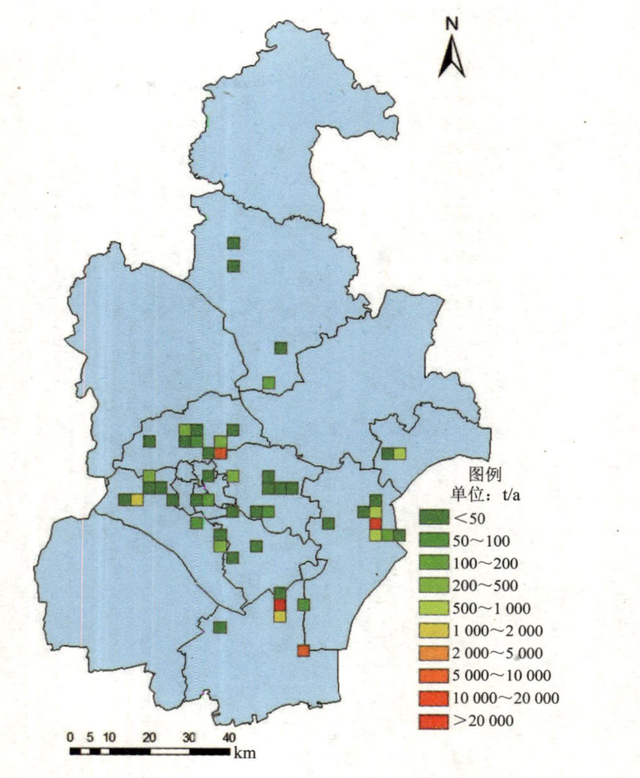

图 4-31　2015 年天津市工业源 VOCs 减排量网格分布

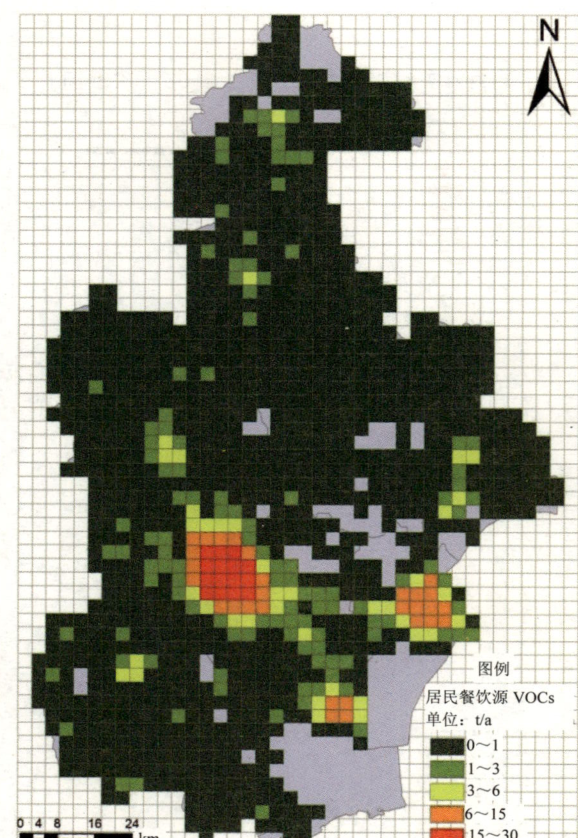

图 4-39　天津市家庭餐饮源 VOCs 排放特征

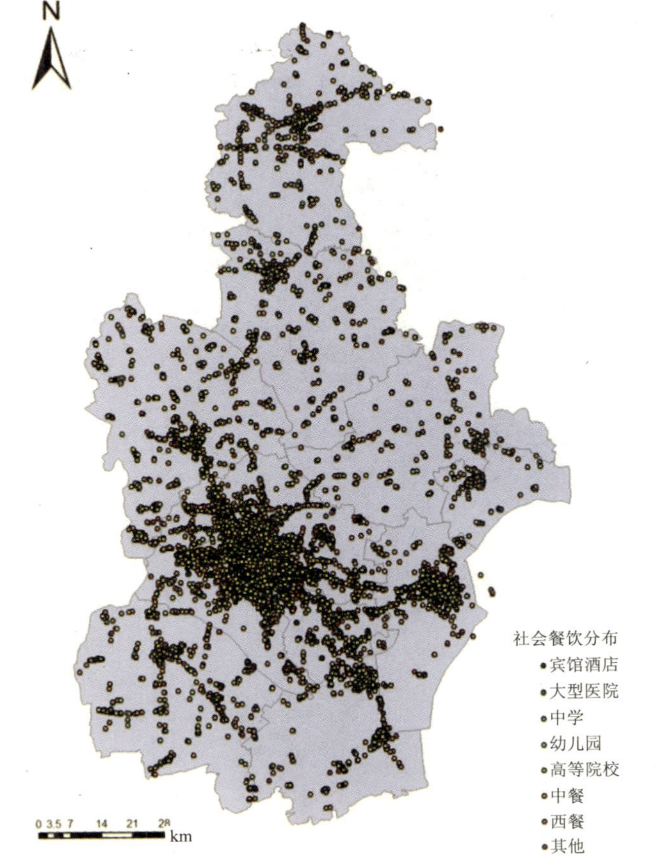

图 4-40　天津市社会餐饮分布

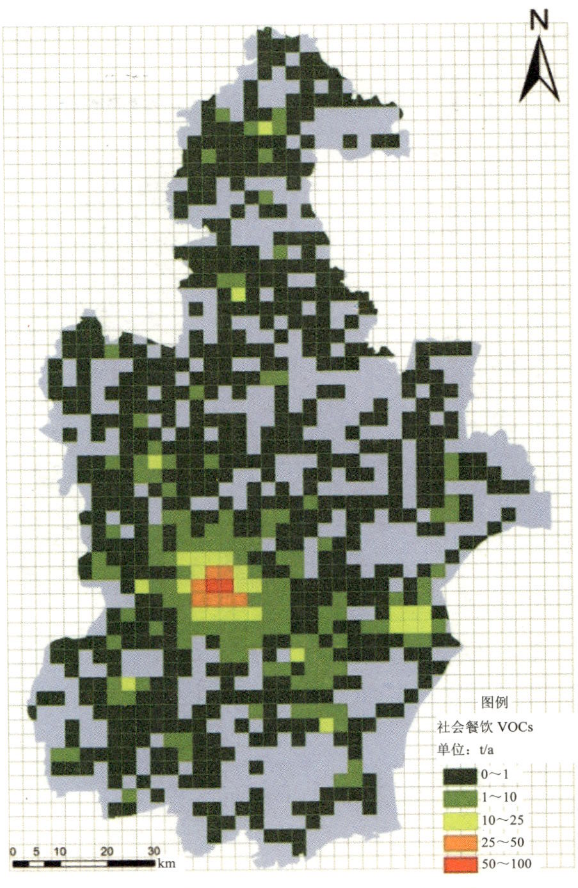

图 4-41　天津市社会餐饮 VOC 排放量

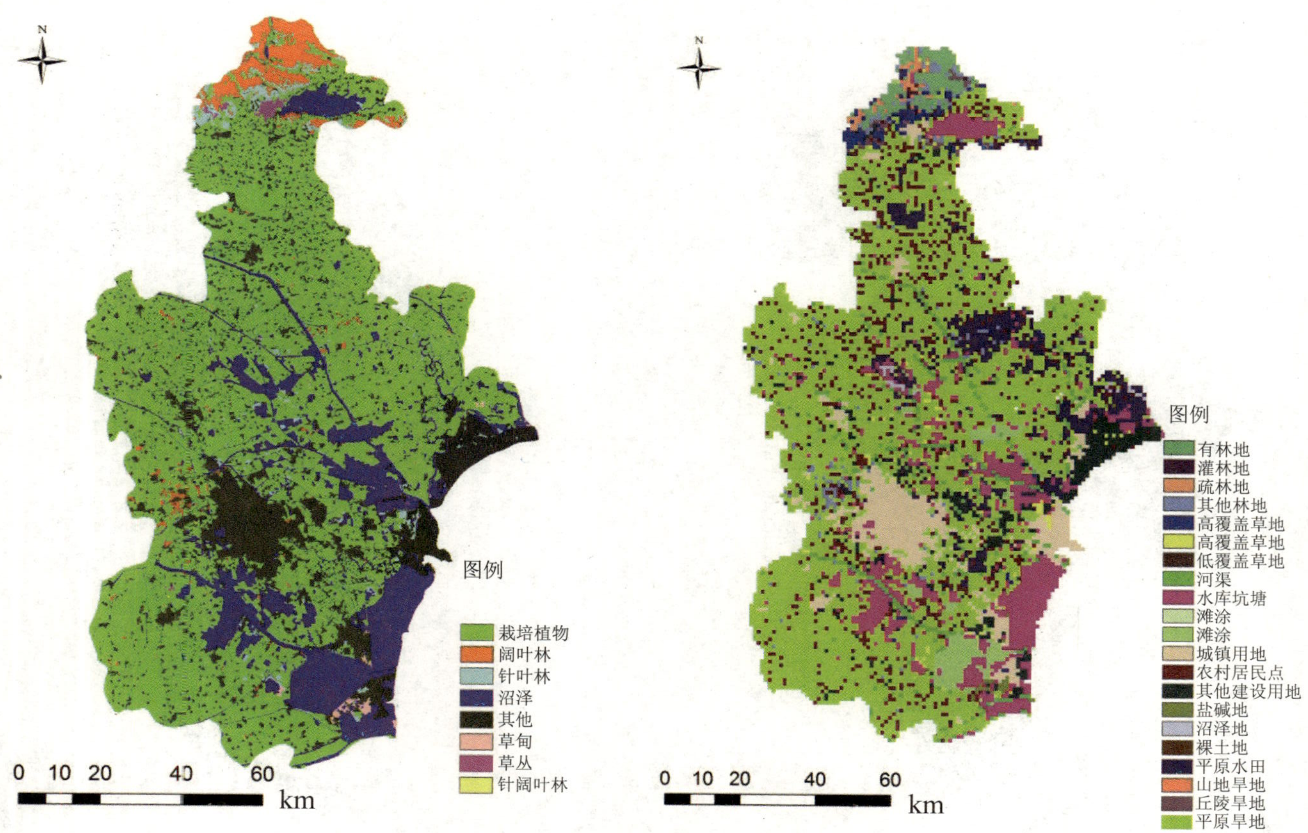

图 4-55　天津市植被分布和土地利用分布

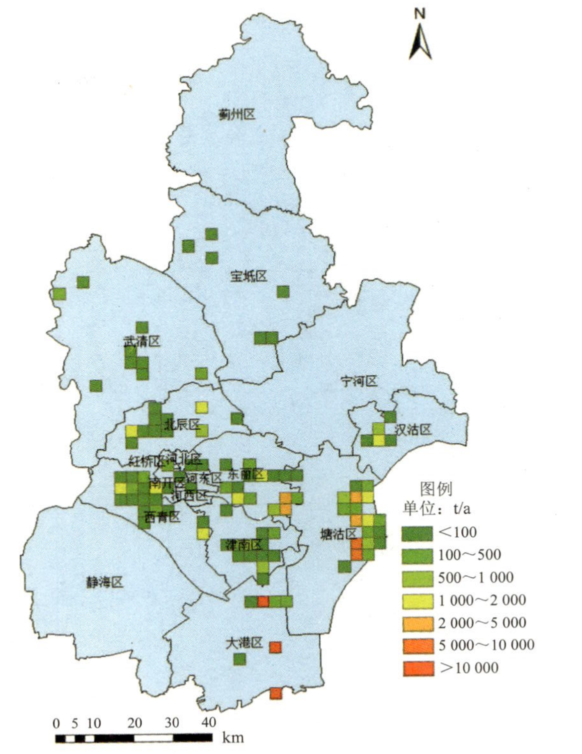

图 4-67　天津市工业企业 VOCs 排放空间分布

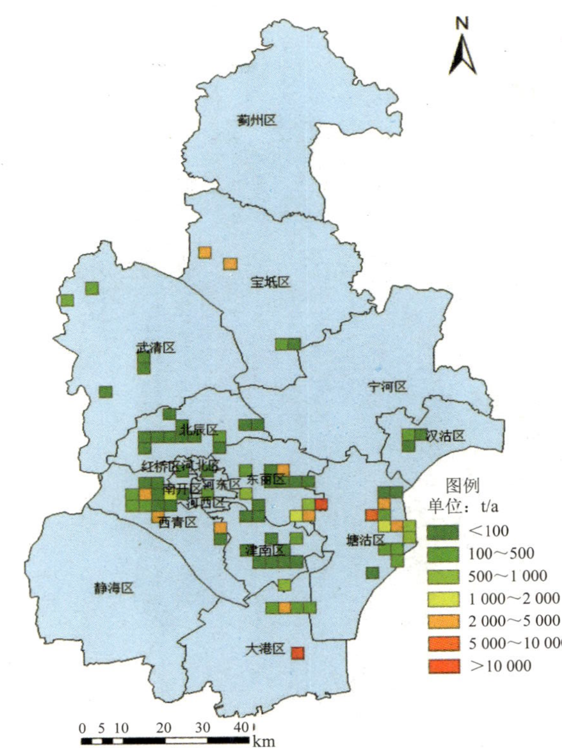

图 4-69　天津市工业企业 VOCs 排放空间分布

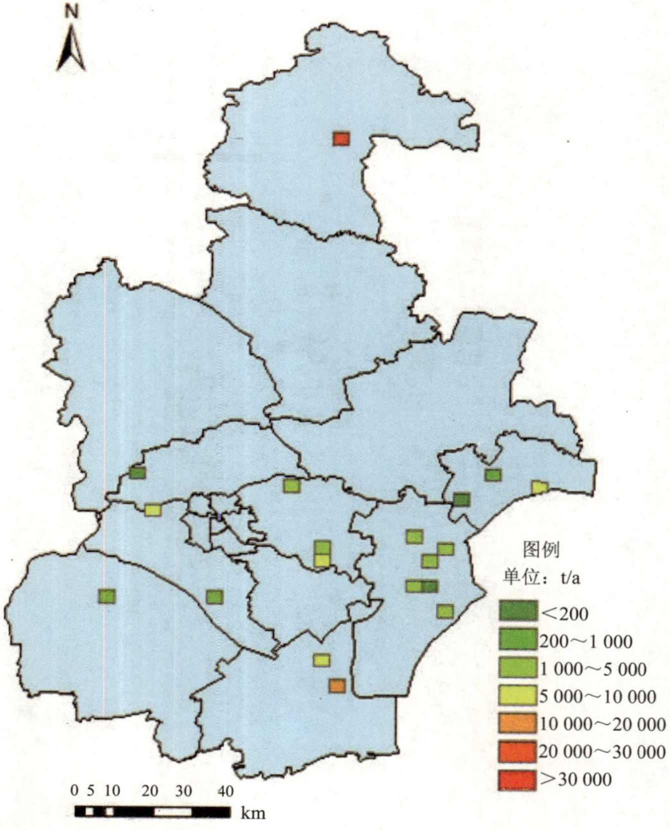

图 5-5 2015 年天津市电力 NO_x 排放分布变化

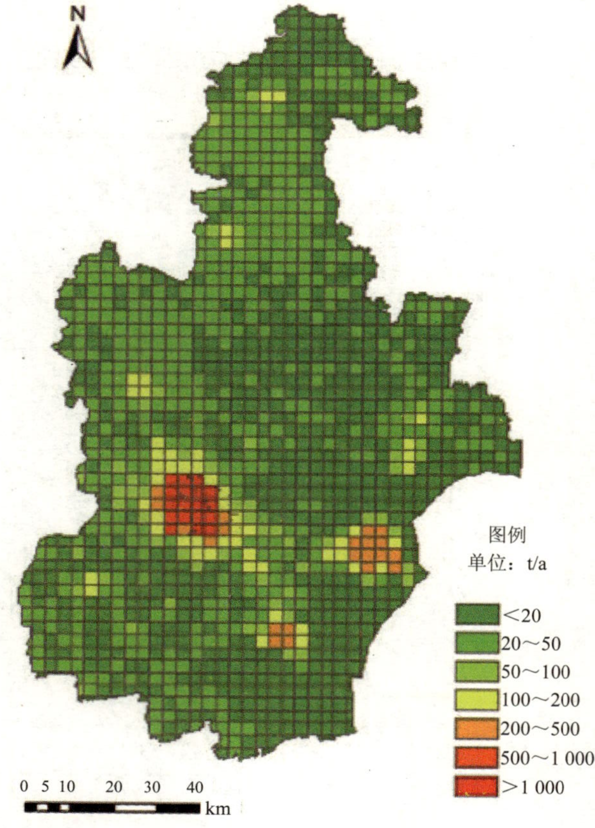

图 5-7 2015 年天津市机动车 NO_x 排放变化网格分布

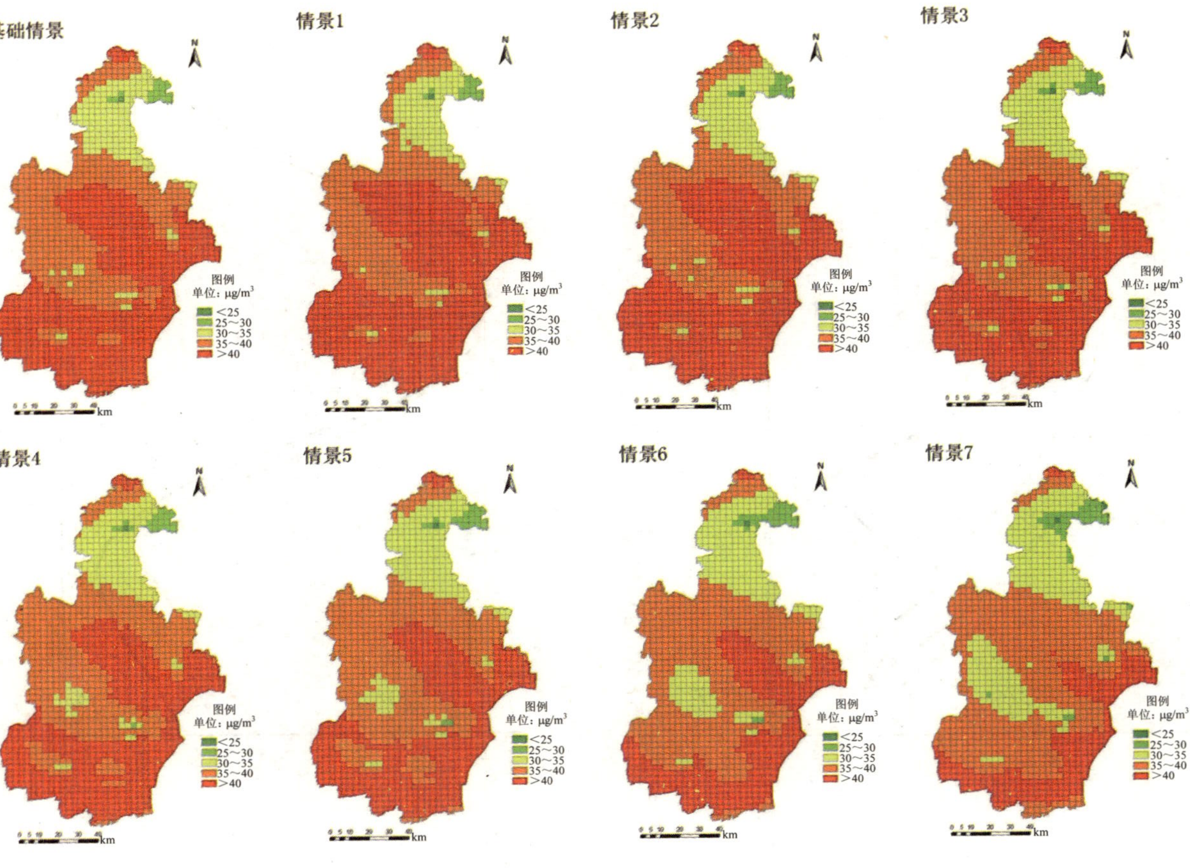

图 5-23 不同情景下臭氧月均浓度值分布情况

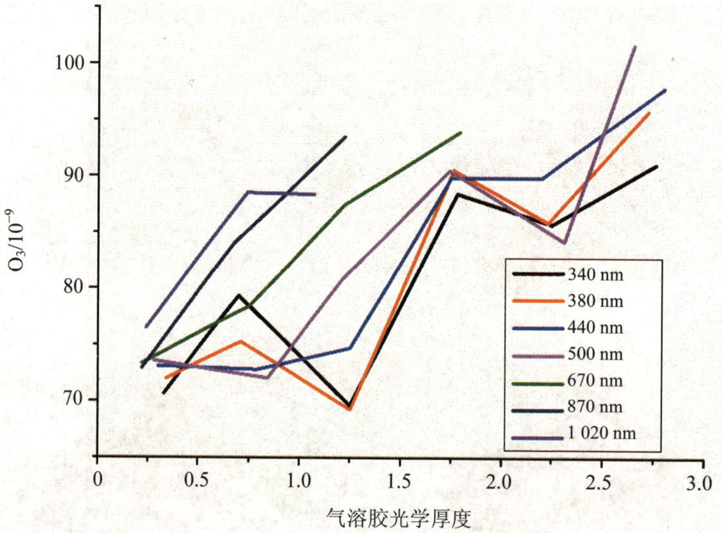

图 5-25　12—20 时时间段内气溶胶光学厚度与臭氧浓度变化

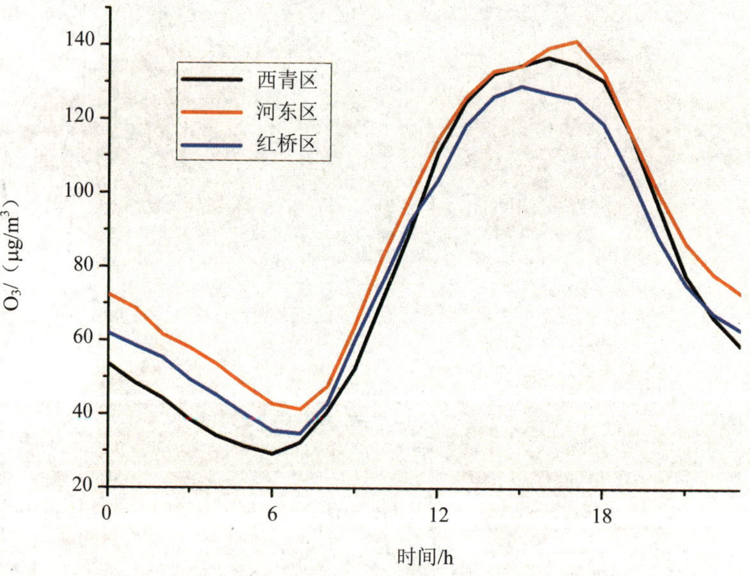

图 5-30　西青区、河东区、红桥区 3 站点臭氧日变化曲线

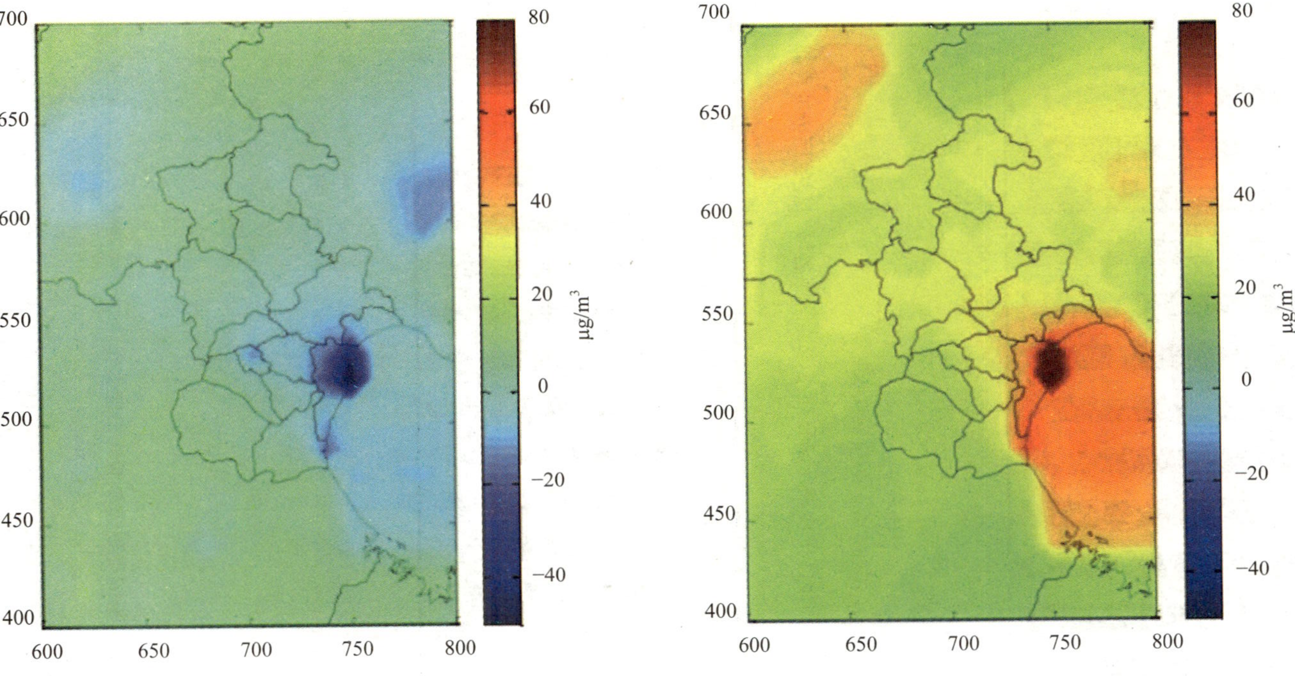

图 5-43　污染日臭氧高值时段分别削减 50% NO_x 排放（左）和 VOCs 排放（右）的臭氧浓度变化（正值表示浓度下降，负值表示浓度升高）

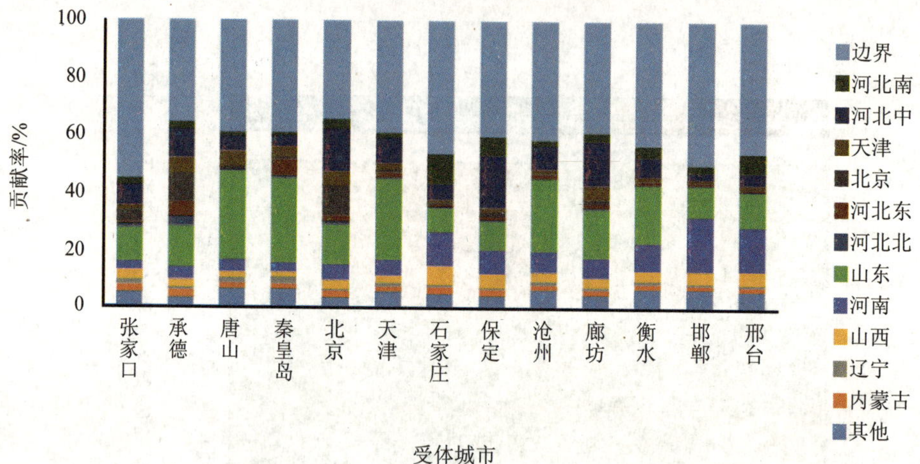

图 5-48　不同地区排放在污染日对京津冀区域各城市臭氧污染的贡献率

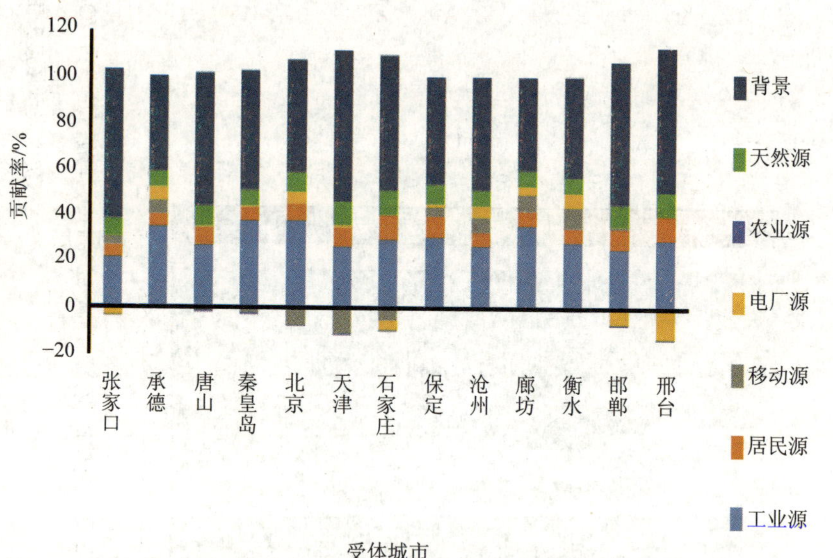

图 5-49　不同类型污染源对京津冀地区各城市臭氧污染的贡献率